v. d. Osten-Sacken – Die neue Kosmologie

Peter v. d. Osten-Sacken

Die neue Kosmologie

Astronomen auf der Suche nach der Wirklichkeit unserer Welt

Zweite erweiterte und verbesserte Neuauflage

Econ Verlag
Düsseldorf · Wien

Bildnachweis

Abb. I stammt aus der Privatsammlung des Verfassers.
Abb. V Aufnahme des Hale-Observatoriums.
Abb. X Aufnahme des Harvard-Observatoriums/Bloemfontein.

Die übrigen Photographien sind Aufnahmen
der Mt. Wilson- und Mt. Palomar-Observatorien.

1. Auflage 1974
2. Auflage 1976

Gesetzt aus der 10 auf 12 Punkt Garamond
Gesamtherstellung: Salzer - Ueberreuter, Wien
Printed in Austria
ISBN 3 430 173183

Inhalt

Vorwort 7

1. Meinungen und Thesen 9

2. Kosmologische Theorien 27
2.1. Die Evolution 27
2.2. Sterne und Sternsysteme 30
2.3. Die kosmischen Radioquellen 34
2.4. Das Olberssche Paradoxon 37
2.5. Die kosmische Strahlung und ihre kosmologische Bedeutung 40
2.6. Die Gravitation und die Stabilität der Welt 48
2.7. Die Relativitätstheorie 51
2.8. Der Dopplereffekt 64
2.9. Das expandierende Weltall 70
2.10. Die Art der Fluchtbewegung 81
2.11. Die Gegner der Singularität 85
2.12. Zusammenfassung und Übersicht 98

3. Kritik der experimentellen Forschung 101
3.1. Kriterien der allgemeinen Relativitätstheorie 101
3.2. Die Deutung der Rotverschiebung 115
3.3. Die Dichte des Weltalls und ihre kosmologische Bedeutung 119
3.4. Weitere Kriterien zur Struktur der Welt 135
3.5. Für und gegen den Urknall – Die kosmische 3-K-Strahlung 150
3.6. Die Beurteilung der Steady-State-Theorie durch die experimentelle Forschung 161
3.7. Kritisches zur Dirac-Jordanschen Kosmologie 162
3.8. Gibt es Sterne aus Antimaterie? 168

4. Die Geburt der Galaxien 171
4.1. Die galaktische Scheibe 172
4.2. Der galaktische Halo 174
4.3. Das Kerngebiet 177
4.4. Die Welt der Galaxien 180
4.5. Klassische Theorien zur Galaxienentstehung 189
4.6. Probleme der Kugelhaufen 192
4.7. Die Entstehung der Elemente 193
4.8. Weitere Schwierigkeiten 198
4.9. Materiequellen 199
4.10. Stützen der Materiequellenhypothese 218
4.11. Materiequellen und Fluchtbewegung 227
4.12. Kosmologie der Galaxienhaufen 230

5. Der Lebensweg der Sterne 235
5.1. Klassifikation und Zustandsgrößen 235
5.2. Bau der Sterne 242
5.3. Energieerzeugung in den Sternen 246
5.4. Die Entwicklung der Sterne 253
5.5. Sternentstehung aus Globulen 262
5.6. Weiße Zwerge 263
5.7. Neutronensterne und Pulsare 265
5.8. Schwarze und weiße Löcher, Gravitationswellen 269
5.9. Entstehung des Planetensystems 274

6. Zusammenfassung und Folgerungen 279
Mathematischer Anhang 301
Literaturverzeichnis 310
Register 312

Vorwort

Der Einfluß der Naturwissenschaften auf die Religionen und Weltanschauungen ist wie in der Vergangenheit so auch in der Gegenwart unverkennbar. Neben einer reichhaltigen Fachliteratur sorgen die modernen Massenmedien für die Verbreitung neuer naturwissenschaftlicher, speziell astronomischer Erkenntnisse. Wegen ihrer schwierigen Materie werden sie jedoch von der breiten Schicht der Bevölkerung in ihren Grundlagen und ihren Zusammenhängen meist nicht richtig verstanden. Leichtfertige Schlüsse sind darum oft die Folge.

Besonders die kosmologischen Probleme sind es, die immer von neuem ihren Einfluß auf die Geisteshaltung des modernen, denkenden Menschen ausüben. Es ist darum mein Ziel, durch dieses Buch denjenigen zu helfen, die kritisch an diesen so wichtigen Fragenkomplex herantreten.

Kosmologie und Kosmogonie sind zwei Begriffe, die nicht einheitlich benutzt werden. Im allgemeinen versteht man unter der Kosmogonie die Lehre von der Entstehung und Entwicklung der Sterne und Sternsysteme, während die Lehre von der Entstehung und Entwicklung des Weltganzen Kosmologie genannt wird. Eigentlich sollte unter der Kosmologie die Lehre vom Zustand der Welt, genauer, der Weltordnung verstanden werden, doch sind die einzelnen Teilgebiete so miteinander verzahnt, daß es sich eingebürgert hat, der Kosmologie auch die kosmogonischen Probleme einzuordnen. Aus diesem Grunde wurde in diesem Buch eine strenge Unterscheidung zwischen der Kosmologie und Kosmogonie nicht vorgenommen.

Um die abstrakten und oft nur schwer verständlichen Probleme begreiflicher zu gestalten, sind überall dort, wo es vertreten werden konnte, Beispiele aus dem täglichen Leben und Analogien hinzugezogen worden. Zahlreiche Diagramme und Skizzen sollen die theoretischen Ergebnisse veranschaulichen. Auf mathematische Herleitungen und Formeln wurde im laufenden Text weitgehend verzichtet. Um auch mathematisch interessierten Lesern gerecht zu werden, ist eine kleine Auswahl von ihnen im Anhang zusammengestellt worden.

Neben den interessierten Laien wendet sich das Buch auch an diejenigen Leser, die bereits über allgemeine astronomische Kenntnisse verfügen, sich aber genauer über die Problematik der modernen Kosmologie orientieren wollen.

Für die vielen so wertvollen Hinweise und die Hilfe bei den Korrekturen möchte ich besonders meiner Assistentin, Frl. Ursel Herzog, sowie Herrn G. Kunzendorf und Herrn H. R. Mindt an dieser Stelle herzlich danken.

P. v. d. Osten-Sacken

Vorwort zur zweiten Auflage

Der rasante Fortschritt der modernen Astronomie hat es notwendig gemacht, die 2. Auflage wesentlich zu erweitern. Besondere Beachtung finden dabei die neuen Ergebnisse auf dem Gebiet der experimentellen Galaxienforschung. So ist ein Abschnitt über die Bedeutung der Galaxienhaufen und der kompakten Galaxien für die Theorie der Materiequellen hinzugenommen worden. Ebenfalls erweitert wurden die Kapitel über die Sternentwicklung und über die Entstehung des Sonnensystems. Auch in mehrere andere Kapitel wurden die neuesten Forschungsergebnisse eingegliedert.

Frau Ch. Kolbe möchte ich für ihre Hilfe bei der Herstellung des Manuskripts herzlich danken.

P. v. d. Osten-Sacken

1. Meinungen und Thesen

In einer der Loggien der berühmten Sixtinischen Kapelle in Rom befindet sich ein Gemälde Raffaels, das die Erschaffung der Sonne, des Mondes und der Sterne darstellt. Der Bankier Agostino Chigi hatte das Werk in Auftrag gegeben. Er gehörte nicht nur zu den reichsten Männern der Stadt, er war auch ein Freund der Künste und hatte es verstanden, sein Geld so auszugeben, daß die Nachwelt ihm zu Dank verpflichtet ist.

Das Bild zeigt Gott mit wehendem weißem Haupthaar und weißem Bart über der bereits erschaffenen Erde schwebend. Die ausgestreckten Arme weisen auf die neuentstandenen Himmelskörper Sonne und Mond. Dünne Wolkenschleier umgeben sie. Die deutlich gekrümmte Erde in dem Gemälde erinnert fast an eine moderne Satellitenaufnahme.

Solche Darstellungen waren in der damaligen Zeit nichts Außergewöhnliches. Unter den Gemälden italienischer Meister, die Ende des 15. und zu Beginn des 16. Jahrhunderts, also zur Krisenzeit der altehrwürdigen mittelalterlichen Kirche, entstanden, finden sich mehrere Werke, die sich mit der Schöpfungsgeschichte befassen.

Es kann heute nicht eindeutig festgestellt werden, ob die Künstler damals an einen persönlichen, wenn auch im Vergleich zu uns Menschen in jeder Hinsicht andersartigen und uns unendlich überragenden, doch immerhin menschenähnlichen Gott geglaubt haben. Vielleicht wollten sie durch ihre Bilder nur die Allmacht eines Gottes wiedergeben, der nur erfühlbar, aber nicht konkret darstellbar ist.

Eines steht jedoch fest: Nicht nur in mittelalterlichen christlichen Überlieferungen, sondern bis in unsere Tage hinein ist von einem Gott die Rede, der – wenn auch nicht aus Fleisch und Blut – so doch aus etwas »besteht«. Man könnte dieses »Etwas«, wenn man es physikalisch betrachtet, eine besondere Art der Materie – oder moderner – eine Energieform nennen, die auch einen bestimmten Raum für sich beansprucht. Dabei sollte das Göttliche selbst keineswegs mit einer solchen physikalischen Vorstellung identisch sein, es wäre lediglich auf irgendeine Weise mit ihr verknüpft.

Selbst bei der Vorstellung der Allgegenwärtigkeit Gottes brauchte man diese Ansicht nicht fallenzulassen, da sich ja auch eine alles durchdringende Materie oder Kraft – gleichsam als Kraftfeld – denken läßt.

Damit soll natürlich durchaus nicht gesagt werden, daß dieses Bild die heute gültige Ansicht einer Konfession der christlichen Kirche darstellt. Wir wollen uns nur darüber Gedanken machen, wie in vielen Religionen in der Vergangenheit, teilweise aber auch in der Gegenwart, der Schöpfungsakt bei der Annahme eines solchen raum-, energie- oder materieverhafteten Gottes zu verstehen ist.

Bald nach dem Start des ersten künstlichen Erdsatelliten, des Sputnik 1 im Jahre 1957 durch die Sowjetunion, sind in den Ostblockstaaten mehrere Schriften zu diesem Ereignis veröffentlicht worden. Neben technischen und physikalischen Erklärungen und Hinweisen auf die Bedeutung der nunmehr beginnenden Weltraumfahrt finden sich darin auch Folgerungen, die sich auf den Zusammenhang des Sputnikfluges mit religiösen Fragen beziehen. So erschien im Urania-Verlag/Leipzig im Jahre 1958 eine Broschüre unter dem Titel »Heilige Himmel – Unheilige Raketen«, in der der folgende Satz (S. 12) zu lesen ist: »War aber die Kirche schon zu Beginn der Neuzeit genötigt, durch die Überwindung des geozentrischen Weltbildes Gott immer weiter in den Himmel zu projizieren, so ist sie durch die Sputniks gezwungen, Gott und die Engel noch weiter ins All umziehen zu lassen.« Als es den Sowjets später gelang, einen Menschen in eine Umlaufbahn um die Erde zu senden, wurde in der Presse oft der Ausspruch des Kosmonauten Gagarin zitiert, er habe bei seinem Vorstoß ins All keine Spur eines göttlichen Wesens entdeckt.

Solche Aussprüche mögen uns nicht nur primitiv, sondern auch unverständlich erscheinen, da sie in keiner Weise etwas mit unserer Gottesvorstellung gemein haben. Doch wir vergessen dabei oft, wie tief bei vielen Menschen – auch oder gerade in den

Ostblockländern – die Vorstellung von einem materieverhafteten und raumbeanspruchenden Gott verwurzelt ist.

Aus der Annahme eines solchen Gottes als des Schöpfers des »Himmels und der Erden« läßt sich eine Folgerung ziehen: Eine Entstehung *allen* Seins, zu dem auch der Urheber der Schöpfung zu rechnen wäre, hat es danach zu keiner Zeit gegeben. Gott und damit das »göttliche Etwas« ist an keine Zeit gebunden und deshalb ewig. Einen Anfang hatte zunächst nur die erkennbare Materie und später das Irdisch-Lebendige, zu dem auch wir gehören und in das – je nach der Glaubensrichtung – etwas von dem Unvergänglichen, Ewigen, »hineingelegt« worden ist.

Besonders konkret findet sich diese Zweiteilung bei Aristoteles: Nach seiner Ansicht besteht die diesseitige Welt, in der wir leben, aus den vier Elementen Erde, Luft, Wasser und Feuer. Diese Elemente sind einmal entstanden, und sie sind auch vergänglich. Im Gegensatz dazu steht der Himmel: Auch er ist materiell, doch seine Materie ist unvergänglich, also ewig. Sie besteht aus einem fünften, auf der sündigen Erde nicht vorkommenden Element – der Quintessenz, der fünften »Wesenheit« –: dem Äther.

Einen ganz andersartigen Standpunkt nimmt eine Gruppe von Naturwissenschaftlern ein, die von einem Anfang *aller* Dinge ausgeht. Hier wird ein Zeitpunkt »Null« angenommen und dabei die Existenz von irgend etwas Materiellem *vor* diesem Ereignis in Abrede gestellt. Ja selbst die Begriffe Raum und Zeit sollen in ihrer heutigen Bedeutung vorher nicht vorhanden gewesen sein.

Allerdings schließt diese Ansicht die Existenz von etwas, was keinen physikalischen Gesetzen unterliegt, nicht aus. Ein Gott »nicht von dieser Welt« fällt nicht in den Bereich des Naturwissenschaftlers und kann deshalb von ihm weder bejaht noch verneint werden. Das ist Sache des Glaubens. Jeder auch noch so streng und logisch denkende Forscher kann sich frei für oder gegen einen einmaligen Schöpfungsakt Gottes entscheiden, ohne dabei in einen Konflikt mit der Annahme eines Zeitpunktes Null zu geraten.

Das ist zwar richtig, doch liegt hier etwas Prinzipielles vor, das von überragender weltanschaulicher Bedeutung ist. Etwas, was unsere Welt in zwei Lager trennt, was den Naturwissenschaftler genauso angeht wie den Philosophen und den Geistlichen. Es spielt ins Politische hinein und beeinflußt – oft von der Masse der Bevölkerung nicht erkannt – unsere moderne Gesellschaft in erheblichem Maße. Es ließe sich sehr vereinfacht in den folgenden drei Fragen zusammenfassen:

a) Ist die Welt *nur* materiell?
b) Ist die Materie in der Welt ewig?
c) Ist das Weltall unendlich?

Natürlich hängen diese drei Fragen eng miteinander zusammen. Über diese Probleme ist sehr viel diskutiert, geschrieben und gestritten worden. Es soll nicht die Aufgabe dieses Buches sein, in die Tiefe dieser Gedankengänge vorzudringen oder philosophischen Erkenntnissen nachzugehen. Doch dürfen wir diesen Fragen auch nicht ausweichen, wenn wir uns mit der modernen Kosmologie, speziell mit den Problemen der Entstehung und der Evolution des Weltalls, beschäftigen wollen. Allerdings soll hier das Problem auf eine besondere Art beleuchtet werden, die uns später den Übergang zu rein naturwissenschaftlichen, insbesondere astronomischen Fragen erleichtert.

Zunächst wollen wir bei allen von uns erkennbaren Vorgängen eine Zweiteilung vornehmen:

Wir wollen diejenigen Vorgänge als *naturhaft* bezeichnen, die sich eindeutig auf physikalische oder chemische Prozesse zurückführen lassen. Dabei soll es unerheblich sein, ob wir heute schon imstande sind, für sie voll befriedigende Erklärungen zu geben. Das Prinzipielle ist entscheidend. Zu diesen Vorgängen zählen etwa die Himmelserscheinungen, das Wettergeschehen und all das, was mit der Technik in Verbindung steht. Dabei sollen zunächst die biologischen Vorgänge ausgeklammert werden, auch diejenigen unter ihnen, die sich eindeutig auf chemische Reaktionen und physikalische Prozesse zurückführen lassen.

Als *geistige* Vorgänge wollen wir alles bezeichnen, was sich *nicht* widerspruchslos durch physikalische oder chemische Vorgänge erklären läßt oder bei dem die naturwissenschaftlichen Forschungsmethoden nicht direkt anwendbar sind. Dazu zählen unsere Gedanken, Empfindungen und Gefühle. Liebe, Haß, Genialität und Freiheit gehören ebenso hierher wie die Ursachen des künstlerischen Schaffens und alles, was wir mit dem Wort »Seele« in Verbindung bringen.

Man kann nun auf dem Standpunkt stehen, daß die geistigen Vorgänge von den naturhaften grundlegend verschieden sind. Nicht also, daß wir heutigen Menschen noch nicht in der Lage wären, das »Seelische« naturwissenschaftlich zu erfassen, was uns aber vielleicht einmal in ferner Zukunft gelingen könnte – nein, es sei prinzipiell etwas Andersartiges. Etwa so, wie man sich die Seele nach dem Tode ja auch nicht als etwas Materielles oder den Naturgesetzen Unterworfenes vorstellen kann. Wir wollen diesen Standpunkt zur Erleichterung der später folgenden Klassifizierung kurz mit »geistige Vorgänge, nicht naturhaft« fixieren.

Man kann auch eine ganz andere Meinung vertreten: Alle Empfindungen beruhen danach letztlich auf biologischen Vorgängen, die sich in unserem Körper abspielen. Sie sind zwar noch nicht völlig geklärt, doch liegt das lediglich an unserer Unzulänglichkeit. Sie sind alle den Naturgesetzen unterworfen. Das bedeutet, daß beispielsweise die Sympathie oder gar die Liebe zu einem Menschen auf die vorhandenen Erbfaktoren (also die Veranlagung), auf die verschiedenen Umwelteinflüsse während unserer Entwicklung und auf die von diesem Menschen ausgehenden visuellen, akustischen und sonstigen Reize zurückgeführt werden kann. Etwas wie eine »Seele« existiert demnach nicht. Unser »Geistesleben« und »Geistesschaffen« beruhen in Wirklichkeit nur auf Reaktionen in unseren Ganglienzellen. Daß wir sie naturwissenschaftlich noch nicht voll beherrschen, liegt daran, daß sie sich vornehmlich im schwer erforschbaren mikroskopischen Bereich abspielen. Diese Geisteshaltung wollen wir abgekürzt mit »geistige Vorgänge sind naturhaft« bezeichnen.

Eine weitere, für uns besonders folgenschwere Entscheidung müssen wir ferner für die naturhaften Vorgänge treffen. Auch hier soll uns eine Zweiteilung die Übersicht erleichtern. Es handelt sich um die Kausalität innerhalb des naturhaften Geschehens.

Ein Vorgang verläuft kausal, wenn jede Wirkung eine Ursache hat oder – anders ausgedrückt – wenn Ursache und Wirkung derart miteinander verknüpft sind, daß gleiche Ursachen stets gleiche Wirkungen zur Folge haben.

Es erscheint uns fast selbstverständlich, daß die Forderung

strenger Kausalität im Bereich der Naturwissenschaften erfüllt ist. Wie wäre es möglich, Berechnungen für das Funktionieren von Maschinen und Geräten anzustellen oder Folgerungen in der Forschung zu ziehen, wenn nicht zwangsweise aus vorgegebenen Bedingungen eindeutige Resultate zu erwarten wären? Es gäbe kein Fernsehen, keine Atomreaktoren, keine Rückkehr von einem Mondflug, wenn plötzlich die elektrischen Ströme anders als vorausberechnet flössen, wenn atomare Prozesse sprunghaft – gleichsam nach eigenem Gutdünken – abliefen oder wenn die anziehenden Kräfte der Gestirne sich ohne Ursache änderten!

Gleiche Ursachen – gleiche Wirkungen! Nichts kann »von selbst«, also grundlos, erfolgen. Die Vorgänge sind vorausbestimmbar, sie sind »determiniert«. Wohl kann man sich im Bereich des nicht Körperhaften, also des Seelischen, etwas Ähnliches denken – doch die Vorgänge in Lebewesen sollen zunächst unbeachtet bleiben. Im rein Materiellen aber müßte die Kausalität streng erfüllt sein!

Um Mißverständnissen zu entgehen, wollen wir den Begriff Kausalität präzisieren: Er soll so verstanden werden, daß die Vorgänge nicht im Widerspruch zu den heute gültigen Naturgesetzen stehen dürfen. Nur in diesem Falle müßte aus einer Ursache eine bestimmbare Wirkung erfolgen. Wir beschränken uns dabei ganz bewußt nur auf den naturhaften Sektor. Eventuell vorhandene nicht naturhafte Ursachen müßten die naturhaften Vorgänge nach unserer Formulierung akausal gestalten, falls sie den uns bindenden Naturgesetzen zuwiderlaufen.

Die Ansicht, daß bei rein naturhaften Vorgängen alles streng kausal verläuft, wollen wir mit »strenge Kausalität« bezeichnen.

Es mag verwunderlich erscheinen, doch einige Wissenschaftler bekennen sich – allerdings nur in besonders gelagerten Fällen – zu einer Akausalität.

Um das verständlicher zu machen, wollen wir ein Beispiel aus der Statistik betrachten:

Ein Bestattungsinstitut kann für einen bestimmten Ort mit ziemlicher Genauigkeit angeben, wieviel Todesfälle sich prozentual zur Einwohnerzahl im Jahr ereignen werden. Ist es ein kleines Dorf, so werden die wirklichen Zahlen in jedem Jahr noch erheblich streuen, je größer jedoch die Einwohnerzahl ist, um so genauer wird der Prozentsatz der jährlichen Todesfälle anzugeben sein, und bezogen auf ein ganzes Land sind die Abweichungen minimal. Wollte man aber die Lebenserwartung für einen ganz bestimmten Bürger einer Stadt angeben, so kann man zwar auf Grund seines Alters, seines Gesundheitszustandes, seiner Arbeitslast und der Risiken, denen er sich unterwirft, einiges über seine Lebenserwartung aussagen – eine so genaue Bestimmung wie für den Durchschnitt läßt sich jedoch hier nicht geben.

Man kann den Standpunkt vertreten, daß die meisten Vorgänge im makroskopischen Bereich nichts anderes als Summierungen von Einzelereignissen im atomaren Bereich sind. Zwar lassen sich sehr genaue »Durchschnittsangaben« machen, doch über das Verhalten eines einzelnen Teilchens läßt sich genausowenig voraussagen wie über die Lebenserwartung eines einzelnen Menschen. Danach wären unsere makroskopischen Berechnungen nur zu einem – oft allerdings sehr hohen – Wahrscheinlichkeitsgrad richtig.

Auch hierzu ein Beispiel: Wir wissen, daß der Luftdruck in einem Raum dadurch zustande kommt, daß die Luftmoleküle, mit außerordentlich großer Geschwindigkeit fliegend, die Wandungen treffen. Dieses ständige Stoßen der Moleküle verursacht einen Druck – eben den Luftdruck. Wir kennen eine ganze Reihe von Gesetzen im Rahmen dieser »Kinetischen Gastheorie«, die sich widerspruchslos bewährt haben, die aber letztlich nur Durchschnittsangaben über die Bewegungsverhältnisse der einzelnen Teilchen darstellen. Genaue Aussagen über einzelne Moleküle zu machen ist uns in der Regel nicht möglich. Wir stellen nur die Wahrscheinlichkeit fest, mit der in der nächsten Sekunde eine bestimmte Teilchenmenge gegen die Wand prallt. Wegen der sehr großen Zahl der Luftmoleküle ist der Wahrscheinlichkeitsgrad unserer Aussage so groß, daß wir uns auf die Rechnungen verlassen können.

Es wäre nun theoretisch möglich, daß sich in einem abgeschlossenen Gefäß zufällig alle, sonst wirr durcheinanderfliegenden Moleküle während einer kurzen Zeitspanne nicht in Richtung auf eine der Wände, sondern parallel zu ihr bewegen. Die Folge davon wäre, daß für diese Zeit der Luftdruck auf die Wand zusammenbricht.

Nehmen wir einmal praktisch an, ein Rennfahrer unternähme

einen Rekordversuch. Er verläßt sich auf den Druck in seinen Reifen. Nur wenn dieser in allen vier Rädern den richtigen Wert hat, kann der Fahrer die gewünschte Geschwindigkeit erreichen. Die Bahn, die der Wagen nehmen wird, seine Geschwindigkeit und so weiter sind – so meinen wir – durch die Kenntnis der Anfangsbedingungen in errechenbaren Grenzen zuverlässig bestimmt.

Mitten im Rennen tritt nun der seltene Ausnahmefall ein, von dem wir sprachen. Schlagartig nimmt der Druck in einem der Reifen bis auf einen kleinen Rest ab. Der Wagen kommt unweigerlich ins Schleudern – eine Katastrophe ist die Folge. Experten werden zur Untersuchung des Unglücks herangezogen. Sie können keine Ursache entdecken. »Schicksal!« werden die einen sagen, »Ein Strafgericht Gottes für den Leichtsinn!« die anderen.

Zum Glück ist die Wahrscheinlichkeit für solche Ausnahmefälle so außerordentlich gering, daß wir uns ruhig beim Rasen auf der Autobahn auf unsere Reifen verlassen können.

Eine Parallele dazu wäre für unser erstes Beispiel, daß im Laufe eines Jahres in einer größeren Stadt kein einziger Mensch stirbt, was sich für das Bestattungsinstitut katastrophal auswirken würde.

Doch lag beim Druckabfall im Reifen eine Akausalität vor? Wurden die gültigen Gesetze der Technik durchbrochen? Nein, es gab ja eine Ursache für die nicht vorausberechenbare Wirkung. Hier verlief – noch! – alles kausal. Der Widerspruch zu den gültigen Naturgesetzen war nur scheinbar. Unsere Naturgesetze stützen sich eben auf die Durchschnittswerte, die in fast allen Fällen genügen.

Aber nur in *fast* allen.

Es gibt einige besonders gelagerte Prozesse – im vorhin nicht behandelten biologischen Gebiet – bei denen nicht das durchschnittliche Verhalten aller Einzelteilchen das Geschehen steuert. Hier beruht ein makroskopischer Vorgang auf den Reaktionen nur einzelner atomarer Teilchen.

So wird von einigen Biologen angenommen, daß viele Vorgänge in unserem Gehirn wie das Denken, Fühlen und Empfinden letztlich auf Reaktionen im atomaren Bereich basieren. Auch die Vererbung und damit die Evolution der Lebewesen hänge mit solchen mikrokosmischen Geschehnissen zusammen. Da sie unsere

Handlungen steuern und unsere Eigenschaften bestimmt haben, spielen sie bei Vorgängen im makrokosmischen Bereich mit.

Aufregend dabei ist, daß wir nicht ganz sicher sind, ob diese atomaren Vorgänge immer und unter allen Bedingungen wirklich streng kausal verlaufen.

Wie kommen wir zu diesen Zweifeln?

Auch hierfür sei ein Beispiel angeführt: Die Atome der sogenannten radioaktiven Elemente zerfallen bekanntlich. Dabei vollzieht sich eine Elementumwandlung. Dieser Prozeß geht ganz ohne den Einfluß irgendwelcher äußeren Ursachen vor sich, er kann auch durch keinen noch so gezielten äußeren Eingriff beeinflußt werden. Den Physikern ist jedoch die sogenannte Halbwertszeit radioaktiver Elemente bekannt. Das ist die Zeitspanne, während der sich genau die Hälfte aller vorhandenen Atome umgewandelt hat. Sehr viele Altersangaben von Fossilien, ja auch die Altersangaben von Gesteinen und ganzen Himmelskörpern lassen sich auf Grund dieser Regelmäßigkeit des Zerfalls machen.

Doch auch hier haben wir es mit einer Durchschnittsangabe zu tun. Für den Zerfallszeitpunkt eines einzelnen Atoms können wir nichts sagen. Es ist genauso gut möglich, daß es im nächsten Augenblick zerfällt, wie es möglich wäre, daß bis zu seinem Zerfall noch viele Millionen Jahre vergehen.

Muß es für dieses so unterschiedliche Verhalten nicht eine Ursache geben? Man könnte etwa annehmen, daß die Atome irgend etwas besitzen, was sie voneinander unterscheidet und wodurch die Abweichungen in ihrem Verhalten zu erklären sind. In der Tat gibt es in der Natur kein Blatt und kein Sandkorn, das völlig einem anderen gleicht.

Das ist im Makrokosmos sicher richtig, doch gilt es nicht in der Welt des Kleinsten. Die atomaren Teilchen sind nicht Körper in unserem gewohnten, herkömmlichen Sinn, es sind eher Orte mit besonderen Eigenschaften, bestimmte Zustände des Raumes. Und diese Zustände sind, wenn es sich um die gleichen Teilchen handelt, *vollkommen* gleich. Es gibt nicht große und kleine, runde oder eckige Elektronen. Das ist eine grundlegende Voraussetzung der modernen Atomistik. Hier liegt ein ganz wesentlicher Unterschied zwischen den Gebilden im Bereich des Großen und den Elementarteilchen vor. Warum zerfallen also die einen Atome – und die anderen nicht? Gibt es hier gleiche Ursachen und verschiedene Wirkungen? Liegt hier eine echte Akausalität vor?

Die Meinungen gehen auseinander. Während einige Wissenschaftler von echter Akausalität im Bereich der Atome sprechen, lehnen andere diesen Standpunkt ab.

So wichtig und grundlegend die Entscheidung zu diesem Problem im atomaren Bereich auch ist, für unsere weiteren Gedankengänge, die sich mit der Entstehung der Welt beschäftigen, ist es wichtiger zu beurteilen, ob in den Tiefen des Universums, in der Welt der Sterne, eine Akausalität angenommen werden kann. Wenn es im atomaren Bereich möglich ist, wäre damit grundsätzlich auch die entsprechende Möglichkeit für die Welt des Großen gegeben. Und weiter: Wenn die Kausalität irgendeinmal durchbrochen wurde, sollte es prinzipiell etwa am »Anfang der Welt« auch heute noch vorkommen können? Das ist eine der wichtigsten Fragen der modernen Kosmologie.

Wir wollen den Standpunkt, der eine Akausalität im Bereich der naturhaften Vorgänge zuläßt, mit »mögliche Akausalität« bezeichnen!

Die vier Meinungsrichtungen, »geistige Vorgänge, nicht naturhaft«, »geistige Vorgänge sind naturhaft«, »strenge Kausalität«, »mögliche Akausalität«, lassen sich paarweise kombinieren. Dadurch wird es leichter sein, die verschiedenen Weltanschauungen im Zusammenhang mit kosmologischen Problemen zu analysieren und die Bedeutung der astronomischen Forschung für die Gedankenwelt des modernen Menschen näher zu erklären.

Folgende vier Kombinationen sind möglich:

a) »Geistige Vorgänge, nicht naturhaft« – »strenge Kausalität«. Man könnte diese, vor allem in der westlichen Welt sehr stark vertretene Einstellung bedingt als idealistisch bezeichnen. Es gibt hier verschiedene Varianten, besonders in bezug auf die Problematik im zuvor von uns ausgeklammerten biologischen Gebiet. Während nämlich die Kausalität bei rein materiellen Vorgängen anerkannt wird, ist man sich über den Einfluß des Geistigen auf das Materielle noch nicht einig. So wird von vielen Vertretern dieser Richtung zwar die Gehirntätigkeit auf naturhafte Vorgänge zurückgeführt, ein freier Wille aber zugegeben. Auch der Verlauf einiger Krankheiten soll abhängig von geistigen (oder seelischen) und damit nicht naturhaften Einflüssen sein. Da wir uns hier in ein Gebiet begeben, das noch weitgehend unerforscht ist, liegen Widersprüche zu den anerkannten Naturgesetzen nicht (oder noch nicht) vor, und darum wird nach unserer Übereinkunft die Kausalität gewahrt. Die Anerkennung der Kausalität (in der vorher definierten Art) schließt den Glauben an »Wunder« aus. Im rein naturwissenschaftlichen Sektor läßt sich bei gegebenen Anfangsbedingungen alles folgerichtig und eindeutig vorausbestimmen. Darum wird in der Kosmologie eine jederzeitige Neuschöpfung der Materie aus dem Nichts abgestritten, denn das würde im Widerspruch zu den gültigen Naturgesetzen stehen. Im atomistischen Bereich wird von den Vertretern dieser Richtung die scheinbare Akausalität mit dem Vorhandensein noch nicht bekannter Ursachen erklärt.

Das Verhalten gegenüber religiösen Dogmen ist sehr unterschiedlich. Vollkommene Atheisten sind selten; doch meistens handelt es sich um Menschen, die sich nicht dogmatisch gebunden fühlen. Zu ihnen kann auch Rudolf Bultmann gerechnet werden, der sich in seinen Veröffentlichungen gegen einen naiven Glauben an Geister und Wunderwelten wendet. Nach seiner Auffassung finden sich auch im Neuen Testament Berichte, die neben den eigentlichen Kernaussagen einem solchen Glauben entstammen. In abgewandelter Form gehören zu diesem Personenkreis schließlich auch die Anhänger mehrerer ostasiatischer Religionsgruppen und bedingt die des Islam.

Es ist recht aufschlußreich, in diesem Zusammenhang einen Blick in die Mythologie des Altertums zu werfen. Da es damals eine Naturwissenschaft im heutigen Sinne noch nicht gab, schrieb man vieles nicht direkt Erklärbare einer Gottheit zu. Akausal erscheinende Änderungen im naturhaften Geschehen wurden durch den *materiellen* und deshalb durchaus verständlichen Eingriff eines Gottes hervorgerufen. Hierzu ein Beispiel: Im zwanzigsten Gesang in Homers Ilias wird der Kampf Hektors mit Achill beschrieben. Hektor schleudert seine Lanze auf Achill. »Aber Athene trieb mit Hauch sie zurück.« Der Hauch der Göttin – ein Luftstrom – ändert die Flugbahn des Geschosses und rettet Achill.

Man hätte sich auch eine Rettung durch ein (der Erfahrung widersprechendes) ursachloses Verschwinden der Lanze durch den Willen Athenes denken können – aber man erklärt es anders. Auf diese Weise wird eine gewisse Kausalität bewahrt. Auch bei der Weltentstehung suchte man nach kausalen Zusammenhängen. So können wir beispielsweise bei Homer eine ganze Kette – fast eine Ahnenfolge – finden, die den Werdegang der Welt beschreibt: Eros hatte das All in Bewegung gesetzt und das Licht gebracht. Er selbst schlüpfte »im Schoße der Dunkelheit« aus dem silbernen Ei, das wiederum die »schwarzgeflügelte« Nachtgöttin Nyx gelegt hatte.

Nach einer anderen Variante entschlüpfte dem Ei der Gott Chaos, der die Gaie (Erde) zeugte. Unter dem Einfluß des Eros verbindet sich Gaie mit Uranos und wird dadurch zur Mutter der Titanen. Der Titan Kronos war der Vater des Zeus, dessen zahlreiche halbirdische Nachkommenschaft die Halbgötter waren. Eine andere Linie führt von den Titanen über Iapetos zu Prometheus und letztlich zum Menschengeschlecht.

Man erkennt deutlich das Bestreben, auch die Herkunft der Götter ursächlich zu erklären. Natürlich führt das zwangsweise entweder zu einem zeitlosen, also ewigen Gott oder zu einer akausalen Neuschöpfung. Doch sind die lieben Urahnen zeitlich so fern, daß sich den alten Griechen ein solches Urproblem kaum stellte.

Diese Rückblendung ist interessant, weil ähnliche Gedanken auch viele unserer Zeitgenossen bewegen. Ist es denn etwas anderes, wenn wir den Ablauf unserer irdischen Geschicke aus Horoskopen zu erkennen suchen? Glauben wir dabei denn nicht an den Eingriff der Sterne in unser Leben? Wie früher die Götter die alten Griechen, so regieren uns heute die Gestirne, und zwar in vorausberechenbarer und darum kausaler Art. Die strenge Gültigkeit der Naturgesetze in allen Bereichen erkennen die Astrologen durchaus an, wobei sie allerdings ihren eigenen Naturgesetzen zu folgen pflegen.

b) »Geistige Vorgänge sind naturhaft« – »strenge Kausalität«. Das ist die Einstellung des Materialismus. Für unsere Probleme ist es sehr wichtig, daß er auch hinsichtlich der Entstehung des Weltalls ganz klare und eindeutige Fronten bezieht. Was entstanden ist, sind nur neue Formen der Materie. Sie selbst hat immer existiert. Eine Neuschöpfung ist ausgeschlossen. Daß die Materie nach Einstein einer Energie äquivalent ist und Umwandlungen von Strahlung in Materie und umgekehrt vorkommen können, ist – eben wegen der Äquivalenz – kein Widerspruch. Es sind nur verschiedene Formen ein und desselben. Bei der Annahme einer einmaligen Materie-(oder Energie-)Entstehung »aus dem Nichts« – etwa bei der »Weltschöpfung« – wäre das Prinzip der Kausalität verletzt, was mit der materialistischen Einstellung unvereinbar ist. Gelänge also ein eindeutiger Beweis für eine Akausalität in irgendeinem Bereich der Naturwissenschaften, so wäre der Materialismus zu einer Revision seiner Fronten gezwungen. Wir werden später noch darauf zurückkommen.

Bei der Annahme des Kausalitätsprinzips lassen sich bei vollkommener Kenntnis aller Gegebenheiten prinzipiell auch die Folgeerscheinungen, d. h. das zukünftige Verhalten eines jeden Körpers eindeutig bestimmen.

Das kommt auch bei Lenin zum Ausdruck: In »Materialismus und Empiriokritizismus« (deutsch: Moskau 1947/S. 137) schreibt er: »Das menschliche Denken ist also seiner Natur nach fähig, uns die absolute Wahrheit, die eine Summe von relativen Wahrheiten ist, zu geben und gibt sie uns auch.« »Absolute Wahrheit« schließt eine Akausalität aus. Zwar werden wir niemals in der Lage sein, alles zu erforschen und damit die volle Wahrheit zu ergründen. Gäbe es aber einen allwissenden Geist, etwa in der Art des Laplaceschen Dämons, der nicht nur *alles* erkennen kann, sondern auch alles kausal zu folgern in der Lage ist, so könnte er auch eindeutig die Zukunft, nicht nur im Bereich kosmischer Ereignisse, sondern, da alles materiell ist, auch für jeden von uns Menschen bestimmen. Jeder Reiz, der uns trifft, ist für ihn genauso vorausbestimmbar wie jede Regung, jeder Gedanke in uns und jede Tat, die wir begehen werden. Es gibt keine eigentliche Schuld und keine Sünde, da jeder Mensch so handeln *muß*, wie die Natur es ihm vorschreibt. Er kann keine freie Entscheidung fällen, er hat keinen freien Willen. Ein Mörder hat nur deshalb sein Opfer umgebracht, weil bestimmte Zellen in seinem Gehirn so und nicht anders reagierten – ja nicht anders reagieren konnten! Dennoch sollten Mörder bestraft werden, um andere Menschen dadurch vor ähnlichen Verbrechen abzuschrecken. Sie müßten isoliert werden, doch sollte bei jedem Verbrecher im Grunde genommen der Paragraph der Unzurechnungsfähigkeit Anwendung finden. Entsprechendes gilt natürlich sinngemäß auch für die Beurteilung von Verdiensten bei guten und großen Taten.

Doch nun zurück zu der Einstellung des Materialismus bei Problemen der Kausalität im astronomischen Bereich, speziell bei der Annahme einer Geburt des Universums:

In zahlreichen marxistisch-leninistisch ausgerichteten Veröffentlichungen findet sich eine deutliche Absage an die Endlichkeit des Weltalls in der Zeit und – damit eng verknüpft – im Raum. In »Das Weltall«, einem Auszug aus der Großen Sowjet-Enzyklopädie, finden wir (Ausgabe Leipzig 1953/S. 21, 22): »Die Astronomen de Sitter, Eddington und der Abbé Lemaître stellten jedoch eine Theorie über eine angeblich stattfindende Expansion des ganzen Weltalls auf, das in einem bestimmten Zeitpunkt »erschaffen« und endlich im Raum sei und nur eine begrenzte Zeitdauer existiere ... Die sowjetische Astronomie durchschaut diese pseudowissenschaftlichen Klügeleien und entwickelt eine wahrhaft wissenschaftliche, auf Tatsachen beruhende Lehre vom Weltall.«

Die große Bedeutung, die diesen Problemen zugemessen wird, geht auch aus folgender Veröffentlichung hervor: R. Kirchhoff schreibt in seinem Buch »Wissenschaftliche Weltanschauung und religiöser Glaube« (DVW, Berlin 1959, S. 42, 43):

»Und doch geht es in der Frage der Endlichkeit und Unendlichkeit der Welt tatsächlich um die Frage Ost oder West, allerdings nicht im geographischen Sinne, sondern um die bürgerlich-idealistische oder die sozialistisch-materialistische Weltanschauung.«

Und: »Die These vom Anfang der Welt in der Zeit ist unvereinbar mit dem dialektischen Materialismus.«

c) »Geistige Vorgänge, nicht naturhaft« – »mögliche Akausalität«

Der Laplacesche Dämon könnte, auch wenn er sämtliche Gegebenheiten bis ins kleinste kennen würde, den Lauf der Dinge in diesem Weltbild nicht voraussagen, denn in dem materiellen Ablauf kann ein Eingriff von etwas erfolgen, »was nicht von dieser Welt ist«.

Das ist auch die Einstellung der christlichen Kirche. Wer um besseres Wetter, um eine gute Ernte betet oder bei einem Gewitter Gott darum bittet, daß der Blitz nicht in sein Haus einschlägt, glaubt an die Allmacht Gottes. Er glaubt, daß Gott willkürlich den naturhaften Ablauf ändern kann. Eine solche Änderung erfolgt nicht – wir erinnern uns an das Beispiel aus der Ilias – durch einen anderen natürlichen Vorgang, sondern allein durch den Willen Gottes, allen Naturgesetzen zum Trotz.

So ein Eingriff Gottes heißt nach der konservativen Meinung Wunder. Wunder sind – bei entsprechender religiöser Auffassung – auch heute möglich, nicht nur in der Zeit, aus der die Bibel berichtet. Wir pflegen Dankgottesdienste abzuhalten, in denen wir uns für die von uns erbetene Regelung der naturhaften Abläufe bedanken. Das wäre sinnlos, wenn wir nicht an einen Gott glaubten, der alles lenkt.

Diese religiöse Einstellung hat einen sehr hohen moralischen Wert: Gott kann uns strafen, er kann uns aber auch behüten oder belohnen. Wir sind nicht blind dem geistlosen Walten der Dinge ausgesetzt. Wir können durch unsere Tugend unser Schicksal entscheidend beeinflussen.

Diese Geisteshaltung vermag uns auch auf kosmologische Fragen eindeutige Antworten zu geben. Gott hat die Welt und damit alles Materielle erschaffen: aus dem Nichts, allein durch sein Wort, seinen Geist, seinen Willen. Die Erschaffung aus dem Nichts war ein Wunder. Wie die Schöpfung im einzelnen zustande kam, ist für unser Problem gleichgültig. Wir können die Schöpfungsgeschichte sogar entgegen allen modernen theologischen Erkenntnissen wörtlich nehmen oder sie als Bilder und Gleichnisse auslegen, die Ursache darf nicht in den Naturgesetzen gesucht werden. Es ist von ganz entscheidender Bedeutung, daß wir bei dieser Einstellung prinzipiell auch eine Neuschöpfung des Materiellen in heutigen Tagen annehmen dürfen. Demnach wäre der Schöpfungsakt nicht nur auf den Anfang der Welt begrenzt, er könnte sich auch gegenwärtig noch vollziehen. Wir werden später sehen, wie wichtig diese Feststellung ist.

d) »Geistige Vorgänge sind naturhaft« – »mögliche Akausalität«. Auch bei diesem Weltbild müßte der Laplacesche Dämon versagen.

Diese Einstellung wird von einigen modernen Naturwissenschaftlern vertreten, die weder Materialisten noch Atheisten zu sein brauchen. Ein Gottesglaube im christlichen Sinne liegt hier allerdings nicht vor. Man findet diese Geisteshaltung im Naturalismus, bei dem an Stelle eines persönlichen Gottes ein in der Natur immanenter Gott tritt. Gott ist überall und in allem, doch in einer völlig abstrakten Art. Das Walten Gottes erkennen wir in jedem Atom genauso wie in den Fernen des Universums, sowohl im gegenwärtigen Geschehen wie zur Zeit der Schöpfung. Die Natur *ist* Gott. Damit ist die prinzipielle Einheit aller Vorgänge eine Selbstverständlichkeit.

Wir begegnen dieser Wirklichkeitseinstellung teilweise auch im Realismus, speziell im Spiritualismus. Ja man findet diese Haltung schon bei den jonischen Naturphilosophen (z. B. bei Thales von Milet), die im Seinsgrund (arche) das Göttliche (theion) verwirklicht sehen. Die Anwesenheit des Göttlichen im Seienden läßt sich in der Geistesgeschichte des Abendlandes von Plotin über Shaftesbury und Goethe bis hin zum Weltbild der gebildeten Schicht unserer Tage verfolgen. Das Göttliche kann hier als die Eigenschaft der Natur angesehen werden, die das Undeterminierte umfaßt, den Teil allen Seins also, der sich im Widerspruch zu den heute gültigen Naturgesetzen befindet. Dadurch kann auch die Willensfreiheit des Menschen anerkannt werden. Das ewig Göttliche hat sich bei der Schöpfung der Welt gleichsam nur modifiziert. Es ist jederzeit in uns und vermag uns wie die übrige Materie noch weiter zu modifizieren. Dadurch wäre auch der Weg für eine gegenwärtige Neuschöpfung des Materiellen frei.

Deutlich zu trennen ist davon der Weg, den der Empirismus geht, für den nur das existiert, was mit naturwissenschaftlichen Methoden erfaßbar ist. Eine Akausalität im naturhaften Ablauf der Dinge gibt es für ihn nur scheinbar. In Wirklichkeit rechnet er mit weiteren, noch nicht erkannten Naturgesetzen, die die gegenwärtigen eines Tages vervollkommnen werden, ohne zu ihnen im Widerspruch zu stehen.

Nach unserer Definition der Kausalität im naturhaften Geschehen gehört diese Einstellung nicht zu der Gruppierung »geistige Vorgänge sind naturhaft« – »mögliche Akausalität«, da sie ausnahmslos an die derzeitigen Naturgesetze gebunden ist.

Sie zählt zur Gruppe »geistige Vorgänge sind naturhaft« – »strenge Kausalität«.

Dagegen gehört ein atheistischer Standpunkt, der einen akausalen Ablauf anerkennt, in die Gruppierung »geistige Vorgänge sind naturhaft« – »mögliche Akausalität«.

Auch er wäre materialistisch, allerdings nicht im marxistisch-leninistischen Sinne. Da eine Ursache für die in einigen Fällen den Naturgesetzen zuwiderlaufenden Vorgänge hier völlig fehlt, wäre diese Einstellung extrem akausal (nicht nur in unserer eng begrenzten Definition). Sie ist rational am schwierigsten zu begreifen. Das Lösen von der Kausalität brauchte natürlich nicht überall und zu jeder Zeit zu geschehen. Es wäre möglich, daß die Akausalität der Ereignisse nur in bestimmten Bereichen, an bestimmten Orten und zu bestimmten Zeiten vorkommt.

Für kosmologische Probleme ist diese Kombination von sehr großer Tragweite. Wie bei der Annahme »geistige Vorgänge, nicht naturhaft« – »mögliche Akausalität« wird prinzipiell einer Weltentstehung aus dem Nichtmateriellen oder aus dem Nichts genauso wie einer Materieneubildung zur gegenwärtigen Zeit die Tür geöffnet.

Welcher Weltanschauung gehört die Zukunft? Werden wir zu Gott zurückfinden, oder steuert die Welt dem Atheismus entgegen? Wird sich die Waagschale nach Ost oder West neigen?

Wie eng der Zusammenhang der Weltanschauungen mit naturwissenschaftlichen, speziell kosmologischen Problemen ist, haben wir gezeigt; doch ist es nicht müßig, diesen Fragen nachzugehen? Ist nicht das meiste noch zu verworren und ungeklärt?

Noch vor kurzem schien es in der Tat so zu sein. Entsprechend der Vielzahl der Meinungen und Anschauungen gab es eine fast unübersehbare Menge von kosmologischen Theorien und Hypothesen, die nebeneinander und fast gleichberechtigt für ihre Glaubhaftigkeit warben. Mit einigen – allerdings oft sehr gewagten – Annahmen ließ sich fast alles beweisen oder in Abrede stellen.

Das hat sich dank der neuen Forschung gewandelt. Zwar sind wir auch heute noch weit davon entfernt, etwas Endgültiges auszusagen oder gar zu beweisen. Wäre es anders, müßte man die eine oder andere Weltanschauung ganz fallenlassen, und es gäbe weniger Streit in der Welt. Doch können wir heute vieles, was noch vor kurzem glaubwürdig erschien, als falsch oder zumindest als sehr unwahrscheinlich absetzen. Neue, besser begründete Theorien engen die Zahl der wahrscheinlichen Lösungen stark ein.

Der denkende Mensch kann an diesen Problemen nicht gleichgültig vorübergehen. Es gibt zu vieles, was uns in dieser Hinsicht im Innersten bewegt.

Hier einen kurzen Überblick zu geben, die Spreu vom Weizen trennen zu helfen, soll die Aufgabe dieses Buches sein. Wir werden – das sei schon an dieser Stelle gesagt – keine bestimmte Richtung bevorzugen oder einen ausgewählten Weg empfehlen. Wir wollen lediglich die Wahrscheinlichkeit und den Wahrheitsgehalt der verschiedenen Möglichkeiten abwägen.

Zum besseren Verständnis des Folgenden wird es notwendig sein, einige astronomische Begriffe und Teilgebiete etwas ausführlicher zu betrachten. Wir werden zunächst zurückblenden und versuchen, den Anfang aller Dinge aus astronomischer Sicht zu beleuchten. Wir werden aber sehen, daß sich die Probleme nicht behandeln lassen, ohne das große Werden und Vergehen der Sterne und Sternsysteme im Laufe der Jahrmilliarden zu betrachten. Erst dann rundet sich das Bild ab.

Ein dornenvoller Weg liegt vor uns, doch lohnt es sich, ihn zu betreten!

2.
Kosmologische Theorien

2.1. Die Evolution

Das Wort Evolution stammt aus dem Lateinischen und bezeichnet eine fortschreitende Entwicklung vom Primitiven, Ungeordneten, Niederen zum Komplizierten, Geordneten, Höheren. Auch der Mensch macht eine solche Entwicklung durch. Aus der Verschmelzung zweier Zellen im Mutterleib entstanden, wird er zu einem höchst komplizierten Wesen mit all den Geheimnissen seiner Anatomie und Physiologie, mit all den Problemen um das Wunderbarste, was wir kennen: die menschliche Seele. Wenn auch das Ordnungsprinzip bei seinem Werdegang nicht so deutlich in Erscheinung tritt, komplizierter als ein Embryo ist der fertige Mensch zweifellos, doch steht er auch »höher«? Ist eine Wertabstufung bei dieser Evolution überhaupt zulässig? Wonach soll der Wert eines Individuums beurteilt werden? Das sind Fragen, die sich nur schwer befriedigend beantworten lassen.

Sicher ist es berechtigt, das Prinzip der Evolution auch auf andere Lebewesen, auf Tiere und Pflanzen, zu übertragen. Strittiger ist schon, ob es sich auf die unbelebte Natur übertragen läßt. Können wir auch hier, bei der toten Materie, beispielsweise bei einem Stein, von Evolution sprechen? Ist nicht der Stein ein Symbol für etwas Festes, Unveränderliches, etwas, was allen Umwelteinflüssen widersteht?

Sicher ist das richtig, doch auch er hat seine Entwicklungsphase gehabt, auch er wurde gebildet. Wer einmal Gelegenheit hatte, den Dünnschliff eines Gesteins, etwa des Granits, unter einem Mikroskop zu betrachten, der wird in der Struktur und Schönheit sicher die großartige Bauleistung der Natur erkannt haben. Das alles ist geworden, es hat sich entwickelt, es war nicht zu allen Zeiten so. Die Moleküle – Bausteine der Materie – befanden sich einmal, vor Milliarden von Jahren, in einem chaotischen Zustand, ehe sie sich ordneten und zu dem kleinen Wunderwerk wurden, das uns das Mikroskop offenbart.

Eine Evolution gab auch unserem Planeten Erde seine Ordnung: seinen Aufbau aus mehreren Schichten, die Trennung des Wassers von den Landmassen an seiner Oberfläche und seine Gashülle. All das ist das Ergebnis einer sehr langen Entwicklung aus einem ungeordneten sogenannten Protoplaneten.

Gleiches gilt auch für unsere Sonne und alle anderen Fixsterne. Wir haben heute sogar recht genaue Vorstellungen über den Lebensweg der Sterne. Nicht viel anders verhält es sich bei der Entwicklung der Sternsysteme. Davon wird noch die Rede sein.

Wer auf diesem Wege weitergeht, kann schließlich die Schlußfolgerung ziehen, daß nicht nur die einzelnen Teile, sondern auch das gesamte Universum einer Entwicklung, also einer Evolution, unterliegt. Wir können dann diese Feststellung zum Prinzip erheben und behaupten, daß es ein Naturgesetz gibt, das universell gilt und das bei jeder Art der Materie eine Evolution vorschreibt. Erkennen wir dieses Naturgesetz an und forschen nach dem Urzustand aller Dinge, so müssen wir zwangsweise zu einem Anfang kommen, bei dem eine extrem ungeordnete, einfache Art der Materie vorlag.

Das einfachste bekannte Element ist der Wasserstoff. Seine Atome bestehen aus einem Kern mit nur einem Proton. Die Hülle enthält nur ein Elektron. Alle anderen Elemente sind komplizierter aufgebaut. Wenn wir dem Evolutionsprinzip treu bleiben, müssen wir annehmen, daß sich alles Materielle aus dem Wasserstoff entwickelt hat. Wir müssen uns allerdings darüber im klaren sein, daß wir bei dieser Überlegung in gewisser Beziehung immer noch »in der Luft hängen«, denn auch der primitive Wasserstoff muß irgendwie entstanden sein. Darauf haben wir noch keine Antwort gefunden.

Bei genauer Analyse können an der Glaubwürdigkeit unserer Thesen doch einige Zweifel auftreten. Fangen wir wieder mit der Evolution des Menschen an: Daß sich der einzelne Mensch entwickelt hat, liegt fest; doch ist es unser Schicksal, einmal zu sterben und letztlich wieder zu »Erde« zu werden, wie es die Bibel lehrt. Nur während einer kurzen Periode befand sich die Materie in einer

Höchstform. Vorher und nachher dominiert die Unordnung, das Einfache, Niedere. Es herrscht also ein ständiges Auf und Ab, ein Werden und Vergehen. Einen Fortschritt, ein Ziel, dem die Entwicklung letztlich zusteuert, gibt es nicht.

Doch auch dagegen läßt sich argumentieren: Wenngleich der einzelne stirbt, die Gemeinschaft, das Volk lebt weiter, es formt und entwickelt sich. Die Geschichte kennt viele Beispiele dafür. Die Errungenschaften unserer Kultur und Zivilisation sind nicht von heute auf morgen zustande gekommen, sie sind das Ergebnis jahrtausendelanger Anstrengungen und Mühen. Doch wir fragen weiter: Stirbt nicht auch das Volk, stirbt nicht auch die Menschheit einmal? Endet nicht alles Leben? War alles, was wir erreicht haben, letztlich doch umsonst? Wir werden uns auch mit diesen Problemen noch beschäftigen.

Dieselben Fragen begegnen uns bei der Analyse des Werdeganges in der unbelebten Natur. Wir werden in den folgenden Kapiteln zeigen, daß nicht nur unserer Erde, sondern auch der Sonne und den anderen Sternen ein Tod beschieden sein kann. Doch ist das Entscheidende dabei nicht das Sterben des einzelnen, hier der Sterne und Sternsysteme, sondern die Frage, ob nach diesem Vergehen der Individuen der alte, und zwar genau der ursprüngliche Zustand erreicht wird. Tritt er nicht ein, so ist auch unter diesen Umständen eine Evolution vorhanden.

Das ganze Problem mündet also in die Frage, ob nach allen *Teilevolutionen*, nach allem »Auf und Nieder« das alte Chaos in unveränderlicher Form wieder regiert, oder ob am Ende ein anderer Zustand erwartet werden muß. Auch zu diesem Problem müssen wir Stellung nehmen, denn eng damit ist die Frage nach dem Anfang der Welt, also nach der Schöpfung des Universums verbunden.

Wenn die Welt im großen unveränderlich ist, also keiner Evolution unterliegt, so müßte sie auch stationär sein. Stationär heißt stillstehend, ortsfest. Ein stationäres Universum wäre also eine Welt, in der sich im wesentlichen weder die einzelnen Teile ändern noch deren gegenseitige Abstände verschieben. Ist das Universum stationär, so ist auch ein Anfang der Welt nicht zu erwarten. Die relativ geringen Bewegungen, die wir beispielsweise im Planetensystem oder bei den in unserer Nähe befindlichen Fixsternen registrieren, brauchten zu einer solchen Welt nicht im Widerspruch zu stehen, genauso, wie die zeitlich begrenzten Evolutionsvorgänge den Grundgedanken nicht zu beeinflussen brauchen.

Die Antwort auf die Frage, ob ein solches Universum möglich ist, hängt eng mit der Verteilung der Materie in ihm, also mit der Verteilung der Sterne und Sternsysteme im Raum zusammen. Ist die Welt im großen gesehen etwa gleichmäßig mit Sternen und Sternsystemen erfüllt, so sagen wir, sie ist homogen. Die primäre Frage lautet also: Ist das Weltall homogen oder nicht? Um eine Antwort darauf zu finden, müssen wir zunächst einige astronomische Teilgebiete etwas genauer untersuchen.

2.2. Sterne und Sternsysteme

Daß die Sterne am Himmel nicht ganz gleichmäßig verteilt sind, können wir in jeder klaren Nacht feststellen. Es gibt Himmelsgegenden, die, wie in unseren Breiten etwa der Südraum im Frühling, sehr sternarm erscheinen, und Gebiete mit vielen hellen Sternen, wie sie sich uns im Winter in den Sternbildern Orion, Stier, Zwillinge und Fuhrmann bieten. Doch könnten das nur örtliche Ausnahmen einer sonst recht gleichmäßigen Verteilung sein.

Genaue Aufschlüsse geben uns systematische Sternzählungen, mit denen bereits Astronomen des 18. Jahrhunderts begonnen hatten. Sie beschränkten sich dabei nicht allein auf die mit bloßem Auge erkennbaren Sterne, sondern zählten auch die durch lichtstarke Fernrohre sichtbaren Himmelskörper. Einer der ersten Forscher, der diese Arbeiten durchführte, war der durch die Entdeckung des Planeten Uranus bekanntgewordene Astronom Wilhelm Herschel (1738–1822). Andere Astronomen folgten.

Das Ergebnis war eindeutig: Unter der Annahme, daß die Sterne in weiter Entfernung absolut etwa ebensoviel Licht ausstrahlen wie die Sterne in unserer Nähe, müßten die lichtschwach erscheinenden Sterne viel zahlreicher sein, als man festgestellt hatte. Das bedeutet nichts anderes, als daß die Sterne den Raum nicht gleichmäßig erfüllen, sondern daß sie in großer Entfernung weniger dicht gelagert sind als in unserer Nähe. Allerdings gilt das nicht für alle Himmelsgegenden. Es gibt Gebiete, in denen die

Sterne sich eng zusammengeschlossen haben. Die Astronomen sprechen in solchen Fällen von offenen Sternhaufen. Ein sehr bekannter Sternhaufen sind die Plejaden oder das Siebengestirn im Sternbild Stier. Der Name ist irreführend, denn der Haufen enthält über 300 Einzelsterne, von denen das bloße Auge meistens nur sechs sieht. Die Entfernung beträgt rund 450 Lichtjahre. Eine genaue Analyse der Sterndichten in verschiedenen Räumen zeigte, daß wir uns mit unserem Sonnensystem in einer riesigen abgeflachten Sterninsel mit etwa 200 Milliarden Mitgliedern und einem Scheibendurchmesser von etwa 100000 Lichtjahren befinden. Diese galaktische Scheibe umgibt ein *»Halo«* – ein fast kugelförmiges Gebiet, in dem neben relativ seltenen Einzelsternen sogenannte Kugelhaufen vorkommen. Von ihnen wird noch die Rede sein (Abb. 1). Wir befinden uns nicht weit von der Mittelebene des Systems entfernt, und so erscheint uns die Masse der Sterne auf einem uns umgebenden Band als schwache Aufhellung des Himmels. Wir nennen es die Milchstraße.

In weiter Entfernung ist die Materie also nicht homogen.

Wie sieht es aber aus, wenn wir in noch viel größere Fernen blicken? Unser Milchstraßensystem ist ja bekanntlich nicht die einzige Sternansammlung dieser Art. Unser Nachbar, der in klaren Nächten bereits mit unbewaffnetem Auge sichtbare Andromedanebel, liegt in einer Entfernung von rund $2^1/_2$ Millionen Lichtjahren. Solche Sternsysteme oder Galaxien umgeben uns von allen Seiten. Wir müssen unsere Frage nach der Gleichmäßigkeit der Materieverteilung also auf diese Gebiete ausdehnen.

Die Beantwortung fällt uns jetzt viel schwerer. In der Mittelebene unseres Milchstraßensystems liegt eine Schicht mit sogenannter interstellarer Materie. Das sind Gase und Staub in außerordentlich dünner Verteilung. Diese interstellare Materie ist innerhalb der Schicht nicht gleichmäßig verteilt. An einigen Stellen zeigen sich Verdichtungen, die das Licht in ihrer Nähe befindlicher Sterne reflektieren und uns dadurch sichtbar werden. In der Nähe sehr heißer Sterne wird das interstellare Gas durch das Sternlicht auch zum Selbstleuchten angeregt. Die bekannteste Ansammlung solcher interstellarer Materie ist der Große Orionnebel (Abb. II). Diese Materieschichten behindern in erheblichem Maße die Sicht, und wir haben deshalb oft Mühe, in ihren Richtungen weit außen liegende Objekte zu erkennen.

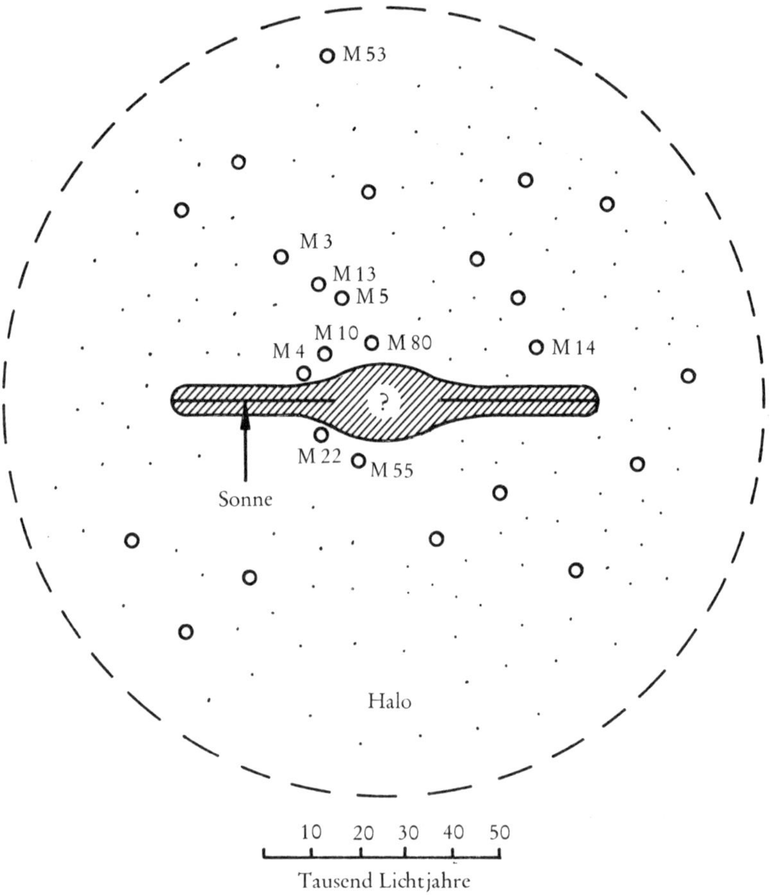

Abbildung 1: Schematischer Querschnitt durch das Milchstraßensystem. Die Masse der Sterne befindet sich in einem linsenförmigen Gebilde. Über den Bau des Kerngebietes herrscht noch weitgehend Unklarheit. Die eigentliche Galaxis wird von kugelförmigen Sternhaufen umgeben, von denen einige in der richtigen Lage eingezeichnet worden sind.

Der langjährige Leiter des berühmten Harvard-Observatoriums, Harlow Shapley, hatte als einer der ersten bereits 1933 eine Zusammenstellung aller Galaxien bis zur 13. Größenklasse veröffentlicht. Sie enthält 1249 Objekte. Um diese Arbeit voll zu würdigen, muß man sich vergegenwärtigen, daß ein Objekt 13. Größenklasse rund 500mal so lichtschwach wie ein Stern ist, den wir gerade noch mit bloßem Auge sehen.

Das Überraschende dieser Liste war, daß sich deutlich eine

Gruppenbildung bei den Galaxien zeigte. Ähnlich wie die Fixsterne schließen sich demnach auch diese riesigen Sternsysteme zu größeren Einheiten, den Galaxienhaufen, zusammen. Auch unser Milchstraßensystem bildet mit dem Andromedanebel (Abb. IX), der im Sternbild Dreieck liegenden Galaxie mit der Nummer 33 im Messier-Katalog der Himmelsobjekte, kurz M 33 genannt, und etwa 30 anderen, meistens kleineren Sterninseln, eine Gemeinschaft. Die Astronomen nennen sie die lokale Gruppe. Hierzu gehört vermutlich auch die durch Infrarotempfänger entdeckte Galaxie Maffei 1 (Abb. III). Wegen ihrer Lage wird ihre Strahlung im optischen Bereich stark durch die interstellare Materie geschwächt. Die Messungen ergeben eine Masse von etwa 10^{11} Sonnenmassen. Es handelt sich also um ein System, das sich größenmäßig nicht stark vom Milchstraßensystem unterscheidet.

Ein sehr großer Galaxienhaufen befindet sich im Sternbild Jungfrau (Abb. IV). Die Zahl der Galaxien allein in diesem Haufen wird auf 3000 geschätzt. Ein großer Haufen liegt auch im Sternbild Haar, alles Objekte, die sich schon mit relativ kleinen Instrumenten beobachten lassen.

Ungeklärt ist noch die Frage nach der Existenz von intergalaktischer Materie, also von materiellen Teilchen in den Räumen zwischen den Galaxien. Einige Forscher glauben, »Materiebrücken« festgestellt zu haben, die zwei Galaxien miteinander verbinden. So hat der verstorbene Sonneberger Astronom Hoffmeister Anzeichen für eine solche Brücke zwischen unserem Milchstraßensystem und den Magellanschen Wolken, zwei kleineren, relativ nahen Sternansammlungen, gefunden. Auffallend ist auch, daß man in relativ nahen Galaxienhaufen, wie etwa dem Jungfrau-Haufen, weniger lichtschwache, also vermutlich sehr weit entfernte Galaxien gefunden hat als in Himmelsgegenden, in denen nahe Galaxien fehlen. Der amerikanische Astronom F. Zwicky folgerte daraus das Vorhandensein einer zwischen den Galaxien befindlichen Materie, die den Blick zu den entfernteren Objekten hindert. Auch neuere kosmologische Theorien, auf die wir noch zu sprechen kommen werden (S. 207), nehmen die Existenz einer intergalaktischen Materie an.

Das statistische Material über die Galaxien konnte in neuer Zeit wesentlich erweitert werden. In einem Katalog hat Zwicky mehrere tausend Galaxien registriert. Bei diesem umfangreichen

Material ist die Frage aufgetaucht, ob Häufungen von Galaxienhaufen festzustellen sind, ob also die Galaxienhaufen die größten Einheiten darstellen oder ob die Gruppierung noch weitergeht. Hier gehen die Meinungen der Forscher noch auseinander. So gibt es einige Andeutungen dafür, daß die lokale Gruppe mit dem Jungfrau-Haufen in Verbindung steht und zu einem »metagalaktischen System« riesigen Ausmaßes gehört. Sehr ausgeprägt sind solche Metagalaxienhaufen aber sicher nicht, und so können wir – allerdings mit einiger Vorsicht – behaupten, daß im großen die Galaxien und Galaxienhaufen etwa gleichmäßig das Weltall erfüllen. Allerdings gibt es eine sehr folgenschwere Einschränkung: Das gilt nur, »soweit das Auge reicht«.

Was ferner liegt, war uns so lange verborgen, bis der neue astronomische Zweig, die Radioastronomie, unseren Horizont in ungeahnter Weise vergrößert hat.

2.3. Die kosmischen Radioquellen

Das sichtbare Licht ist eine spezielle Art der elektromagnetischen Strahlung. Es unterscheidet sich von anderen Strahlungsarten wie den Röntgenstrahlen, dem ultravioletten Licht und den Wellen, die die Rundfunksendungen und Fernsehbilder in unser Haus tragen, prinzipiell nur durch die Wellenlänge. Die Sterne senden ein buntes Gemisch aller möglichen Wellenlängen aus, doch ist die bevorzugte Wellenart bei den verschiedenen Sternen unterschiedlich. Es gibt Sterne, die im sichtbaren Bereich in erster Linie kurzwelliges Licht aussenden und deshalb blau erscheinen, andere, die mehr das langwellige Rot aussenden; es gibt Infrarotsterne, Röntgensterne und solche mit einer relativ starken Strahlung im Radiobereich. Die Beobachtung dieser Sterne erfolgt mit Spezialgeräten. Besondere Schwierigkeiten macht dabei der kurzwellige Bereich, also etwa die Röntgenstrahlung, da diese sehr stark von der Lufthülle absorbiert wird. Hier bieten sich Forschungsstationen an, die außerhalb der Atmosphäre in Raketen, Satelliten oder auf dem Mond stationiert sind. Beobachtungen dieser Art sind schon mit Erfolg unternommen worden. Besonders aufschlußreich sind die Ergebnisse, die von der Raumstation Skylab gewonnen wurden.

Die Radiowellen verhalten sich anders. Während die Luftmoleküle die an das sichtbare Licht grenzende langwellige Strahlung zum größten Teil absorbieren, ist die Luft für Wellenlängen zwischen etwa 1 cm und 20 m durchlässig. Längere Wellen können die Lufthülle wiederum nicht passieren. Man spricht deshalb von dem *Radiofenster*, das uns neben dem *optischen Fenster* die Möglichkeit bietet, die außen liegende Welt zu beobachten.

Die Geschichte der Radioastronomie ist auch für viele andere naturwissenschaftliche Entdeckungen so typisch, daß kurz über sie berichtet werden soll.

Nach der Einführung der drahtlosen Telegrafie und Telefonie hatte man bald beobachtet, daß Gewitter häufig den Funkverkehr stören. Es zeigte sich, daß auch recht weit liegende Gewitterzentren die Qualität der drahtlosen Übertragungen beeinflussen. Um die Störungsquellen zu lokalisieren, hatten die amerikanischen Bell Telephone Laboratories im Jahre 1931 einen ihrer Mitarbeiter, den Ingenieur Karl G. Jansky, beauftragt, Versuche mit einer Empfangsanlage in Holmdel, New Jersey, anzustellen. Jansky sollte auch Möglichkeiten zur Behebung der Störungen im transatlantischen Funkverkehr finden.

Der Ingenieur benutzte eine Wellenlänge von 14,6 m und machte bei seinen Versuchen eine sehr bedeutsame Feststellung: Er fand ein Rauschen, das auch an sonst störungsfreien Tagen zu hören war. An seinen Apparaten konnte das nicht liegen, da er mit einer Richtantenne die neuen Störungen morgens aus östlicher, mittags aus südlicher und abends schließlich aus westlicher Richtung empfing. Es mußte sich demnach etwas am Himmel befinden, das die Strahlungen aussandte. Zuerst suchte er in der Sonne die Urheberin der Strahlung, doch bald zeigte sich, daß sie nicht im Rhythmus der Sonnentage, sondern der Sterntage empfangen wurde. Unsere bürgerliche Zeitrechnung ist auf den scheinbaren täglichen Umlauf der Sonne ausgerichtet, der 24 Stunden beträgt. Da die Sonne scheinbar unter den Sternen weiterwandert, ist ein »Sterntag«, also die Zeitspanne zwischen zwei gleichen Stellungen eines Fixsternes, kürzer. Der Unterschied beträgt rund 4 Minuten. Während also der Ort der Störungsquelle zunächst im Osten lag, verschob er sich und befand sich nach einiger Zeit, abweichend von der Stellung der Sonne, morgens im Süden und später im Westen. Die Sonne kam also als Sender nicht in Frage.

Jansky forschte weiter und stellte fest, daß die geheimnisvolle Störungsquelle in der Milchstraßengegend im Gebiet des Sternbildes Schütze liegen müsse.

In den folgenden Jahren wurde die neue Entdeckung wenig beachtet, bis der Krieg eine entscheidende Wende brachte. Mit ihren neuen Radargeräten, die auf einer Wellenlänge von 5 m arbeiteten, konnten die Engländer bei der Suche nach deutschen Flugzeugen eine intensive, von der Sonne ausgehende Radiostrahlung feststellen. Diese Strahlung blieb nicht konstant, sondern stand im engen Zusammenhang mit den Sonnenflecken und der übrigen Sonnenaktivität. Als nach dem Krieg diese zunächst geheimgehaltenen Beobachtungen auch anderen Ländern bekannt wurden, hatte man intensiv weitergeforscht und eine ganze Reihe anderer Radioquellen am Himmel gefunden. Besonders in Holland fiel der neue Zweig der Astronomie auf fruchtbaren Boden. Hier lagerten nämlich mehrere von der deutschen Wehrmacht zurückgelassene »Würzburg-Riesen«. Das waren »Funkmeßgeräte«, die ähnlich wie die englischen Radargeräte arbeiteten. Mit ihren großen parabelförmig geformten Antennen und Durchmessern von 7,5 m waren sie hervorragend für den Empfang der kosmischen Radiostrahlung geeignet. Seitdem sind vielerorts neue gewaltige Anlagen errichtet worden, so der 100-m-Spiegel auf dem Effelsberg in der Eifel.

Die Radioastronomie muß gegenüber der optischen zwei sehr schwerwiegende Nachteile in Kauf nehmen: Die Energie der aus dem Weltall einfallenden Strahlung ist wesentlich kleiner als diejenige des sichtbaren Lichtes; außerdem ist es sehr viel schwieriger, den genauen Ort der Strahlungsquelle zu ermitteln. Diesem Nachteil steht aber der gewaltige Vorteil gegenüber, daß die Technik mit den Radiowellenlängen sehr viel besser umzugehen vermag als mit dem Licht. Die empfangenen Signale können ohne Schwierigkeiten enorm verstärkt werden, so daß sich auch sehr schwache Impulse registrieren lassen. Noch ein weiterer Vorteil kommt dazu: Während das sichtbare Licht sowohl vom Dunst und Staub der irdischen Atmosphäre als auch von der interstellaren Materie stark absorbiert wird, durchdringen die Radiowellen diese störenden kosmischen Wolken fast ungehindert und geben uns so den Einblick in die Tiefen des Universums frei. Ein wesentlicher

Vorteil liegt auch darin, daß Radiobeobachtungen auch bei bedecktem Himmel und am Tage durchgeführt werden können.

Doch nun zurück zu der Frage nach der Struktur des Weltalls im großen. Was liegt jenseits der gerade noch mit optischen Mitteln sichtbaren Galaxienhaufen?

Mit sehr aufwendigen Methoden ließ sich das schlechte Auflösungsvermögen der Radioteleskope so weit verbessern, daß man die Quellen bis zu einer Winkelgröße von einer Bogensekunde und sogar darunter lokalisieren konnte. Die Quellen wurden in einem Katalog zusammengefaßt. Dieser 3-C-Katalog (3. Cambridger Katalog der Radioquellen) enthält eine große Anzahl solcher Objekte mit recht zuverlässigen Angaben. Hierbei zeigte sich, daß der scheinbare Durchmesser der Radioquellen in einigen Fällen unter einer Bogensekunde liegen mußte. Die Objekte erschienen also fast punktförmig, so, wie man es sonst nur bei Fixsternen gewohnt war. Man gab deshalb diesen Radioquellen die Bezeichnung »quasistellare Objekte« oder kurz »Quasare«. Weitere Untersuchungen ergaben, daß viele von ihnen mit blauen sternartig erscheinenden und darum sehr weit entfernten Galaxien identisch sind. Im Jahre 1965 fand A. Sandage eine größere Zahl solcher Gebilde, die sich von den zunächst beobachteten Quasaren nur dadurch unterschieden, daß sie keine oder nur eine sehr schwache Radiostrahlung emittierten. Die von ihnen im gesamten Strahlungsbereich ausgesandten Energien mußten aber außerordentlich groß sein.

Ist also der weite Weltraum mit diesen Quasaren erfüllt? Und wenn das zutrifft, sind sie gleichmäßig verteilt? Ist das Weltall auch in so großer Ferne annähernd homogen?

Eine eindeutige Antwort können wir heute noch nicht darauf geben. Wir werden später noch darauf zurückkommen (S. 141). Doch sind wir dank der Radioastronomie in der Lage, sehr viel weiter ins Weltall vorzustoßen, als wir früher je zu hoffen gewagt haben; und wir wissen deshalb, daß auch der weitere Weltraum zumindest nicht »leer« ist.

2.4. Das Olberssche Paradoxon

In seinen Prinzipien über Raum und Zeit hat Newton die These von der Unendlichkeit des Weltraums vertreten. Er stellte sich die Frage, ob das Weltall unendlich und etwa gleichmäßig mit Sternen erfüllt und deshalb auch die Zahl der Sterne unendlich ist oder ob es sich um eine gewaltige Sterninsel im leeren Raum handelt. Da nach dem Gravitationsgesetz jeder Stern jeden anderen anzieht, müßte bei einer endlichen Sternzahl, also bei der Annahme einer Sterninsel, diese in sich zusammenstürzen. Die Sternzahl müsse deshalb, so folgerte Newton, unendlich sein.

Zu Newtons Zeiten waren weder die Entfernungen der Sterne untereinander noch ihre gegenseitigen Bewegungen bekannt. So konnte er nicht ahnen, daß bei einer endlichen Sternzahl im Laufe der Zeit gerade das Gegenteil eintreten müßte: nicht ein Zusammenstürzen, sondern ein Auseinanderfliegen der hypothetischen Sterninsel.

Der Vergleich mit einem Gas möge das verdeutlichen. Die einzelnen Gasmoleküle unterliegen als materielle Körper natürlich genauso der gravitativen Anziehung wie makrokosmische Gebilde, z. B. Sterne und Galaxien. Die Moleküle stehen bekanntlich nicht still, sie bewegen sich in Abhängigkeit von der Temperatur mit kleineren oder größeren Geschwindigkeiten regellos in alle möglichen Richtungen. Bei einem Gas sind die Geschwindigkeiten so groß, daß die Moleküle trotz der Gravitation auseinanderfliegen und das Gas sich schließlich völlig zerstreut. Das gleiche Schicksal müßten auch die Sterne erleiden. Die gegenseitigen Abstände sind so gewaltig, daß die relativen Geschwindigkeiten unweigerlich ein Zerstreuen der Sternansammlung zur Folge hätten. Auch das scheint also bei einem »ewigen« Bestand der Welt für eine unendlich ausgedehnte homogene Welt zu sprechen. Eine Sterninsel »im leeren Raum« könnte auf die Dauer nicht existieren.

Eine andere Überlegung führt allerdings zu einer genau entgegengesetzten Ansicht: Der Bremer Arzt und Astronom Wilhelm Olbers hat 1826 auf Grund eines Gedankenexperiments geglaubt, die Unendlichkeit der mit Sternen erfüllten Welt zunächst anzweifeln zu müssen.

Man denke sich einen Sehstrahl in den Himmel gerichtet. Bei der geringen Sterndichte wäre es ein Zufall, wenn er bereits in relativer Nähe auf einen Stern träfe. Wir denken uns aber den Strahl immer weiter und weiter verlängert. Wenn er auch nach

Millionen oder gar Milliarden von Lichtjahren noch nicht auf einen Stern stößt, bei einer unendlichen Anzahl von Sternen müßte er schließlich doch unweigerlich einen Stern treffen. Das bedeutet, daß wir aus *jeder* Richtung auch einen von einem Stern ausgehenden Strahl empfangen müßten, was zur Folge hätte, daß der ganze Himmel als eine einzige helle Sphäre erscheinen würde. Da das nicht der Fall ist, kann die Sternenzahl nur begrenzt sein.

Da Olbers entsprechend der damals herrschenden Meinung von der Unendlichkeit der Welt in Raum und Zeit überzeugt war, suchte er aus dem Dilemma einen Ausweg und fand ihn in der Annahme von Dunkelwolken, die, zwischen den Sternen gelegen, das Licht absorbieren sollten. Obgleich eine absorbierende Materie tatsächlich zwischen den Sternen und möglicherweise auch zwischen den Galaxien vorhanden ist, bedeutet das doch keine Lösung des Problems.

Die Temperatur eines jeden Körpers im Weltall ist die Folge der auf ihn fallenden Einstrahlungen und seiner eigenen Ausstrahlung. Bei klarem Himmel strahlt die Erde nachts Wärme ab. Es wird kalt. Am Tage erwärmt sie sich durch die Sonneneinstrahlung. Nehmen wir eine unendliche Sternzahl an, so muß ein in der angenommenen absorbierenden Materiewolke »außen« gelegenes Teilchen so viel Energie empfangen, daß es sich immer mehr und mehr erwärmt und schließlich eine so hohe Temperatur erreicht, daß es selbst stark zu strahlen beginnt und dadurch die weiter »innen« gelegenen Teilchen erwärmt. Diese Erwärmung müßte sich so weit fortsetzen, bis schließlich die gesamte absorbierende Materie zu leuchten begänne und somit den Himmel nicht verdunkeln könnte. Entsprechendes gilt natürlich auch für andere nicht sichtbare Strahlen, wie etwa für die Radiostrahlung.

Es gibt noch einen weiteren allerdings sehr modernen Einwand gegen ein in Raum und Zeit unendliches und homogenes Weltall: Neben der elektromagnetischen Strahlung wird von den Sternen in hohem Maße auch die sogenannte Neutrinostrahlung emittiert, auf die später noch genauer eingegangen werden soll. Die Neutrinos haben die Eigenschaft, praktisch nicht absorbiert zu werden, also alle Gegenstände und auch ganze Himmelskörper ungehindert zu passieren. Bei einem unendlichen Weltall müßte in unendlicher Zeit die im Raum befindliche

Neutrinomenge auch unendlich werden, was physikalisch nicht möglich ist.

Wie hell ist nun der Nachthimmel tatsächlich? Wir meinen nicht den Himmel, den wir in unseren Städten beobachten. Die vielen irdischen künstlichen Lichtquellen erhellen ihn in unkontrollierbarer Weise. Nein, wir meinen den Himmel, wie er uns etwa auf der Nachtseite des Mondes (ohne »Erdlicht«) oder von einem Raumschiff aus erscheinen würde; genauer gesagt, die Strahlung des Nachthimmels ohne das direkte oder reflektierende Sonnenlicht.

Die Helligkeit der Sterne wird bekanntlich durch Größenklassen angegeben. Grob gesagt, gehören die hellsten Sterne des Himmels zur 1. Größenklasse und die gerade noch mit bloßem Auge sichtbaren zur 6., wobei die Sterne 1. Größe hundertmal so hell sind wie die Sterne 6. Größe. Auf die genaue Festlegung werden wir später eingehen (S. 71). Wir kennen am Himmel 23 Sterne 1. Größe (genauer: heller als 1,5ter Größe). Alle anderen Lichtquellen des Himmels strahlen zusammen so viel wie 2000 Sterne 1. Größe. Dazu tragen die Galaxien nur wenig bei. Man kann abschätzen, daß uns alle Galaxien bis zu einer Entfernung von 10 Milliarden Lichtjahren – eine Zahl, die, wie wir später sehen werden, eine gewisse Berechtigung hat – etwa so viel Licht spenden wie nur 2 Sterne 1. Größe. Das Olberssche Paradoxon ist also im Hinblick auf die Galaxien noch ausgeprägter. Ganz anders sind die Folgerungen, wenn man das Weltall entweder als nicht homogen oder als nicht statisch annimmt. Es genügt schon eine dieser Voraussetzungen, um das Olberssche Paradoxon zu entkräften.

2.5. Die kosmische Strahlung und ihre kosmologische Bedeutung

Energiereiche elektromagnetische Strahlungen können die Luft ionisieren. Dabei spalten sie Atome oder Moleküle, trennen die Elektronen teilweise vom Atomkern und stören so die elektrische Neutralität im Atomverband. Die Luft wird dadurch elektrisch leitend. Die hochgelagerten Luftschichten sind infolge der Sonnenstrahlung weitgehend ionisiert.

Im Jahre 1912 wurde in Aussig an der Elbe ein Ballon gestartet, um unter anderem den Ionisationsgrad in hohen Luftschichten zu messen. Der etwa sechsstündige Flug endete in der Nähe von Berlin. Die Auswertung des Beobachtungsmaterials überraschte: Viktor F. Hess, der die Beobachtungen durchführte, fand, daß die Ionisation nicht allein von der Sonnenstrahlung herrühren konnte, da sie aus allen Himmelsgegenden kommend registriert wurde. Das war der erste Hinweis auf das Vorhandensein der kosmischen Strahlung, wie sie heute allgemein bezeichnet wird.

Die sehr aufwendigen und vielseitigen Versuche, die seitdem unternommen worden sind, haben etwa folgendes Bild dieser rätselhaften Strahlung entstehen lassen: Aus dem Weltall strömen ständig Teilchen mit außerordentlich großen Geschwindigkeiten auf die Erde ein. Es handelt sich vorwiegend um Protonen, also die Kerne der Wasserstoffatome, und um Alphateilchen, die Kerne der Heliumatome. Der Rest setzt sich aus schweren Atomkernen und Elektronen zusammen. Hierbei sind also keine elektromagnetischen Wellen im Spiel, sondern eine korpuskulare Strahlung. Während die langsameren Teilchen durch das irdische Magnetfeld teilweise abgelenkt und abgeschirmt werden, gelangen die schnelleren in die Atmosphäre, stoßen mit den Luftmolekülen zusammen und rufen die sogenannte »sekundäre« Ultrastrahlung hervor, die uns hier nicht näher interessieren soll.

Wichtig für unsere Betrachtungen ist der Energiegehalt der primären Strahlung. Die (kinetische) Energie eines Teilchens kann aus seiner Geschwindigkeit und seiner Masse berechnet werden. Wird die Masse m in Gramm, die Geschwindigkeit v in cm/s gemessen, so erscheint die Energie E in der Formel $E = \frac{1}{2} mv^2$ in der Einheit erg. In der Atomphysik ist es jedoch üblich, die Energie der Teilchen in »Elektronenvolt« (eV) anzugeben. Darunter versteht man diejenige Energie, die ein Elektron bei freiem Durchlaufen einer Spannung von einem Volt gewinnt. Dabei ist $1 \text{ eV} = 1{,}602 \cdot 10^{-12}$ erg. 10^6 eV bezeichnet man als ein Megaelektronenvolt (MeV), 10^9 eV als ein Gigaelektronenvolt (GeV).

Während selbst die größten und leistungsstärksten künstlichen Anlagen der Atomphysiker den Teilchen »nur« Energien von 10 bis 100 GeV zu liefern vermögen, sind bei der kosmischen Strahlung Teilchen mit mehreren Milliarden GeV nachgewiesen worden. Eine Forschergruppe der Universität Tokio konnte einen Luftschauer von $2 \cdot 10^{12}$ geladenen Teilchen registrieren, der nach der Rückrechnung von einem einzigen kosmischen Primärteilchen ausgelöst worden ist. Seine Energie muß etwa 4000 Milliarden GeV betragen haben. Es handelt sich hier um die größten bekannten kinetischen Energien eines atomaren Teilchens. Teilchen kosmischer Strahlung mit relativ kleiner Energie (bis etwa 10 GeV) werden auch von der Sonne emittiert. Besonders bei starken Sonneneruptionen (Flares) konnten größere Strahlungsströme nachgewiesen werden.

Wir wollen uns im folgenden mit den Teilchen beschäftigen, die ihren Ursprung außerhalb der Sonne haben.

Wie schon erwähnt, setzt sich die Strahlung vorwiegend aus Wasserstoff- und Heliumkernen zusammen. Das ist nicht weiter verwunderlich, denn das sind die beiden Elemente, die auch sonst am meisten im Universum vertreten sind.

Auffallend ist dagegen, daß die Zusammensetzung der schweren Kerne teilweise recht stark von der sonst üblichen Verteilung abweicht. Das bezieht sich vor allem auf die Elemente Lithium, Beryllium und Bor, die etwa eine Million mal so stark wie in der mittleren kosmischen Elementenhäufigkeit vertreten sind, und gerade das stimmt uns nachdenklich: Wir müssen vermuten, daß die kosmische Strahlung ihren Ursprung in einem Plasma mit sehr hohen Temperaturen hat. Ein Plasma ist ein Gas, dessen Atome (oder Moleküle) sämtlich oder zum Teil ionisiert sind. In solchen heißen Plasmen sind aber die genannten Elemente nicht beständig. Sie werden rasch durch Kernreaktionen zerstört. Die Anwesenheit dieser Kerne läßt sich nur so erklären, daß sie während des Fluges der schweren Teilchen der kosmischen Strahlung entstanden sind.

Wir dürfen davon ausgehen, daß der interstellare Raum, also der Raum zwischen den Sternen, in äußerst geringer Konzentration Gas (hauptsächlich Wasserstoff) enthält. Darauf wurde bereits auf S. 31 hingewiesen. Stoßen nun schwere Kerne mit den Gasmolekülen zusammen, so können sie zerbrechen und dabei in leichtere Kerne zerfallen. Ist unsere Annahme richtig, so können wir abschätzen, wie lang der Weg etwa sein müßte, den ein Teilchen bis zu seinem Zerfall zurückgelegt hat. Da wir auch die

Geschwindigkeit der Teilchen kennen (es ist fast die Lichtgeschwindigkeit), muß uns auch die Berechnung der Zeit gelingen, die im Durchschnitt vor dem Eintritt der schweren Teilchen in das Gas bis zu ihrem Zusammenstoß mit den Wasserstoffatomen vergangen ist. Nehmen wir an, daß sich die Teilchen vorwiegend in der galaktischen Scheibe aufhalten, bei der die interstellare Gasdichte etwa 0,2 bis 1,0 Wasserstoffatome je cm^3 beträgt, so folgt daraus eine Zeit von einigen Millionen Jahren. Im galaktischen Halo (vgl. S. 31) ist die Dichte des interstellaren Gases wesentlich geringer. Sollten sich die Teilchen dort aufhalten, so wäre die Zeit etwa hundertmal so lang. Diese zweite Annahme erscheint allerdings recht unwahrscheinlich, weil auch die Lebensdauer der entstandenen Fragmente, also der beim Zusammenstoß entstandenen Kerne, begrenzt ist. So finden wir in der kosmischen Strahlung das radioaktive Berylliumisotop ^{10}Be, das ohne äußere Ursachen selbständig zerfällt. Die Hälfte der Substanz ist bereits nach 4 Millionen Jahren zerfallen (Halbwertszeit). Aus der Häufigkeit dieses Isotops läßt sich die mittlere Lebensdauer der kosmischen Strahlungsteilchen auf nur 2 bis 20 Millionen Jahre abschätzen. Daraus läßt sich folgern, daß sie vornehmlich in der galaktischen Scheibe beheimatet sind.

Dabei taucht allerdings erneut eine Schwierigkeit auf: Wenn die Teilchen der kosmischen Strahlung in der galaktischen Scheibe entstanden sind, müßten sie uns infolge ihrer hohen Geschwindigkeit in sehr viel kürzerer Zeit als den mindest geforderten 2 Millionen Jahren erreichen. Das wäre nur dadurch zu erklären, daß die Bahnen von der Quelle der Teilchen bis zu uns nicht geradlinig sind. In der Tat müssen wir solche »krummen« Wege annehmen: Einmal ist die beobachtete Strahlung weitgehend isotrop, das heißt, sie gelangt etwa gleichmäßig von allen Seiten zu uns. Sollten die Quellen in der Scheibe liegen und ihre Bahnen geradlinig sein, so müßten die Teilchen vorwiegend aus der galaktischen Ebene zu uns gelangen. Zum anderen wissen wir, daß unser Milchstraßensystem von magnetischen Kraftfeldern durchzogen wird. Ein elektrisch geladenes Teilchen – und das sind ja die Teilchen der kosmischen Strahlung – wird in einem Magnetfeld von seiner geradlinigen Bewegung abgelenkt. Die fortgesetzte Ablenkung hat schließlich eine Kreisbahn zur

Folge. Je größer das Magnetfeld ist, um so größer ist die Ablenkung und um so kleiner wird der Radius (Gyrationsradius). Ist andererseits die Geschwindigkeit der Teilchen hoch, so ist die Ablenkung infolge der großen auftretenden Fliehkraft geringer, und der Radius der Kreisbewegung wird größer. So beträgt bei einem Magnetfeld von $5 \cdot 10^{-6}$ Gauß, wie es für das Milchstraßensystem angenommen wird, der Gyrationsradius bei Teilchen mit Energien von 1 GeV nur etwa 7 Millionen km, bei Teilchen mit 1 Million GeV aber bereits mehr als ½ Lichtjahr. Dieser Effekt spielt auch in der Nähe unserer Erde eine große Rolle. Die von der Sonne zu uns einströmenden elektrisch geladenen Partikel (Sonnenwind) werden vom irdischen Magnetfeld in recht enge Kreisbahnen gezwungen und auf diese Weise eingefangen. Die tatsächliche Bahn ist allerdings bei solchen Vorgängen nicht kreis-, sondern schraubenförmig, da die Bewegung längs der magnetischen Kraftlinien nicht beeinflußt wird. Die eingefangenen Sonnenwindteilchen müssen ständig hin- und herpendeln und bilden dabei den bekannten van Allenschen Strahlungsgürtel.

Etwas Ähnliches spielt sich auch in unserem Milchstraßensystem ab. Auch hier werden die Teilchen der kosmischen Strahlung auf Kreisbahnen gezwungen und dadurch gespeichert. Allerdings müssen wir – wie auch im Falle des irdischen Strahlungsgürtels – annehmen, daß infolge der Ungleichmäßigkeit des magnetischen Feldes die Teilchen schließlich doch ihren Käfig verlassen können. Die kosmische Strahlung vermag also zumindest teilweise das System unserer Galaxis zu verlassen und kann zu anderen Galaxien gelangen.

Jetzt endlich sind wir soweit, daß wir uns Gedanken über den Ursprung der kosmischen Strahlung machen können. Zumindest ein Teil der Strahlung muß, wie wir gesehen haben, aus unserer Galaxis stammen. Zwar emittieren alle Sterne – wie auch unsere Sonne – geladene Partikel, doch gelingt es nicht, dadurch die Herkunft der Teilchen mit hoher Energie zu erklären. Es läßt sich abschätzen, wie hoch die gesamte Energie der kosmischen Strahlung in jedem cm^3 des galaktischen Raumes ist. Man kommt zu etwa 1 eV. Die galaktische Scheibe hat einen Rauminhalt von etwa $3 \cdot 10^{66}$ cm^3. Setzen wir die Lebensdauer eines Teilchens mit 1 Million Jahren an, so muß die kosmische Strahlung jährlich eine Energie von $3 \cdot 10^{60}$ eV aufnehmen. Um diese ungeheure Energiemenge voll zu würdigen, muß man bedenken, daß die gesamte (thermische) elektromagnetische Strahlung des Milchstraßensystems, also das sichtbare und unsichtbare Licht aller Sterne, etwas geringere Werte ergibt. Die Sterne als einzige Produzenten der kosmischen Strahlung scheiden deshalb aus.

Es sind mehrere Versuche unternommen worden, um die Ursache der Strahlung zu erklären. Sehr große Energiebeträge werden bei den Supernovaeausbrüchen, von denen noch (S. 266) die Rede sein wird, frei. Doch auch hier ergeben sich Schwierigkeiten. Man hat auch daran gedacht, elektrische Felder in der galaktischen Scheibe anzunehmen, die eine Nachbeschleunigung der Teilchen und damit einen Energiegewinn hervorrufen würden. Dabei wäre also die hohe Energieproduktion nicht unbedingt bei den Quellen selbst zu suchen. Recht hoffnungsvoll erscheint die Annahme, daß die noch sehr rätselhaften Kerngebiete in den Galaxien als Quellen der kosmischen Strahlung angesehen werden können.

Von besonderem kosmologischem Interesse sind diejenigen Teilchen der kosmischen Strahlung, die größere Energien als etwa 10^7 GeV besitzen. Um Mißverständnissen zu begegnen, soll im folgenden kurz auf die Eigentümlichkeiten der Teilchen mit solchen sehr hohen kinetischen Energien eingegangen werden. Es wurde bereits gesagt, daß sich die kosmischen Teilchen fast mit Lichtgeschwindigkeit, also 300 000 km/s, bewegen. Das gilt auch für die Teilchen mit wesentlich kleinerer Energie. Man könnte nun vermuten, daß nach der Formel $E = \frac{1}{2}\, m\, v^2$ ein Proton mit einer kinetischen Energie von 10^{11} GeV eine hundertmal so große Geschwindigkeit besitzt wie ein solches mit 10^7 GeV. Sollte das letztere schon fast mit Lichtgeschwindigkeit fliegen, so müßte das erstere noch um ein Vielfaches schneller sein. Das ist aber bekanntlich unmöglich: Die spezielle Relativitätstheorie Einsteins zeigt, daß es keine größere Geschwindigkeit als die Lichtgeschwindigkeit geben kann. Der Widerspruch löst sich dadurch auf, daß, ebenfalls nach der speziellen Relativitätstheorie, mit wachsender Geschwindigkeit auch die Masse zunimmt. Wir müssen uns also vorstellen, daß sich die Geschwindigkeit der sehr energiereichen Teilchen nicht wesentlich von derjenigen der energiearmen unterscheidet, daß dafür aber die energiereichen eine sehr viel größere Masse besitzen.

Dank ihrer Masse ist bei diesen Teilchen auch der Gyrationsradius groß – so groß, daß sie nicht vom Magnetfeld des Milchstraßensystems eingefangen werden können. Sie bewegen sich also (fast) geradlinig, und das besagt, daß sie – falls sie in unserer Galaxie entstanden sind – auch in der Lage sind, sie ungehindert zu verlassen.

Doch können sie überhaupt bei uns entstehen? Schon die Entstehung der Teilchen mit kleineren Energien ließ sich im Milchstraßensystem nur schwer erklären. Für die großen Energien fällt es uns noch schwerer, eine Lösung zu finden. Auf S. 37 wurde schon von den geheimnisvollen Quasaren berichtet, die auf relativ engem Raum unvorstellbare Energiemengen liefern. Es liegt nahe, hier die eigentlichen Quellen der Strahlung mit großen Teilchenenergien zu suchen.

Vielleicht kann uns zukünftig ein neuer Zweig astronomischer Forschung, die Röntgenastronomie, weiterhelfen: Die erforderliche sehr starke Beschleunigung der Teilchen könnte in einem turbulenten Plasma hervorgerufen worden sein, das in starken Magnetfeldern eingelagert ist. Es handelt sich dabei vermutlich um ähnliche Vorgänge wie in den Teilchenbeschleunigern in unseren Laboratorien und Instituten. Bei diesen Prozessen entsteht aber auch eine intensive Röntgenstrahlung. Die Quellen starker Röntgenstrahlung im Universum könnten demnach auch die Erzeuger der kosmischen Strahlung sein. Leider sind aus dem Weltall kommende Röntgenstrahlen nur sehr schwer zu beobachten. Die irdische Lufthülle absorbiert die Strahlung fast vollständig. Die Empfangsgeräte müssen also in Höhenballons, besser noch in Raketen, Satelliten oder Raumsonden installiert sein. Aber auch die interstellare Materie absorbiert teilweise die Röntgenstrahlung, besonders im langwelligen Bereich. Trotz dieser Schwierigkeiten konnte man eine große Zahl von Röntgenquellen entdecken, von denen einige außergalaktisch sind. So sind die Galaxien Cygnus A, Virgo A und Centaurus A, die wegen ihrer sehr starken Radiostrahlung auch Radiogalaxien genannt werden, starke Röntgenstrahler. Diese Objekte könnten auch intensive kosmische Strahlungen aussenden. Ihre weitere Erforschung wird daher sicher auch mehr Klarheit in die Probleme der kosmischen Strahlung bringen.

Verständlich wären die extrem hohen Teilchenenergien auch, wenn zwischen dem Erzeuger – in unserem Falle sind es die außergalaktischen Objekte – und uns, genauer gesagt dem Milchstraßensystem, elektrische Felder vorhanden sind. Solche Felder sollen nach einer sehr plausiblen Theorie des Kieler Atomphysikers Prof. E. Bagge, auf die wir im Zusammenhang mit den Materiequellen noch genauer zurückkommen werden (S. 228), auch tatsächlich existieren. Das Milchstraßensystem als Ganzes trägt nach Bagge eine negative Ladung, die den positiven Protonen zu den beobachteten Energien verhilft.

Noch eine weitere Möglichkeit bietet sich an, etwas über die Herkunft der kosmischen Strahlung zu erfahren: Wie schon gesagt, ist sie weitgehend isotrop, das heißt, sie gelangt gleichmäßig aus allen Richtungen zu uns. Nehmen wir an, daß das ganze Weltall etwa gleichmäßig mit der Strahlung erfüllt ist, dann müßten wir auf der Erde eine geringe Anisotropie feststellen: Da sich das Milchstraßensystem dreht, nimmt auch die Sonne an dieser Rotation teil, und zwar beträgt die Bahngeschwindigkeit rund 250 km/s. Wir müßten also in der Bewegungsrichtung etwas mehr Teilchen empfangen als in der entgegengesetzten. Dadurch wäre es möglich festzustellen, ob die Strahlung tatsächlich aus den Tiefen des Raumes zu uns kommt oder nicht etwa doch ihren Ursprung im Milchstraßensystem hat. Leider beträgt der zu erwartende Effekt nur etwa 0,3 Prozent, ein Wert, für dessen empirische Bestätigung die derzeitige Meßtechnik noch zu ungenau ist.

In etwas abgewandelter Form könnte die kosmische Strahlung auch mit dem Olbersschen Problem in einen Zusammenhang gebracht werden. Bei einem unendlichen Weltall müßten uns die Teilchen, wenn sie nicht auf einen Himmelskörper stoßen oder sonstwie absorbiert werden, in unendlich großer Anzahl treffen. Nun ist das Weltall ja nicht leer, doch sind die Sterne im Verhältnis zu den gewaltigen Räumen so selten, daß die Absorption durch sie gering ist. Wie steht es aber um die Absorption in den Räumen zwischen den Sternen und den Galaxien? Ein Teilchen mit einer Energie von 1 000 GeV wird erst nach etwa 10^{32} Zusammenstößen mit anderen Atomen abgebremst. Das bedeutet, daß es mit Sicherheit mehrere Tausende von Milliarden von Lichtjahren durcheilen könnte, ohne wesentlich an Energie zu verlieren.

Selbst wenn man an die sehr viel öfteren Wechselwirkungen zwischen ihm und den Lichtteilchen, also den Photonen, denkt, sind die Energieeinbußen verhältnismäßig gering.

Könnten wir die Herkunft der Teilchen klären und Angaben über ihre Produktionskapazität machen, dann hätten wir ein Mittel in der Hand, auch etwas über den Bau des uns optisch und auch radiotechnisch unerreichbaren Teiles des Universums zu erfahren.

Zusammenfassend läßt sich sagen, daß die kosmische Strahlung für uns der Schlüssel sowohl zu einem besseren Wissen um uns noch verborgene Vorgänge in den Tiefen des Weltalls als auch zur Lösung entscheidender kosmologischer Probleme zu sein scheint. Heute befinden wir uns noch im Anfangsstadium dieser vielversprechenden Forschung. Doch schon jetzt ist sie in der Lage, uns einige kosmologisch sehr wichtige Hinweise zu liefern.

2.6. Die Gravitation und die Stabilität der Welt

Newton hatte, wie es bereits auf S. 38 angeführt wurde, aus seinem Gravitationsgesetz auf eine unendliche Welt geschlossen. Er ging bei seinen Überlegungen von einem stationären und im großen homogenen Universum aus. Ob es berechtigt ist, die Welt als homogen zu betrachten, haben wir bereits untersucht. Die Frage, ob sie stationär ist, blieb jedoch zunächst unbeantwortet. Wir können allerdings behaupten, daß ein Universum, das unendlich und homogen ist, nicht stationär sein kann. Trotz der Überlegungen Newtons.

Um das näher zu erklären, betrachten wir einmal die auf unserer Erde herrschende Schwerkraft, eine uns allen so geläufige Erscheinung, daß wir geneigt sind, sie als etwas Selbstverständliches anzusehen, etwas, was keiner genaueren Untersuchung bedarf. Und doch gehört die Tatsache, daß ein losgelassener Gegenstand »zur Erde« fällt, zu den physikalisch schwierigsten Problemen, die wir kennen.

Seit Newton wissen wir, daß jeder Körper auf jeden anderen eine Kraft ausübt, die wir die Gravitationskraft nennen. Sie ist direkt dem Produkt der beiden sich anziehenden Massen und umgekehrt dem Quadrat der Entfernung proportional. Um einen Zahlenwert für die Kraft zu erhalten, muß noch ein Proportionalitätsfaktor (G), die Gravitationskonstante, eingeführt werden. Das ist jene Zahl, die letztlich die Größe der Gravitationskraft angibt. Sie läßt sich experimentell ermitteln. Werden die Massen in Gramm, die Entfernung in cm und die Kraft in dyn gemessen (1 dyn = $= 10^5$ Newton = 0,00102 Pond), so ist $G = 6{,}67 \cdot 10^{-8}$. Die Gravitation gehört zu den »Fernkräften«, das heißt, sie ist von keiner mechanischen Verbindung zwischen den sich anziehenden (bei anderen Kräften auch abstoßenden) Körpern abhängig, wie das etwa bei einer Feder der Fall ist, die ein Uhrwerk betreibt oder die Stöße bei einem Wagen dämpft. Sie wirkt vielmehr durch den absolut leeren Raum, also im Vakuum. Außer der Gravitation sind die elektrischen und magnetischen Kräfte, die allerdings letztlich zusammengehören und eine elektromagnetische Einheit bilden, und die noch weitgehend unerforschten Kernkräfte solche Fernkräfte. Das Eigentümliche der Gravitation ist, daß sie – im Gegensatz zu den »bipolaren« elektrischen Kräften – nur eine anziehende, aber keine abstoßende Kraft zeigt. Sie ist »unipolar«. Auch kann ein Körper nicht wie bei magnetischen und elektrischen Kräften durch irgendein Mittel von der Gravitation abgeschirmt werden. Sie durchdringt ungehindert alles.

Kehren wir nun zu dem »Fallen« aller Gegenstände zur Erde, genauer zum Erdmittelpunkt, zurück. Die Schwerkraft, wie wir die Gravitation auch nennen, ist natürlich nichts anderes als die Summe der Gravitationskräfte aller Bestandteile unseres Planeten. Zwar wird ein Stein in unserer Hand auch seitlich von der Masse der Wände und nach oben von der Masse der Zimmerdecke angezogen, doch liegt die Hauptmasse unter uns. Nähern wir uns dem Mittelpunkt der Erde, indem wir – einem Gedankenexperiment folgend – in einen hypothetischen bis zum Erdmittelpunkt reichenden Schacht absteigen, so werden uns die Gravitationskräfte immer nach oben ziehen, bis wir schließlich im Mittelpunkt der Erde schwerelos würden.

Übertragen wir nun diesen Gedanken auf das Weltall: Angenommen, wir befinden uns im Mittelpunkt einer Welt mit Milliarden von Galaxien, so würde unser Milchstraßensystem in bezug auf die weitere Umwelt »schwerelos« sein, während am »Rande« die Galaxien zu uns hingezogen würden. Je größer diese »Welt« der Galaxien ist, um so stärker müßte auch die ins »Innere« wirkende Kraft »am Rande« werden, und sie müßte bei einem unendlich großen Universum einen unendlich großen Betrag annehmen. Allerdings kann man einwenden, daß es bei einer unendlich ausgedehnten Welt, die gleichmäßig mit Materie erfüllt ist, keinen »Rand« und keinen »Mittelpunkt« gibt. Bereits auf S. 38 haben wir davon gesprochen, daß Newton auf Grund ähnlicher Überlegungen ein unendliches Weltall postulierte. Trotzdem wäre so ein stationäres Weltall nicht stabil. Eine zufällige Massenlagerung müßte zu einem Zusammenbrechen des Weltgefüges führen. Wir kommen also auch bei diesen Annahmen zu demselben Ergebnis, das Newton für eine endliche Welt ermittelt hat.

Gibt es eine Möglichkeit, das statische, endliche oder unendliche Weltmodell zu retten? Es sind wiederholt Versuche in dieser Richtung unternommen worden. So machte man sich Gedanken über die universelle Gültigkeit des Gravitationsgesetzes. Ist die Gravitation tatsächlich unipolar? Zwar kennen wir hier auf der Erde und in unserer relativen Nähe, also im Planetensystem, nur die anziehende Wirkung, doch wer vermag zu sagen, ob es in der Tiefe des Universums nicht auch eine andere, eine abstoßende Gravitationskraft gibt? Man könnte sich eine solche Kraft denken, die erst in großer Entfernung wirksam wird und die die anziehende Komponente genau kompensiert. Ein »Zusammenbrechen« der Welt wäre dadurch vermieden. Genauere Untersuchungen zeigen allerdings, daß selbst unter dieser Annahme das Weltgefüge instabil wäre, so daß auch dieser Lösungsversuch fallengelassen werden muß.

Stabil wäre aber eine Welt, bei der man eine Abschirmung der Gravitation annimmt. Es müßte also in großer Ferne etwas existieren, das die Sternsysteme gegen die Anziehungskraft schützt. In einer feinsinnigen Studie gelangt Zwicky dadurch zu einer Gravitationsabschirmung, daß er den »Gravitonen« eine gewisse Masse zubilligt. Wie man für die Elektrizität in den Elementarladungen, für die Materie in den Atomen und für das Licht in den Photonen die kleinsten Elementargrößen sieht, so versucht man auch die Gravitation zu quanteln. Nach dieser Theorie existieren Gravitationsteilchen, eben die Gravitonen, die allerdings nur sehr schwer nachweisbar sind.

So interessant solche Lösungsversuche auch sein mögen, sie

erfordern nicht nur neue Zusatzhypothesen, sondern sie stehen auch meistens im Gegensatz zu den Beobachtungsergebnissen.

Ganz andere Perspektiven eröffnen sich, wenn man die Forderung nach einem statischen Weltall aufgibt. Um auch das verständlich zu machen, denken wir uns ein Raumschiff in einer bestimmten, nicht zu großen Entfernung von der Erde. Durch die Anziehungskraft müßte es zur Erde fallen und zerschellen, doch könnte sich an Bord ein Raketenmotor befinden, der ständig einen solchen Schub erzeugt, daß die Schwerkraft genau aufgehoben wird. Das Raumschiff würde dadurch immer in gleicher Höhe schweben. Nun ist nicht anzunehmen, daß die Sterne oder Sternsysteme einen Mechanismus besitzen, der sie fortwährend beschleunigt. Ein Raumschiff fällt aber auch dann nicht auf die Erde zurück, wenn es beim Start eine genügend große Beschleunigung erfahren hat und sich dadurch mit einer allerdings immer kleiner werdenden Geschwindigkeit von der Erde entfernt. Wenn wir das auf die Galaxien übertragen, müßten wir auch bei ihnen eine »Startbeschleunigung« annehmen, was allerdings zunächst ebenfalls unglaubwürdig erscheint.

Damit das Weltall mit den eingelagerten Galaxien nicht zusammenbricht, müßte weiterhin angenommen werden, daß sich die Galaxien voneinander entfernen, was zur Folge hätte, daß die »Fluchtgeschwindigkeit«, von unserem Standort betrachtet, um so größer ist, je weiter das Sternsystem von uns entfernt ist. Man kann sie sogar berechnen. Sie hängt verständlicherweise von den im Raum befindlichen Massen und damit von der durchschnittlichen Dichte im Universum ab. Diese Angabe ist, wie wir später sehen werden, für viele kosmische Probleme von ausschlaggebender Bedeutung. Leider kann diese so wichtige Zahl nur mit erheblicher Ungenauigkeit bestimmt werden. Bei der Annahme eines Wertes $\rho = 5 \cdot 10^{-31}$ g/cm^3 für die durchschnittliche Dichte (vgl. S. 132) müßte die Fluchtgeschwindigkeit mindestens 16 km/s pro 1 Million Parsec (1 Parsec = 3,26 Lichtjahre) betragen.

2.7. Die Relativitätstheorie

Wie bereits auf S. 34 gezeigt, ist das sichtbare Licht eine besondere Art der elektromagnetischen Strahlung. Das Wesen des Lichtes läßt sich durch zwei Modellvorstellungen erklären, von denen jede ihre Berechtigung hat. Man spricht von Lichtteilchen oder Photonen, die sich von der Lichtquelle in dem Raum ausbreiten, und vom Licht als einer Wellenbewegung. Die Photonen wurden bereits auf S. 48 als die kleinsten Elemente des Lichtes erwähnt. Es gibt eine ganze Reihe von Erscheinungen, die sich nur durch die Annahme solcher Lichtteilchen erklären lassen. Auf der anderen Seite fällt es dem Physiker nicht schwer, auch die Wellennatur des Lichtes zu beweisen. So kann es beim Zusammentreffen von zwei Lichtstrahlen nicht nur zu einer Verstärkung, sondern auch zu einer Verringerung der Lichtintensität kommen. Diese Überlagerung zweier Wellenzüge heißt Interferenz. Trifft ein Wellenberg mit einem Wellental zusammen, so kann eine Auslöschung des Lichtes eintreten, eine Erscheinung, die sich nur durch die Annahme erklären läßt, daß das Licht Wellennatur besitzt. Eine Welle entsteht, indem ein schwingender Körper seine Energie auf einen benachbarten schwingungsfähigen Körper überträgt. Es muß also ein »Medium« existieren, das die Energien weiterleitet und damit die Welle trägt. Bei Wellen auf einem See ist es das Wasser, beim Schall ist es die Luft. Aber welches Medium übermittelt das Licht? Wir empfangen Lichtstrahlen aus Entfernungen von Tausenden, ja Millionen von Lichtjahren durch praktisch leere Räume.

Um diese Frage zu klären, haben die mechanistisch eingestellten Physiker des vorigen Jahrhunderts eine Lösung in der Annahme eines »Weltäthers« gesucht, eines Stoffes, der unsichtbar und unbewegbar ist und sich durch keinerlei Mittel nachweisen läßt, der aber das gesamte Weltall erfüllt. Er sollte das Medium darstellen, das die elektromagnetischen Wellen übermittelt.

Ist diese Annahme richtig, so tauchen sofort weitere sehr bedeutungsvolle Fragen auf: Welche Geschwindigkeit hat die Sonne oder unsere Erde bezüglich des Weltäthers? Und wenn er das ganze Weltall erfüllt, muß er sich dann nicht als festes Bezugssystem sämtlichen Bewegungen im Kosmos zu Grunde legen lassen?

Die von alters her bekannte Ansicht, daß es keinen ruhenden Punkt im Universum gibt, daß sich alles bewegt, müßte als überholt gelten. Ja noch mehr: Die relative Geschwindigkeit der Erde in bezug auf den Äther müßte sogar experimentell meßbar sein.

Um das verständlich zu machen, denken wir uns einen Beobachter, der auf einem See in einem Boot im Kreis fährt. Nehmen wir weiter ein zweites Boot an, in dem jemand mit einem Ruder ständig ins Wasser schlägt und dabei Wellen erzeugt. Der Beobachter wird jedesmal, wenn er sich bei seiner Kreisfahrt dem »Sender« nähert, eine größere Geschwindigkeit der auf ihn zukommenden Wellen erkennen, als wenn er sich von ihm entfernt. Bei genauen Messungen müßte es ihm auch möglich sein, daraus seine eigene Fahrtgeschwindigkeit zu berechnen. Etwas Ähnliches spielt sich auch im Weltall ab: Das »Boot« mit dem Beobachter entspricht unserer Erde, die, um die Sonne kreisend, das Licht eines fernen Sternes, des »Senders«, empfängt. Bewegt sich die Erde auf ihrer Bahn um die Sonne auf diesen Stern zu, so müßten wir eine größere Geschwindigkeit des ankommenden Lichtes registrieren als nach einem halben Jahr, wenn die Erde sich vom Stern fortbewegt.

Auf dieser Überlegung fußend, hat der spätere Nobelpreisträger Albert Michelson im Jahre 1881 unter Anwendung einer feinsinnigen Methode den Versuch unternommen, die Geschwindigkeit der Erde bezüglich des Weltäthers zu ermitteln. Das mit großer Sorgfalt durchgeführte Experiment mißlang. Die Lichtstrahlen trafen unabhängig von der Bewegungsrichtung der Erde stets mit gleicher Geschwindigkeit ein. Der Michelsonsche Versuch wurde in der Folgezeit mehrfach durch noch kompliziertere und genauer arbeitende Anlagen wiederholt – immer mit dem gleichen enttäuschenden Ergebnis. Wo lag der Fehler? Ist das Licht doch keine Wellenbewegung? Gibt es keinen Weltäther? Aber auch bei der Annahme, daß das Licht aus kleinen Teilen besteht, die von den Sternen zu uns fliegen, müßte ja eine relative Geschwindigkeitsänderung durch die Erdbewegung festzustellen sein.

So fremdartig und unanschaulich auch das Ergebnis ist, es ist eine unumstößliche, fundamentale Tatsache: Die Geschwindigkeit des Lichtes ist unabhängig von den Bewegungszuständen des Senders und des Empfängers. Sie ist konstant.

Dieser überraschende Befund bildete den Ausgangspunkt für die Überlegungen Einsteins und führte schließlich zu der von ihm entwickelten speziellen Relativitätstheorie, die er 1905 veröffentlichte.

Die recht verwickelten mathematischen Herleitungen würden den Rahmen dieses Buches bei weitem sprengen. Es sollen deshalb an dieser Stelle nur zwei der für die kosmologischen Probleme besonders wichtigen Folgerungen genannt werden: Die Lichtgeschwindigkeit ist nicht nur unabhängig von den Bewegungsverhältnissen, sie ist auch die größte Geschwindigkeit, die es überhaupt geben kann. Wenn wir also für ein mit Materie erfülltes Weltall forderten, daß die Galaxien sich mit Geschwindigkeiten von uns fortbewegen sollten, die um so größer sind, je weiter sie sich von uns befinden, so ist für eine solche Welt eine Grenze gesetzt: Für eine sehr weite Galaxie müßte die Fluchtgeschwindigkeit diejenige des Lichtes erreichen, und da eine noch weiter gelegene sich nicht noch schneller bewegen kann, wäre das Universum jenseits dieser Grenze aus unserer Sicht nicht mehr stabil. Die Menge der Galaxien müßte eine Insel mit einer Ausdehnung bilden, die einen bestimmten Wert nicht überschreiten kann.

Die zweite Folgerung, die hier genannt werden soll, ist nicht minder bedeutungsvoll: Die berühmte Einsteinsche Formel $E = mc^2$ besagt, daß jede Masse einer Energie äquivalent ist, daß es also prinzipiell gelingen müßte, einen Gegenstand völlig in Energie aufzulösen. Er wäre dann als Inhaber einer Masse völlig verschwunden. Auch das Umgekehrte sollte möglich sein: Aus Energie, etwa einer elektromagnetischen Strahlung, könnte ein Körper, also eine Masse, entstehen. Zur Zeit der Veröffentlichung der speziellen Relativitätstheorie galt die Realisierung dieser Möglichkeiten noch als eine Utopie. Heute wissen wir, daß eine solche Umwandlung in großem Maßstab im Inneren der Sterne vor sich geht. Auch in den Kernkraftwerken spielen sich derartige Prozesse ab. Es ist völlig abwegig, an der Gültigkeit der speziellen Relativitätstheorie zu zweifeln. Nur wenige Naturgesetze sind so gut fundiert wie diese von Einstein aufgestellten Formeln und Gleichungen.

Das Wesentliche der speziellen Relativitätstheorie ist die Feststellung, daß alle Naturgesetze völlig unabhängig (invariant) von ihrem Bewegungszustand sind. Deutlicher ausgedrückt, verlaufen sämtliche naturhaften Vorgänge in einem mit großer Geschwindigkeit dahinrasenden Raumschiff genauso wie in unserer

Wohnstube. Jede Geschwindigkeit kann nur im Hinblick auf einen anderen Gegenstand, genauer gesagt, auf ein Bezugssystem angegeben werden. Sie ist relativ. Absolute Geschwindigkeitsangaben sind nicht möglich, denn es gibt keine absolute Ruhe.

Wie aber verlaufen Vorgänge in einem System, das sich nicht gleichmäßig, also ohne einen Antrieb, sondern mit wachsender Geschwindigkeit bewegt, für das also nicht der »spezielle« Fall einer gradlinig-gleichförmigen, sondern der »allgemeine« Fall einer beliebigen Bewegungsart gilt?

Einstein hatte sich vorgenommen, auch diese Erweiterung der Grundbedingungen zu untersuchen. Das Resultat war seine allgemeine Relativitätstheorie, die er 1917 veröffentlichte. Es ist bezeichnend für die damalige Situation, daß sich die Veröffentlichung wesentlich dadurch verzögerte, daß ihm das Papier für den Druck verweigert wurde. Mitten im Kriege war alles rationiert, und so mußte auch Einstein um eine Druckgenehmigung nachsuchen. Während man billige Kriegsromane und Zeitungen in großer Menge zur Publikation freigab, fand eine »Relativitätstheorie«, mit der man nichts anzufangen wußte, kein Gehör.

Die allgemeine Relativitätstheorie hat einen ganz entscheidenden Einfluß auf die Entwicklung kosmologischer Probleme gehabt und beherrscht sie auch heute noch. Die große Schwierigkeit einer Erklärung liegt in ihrer Unanschaulichkeit. Die mathematischen Herleitungen sind recht kompliziert, und ihr Ergebnis scheint dem »gesunden Menschenverstand« zu widersprechen.

Der Versuch, durch einige kühne Gedankenexperimente der Problematik näherzukommen, soll hier wenigstens das Grundlegendste plausibel machen. Dabei erreichen wir allerdings lange nicht die ganze Tragweite der Theorie, und die Erklärungen können auch nicht in jeder Phase völlig korrekt behandelt werden.

Stellen wir uns vor, wir befänden uns in einem nach außen vollkommen abgeschlossenen Fahrstuhl, der sich mit gleichbleibender Beschleunigung, also mit ständig und gleichmäßig wachsender Geschwindigkeit, nach oben bewegt. Wir wollen weiter annehmen, daß kein Fahrgeräusch ins Innere der Kabine dringe und es uns auch optisch unmöglich sei, etwas von der Bewegung zu erfahren. Auch eine Vibration als Folge des Fahrens sollten wir nicht bemerken. Vielleicht befindet sich der Fahrstuhl in einem Hochhaus, in dessen Erdgeschoß wir in einem Geschäft eine Federwaage und 1 kg Butter gekauft haben. Gleich nach dem Einsteigen legten wir die Butter auf die Waagschale, und wenn die Waage in Ordnung ist und wir reell bedient wurden, stand der Zeiger, wie es sein sollte, auf 1 kg. In dem Augenblick jedoch, in dem sich der Fahrstuhl, wie wir annahmen, gleichmäßig beschleunigt in Bewegung setzte, bemerkten wir einen größeren Ausschlag, zum Beispiel 1½ kg. Erst nachdem der Fahrstuhl nicht mehr beschleunigt wurde und gleichmäßig weiterfährt, geht der Zeiger auf 1 kg zurück, um später beim Abbremsen einen kleineren Betrag, etwa ½ kg, anzuzeigen. Wir bemerken die Beschleunigung auch durch die scheinbare eigene Gewichtszunahme, wir gehen etwas »in die Knie«. Bekanntlich wirkt sich dieser Andruck bei der Raumfahrt noch sehr viel stärker aus: Der Astronaut muß während der Brennphase der Rakete ein Vielfaches seines normalen Körpergewichts ertragen.

Wir wollen uns weiter vorstellen, daß wir für einige Zeit unser Gedächtnis verloren haben und deshalb weder das veränderte Eigengewicht bemerken noch uns daran erinnern, wieviel Butter wir unten im Geschäft gekauft hatten. Können wir jetzt noch auf irgendeine Weise feststellen, ob wir 1½ kg Butter erworben hatten und uns in Ruhe befinden oder ob wir 1 kg kauften und uns zur Zeit gleichförmig beschleunigt bewegen? Die Antwort ist eindeutig: Selbst wenn wir in der Lage wären, noch so genaue und vielseitige Instrumente und Apparate im Inneren unseres Fahrstuhl zu benutzen – eine Entscheidung ist unmöglich.

Wir kommen zu einer wichtigen Folgerung: Das Gewicht eines Gegenstandes ist physikalisch nicht von einer Beschleunigung des Raumes, in dem wir uns befinden, zu trennen. Das bedeutet, daß wir eine homogene Schwerkraft überall, wo sie auftritt, durch die Annahme einer gleichförmigen Beschleunigung des Raumes ersetzen können.

Diese Erkenntnis ist auch auf astronomischem Gebiet bedeutsam. So müßte sich ein Lichtstrahl, der, von weither kommend, in die Nähe einer großen Masse und damit in ein starkes Gravitationsfeld gerät, so verhalten, als gelangte er in einen gleichförmig beschleunigten Raum. Welchen Weg müßte bei dieser Annahme der Lichtstrahl nehmen? Läßt sich die Bahnform genau angeben?

Um diese Frage zu beantworten, wollen wir ein weiteres Gedankenexperiment unternehmen: Wir befinden uns jetzt in einem Abteil eines Zuges. Die Fenster sind offen. Nun wird es kriminell: Ein Mann trachtet uns nach dem Leben! Als kurz nach dem Anfahren unser Abteil an ihm vorbeifährt, wirft er ein Messer, um einen von uns zu ermorden. Doch wir haben Glück: Das Messer verfehlt das Ziel und bleibt in der gegenüberliegenden

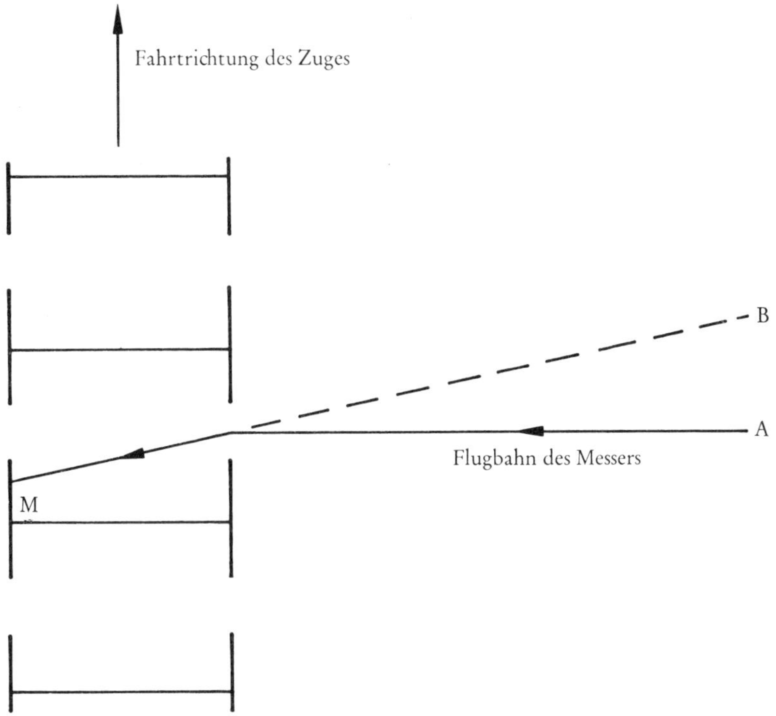

Abbildung 2

Wand stecken. Der Mordversuch wird von Polizeibeamten rekonstruiert. Dabei findet sich im Bahnhof ein Zeuge, der zwar nicht den Täter, wohl aber das fliegende Messer gesehen hat. Nach seiner Aussage muß der Gesuchte (in dieser Skizze) bei A gestanden haben. Doch die Ermittlungen der Polizei widersprechen dem: Aus der Lage des Fensters und des in der Wand steckenden Messers (M) ergibt sich eindeutig eine Flugbahn aus der Richtung, in der ein Mann (B) gestanden hat. Prompt verhaftet ihn die Kripo.

Hat der Zeuge gelogen? Es ist leicht einzusehen, daß seine Aussage richtig ist und die Flugbahn außerhalb des Zuges der durchgezogenen Linie entspricht. Der »Knick« ist durch die Bewegung des Zuges hervorgerufen worden. Aus der Sicht des Zeugen erfolgte die Bewegung gradlinig ohne einen Knick. Ein Beobachter im Zug wird bei gleichförmiger Fahrt die Flugbahn ebenfalls gradlinig, aber aus einer anderen Richtung sehen. Ergänzend muß noch hinzugefügt werden, daß wir nur die Projektion der Bewegung des Messers auf die Erdoberfläche betrachtet haben. Die Krümmung der Bahn durch den Fall des Messers nach unten, die bei diesen Betrachtungen bedeutungslos ist, wollen wir außer acht lassen. Die einander scheinbar widersprechenden Aussagen sind beide richtig. Jeder behauptet mit Recht, in seinem System eine gradlinige Bahn gesehen zu haben. Der »Knick« in der Zeichnung erfolgte durch den Übergang des Messers aus der Ansicht des Zeugen in die Ansicht der Mitreisenden, also aus dem Übergang vom ersten System in ein zweites.

Wie verhält es sich aber, wenn sich der Vorgang in einer Zeit abspielt, während der der Zug beschleunigt fährt? Ein Beobachter auf dem Bahnhof sieht weiterhin eine gerade Wurfbahn, ein Mitreisender dagegen eine gekrümmte. Im Falle einer gradlinig beschleunigten Bewegung des Zuges ist diese Bahn eine Parabel, so wie wenn ein Gegenstand geworfen wird und zur Erde fällt. Beide Gedankenexperimente, das mit dem Fahrstuhl wie auch das letztere, ergeben das gleiche Resultat: In einem gleichförmig beschleunigten Raum verlaufen die Vorgänge genau wie in einem (zusätzlichen) Gravitationsfeld. Die Parabelform tritt allerdings nur dann auf, wenn das Gravitationsfeld homogen ist, was auf der Erdoberfläche, soweit man sie als eben annehmen kann, annähernd der Fall ist. Durchläuft ein fallender Körper eine größere waagrechte Strecke, so ändert sich merklich auch die Richtung, in der die Schwerkraft wirkt, und die Bahnform ist eine andere. Wie sich zeigen läßt, entsteht eine Ellipse und im Grenzfall ein Kreis. Das ist auch die Bahnform, die ein sich um die Erde bewegender Satellit beschreibt (vgl. Abb. 3).

Kehren wir zu unserem Lichtstrahl zurück. Er repräsentiert ebenso eine »Gerade« wie die Bahn des Messers im Beispiel mit dem anfahrenden Zug (bei Vernachlässigung der Fallbewegung zur Erde). Diese »Gerade« erscheint aber für den Fahrgast durch die Beschleunigung gekrümmt. Nach dem Vorhergehenden müßte eine Krümmung aber auch dann eintreten, wenn der Raum sich nicht bewegt, sondern unter dem Einfluß eines starken Gravitationsfeldes steht.

Um Mißverständnissen zu begegnen, muß an dieser Stelle auf eine kleine Schwäche unseres Gedankenexperimentes hingewiesen werden: Das geworfene Messer hat eine Masse, und ein zusätzliches (seitliches) Gravitationsfeld hätte es deshalb zur Seite »fallen« lassen. Wir gingen aber von einem massenlosen Lichtstrahl, einer »Geraden«, aus, bei dem jedoch derselbe Effekt auftreten würde. Durch die Gravitation wird also eine »Gerade« gekrümmt.

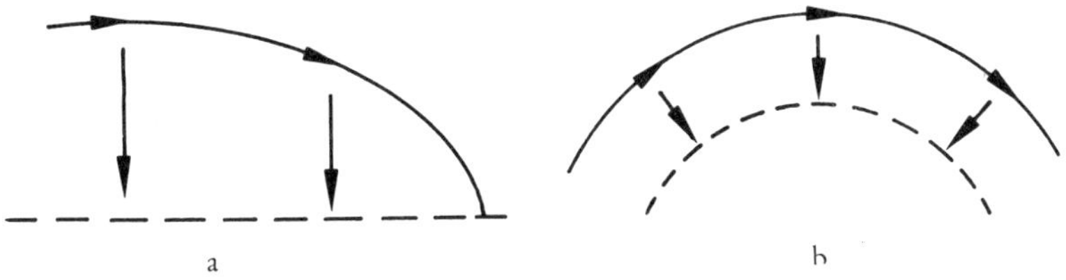

Abbildung 3: Bahnformen eines geworfenen Gegenstandes:
a) in einem homogenen Gravitationsfeld,
b) um ein Gravitationszentrum.

Unsere Experimente sollen nur ein Hilfsmittel zum Verständnis sein. Sie liefern zwar richtige Ergebnisse, doch sind sie nicht ohne weiteres auf die »Raumkrümmung« zu übertragen. Denn wohin »krümmt« sich der Raum? Ein von Gravitationsfeldern erfüllter Raum verhält sich wie ein gleichförmig beschleunigter, der aber bezüglich seiner Umgebung seine Lage nicht ändern soll. Wie ist das zu verstehen? Wohin »bewegt« sich ein Raum, ohne seine Lage zu verändern? Er kann sich doch nicht »in sich selbst« bewegen oder krümmen!

Die Raumkrümmung ist in der Tat nicht anschaulich zu erklären. Innerhalb nur dreier Dimensionen (Länge, Breite, Höhe) kann sich kein Raum krümmen. Es muß eine vierte Dimension vorhanden sein, eine, die wir uns nicht vorzustellen imstande sind, die aber mathematisch gut fixiert werden kann und auch eindeutige Lösungen liefert.

Wir wollen noch einmal die Folgerungen zusammenfassen:

a) Die Gravitation in einem homogenen Bereich erscheint gleichberechtigt mit einer gleichförmig beschleunigten Bewegung des Raumes.
b) In einem gleichförmig beschleunigten Raum wird eine Gerade »gekrümmt«.
c) Also muß auch im gravitationserfüllten Raum eine Gerade »gekrümmt« sein.
d) Die Raumkrümmung läßt sich bei der Annahme von drei Dimensionen nicht erklären. Es muß eine unanschauliche vierte Dimension hinzugenommen werden.
e) Die Raumkrümmung ist von der Stärke des Gravitationsfeldes abhängig. Sie läßt sich berechnen.

Die Rechnung ist allerdings reichlich kompliziert (Anhang S. 301). Es zeigt sich, daß die Raumkrümmung in einem vierdimensionalen Raum-Zeit-Koordinatensystem durch einen Krümmungsradius wiedergegeben werden kann, der von der Zeit abhängig ist. Die Raumkrümmung war also gestern eine andere als heute und wird sich morgen wieder geändert haben. Dabei gibt es mehrere Möglichkeiten. Neben der zeitabhängigen Größe R, die den Krümmungsradius des (dreidimensionalen) Raumes beschreibt, erscheint in der Rechnung eine Konstante K, die die Werte O, 1 und — 1 annehmen kann. Je nach der Wahl dieser Werte ergibt sich auch eine verschiedenartige Krümmung. Ist K=O, so verschwindet die Krümmung. Der Raum ist dann so geartet, wie wir ihn allein mit den uns verständlichen drei Dimensionen beschreiben können; es ist der Euklidische Raum.

Ist K=1, so folgt daraus ein elliptischer (im Grenzfall sphärischer) Raum und für K=—1 ein hyperbolischer Raum. Wir werden später auf diese drei Möglichkeiten in einem anderen, kosmologisch sehr bedeutsamen Zusammenhang zu sprechen kommen.

Können wir uns elliptische, sphärische oder auch hyperbolische Räume vorstellen? Konkret sicher nicht. Doch können wir uns, bedingt durch ein weiteres Gedankenexperiment, helfen:

Wir wollen uns Wesen vorstellen, die nur zweidimensional, also flächenhaft, zu denken vermögen. Sie haben keinen Sinn für das Räumliche, sie kennen nicht die dritte Dimension. Die Erde, auf der sie wohnen, ist für sie eine Ebene mit unendlicher Ausdehnung.

Eines Tages mögen diese Sonderlinge eine Expedition zur Erforschung der Welt unternehmen. 100 000 km wollen sie in die unendliche Weite vordringen, um nachher auf demselben Wege zurückzukehren. Entsprechend groß sind auch die Vorräte an Proviant, die sie mitnehmen. Wir, mit unserer Kenntnis der dritten Dimension und der Kugelform der Erde, wissen, was ihnen bevorsteht. Es gibt eine größte Entfernung im Abstand von 20 000 km, und wenn die Expedition immer weiter wandert, kommt sie nach 40 000 km zum Ausgangspunkt zurück. Es war unnötig, soviel Proviant mitzuschleppen.

Eine Strecke ist die kürzeste Entfernung zwischen zwei Punkten. Auf der Erdoberfläche liegt sie auf einer geodätischen Linie, etwa auf einem Meridiankreis. Eine solche Linie ist zwar unbegrenzt, doch hat sie eine endliche Länge. Dasselbe gilt deshalb auch für eine »Gerade« der nur zweidimensional denkenden Wesen. Ähnlich ergeht es uns, die wir die vierte Dimension nicht kennen. Wir können uns keine Raumkrümmung vorstellen, und wir sind deshalb auch nicht in der Lage, die Endlichkeit einer dreidimensionalen Welt zu begreifen. Sie hat keine Grenze, aber eine weiteste Entfernung, die durch den erwähnten Krümmungsradius festgelegt wird. Sie hat auch ein endliches Volumen.

Allerdings bezieht sich das alles nur auf Räume mit positiver Krümmung. Nur sie sind geschlossen. Räume mit negativer Krümmung, also hyperbolische Räume, sind offen. Sie sind in ihrer Ausdehnung unendlich. Es existiert auch eine geodätische Linie in dem vierdimensionalen Raum, die durch die Lichtstrahlen oder durch die Bahn eines Körpers, der von keiner anderen Masse beeinflußt wird (also eine »geradlinige« Bewegung ausführt), charakterisiert wird.

Für den Rauminhalt eines sphärischen relativistischen Raumes gilt nicht die bekannte Formel $V = 4/3\,\pi\, r^3$, sondern $V = 2\,\pi^2\, R^3$. Wie wir später noch ausführlich sehen werden, hängt der Krümmungsradius eng mit der Dichte der im Raum vorhandenen Materie zusammen. Wird für das Weltall die Dichte $\rho = 10^{-29}\, g/cm^3$ angenommen, so erhält man für das sphärische relativistische Modell für R etwa 10 Milliarden Lichtjahre und die Gesamtmasse

10^{56} g. Die Abb. 4 zeigt die Krümmung von Flächen als Analogien zu den Modellvorstellungen der Raumkrümmung.

Mit zunehmender Entfernung vom Beobachtungsort müßte sich der beobachtbare Raum im Falle der sphärischen Krümmung weniger vergrößern als im euklidischen Weltmodell. Bei einer hyperbolischen Krümmung müßte er dagegen schneller wachsen. Entsprechend wächst in der Analogie der Flächeninhalt mit zu-

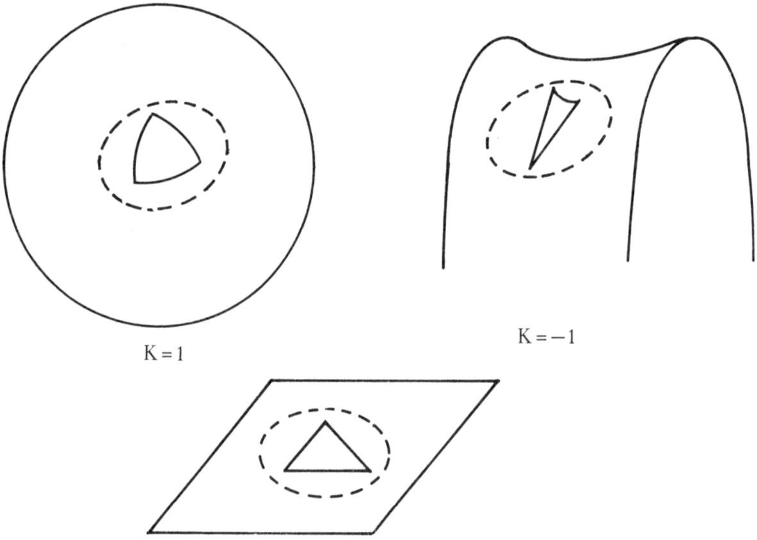

Abbildung 4: Flächen als Modelle für gekrümmte Räume. Bei k = 0 ist keine Krümmung vorhanden (euklidisch). Die Summe der Innenwinkel im Dreieck beträgt 180°. Der Kreisumfang ist = $2\pi r$. Bei k = 1 ist die Krümmung sphärisch. Die Winkelsumme ist größer als 180° und der Umfang kleiner als $2\pi r$. Bei k = —1 ist die Krümmung hyperbolisch. Die Winkelsumme ist kleiner als 180°. Der Umfang ist größer als $2\pi r$.

nehmender Entfernung bei der Sattelfläche schneller als in der Ebene, und hier wieder schneller als auf der Kugel.

Die geniale Erkenntnis Einsteins, daß die mit der Masse verknüpften Gravitationsfelder die Raumstruktur ändern, hatte eine ganze Reihe von Theoretikern zu weiteren Arbeiten angeregt. So folgerte der sowjetische Mathematiker A. Friedmann, daß ein statisches unveränderliches Weltall im Widerspruch zu den physikalischen Grundlagen stehen müsse, da in ihm keine Evolution vorkommen könne. Eine Evolution sei aber für die Teile des Universums eine feststehende Tatsache, und es wäre unerklärlich, warum das »Ganze« diesem Urgesetz nicht folgen sollte.

Friedmann entwickelte ein Weltmodell, das nicht statisch war, bei dem sich die Größe der Welt mit der Zeit änderte. Die von ihm aufgestellten Gleichungen werden sowohl einem expandierenden als auch einem kontrahierenden Weltall gerecht – aber keinem unveränderlichen.

Zu einer ähnlichen Schlußfolgerung kam im Jahre 1917, also im selben Jahre, in dem Einstein sein vierdimensionales Weltmodell bekanntgab, der holländische Astronom De Sitter. Auch er ging von den Feldgleichungen Einsteins aus, doch war sein Modell so beschaffen, daß es auch für eine Welt ohne »Inhalt«, also eine »leere« Welt, existierte. Ist dagegen die Welt mit Materie erfüllt, so mußte es nach seinen Rechnungen eine Art »Abstoßung« geben, die die Massen auseinanderzutreiben sucht. Dabei mußte die Expansion der Entfernung proportional sein. De Sitters Modell war also ebenfalls nicht statisch.

Diese Folgerung war für die damalige Zeit so unglaubwürdig, daß man geneigt war, die universelle Gültigkeit der Einsteinschen Grundgleichungen anzuzweifeln.

De Sitter war sich darüber im klaren, daß – falls es überhaupt ein Auseinanderstreben der Weltkörper gab – dieses nur in sehr weiter Entfernung zu beobachten sein könnte. Er fand in der Literatur einige Hinweise über die Bewegungen der Spiralnebel. Damals kannte man allerdings noch nicht die Natur dieser Objekte. Während einige Astronomen die nebelhaften Gebilde als Gegenstücke zu den relativ nahegelegenen Nebeln von der Art des Orionnebels ansahen, glaubten andere an Sterninseln in sehr großen Entfernungen. Immerhin fiel es De Sitter auf, daß diese Objekte eine verhältnismäßig große positive Radialgeschwindigkeit zeigten. Um das besser verstehen zu können, wollen wir uns etwas eingehender mit den Geschwindigkeitsmessungen in der Astronomie vertraut machen.

2.8. Der Dopplereffekt

Stellen wir uns einmal einen See mit vollkommen ruhigem Wasserspiegel vor. Mitten im See mögen zwei Boote schwimmen, die wir A und B nennen wollen (Abb. 5). Vom Boot A aus schlägt jemand regelmäßig mit einem Stock ins Wasser und erzeugt dadurch Wellen, die sich kreisförmig über den See ausbreiten. Ein Beobachter in B wird die Wellen herankommen und in bestimmtem Rhythmus an sein Boot anschlagen sehen. Wenn sich beide Boote nicht bewegen, ist es klar, daß er in jeder Sekunde ebenso viele Wellenzüge registriert, wie von A aus Stockschläge erfolgen. Die ausgesandte Frequenz stimmt also mit der empfangenen überein. Was beobachtet aber der Mann in B, wenn er den Wellen entgegenrudert, sich also A nähert? Es leuchtet ein, daß er dann die Wellenanschläge in kürzerer Zeitfolge registriert, also eine höhere Frequenz empfängt. Die Beziehung zwischen der ausgesandten Frequenz (f) und der empfangenen (f_1) läßt sich

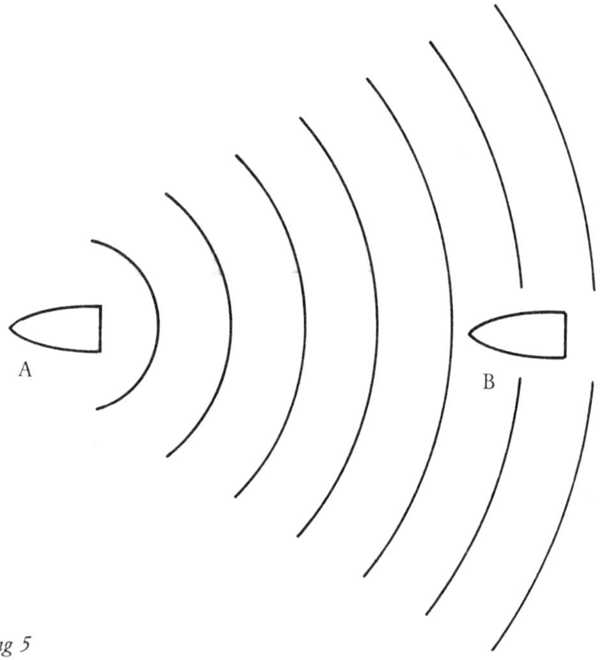

Abbildung 5

leicht berechnen. Hier das Resultat: Schlägt der Mann in A zweimal in der Sekunde ins Wasser, so ist $f = 2$. Bewegt sich B mit einer Geschwindigkeit auf dem Wasser, die halb so groß ist wie die Fortpflanzungsgeschwindigkeit der Wellen, so folgt $f_1 = 3$. (Vgl. Anhang S. 301.)

Die Frequenzänderung ist um so größer, je größer das Verhältnis der relativen Geschwindigkeit zwischen dem Sender und dem Empfänger (v) zu der Fortpflanzungsgeschwindigkeit der Wellen (c) ist. In unserem Beispiel beträgt es 1 : 2 oder 0,5. Wäre das Verhältnis 1 : 4, so ergäbe sich für f_1 nur die Frequenz von 2,5.

Auch für den Fall, daß die Rollen vertauscht sind, wenn also das Boot B ruht, sich statt dessen aber das Boot A mit dem Sender an Bord in Richtung auf B zu bewegt, läßt sich leicht die entsprechende Formel finden. Mit ihr berechnet sich in unserem Beispiel jetzt: $f_1 = 4$. Auch hier wird also eine höhere Frequenz empfangen, die sich aber von derjenigen im ersten Fall unterscheidet. Selbstverständlich lassen sich ebenso leicht auch solche Fälle berechnen, bei denen Sender und Empfänger sich einander nicht nähern, sondern voneinander entfernen. Die empfangene Frequenz ist dabei dann kleiner als die ausgesandte.

Es ist das große Verdienst des österreichischen Physikers Christian Doppler, diese durch die Bewegung hervorgerufenen Frequenzänderungen genau untersucht zu haben. Natürlich sind sie nicht auf Wasserwellen beschränkt, sondern müssen bei jeder Wellenbewegung erwartet werden.

Es sind viele Versuche unternommen worden, um den Dopplereffekt experimentell zu überprüfen. So hat im Jahre 1845 ein holländischer Physiker mit Schallwellen experimentiert. An der Bahnlinie von Utrecht nach Maarsen postierte er eine Reihe von Musikern. Auf einer fahrenden Lokomotive saß ein Hornist, der einen Ton blies, und nun mußten die Musiker mit ihrem feinen Gehör angeben, wie sich die Tonhöhe beim Vorbeifahren des Zuges änderte.

Von ganz besonders großer Bedeutung ist der Dopplereffekt für die Astronomie. Wie schon erwähnt (S. 34), kann das Licht als eine Wellenbewegung verstanden werden, wobei den einzelnen Farben bestimmte Frequenzen zugeordnet sind. Ändert sich durch die Bewegung des Senders oder des Beobachters die empfangene

Frequenz, so muß das mit einer Farbänderung verbunden sein. 1842 veröffentlichte Doppler eine Arbeit »Über das farbige Licht der Doppelsterne«, in der er die Vermutung aussprach, daß die verschiedenen Farben der Sterne durch deren »Radialbewegungen«, also durch ihre Annäherung an die Erde beziehungsweise ihre Entfernung von unserem Planeten zu erklären seien. Heute wissen wir, daß zwar eine Verfärbung durch die Radialbewegung auftritt, die Farben der Sterne aber überwiegend durch ihre Temperaturen bestimmt sind.

Während bei Schallwellen das Verhältnis v : c einen recht großen Wert annehmen kann, ist das bei Lichtwellen in der Regel anders. Im Vergleich zu der enormen Geschwindigkeit des Lichtes von rund 300 000 km/s sind nicht nur die Geschwindigkeiten unserer Verkehrsmittel, sondern auch die der uns näher gelegenen Himmelskörper verschwindend klein. Selbst bei weiter entfernten Sternen reicht die Frequenzänderung durch den Dopplereffekt nicht aus, um Veränderungen der Farben zu erkennen.

Eine ungleich genauere Methode der Ermittlung von Radialgeschwindigkeiten stellt die Vermessung der in den Spektren der Sterne eingelagerten Linien dar.

Während ein fester Körper beim Erhitzen ein kontinuierliches Spektrum aussendet, das aus einem Gemisch von allen möglichen Frequenzen besteht, verhalten sich die zum Leuchten angeregten Gase anders. Je nach ihrer chemischen Zusammensetzung werden nur bestimmte Frequenzen ausgesandt, die in einem Spektrum an ganz diskreten Stellen als Linien erscheinen. Solche Spektren werden deshalb Linienspektren genannt.

Befindet sich zwischen einem Körper, der ein kontinuierliches Spektrum aussendet, und dem Beobachter ein nichtleuchtendes Gas, so entstehen im Spektrum gerade an den Stellen dunkle Linien, die für das betreffende Gas im Linienspektrum charakteristisch sind. Ein solches Spektrum wird wegen der Absorption in bestimmten Frequenzbereichen Absorptionsspektrum genannt (Abb. 6). Da auch die zentralen Gebiete der Sterne kontinuierliche Spektren aussenden, verursachen ihre Gashüllen Absorptionslinien. Bereits zu Beginn des 19. Jahrhunderts wurden solche Linien im Sonnenspektrum von Fraunhofer entdeckt und nach ihm benannt.

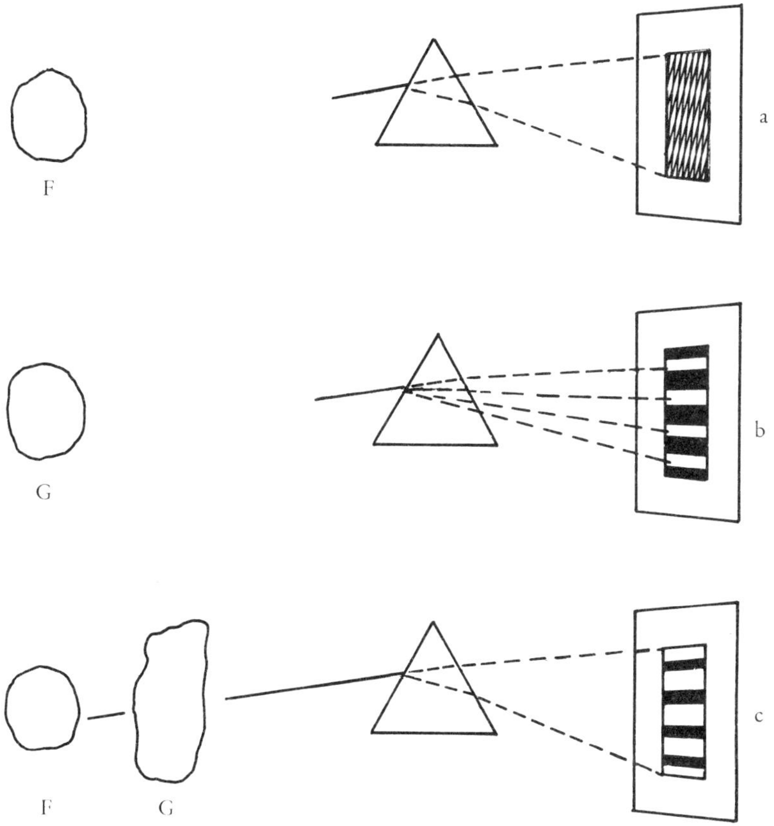

Abbildung 6: Arten der Spektren

a) Glühende feste oder flüssige Körper (F) sowie erhitztes, stark verdichtetes Gas erzeugen kontinuierliche Spektren.

b) Heißes Gas geringer Dichte (G) erzeugt im Spektrum einzelne helle Linien (Linien- oder Emissionsspektren).

c) Befindet sich zwischen dem Beobachter und einem Körper, der ein kontinuierliches Spektrum aussendet (F), kühleres Gas (G), so entstehen im Spektrum dunkle Linien an den Stellen, an denen das Gas bei Emission helle Linien erzeugen würde.

Diese Linien ermöglichen nicht nur eine Analyse der Sternmaterie in ihren äußeren Teilen, sie eignen sich auch hervorragend zur Bestimmung von Radialgeschwindigkeiten. Da jeder Linie eine aus Laborversuchen genau bekannte, feste Frequenz zugeordnet ist, muß sich bei der relativen Annäherung eines Sterns an die Erde die Frequenz und damit der Ort der Linien im Spektrum ändern. Er verlagert sich zum blauen Ende des Spektrums. Entfernt sich der Stern von uns, so erfolgt eine Verlagerung zum roten Ende, und wir sprechen von einer Rotverschiebung. Der Betrag der Linienverschiebung hängt unmittelbar mit der Radialgeschwindigkeit zusammen. In der Astronomie ist es üblich, die Linienverschiebung (z) durch das Verhältnis der Änderung der Wellenlänge zur unverschobenen Wellenlänge anzugeben. Also $z = \triangle\lambda : \lambda_0$, wobei $\triangle\lambda = \lambda - \lambda_0$ ist. λ bedeutet hier die beobachtete Wellenlänge der betreffenden Linie und λ_0 die Wellenlänge im Laborversuch. Die Umrechnung der Frequenz in die Wellenlänge erfolgt nach der bekannten Beziehung $c = f \cdot \lambda$, wobei c wieder die konstante Lichtgeschwindigkeit ist.

Um aus der Linienverschiebung z die Geschwindigkeit zu bestimmen, wird oft die Formel $v = c \cdot z$ benutzt. Ein Zahlenbeispiel möge das verdeutlichen:

In den Spektren vieler Sterne ist die Wasserstofflinie Hγ recht gut ausgeprägt. Im Laborversuch hat sie die Wellenlänge $\lambda_0 = 4340$ Å (Ångström-Einheiten) oder $4{,}34 \cdot 10^{-7}$ m. Dieser Wellenlänge entspricht eine Frequenz von $6{,}9 \cdot 10^{14}$ Hz (Hz = Zahl der Schwingungen pro Sekunde). Der Hauptstern im Sternbild Fuhrmann, Kapella, enthält ebenfalls in seinem Spektrum die Hγ-Linie, doch erscheint sie an einer etwas anderen Stelle. Durch die Radialbewegung ist die Frequenz um etwa 10 kHz (10 000 Hz) geringer geworden, wodurch eine Verschiebung der Linie um $\triangle\lambda = 0{,}434$ Å zum roten Ende des Spektrums hin erfolgte. Daraus errechnen sich:

$$z = 0{,}434 : 4340 = 0{,}0001 = 10^{-4} \text{ und } v = 300\,000 \cdot 10^{-4} = 30 \text{ km/s}.$$

Mit dieser Geschwindigkeit entfernt sich also Kapella von uns.

Der Betrag ist ein Durchschnittswert, da sich die Erde auf ihrer Bahn um die Sonne ebenfalls mit einer Geschwindigkeit von etwa 30 km/s bewegt. Befände sich Kapella genau in der Ekliptik, also in der Bahnebene der Erde, so ergäbe sich bei der Beobachtung einmal im Jahr der Wert 0, ein anderesmal 60 km/s. Da jedoch Kapella um rund 22 Grad von der Ekliptik entfernt ist, geht nur ein Teil der vollen Erdgeschwindigkeit in die Rechnung ein.

Der z-Wert der Kapella ist, verglichen mit den Radialgeschwindigkeiten sehr entfernter Objekte wie der Galaxien und Quasare, außerordentlich klein. Hier kennt man Beträge für z, die größer als 2 sind. Man rechnet bei sich entfernenden Objekten, also bei Rotverschiebungen, mit positiven, bei Annäherungen (Blauverschiebungen) mit negativen Radialgeschwindigkeiten. Die größeren Werte für z sind durchweg positiv.

Bei genauem Nachdenken über die geschilderten Zusammenhänge und Rechnungen fällt uns etwas Merkwürdiges auf:

Einem $z = 2$ entspricht ein $v = 2 \cdot c$, also müßte sich das Objekt mit doppelter Lichtgeschwindigkeit von uns fortbewegen! Das ist aber nach der speziellen Relativitätstheorie unmöglich.

In der Tat gilt die Formel nur als Näherung und ist nur bei kleinen z-Werten brauchbar. Wir werden gleich noch darauf zurückkommen. Doch gibt es noch einen anderen Einwand gegen die Art, in der wir gerechnet hatten: In den Beispielen für die Frequenzänderungen auf S. 65 hatten wir zwischen der Bewegung des Senders und derjenigen des Empfängers unterschieden. Die Ergebnisse waren nicht gleich, und so müßte im Fall der Kapella die beobachtete Frequenzänderung nicht unbedingt eine Geschwindigkeit von 30 km/s ergeben. Das Resultat wäre davon abhängig, ob *wir* uns Kapella nähern oder *sie* sich auf uns zubewegt. Sind also die von Doppler aufgestellten Formeln falsch?

Nun, die Formeln sind richtig, doch ist eine Voraussetzung für ihre Anwendung nicht erfüllt: Wir gingen bei unseren Beispielen davon aus, daß es ein Medium gibt, das die Wellen »trägt«. Dieses Medium war gleichsam ein ruhendes System, auf das wir unsere Bewegungen beziehen konnten. Das gilt für Wasserwellen und für den Schall, nicht aber für das Licht. Einen Träger der Lichtwellen, den hypothetischen Weltäther, gibt es nicht. Die Relativitätstheorie hat das eindeutig gezeigt. Es gibt auch keinen »ruhenden« Punkt im Weltall, kein absolutes Bezugssystem. Jede Bewegung ist nur relativ, und so müßten für das Licht auch andere Formeln Anwendung finden. Bei unseren Untersuchungen hatten wir die Zeit als etwas Unveränderliches angenommen. Die spezielle Relativitätstheorie lehrt uns aber, daß auch der Zeitablauf veränderlich ist und von der Bewegung abhängt. Bringen wir an die Dopplerschen Formeln diese relativistischen Korrekturen an, so verschwinden die Unterschiede, und es ergibt sich nun eine Formel, die allein die relative Geschwindigkeit berücksichtigt (siehe Anhang S. 302).

Wir können also durchaus die Radialgeschwindigkeiten angeben, doch die Frage, »wer« sich bewegt, bleibt aus gutem Grund unbeantwortet.

Das erklärt auch, warum bei großen Geschwindigkeiten die Formel $v = c \cdot z$ versagen muß. Mit der relativistisch korrigierten Formel (Anhang S. 303) ergibt sich bei $z=2$ eine Geschwindigkeit $v = 0{,}8$ c, also 240 000 km/s, was der Relativitätstheorie nicht mehr widerspricht.

Die ersten Versuche, die Radialgeschwindigkeit eines Sternes zu bestimmen, gehen auf das Jahr 1868 zurück, als es dem englischen Astronom William Huggins gelang, eine kleine Verschiebung der Spektrallinien beim hellsten Fixstern, dem Sirius, festzustellen. Die Ergebnisse waren noch sehr ungenau und oft fehlerhaft. Heute lassen sich bei großen Dispersionen Geschwindigkeiten auf Bruchteile von Kilometern pro Sekunde genau berechnen. Die Dispersion eines Spektralapparates gibt an, wie weit das Spektrum im Gerät auseinandergezogen werden kann. Eine wichtige Voraussetzung für brauchbare Messungen mit großen Dispersionen ist die Lichtstärke. Bei lichtschwachen Sternen gelingt deshalb eine größere Dispersion nur bei längeren Belichtungszeiten der Spektralaufnahmen in lichtstarken Fernrohren.

2.9. Das expandierende Weltall

Nach diesem Exkurs in die Spektroskopie wollen wir uns wieder den Bemühungen De Sitters zuwenden, etwas über die Radialgeschwindigkeiten entfernter Galaxien zu erfahren.

Die wenigen und unsicheren Angaben haben ihn zwar in der Annahme einer Expansion bestärkt, doch war man damals noch weit davon entfernt, darüber etwas mit Bestimmtheit behaupten zu können. Ja, die uns nahe gelegene, große und lichtstarke Galaxie M 31, der Andromedanebel, zeigte sogar bei der Messung des amerikanischen Astronomen Slipher aus dem Jahre 1912 eine negative Radialgeschwindigkeit, also eine Annäherung im Betrage von etwa 200 km/s. Doch schon 5 Jahre später konnte

Slipher Radialgeschwindigkeiten von 14 weiteren Galaxien bekanntgeben. 13 von ihnen entfernten sich von uns, und zwar mit mittleren Geschwindigkeiten von ca. 600 km/s. Nur eine zeigte eine Annäherung. Das war etwa der Zeitpunkt, an dem De Sitter seine Nachforschungen anstellte. Noch war nicht entschieden, ob es sich bei diesem Befund um einen Zufall oder um eine Gesetzmäßigkeit handelte. Weitere Messungen waren erforderlich, doch gestatteten das die Beobachtungsmöglichkeiten der damaligen Zeit nicht. Die meisten der untersuchten Galaxien waren so lichtschwach, daß man von ihnen keine brauchbaren Spektren erhalten konnte. Erst als nach 1920 das damals größte Spiegelteleskop auf dem Mt. Wilson in Betrieb genommen wurde, ließen sich auch schwächere Galaxien untersuchen. Das Ergebnis war eindeutig: Je geringer die Leuchtkraft der Galaxien war, um so größer war die Linienverschiebung.

Bestand demnach ein mathematisch fixierbarer Zusammenhang zwischen den Entfernungen und den Fluchtgeschwindigkeiten? Um diese Frage beantworten zu können, mußte man eine Methode entwickeln, nach der sich die Entfernungen zu den weiter gelegenen Galaxien bestimmen ließen. Eine Möglichkeit boten die Cepheiden. Sie gehören zu der Kategorie von Sternen, die ihre Helligkeit in bestimmter Regelmäßigkeit ändern. Es zeigte sich, daß eine enge Beziehung zwischen den Perioden dieser Änderung und den absoluten, das heißt tatsächlichen Helligkeiten solcher Sterne besteht. Hatte man also irgendwo einen Cepheiden entdeckt, so ließ sich aus der beobachteten Periode die absolute Helligkeit erkennen. Aus der gemessenen scheinbaren und der absoluten Helligkeit kann man auch die Entfernung bestimmen. Das soll etwas genauer erklärt werden:

Wie auf S. 40 schon kurz beschrieben, werden die Helligkeiten der Sterne in Größenklassen oder Magnitudos angegeben. Dabei beträgt der Faktor zwischen den Helligkeiten (Intensitäten) zweier benachbarter Größenklassen 2,512. Ein Stern 1. Klasse ist also 2,512mal so hell wie ein Stern 2. Klasse, dieser 2,512mal so hell wie ein Stern 3. Klasse und so weiter.

Es mag unverständlich erscheinen, warum die Astronomen eine so unbequeme Zahl gewählt haben. Das erklärt sich so: In früherer Zeit hatte man nur eine sehr grobe Einteilung vorgenommen. Man bezeichnete die hellsten Sterne als Sterne 1. Klasse. Die lichtschwächsten, mit bloßem Auge gerade noch erkennbaren Sterne sollten der 6. Größenklasse angehören. Dieses Intervall von 5 Stufen wurde so gefaßt, daß der gesamte Intensitätsunterschied genau 100 betrug. Um das zu erreichen, muß jede folgende Größenklasse genau 2,512mal so hell wie die vorhergehende sein (Anhang S. 303).

Um den Nullpunkt der Größeneinteilung festzulegen, hatte man ursprünglich dem Polarstern die Größenklasse 2,12 zudiktiert. Als sich später herausstellte, daß der Polarstern eine leicht veränderliche Helligkeit hat, traf man eine andere Feststellung, die sich aber nur sehr geringfügig von der alten unterscheidet. Die Einteilung in Größenklassen wird auch in die negativen Bereiche ausgedehnt. Sterne, die 2,512mal so hell wie die der 1. Klasse sind, erhalten die Klassenzahl 0, die noch helleren –1, –2 usw. Der hellste Fixstern, Sirius, hat die Größe –1,43, die Sonne –26,8. Mit den lichtstärksten Instrumenten erkennen wir Sterne etwa bis zur Größenklasse 23. Die angegebenen Größen bezeichnen die scheinbare Helligkeit der Sterne. Dafür wurde das Symbol m zur Kennzeichnung eingeführt. Für die Größe des Sirius schreiben wir also beispielsweise $-1,^{m}43$, für die der Sonne $-26,^{m}8$.

Neben dieser scheinbaren Größe eines Sternes, also dem vom Beobachter empfangenen Strahlungsstrom, spielt in der Astronomie die absolute Helligkeit (Symbol M) eine wichtige Rolle. Das ist die Helligkeit, die der betreffende Stern in einer Entfernung von 10 Parsec hätte. Ein Parsec (pc) nennen wir diejenige Entfernung, aus der der Erdbahnradius unter seinem Sehwinkel von 1 Bogensekunde erscheint (vgl. S. 235). Der Sehwinkel heißt Parallaxe. Daher der Name Parsec. Ein Lichtjahr ist bekanntlich die Strecke, die ein Lichtstrahl in einem Jahr zurücklegt.

1 Lichtjahr = $9,46 \cdot 10^{12}$ km; 1 pc = 3,26 Lj; 10^6 pc = Mpc (Megaparsec). Die Sonne hat eine absolute Helligkeit M = 4,8. Sie würde uns also in einer Entfernung von 10 pc = 32,6 Lj nur als schwaches Sternchen erscheinen. Aus der scheinbaren und der absoluten Größe beziehungsweise Helligkeit läßt sich leicht die Entfernung berechnen (Anhang S. 303).

Nun zurück zu der Entfernungsbestimmung durch die Cepheiden!

Eine Voraussetzung muß dabei erfüllt sein: Wenigstens von einem Cepheiden müssen wir die Entfernung kennen, um den »Nullpunkt« der Beziehung angeben zu können. Leider gibt es keine Cepheiden in unserer näheren Umgebung, so daß ihre Entfernungsbestimmungen sehr unsicher sind. Immerhin gelang es dem amerikanischen Astronom Harlow Shapley, bald nach der Entdeckung der Cepheidengesetzmäßigkeit auf statistischem Wege zu Entfernungsangaben zu kommen und damit auch eine Nullpunktfestlegung zu erreichen, die zunächst voll befriedigte. Cepheiden sind sehr helle Sterne. So lassen sie sich auch in anderen Galaxien erkennen. Durch diese »Meilensteine des Universums«, wie sie oft genannt werden, sind dann auch die Entfernungen zu fernen Sternsystemen bestimmbar. Allerdings ist man dabei auf nähere Galaxien beschränkt.

Doch gibt es noch andere Methoden zur Entfernungsbestimmung: In einigen Galaxien wurden Supernovae beobachtet. Man unterscheidet Novae und Supernovae. Novae sind Sterne, die während einer bestimmten Phase ihrer Entwicklung innerhalb einiger Stunden oder Tage ihre Leuchtkraft auf das 10 000fache erhöhen, um nach Monaten oder Jahren ihre normale Helligkeit wiederzugewinnen. Sehr viel seltener sind die Supernovae. Auch sie leuchten plötzlich auf, doch ist bei ihnen die ausgestrahlte Energie ungleich größer als bei den Novae. Eine Supernova vermag so hell zu leuchten wie eine ganze Sterneninsel aus Milliarden von Einzelsternen. Wir werden darauf noch zu sprechen kommen. Unter der Annahme, daß alle Supernovae etwa gleich hell sind, läßt sich auch ihre Entfernung bestimmen, da wir die ungefähre absolute Leuchtkraft kennen.

Eine weitere Möglichkeit der Entfernungsbestimmung von Galaxien besteht darin, in ihnen das jeweils hellste Objekt auf seine scheinbare Leuchtkraft hin zu untersuchen. Im Vergleich zu den hellsten Galaxien unserer näheren Umgebung läßt sich dadurch auf die Entfernung schließen.

Die ersten Versuche, die Beziehung zwischen den Rotverschiebungen und den Entfernungen zahlenmäßig festzulegen, unternahmen 1929 die Forscher Hubble und Humason. Bald danach gab Hubble das Resultat seiner Rechnungen bekannt: Sieht man von den individuellen Eigenbewegungen (Pekuliarbewegungen) der Galaxien, im Durchschnitt etwa 200 km/s, ab, so entfernen sie sich alle von uns mit Geschwindigkeiten, die ihrer Entfernung proportional sind. Mathematisch: $v_r = H \cdot r$. Hier bedeuten v_r die Radialgeschwindigkeit (in km/s), r die Entfernung in Megaparsec und *H* eine Konstante, die zu Ehren ihres Entdeckers die Hubble-Konstante genannt wird. Den Wert für *H* gab Hubble mit 580 km/s an. Danach sollte eine Galaxis, deren Entfernung sich von einer anderen um 1 Mpc unterscheidet, eine um 580 km/s größere Radialgeschwindigkeit zeigen. So schien das bewiesen zu sein, was De Sitter aus seinen theoretischen Untersuchungen gefordert hat: eine Ausdehnung des Universums.

Diese Gesetzmäßigkeit ist für die Kosmologie von so überragender Bedeutung, daß an dieser Stelle kurz auch der eigentümliche Lebensweg des Entdeckers beschrieben werden soll: Edwin P. Hubble wurde 1889 in Marshfield (Missouri) als Sohn eines Anwalts geboren. Er zog mit seiner Familie nach Chikago um und studierte dort Mathematik und Astronomie. Der kräftig gebaute junge Mann begann sich neben den Naturwissenschaften lebhaft für den Boxsport zu interessieren. Er begann mit dem Training und trat auch einige Male in Wettkämpfen auf. Bei einer solchen Gelegenheit sah ihn ein Boxmanager, der ihm nicht nur ein weiteres Training unter seiner Leitung vorschlug, sondern ihm darüber hinaus den Rat gab, das Studium an den Nagel zu hängen und Berufsboxer zu werden. Sogar ein Kampf gegen den damaligen Schwergewichtsweltmeister Johnson wurde erwogen. Es kam aber anders: Hubble brach zwar sein Studium ab, doch auch dem Boxsport wurde er untreu. Den Spuren seines Vaters folgend, wollte er Rechtsanwalt werden. Nach einem Studienaufenthalt in England eröffnete er eine Anwaltspraxis in Louisville (Kentucky). Doch lange hielt er es im Paragraphenwald nicht aus, die Sterne lockten zu sehr. Er bewarb sich mit Erfolg um eine Anstellung am Yerkes-Observatorium. Dort arbeitete er intensiv an der Erforschung schwacher galaktischer Nebel, um dann 1916 eine Arbeit darüber zu veröffentlichen. Bald danach wurde ihm der Doktortitel verliehen. Noch einmal mußte Hubble seine astronomischen Arbeiten unterbrechen, als er zum Militär eingezogen wurde. Doch nach dem Friedensschluß 1918 setzte er seine Forschungstätigkeit unter einem glücklichen Stern fort: Am neuen, vorhin schon genannten Mt.-Wilson-Teleskop konnte er ferne Galaxien besser beobachten als je zuvor.

Bald nach Hubbles Veröffentlichung seiner Entdeckung über die Nebelflucht begannen die Kosmologen daraus Schlußfolgerungen zu ziehen. Wie ist diese Eigentümlichkeit zu verstehen? Warum bewegen sich alle Galaxien gerade von *uns* fort? Sind wir vielleicht doch in einem auserwähltem Punkt des Weltalls beheimatet? Wiederholt sich vielleicht diese Annahme – jetzt allerdings in viel größerem Maßstab? Früher glaubte man, der Mittelpunkt der Welt sei die Erde. Später, mit Kopernikus, hatte die Sonne diesen Rang eingenommen, jetzt könnte es unser Milchstraßensystem sein. Doch wir verspüren bei dieser Annahme ein leichtes Unbehagen. Sollte das wirklich wahr sein?

Eine kurze Überlegung hilft uns weiter: Ein Beobachter von einer beliebigen Weltinsel würde nämlich die gleiche Feststellung treffen. Alle Galaxien scheinen sich von *ihm* zu entfernen. Wir brauchen also nicht »Mittelpunkt« der Welt zu sein. Abb. 7 zeigt das deutlich: Nehmen wir an, alle Galaxien bewegten sich tatsächlich mit Geschwindigkeiten, die dem Abstand proportional sind, vom Punkt A fort, so müßte ein Beobachter in B denselben Eindruck haben. Die von B ausgehenden Pfeile beweisen das.

Unser Milchstraßensystem braucht also nicht der Weltmittelpunkt zu sein. Doch wie läßt sich die beobachtete Nebelflucht deuten?

Zwei Möglichkeiten einer Erklärung bieten sich an. Die folgenden Vergleiche mögen das verdeutlichen: Stellen wir uns eine Bombe vor, die in der Luft explodiert. Unmittelbar nach der Zündung wird eine sehr kurzzeitig belichtete Aufnahme von der Explosionsstelle gemacht. Die Fotografie zeigt die Splitter der Bombe, die nach allen Seiten vom Zentrum fortfliegen. Analysieren wir die Aufnahme etwas genauer, indem wir nur die Bruchstücke betrachten, die sich in einer Ebene befinden, so könnten wir aus der Entfernung zum Explosionszentrum und der vom Beginn der Explosion bis zur Belichtung verflossenen Zeit unschwer auch die Geschwindigkeit der Splitter berechnen. Es ergäbe sich genau das Bild, das wir uns von der Nebelflucht machen: Die Geschwindigkeiten wären proportional zu den Entfernungen vom Mittelpunkt.

Nun zum zweiten Modell: Wir denken uns einen aufgeblasenen Luftballon, wie er oft auf Jahrmärkten verkauft wird. Auf seiner

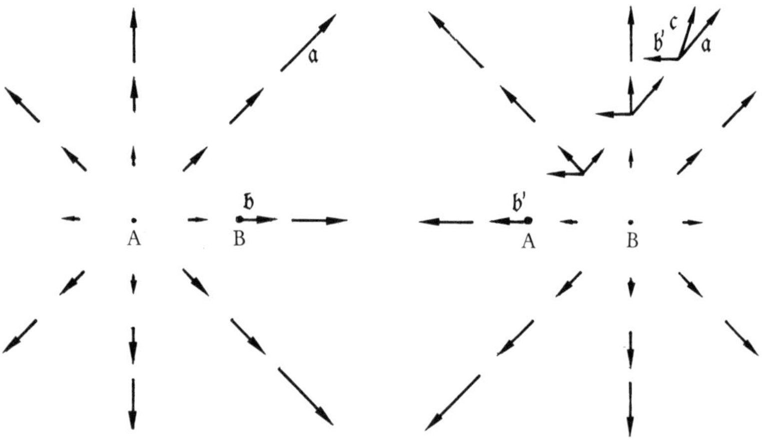

Abbildung 7: Die Hubblesche Fluchtbewegung aus der Sicht zweier Beobachter A und B. B entfernt sich aus der Sicht von A mit einer Geschwindigkeit b (Vektor 𝔟). Aus der Sicht von B entfernt sich A mit einer Geschwindigkeit, die, den gleichen Betrag, doch die entgegengesetzte Richtung hat (Vektor 𝔟'). Ein beliebiger Vektor 𝔞 muß deshalb aus der Sicht des B mit 𝔟' addiert werden. Das Ergebnis ist der Vektor 𝔠, der von B fortweist. Durch die gleiche Art lassen sich alle übrigen Vektoren bestimmen. Das Hubblesche Gesetz besteht auch aus der Sicht des B.

Oberfläche stellen wir uns einige Käfer vor, die sich gegenseitig beobachten können. Was würden sie feststellen, wenn der Ballon stärker aufgeblasen wird? Jeder Käfer hätte von seinem Standpunkt aus den Eindruck, daß sich alle anderen Käfer von ihm entfernten, wobei wiederum die Geschwindigkeiten den Abständen proportional wären.

Trotz der gleichen Ergebnisse sind die Vorgänge in beiden Modellen grundverschieden. Im ersten Fall haben sich die Bruchstücke *im* Raum ausgebreitet. Zwar könnte jeder Beobachter die geforderte Proportionalität feststellen, doch wären die einzelnen Individuen nicht völlig gleichberechtigt. Die einen wären näher beim Zentrum als die anderen, und auch die Geschwindigkeiten bezüglich eines Festpunktes (des Explosionszentrums) wären prinzipiell anzugeben. Anders beim zweiten Modell: Die einzelnen Teile bewegen sich hinsichtlich des Trägers, der Gummihaut des Ballons, nicht. Folgen wir unseren Überlegungen, die wir bezüglich des vierdimensionalen Raumes anstellten, so wäre die Ballonoberfläche das zweidimensionale Analogon zu dem dreidimensiona-

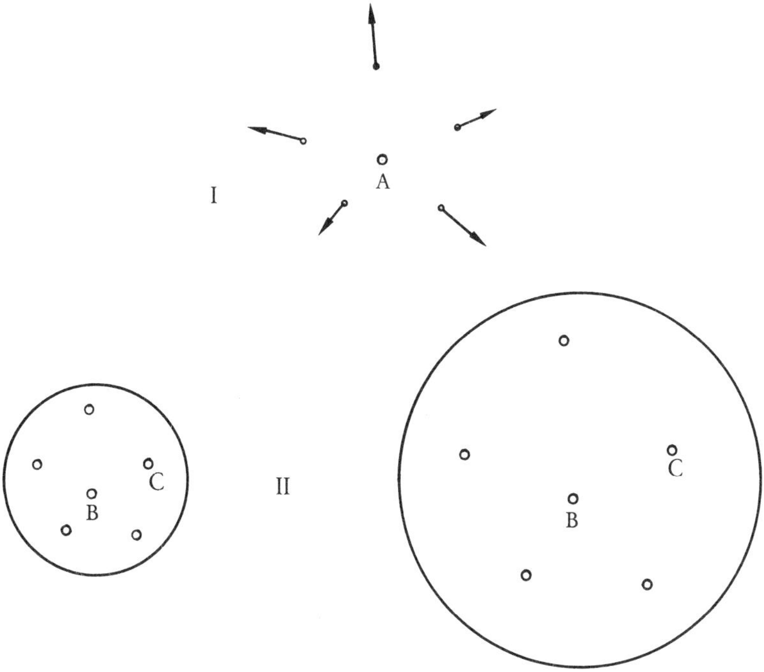

Abbildung 8: Mögliche Erklärungen der beobachteten Fluchtbewegung.
I. In A befindet sich das Explosionszentrum. Die Bruchstücke sind in Abhängigkeit von ihren Geschwindigkeiten verschieden weit von A entfernt.
II. Ein Vergleich mit einem Luftballon während des Aufblasens. Die Entfernung zwischen zwei beliebigen Punkten (B und C) vergrößert sich. Auch hier sind die Fluchtgeschwindigkeiten abhängig von der Entfernung.

len Raum im uns unvorstellbaren vierdimensionalen raumzeitlichen Kontinuum. Der Ausdehnung der Ballonhaut würde die Ausdehnung des Raumes entsprechen. Die Bewegung der Individuen würde nicht mehr *im* Raum erfolgen, der Raum selbst als ihr Träger dehnte sich aus. Es gibt dabei auch keine bevorzugten Punkte. Jeder Käfer macht die gleiche Beobachtung, und er könnte (in seiner zweidimensionalen Welt) auch keine absolute Entfernungsangabe zu einem übergeordneten Festpunkt und deshalb auch keine absolute Geschwindigkeitsangabe machen. Die Abb. 8 soll das verdeutlichen.

Es ist leicht einzusehen, daß bei der Annahme einer relativistischen vierdimensionalen Welt das zweite Modell das gegebene ist.

Die Galaxien wären danach in einem ständig expandierenden Raum eingebettet, und ihre Bewegungen wären eine natürliche Folge dieser Expansion. Die Welt, in der wir leben, würde also in jeder Sekunde größer, sie wächst ständig.

Es liegt nahe, diesen Film der Weltexpansion in Gedanken rückwärts laufen zu lassen: Gestern war die Welt kleiner als heute, und irgendwann muß sie – immer bei der Annahme einer gleichmäßigen Ausdehnung – ein einziger Punkt gewesen sein. Und vorher? – Doch wir wollen nicht alle Probleme gleichzeitig aufrollen! Zunächst ist schon die Tatsache aufregend genug, daß wir hier auf eine Begrenzung der Entwicklungszeit des Universums stoßen. Die Rechnung ist einfach: Die Hubble-Konstante H ergab sich durch die Division der Fluchtgeschwindigkeit durch die zurückgelegte Strecke: $H = v : s$. Da die Geschwindigkeit v gleich dem zurückgelegten Weg, geteilt durch die dazu benötigte Zeit, ist, also $v = s : t$, folgt $H = 1/t$ und $t = 1/H$. Setzen wir den von Hubble angegebenen Wert von 580 km/s pro Mpc ein, dann ergibt sich nach der Umrechnung von Mpc in km ein »Weltalter« von etwa 2 Milliarden Jahren.

Irgendwo muß in dieser Rechnung ein Fehler liegen. So lang diese Zeit auch ist, sie stimmt nicht mit den Angaben überein, die über das Alter der Erde und der Sterne gemacht worden sind. Zuverlässige Methoden, vor allem auf Grund des Zerfalls radioaktiver Elemente, weisen auf ein Mindestalter der Erde von etwa 4,5 Milliarden Jahren hin. Ähnliche Resultate liefern Altersbestimmungen von Meteoriten. Die Teile können aber schließlich nicht älter als das Ganze sein.

Wir wollen uns an dieser Stelle an die Schwierigkeiten bei Gedanken über den Bestand eines homogenen und statischen Universums erinnern. Es mußte als Folge der Gravitation zusammenbrechen. Da man aber damals nicht recht an ein dynamisches, also expandierendes oder implodierendes Weltall glauben wollte, suchte man nach Auswegen wie etwa der Annahme einer abstoßenden Kraft, die der Gravitation die Waage halten konnte. So hatte Einstein in seinen Gleichungen ein sogenanntes »λ-Glied« eingebaut, das diesen Forderungen entsprach. Je nach der Wahl der Konstanten λ ergaben sich verschiedene Varianten seines statischen vierdimensionalen Weltmodells, in Analogie zu verschiedenen

Radien der dreidimensionalen »gekrümmten« Kugelfläche. Als die späteren Arbeiten von De Sitter, Friedmann und anderen eine Reihe weiterer Lösungen unter der Einbeziehung einer Dynamik glaubhaft machten, schien das λ-Glied überflüssig zu sein, und Einstein empfahl, es fortzulassen.

Doch als in der Folgezeit konkrete Werte über die Fluchtgeschwindigkeit gegeben werden konnten, wäre das λ-Glied wieder notwendig gewesen. Nur damit hätte sich eine Brücke zu den Altersangaben der Geologen schlagen lassen. In neuerer Zeit sind wieder Stimmen laut geworden, die das λ-Glied fordern. So glauben E. Gunn und B. M. Tinsley aus den verbesserten Angaben über die Fluchtgeschwindigkeiten sehr entfernter Galaxien eine beschleunigte Expansion ableiten zu müssen, wobei das λ-Glied notwendig wäre ($q < 0$, vgl. 2.2.8). Vielleicht rückt dabei die Theorie von Bagge (4.11) wieder in den Vordergrund. Sollten sich die Aussagen der beiden Forscher bestätigen, so hätte das sehr entscheidende Änderungen unserer Vorstellungen vom Bau des Weltalls zur Folge. Für die zukünftige Forschung liegt hier noch ein weites Feld.

Doch damals ging die Entwicklung andere Wege.

Es wurde vorhin schon von den Cepheiden, den »Meilensteinen des Universums« berichtet. Durch sie war es möglich, die Entfernungen einiger Galaxien zu bestimmen. Genauere Untersuchungen zeigten, daß die seinerzeit von Shapley angegebene Entfernungsskala nicht überall anwendbar war. Der deutschamerikanische Astronom Walter Baade teilte die Sterne in zwei verschiedene Gruppen ein: Die meisten uns umgebenden Sterne und auch unsere Sonne gehören zur *Population I*, während im galaktischen Halo, vor allem in den Kugelhaufen, Sterne der *Population II* anzutreffen sind, die sich von den ersteren nicht nur durch ihre chemische Zusammensetzung, sondern auch durch ihren Werdegang unterscheiden. Wir werden später noch darauf zurückkommen. Überraschend war, daß jede dieser Populationen Veränderliche vom Cepheidentypus enthalten kann, die sich jedoch voneinander in ihren absoluten Leuchtkräften unterscheiden. Der von Shapley festgelegte Nullpunkt der Cepheidenskala war wohl für die Population II annähernd richtig, nicht aber für die Cepheiden der Population I, die um etwa 1½ Größenklassen heller sind. Zur

Unterscheidung nennt man die Cepheiden der Population II heute nach einem ihrer Vertreter die W-Virginis-Sterne.

Die ersten Entfernungsbestimmungen außergalaktischer Objekte durch die Cepheiden basierten auf Sternen der Population I, wurden aber nach der für die W-Virginis-Sterne gültigen Skala berechnet. Der Unterschied war damals noch nicht bekannt. So ergab sich die Entfernung des Andromedanebels (M 31) zu 750 Lichtjahren. Aus ihr und dem scheinbaren Durchmesser des Systems ließ sich auch die Größe dieser Sterninsel bestimmen. M 31 war nach diesen Rechnungen wesentlich kleiner als unser Milchstraßensystem, das wegen seiner Größe eine deutliche Sonderstellung einzunehmen schien. All das mußte nach der Entdeckung Baades (1952) korrigiert werden. Die Entfernung zu M 31 wurde jetzt mit 1,5 Millionen Lichtjahren angegeben, und das System glich in seiner Ausdehnung unserer heimatlichen Galaxis. Genauere Untersuchungen veranlaßten die Astronomen später zu noch größeren Entfernungsangaben. Heute rechnen sie meistens mit etwa 2,5 Millionen Lichtjahren. Entsprechend geändert haben sich natürlich auch die Entfernungsangaben für andere Galaxien.

Durch diese Korrekturen mußte sich auch der Wert der Hubble-Konstanten, und damit das »Weltalter«, ändern. Leider sind diese für die Kosmologen entscheidenden Zahlen noch immer recht unsicher. Während man noch vor wenigen Jahren den Wert für H mit 75 bis 100 km/s pro Mpc annahm, wird neuerdings (Sandage 1975) der Wert 55 $\pm$ 5 angegeben, woraus sich ohne Korrektur durch die vermutliche Verzögerung der Fluchtbewegung, auf die wir noch zu sprechen kommen werden, ein Weltalter von 17,8 Milliarden Jahren ergibt. Das stimmt auch einigermaßen mit dem Alter einiger Kugelhaufen überein. Dadurch ist die große Diskrepanz zu den Altersbestimmungen der Geologen und den Meteoritenforschern nicht mehr vorhanden, und auch das λ-Glied ist aus dieser Sicht nicht erforderlich. Der Streit um das Alter der Welt hat sich allerdings noch lange nicht gelegt: Einige Forscher glauben, das Alter einiger Sterne zu 20, ja 30 Milliarden Jahren bestimmt zu haben, was natürlich wiederum zu Widersprüchen führt. Zwar sind wir also auch heute noch weit davon entfernt, genaue Aussagen machen zu können, doch ist es sehr beruhigend, daß im

Gegensatz zu anderen astronomischen Zahlenwerten hier die Größenangaben ganz gut übereinstimmen.

2.10. Die Art der Fluchtbewegung

Auf S. 76 und 77 wurden die beiden Bilder von der Explosion und dem Luftballon beschrieben, die uns eine Vorstellung von den Ursachen der Nebelflucht geben sollten. Ob wir uns eine Urexplosion in einem »ungekrümmten« (»ebenen«) System vorstellen oder die Ansicht vertreten, daß der Raum relativistisch gekrümmt ist und sich der Weltradius ändert, in jedem Fall muß in der Vergangenheit die Dichte der Welt größer gewesen sein als heute.

Verständlicher ist zweifellos das Bild von der explodierenden Bombe. Wir wollen die Konsequenzen einer solchen Explosion etwas genauer verfolgen. Im Augenblick der Explosion werden alle Splitter beschleunigt. Danach bewegen sie sich mit gleichmäßiger Geschwindigkeit weiter. Das entspricht der beobachteten Galaxienflucht. H könnte aus der Geschwindigkeit zweier Bruchstücke und ihrer Entfernung berechnet werden. Weil $H = 1/t$ gilt, ließe sich der Wert für H auch aus der nach der Explosion verflossenen Zeit und der Entfernung eines Bruchstückes vom Explosionsherd bestimmen. Doch wirkt wirklich nach der Explosion auf die Splitter keine Kraft mehr? Natürlich unterliegen alle Teile der Bombe in einem irdischen Versuch der anziehenden Kraft der Erde, doch müssen wir das unberücksichtigt lassen, wenn wir einen Vergleich mit den Galaxien anstreben. Die gravitative Anziehungskraft der Teile untereinander bleibt jedoch bestehen. Zwar ist sie sowohl im Beispiel der Bombe als auch in kosmischen Maßstäben bei den Galaxien relativ klein, doch immerhin vorhanden. Diese Kraft ist bestrebt, die Teile wieder zusammenzubringen. Sie wird deshalb die Fluchtgeschwindigkeit verringern. So tritt eine Verzögerung ein, die man auch als negative Beschleunigung bezeichnen kann. Die Hubble-Konstante müßte sich also unter den veränderten Bewegungsverhältnissen ebenfalls geändert haben. Sie hatte in der Vergangenheit einen anderen Wert. Sie ist also zeitabhängig.

Bei kosmologischen Problemen läßt sich vorteilhaft die Verzögerungszahl (Decelerationsparameter) q einführen, die auch die

Art der Fluchtbewegung beschreibt (die genaue mathematische Beziehung findet sich im Anhang auf S. 304).

Den augenblicklichen Wert von q wollen wir q_0 nennen. Ist q positiv, so wird die Fluchtbewegung verzögert, ist q negativ, so wird sie beschleunigt.

Kehren wir zu unserem Modell mit der Bombe zurück. Hier erwarten wir eine Verzögerung, also $q > 0$. Doch gibt es dabei drei besondere Möglichkeiten, die sich am besten im Vergleich mit einer von einem Planeten gestarteten Rakete erklären lassen: Wir wollen die Rakete zuerst von einem massenreichen Planeten, etwa dem Jupiter, starten. Sie hebt sich zwar von der Oberfläche des Planeten ab, doch nach dem Brennschluß zieht sie die große Masse so stark wieder zurück, daß sie langsamer und langsamer wird, zum Stillstand kommt und schließlich wieder zum Jupiter zurückfällt (die Gesamtenergie ist negativ). Dieser Fall würde dem Wert $q_0 > {}^1/_2$ entsprechen. Nun verlegen wir den Start der Rakete auf den kleinen Merkur. Zwar verringert auch er die Geschwindigkeit der Rakete durch seine Anziehungskraft, doch entweicht sie ihm in die Tiefe des Raumes. Hier ist $q_0 < {}^1/_2$ (die Gesamtenergie ist positiv). Eine dritte Möglichkeit ist vielleicht beim Start von der Erde gegeben. Zwar wäre auch hier eine Rückkehr nicht möglich, doch käme (bei der »Fluchtgeschwindigkeit« von 11,2 km/s) die Rakete in der Unendlichkeit zum Stillstand. In diesem speziellen Fall ergibt sich $q_0 = \frac{1}{2}$ (die Gesamtenergie ist 0).

Übertragen wir nun diese Gedankenexperimente auf das Weltall: An die Stelle der Planetenmasse wäre hier die Masse des gesamten Weltalls zu setzen. Da aber bei konstantem Volumen die Masse proportional der Dichte ist, wäre die Expansion also letztlich von der Dichte abhängig. Je größer die Dichte, desto größer ist die Verzögerung der Fluchtbewegung, und desto größer ist auch der Wert von q. Neben der genauen Bestimmung der Hubble-Konstanten ist deshalb für die Kosmologie der genaue Wert für die Dichte ρ von überragender Bedeutung. Leider ist es sehr schwierig, darüber eine zuverlässige Angabe zu erhalten. Man muß dazu die gesamte Masse, die sich durchschnittlich in einem bestimmten Raumvolumen, etwa einem Kubikmegaparsec, befindet, kennen.

In relativistischen Weltmodellen – entsprechend dem Beispiel mit dem Luftballon – hängt die Verzögerungszahl q mit der Raumkrümmung zusammen. Da wir eine ständige Änderung der Raumkrümmung annehmen, muß auch q zeitabhängig sein. Eine weitere Folgerung ist die Abhängigkeit der Verzögerungszahl q und damit auch der Raumkrümmung von der Dichte. Darauf wurde bereits hingewiesen. Eine große Dichte, entsprechend einer großen Masse, muß auch eine starke Krümmung des Raumes zur Folge haben. Ist $0 \leqq q_0 < {}^1/_2$, so wächst der Weltradius ständig. Die Expansion ist hyperbolisch, die Raumkrümmung negativ. Das würde dem Fall K = —1 auf S. 60 entsprechen. q ist zeitabhängig und nähert sich dem Wert 0. Das Universum ist »offen«. Bei $q_0 = {}^1/_2$ folgt eine parabolische Expansion (K = 0). Der Wert von q ändert sich nicht. Der Raum ist nicht gekrümmt, er ist euklidisch. Für $q_0 > {}^1/_2$ ist schließlich die Expansion elliptisch. Die Raumkrümmung ist positiv, das Weltall »geschlossen« (K = 1). q nimmt immer größere Werte an, bis der »Weltradius« sein Maximum erreicht hat. Danach schrumpft das Universum wieder zusammen. Das entsprechende Bild ergäbe sich in unserem Beispiel mit der Rakete, wenn deren Energie nicht zur Erlangung der Fluchtgeschwindigkeit ausreicht (Abb. 9).

Natürlich ist auch die Bestimmung des Weltalters von der Art der ihr zu Grunde liegenden Expansion abhängig. Wenn die Expansionsgeschwindigkeit infolge der gravitativen Anziehung ständig abnimmt, war sie in der Vergangenheit größer als heute. Das bedeutet eine kürzere Zeit bis zum »Zeitpunkt Null« (Friedmannzeit), zu dem die Urexplosion stattfand. So liegt bei der Annahme von H = 55 die »Hubble-Zeit« (also mit gleichförmiger Expansion; q = 0) bei 19, für q = 0,5 bei 12 und für q = 2 bei 8,5 Milliarden Jahren.

Eng mit dem Weltalter verknüpft ist der sogenannte *kosmische Horizont*. Um diesen Begriff näher zu erläutern, nehmen wir ein Weltalter von 10 Milliarden Jahren an. In einer Entfernung von 9 Milliarden Lichtjahren befinde sich ein Objekt, dessen Lichtstrahlen uns erreichen. Wenn wir zunächst davon ausgehen, daß alle Teile des Universums gleichzeitig entstanden sind, würden wir das betreffende Objekt in einem Zustand sehen, der einem Alter von 1 Milliarde Jahren entspricht. Wir sehen also in die Vergangenheit. Eine Galaxis, die – angenommen – 2 Milliarden Jahre nach der »Zeit Null« entstanden ist und sich in gleicher Entfernung

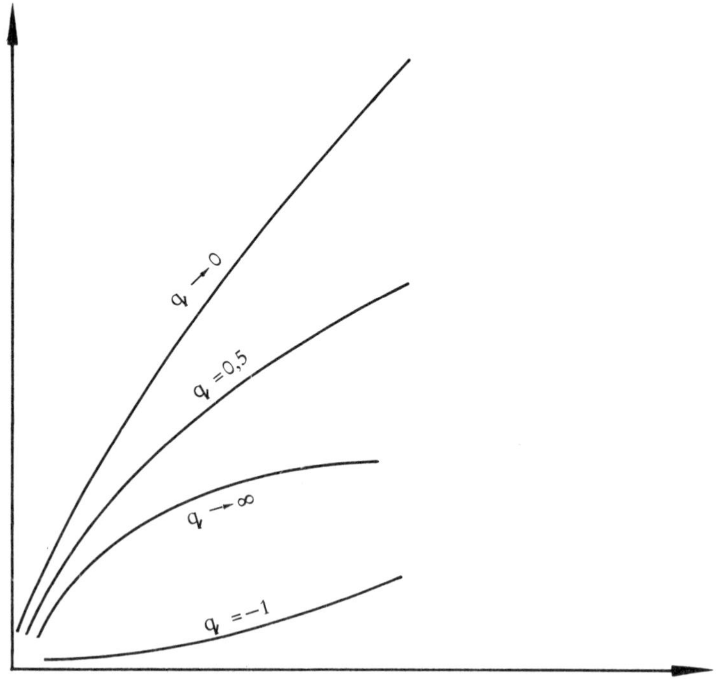

Abbildung 9: Schematische Darstellung der verschiedenen Möglichkeiten einer Expansion. R beschreibt den Krümmungsradius eines dreidimensionalen Raumes, t bedeutet die Zeit, q die Verzögerungszahl.

befindet, wäre für uns noch nicht geboren. Wir könnten sie trotz ihres Alters von 8 Milliarden Jahren nicht sehen. Aber auch eine Galaxis, die gleichzeitig mit der übrigen Welt entstanden ist, wäre unsichtbar, wenn sie jenseits einer bestimmten Entfernung, eben dem kosmischen Horizont, läge, also beispielsweise etwa 11 Milliarden Lichtjahre von uns entfernt wäre. Die Rotverschiebung z würde in der Nähe des Horizonts sehr große Werte annehmen und bei ihm dem Wert ∞ zustreben. Einen Horizont gibt es sowohl bei offenen, also hyperbolischen, als auch bei geschlossenen (sphärischen) Modellen. Mit der Zeit erreicht uns auch das Licht der Objekte, die gegenwärtig am Horizont liegen. Der Radius des Horizonts vergrößert sich also ständig. Er wächst mit Lichtgeschwindigkeit: Der sichtbare Teil der Welt vergrößert sich nach allen Seiten in jeder Sekunde um 300 000 km.

Selbstverständlich hängt der Radius des Horizonts von der Art der Expansion, also letztlich von q, ab. Je größer q ist, um so kleiner ist der Horizontradius.

Bei positiver Krümmung, also elliptischen oder sphärischen Modellen, gibt es einen Äquator. Seine Lage wird verständlich, wenn man sein Analogon bei der Kugeloberfläche denkt. Zwei »Geraden« auf der Kugel (geodätische Linien) mögen sich in einem Kugelpunkt unter einem bestimmten Winkel schneiden. Ihr gegenseitiger Abstand wächst zunächst mit der Entfernung vom gewählten Punkt. Nach einer sphärischen Entfernung von 90 Grad erreicht er seinen größten Wert, um sodann wieder abzunehmen. Die beiden Geraden schneiden sich schließlich wieder im *Antipunkt*, am Ort der größtmöglichen Entfernung vom Ausgangspunkt. Der Äquator liegt in halber Entfernung zum Antipunkt. Der Winkel, unter dem ein Objekt, etwa ein Galaxienhaufen, von der Erde aus erscheint, nimmt bei einem der Kugelfläche entsprechenden relativistischen Modell zunächst ab. Am Äquator erreicht er in einem statischen Modell sein Minimum, um dann wieder zuzunehmen. Nehmen wir in einem Weltall mit positiver Krümmung eine Expansion an, so liegen die Orte, von denen aus das Objekt unter kleinstem Winkel erscheinen würde, nicht am Äquator, sondern näher am Beobachter. Ob der Horizont diesseits oder jenseits des Äquators liegt, hängt wiederum von der Beschleunigungszahl q ab. Ist sie größer als 1, so liegt der Horizont hinter dem Äquator, für $^1/_2 < q_0 < 1$ liegt er näher. Bei q_0-Werten größer als etwa 3 müßten wir sogar über den Antipunkt hinausblicken können. In diesem Falle könnten wir ein genügend helles Objekt zweimal sehen, einmal »direkt«, ein anderes Mal »hinten herum« in genau entgegengesetzter Richtung. Bei beiden Beobachtungen würden wir das Objekt unter gleichem Winkel sehen. Nur die Helligkeit und die Rotverschiebung wären verschieden. Wir werden darauf noch zurückkommen. (S. 145, 149).

2.11. Die Gegner der Singularität

Die Annahme einer fortwährenden Expansion des Universums führt bei einer Rückschau – wie schon erwähnt – zu einem Zeitpunkt Null, zu dem die »Urexplosion« erfolgt sein muß. Der

Astronom George Gamow nannte sie »big bang« oder »den großen Knall«. Wissenschaftlicher heißt die Urexplosion *Singularität*.

Physikalisch läßt sich ein solches Ereignis natürlich nicht erklären. Die gesamte unvorstellbar große Masse aller Galaxien, ja, die gesamte im Weltall vorhandene Materie muß dabei auf engstem Raum konzentriert gewesen sein! Es ist vollkommen illusorisch, sich vernünftige und naturwissenschaftlich einigermaßen befriedigende Gedanken über den Zustand der Materie zum Zeitpunkt Null, also bei Explosionsbeginn, machen zu wollen. Sie würden allen bekannten und anerkannten Naturgesetzen kraß widersprechen. So sind uns mit einigem Erfolg nur Spekulationen über den Zustand der Welt »kurz danach« möglich. Wir werden auf die Probleme im Zusammenhang mit dem Urknall noch ausführlich zurückkommen.

Die physikalischen Schwierigkeiten waren nicht die einzigen, die den Anhängern der Urknall-Theorie Sorgen bereiteten. Die weiter ausgebauten Theorien zu den Sternentwicklungen ergaben, wie bereits erwähnt (S. 80 f.), für einige Sterne ein sehr hohes Alter, das nicht mit dem aus der Hubble-Konstanten abgeleiteten zusammenpaßte.

Doch gab es noch eine andere Überlegung: Soweit sich die Welt als Ganzes beobachten läßt, erscheint sie erstaunlich gleichförmig. Von örtlichen Unregelmäßigkeiten abgesehen, ist sie weitgehend homogen und isotrop. Das bedeutet, daß sie von jedem Standpunkt aus und in jeder Richtung gesehen den gleichen Anblick bietet. Die Vorstellung einer solchen Welt geht auf den englischen Astronom und Physiker Arthur Milne zurück, der sie das *kosmologische Prinzip* nannte. Auch Einstein hatte seine relativistischen Weltmodelle auf dieser Grundlage aufgebaut. Die drei englischen Astronomen Hermann Bondi, Thomas Gold und Fred Hoyle stellten im Jahre 1948 an der Universität Cambridge ein neues kosmologisches Weltmodell auf, das nicht nur den physikalischen Schwierigkeiten des Urknalls aus dem Wege ging, sondern das Prinzip Milnes noch erweiterte. Die Welt sollte nicht nur räumlich isotrop und homogen sein, sie sollte auch zu jeder Zeit den gleichen Zustand gehabt haben. Sie zeigt – wiederum von örtlichen Entwicklungsprozessen abgesehen – keine Evolution. Sie bestand ewig und wird auch ewig weiterbestehen. Es gab deshalb weder einen Urknall noch eine überdichte Materie. Einen Tatbestand muß allerdings auch diese *Steady-State-Theorie* – wie sie meistens genannt wird – hinnehmen: die Entfernungszunahme der Galaxien untereinander, also die Expansion. Die dadurch hervorgerufene dauernde Verdünnung der Materie müßte – um dem Prinzip treu zu bleiben – ständig durch eine Neubildung kompensiert werden.

Eine Neuschöpfung aus dem Nichts? Wir hatten uns bereits im ersten Kapitel mit der Fragwürdigkeit dieser Annahme beschäftigt. Die Theorie widerspricht der bisher als allgemein gültig anerkannten Forderung nach der Erhaltung von Masse und Energie. Doch wie verhält es sich in dieser Beziehung beim Urknall? Liegt darin letztlich nicht nur eine zeitliche Verschiebung des Problems? Bei den Theorien, die den »big bang« voraussetzen, sollen unsere physikalischen Grundgesetze nur zu diesem bestimmten frühen Zeitpunkt ungültig sein, bei der Steady-State-Theorie wird ein neues Fundamentalgesetz geschaffen. Es besagt, daß eine Neubildung der Materie als Folge der Raumausbreitung erfolgen *muß*. Das eine ist nicht mehr und nicht weniger glaubwürdig als das andere.

Wir wollen etwas genauer untersuchen, wie weit tatsächlich die aus der Naturbeobachtung abgeleiteten Gesetze verletzt werden. Wir können letztlich nur feststellen, daß wir bei keinem unserer Experimente jemals eine Neuschöpfung oder ein Verschwinden von Materie beziehungsweise Energie beobachten konnten. Zu diesem Ergebnis steht die Steady-State-Theorie nicht im Widerspruch. Sie nimmt eine »Produktionsrate« von etwa einem Wasserstoffatom pro Kubikkilometer im Laufe von 500 Jahren in gleichmäßiger Verteilung im ganzen Weltall an. Eine so geringe Änderung der Massen läßt sich natürlich experimentell nicht feststellen. Darum widerspricht ihre Annahme den Beobachtungen nicht. Sie ist eher eine Frage der unbedingten Anerkennung der Kausalität und mündet deshalb in das eingangs in diesem Buch behandelte Gebiet.

So gering auch die Menge der neu erschaffenen Materie in unserer »näheren« Umgebung ist, insgesamt ist sie gewaltig: Berechnet auf das gesamte Universum, ergibt sich die Neubildung von etwa 100 Sonnenmassen in jeder Sekunde.

Da sich nach der Theorie das Weltall im großen nicht entwickelt, muß die Materie sich nicht nur neu bilden, sie muß auch in gleicher Menge wieder verschwinden. Das läßt sich ähnlich wie das Entstehen und Verschwinden des sichtbaren »Dampfes« über einem Wasserkessel auf dem Herd vorstellen. Das gasförmige Wasser, also der eigentliche Wasserdampf, ist unsichtbar. Tritt er jedoch aus dem Kessel in die ihn umgebende kühlere Luft, so kondensiert der Dampf zu kleinen Wassertröpfchen, die uns als »Dampf« erscheinen. Diese Wassertröpfchen sind der neugebildeten Materie in unserer Theorie vergleichbar. Die Wassertröpfchen schweben nach oben – ihr »Raum« dehnt sich aus. In einiger Entfernung verdunsten die Tröpfchen wieder; sie werden wieder unsichtbar. Die Materie »verschwindet«. Das ist ein Modell für ein ständiges ununterbrochenes Werden und Vergehen.

Da der Urknall nicht in Frage kommt, muß noch die Ursache der Expansion erklärt werden. Auch hier hatte man Lösungsmöglichkeiten zu finden geglaubt, die jedoch alle nicht überzeugen. Nach einer Hypothese entsprach die Ladung eines Protons nicht genau der eines Elektrons. Ein auch nur geringer Unterschied hätte zur Folge, daß ein Wasserstoffatom nach außen nicht völlig neutral wirkte. Die Atome müßten sich untereinander abstoßen. Die dabei auftretende Kraft ist allerdings so minimal, daß sie sich in Laborversuchen nicht nachweisen läßt, doch wäre sie bei ganzen Galaxien groß genug, um die Expansion zu erklären. Einer strengen Analyse hält auch diese Hypothese nicht stand. Eine moderne Variante dazu ist die Theorie von Bagge (vgl. S. 228).

Um den Forderungen der Steady-State-Welt gerecht zu werden, müssen die Expansionen anders als in den übrigen von uns beschriebenen Modellen erfolgen. Die Entfernungen der Galaxien untereinander müßten exponentiell wachsen. Eine Raumkrümmung gäbe es nicht, das Weltall wäre euklidisch und q konstant = —1 (siehe Abb. 9).

Einen anderen Weg haben die Physiker P. A. M. Dirac und P. Jordan eingeschlagen. Den Ausgangspunkt ihrer Überlegungen bilden die Beziehungen zwischen den kosmischen und atomaren Konstanten. Die kleinste, noch sinnvolle Längeneinheit ist der (klassische) Radius eines Elektrons. Er wird auch *Elementarlänge* genannt. Vergleicht man die größte sinnvolle kosmische Einheit, den Radius der Welt (R), mit der Elementarlänge, so ergibt sich ein Größenverhältnis von etwa $1:10^{40}$. *Elementarzeit* heißt die Zeitspanne, in der das Licht die Elementarlänge durcheilt. Setzt man diese Zeiteinheit zum Weltalter in Beziehung, so erhält man wiederum ein Verhältnis derselben Größenordnung. Auch die Masse schließt sich dieser Zahlenrelation nicht aus: Die Masse eines Protons (Wasserstoffkernes) verhält sich zur Masse des gesamten Weltalls wie $1:10^{80}$ oder $1:(10^{40})^2$. Letzteres würde bedeuten, daß in der Welt etwa $(10^{40})^2$ Protonen beziehungsweise Neutronen existieren. Besonders bedeutend für die weiteren Überlegungen ist das Verhältnis der beiden *Fernkräfte*, also der elektrischen (coulombschen) und der gravitativen Anziehungskraft im Inneren eines Atoms. Auch hier herrscht die gleiche Beziehung.

Ist das ein Zufall oder ist es ein Naturgesetz, daß diese »dimensionslosen« Verhältniszahlen von gleicher Größenordnung sind? Trifft das wirklich zu, dann müßten wir bei der Änderung einer dieser Zahlen auch eine entsprechende Änderung der anderen erwarten. Expandiert also die Welt und ändert sich dadurch der Weltradius, so träte automatisch eine Änderung des Verhältnisses der Längen im Mikrokosmos zu denen im Makrokosmos ein. Und auch eine Änderung des Verhältnisses der dominierenden Fernkraft im Mikrokosmos, also der coulombschen Kraft, zu der dominierenden Fernkraft im Makrokosmos, also der Gravitation, wäre zu erwarten. Die Größe der Gravitationskraft kommt in einer Konstanten, der Gravitationskonstanten, zum Ausdruck (vgl. S. 48). Ihr Wert ist $6{,}670 \cdot 10^{-11}\ \mathrm{m^3\ kg^{-1}\ s^{-2}}$. Diese »Konstante« dürfte nach den vorausgehenden Überlegungen nicht konstant, sondern müßte zeitlich veränderlich sein. Mit zunehmendem Weltalter müßte der Wert der Gravitationskonstanten abnehmen. Die Anziehungskraft zwischen den Gestirnen, etwa zwischen Sonne und Erde oder Erde und Mond, müßte also kleiner werden. Die Weltkörper würden sich folglich voneinander entfernen.

Das sich ändernde Zahlenverhältnis müßte weiterhin auch eine zeitliche Änderung der Gesamtmasse in der Welt bedeuten. Sie müßte zunehmen.

Auf diesen so eigentümlichen Zusammenhang zwischen den atomaren und kosmischen Konstanten hatte bereits Eddington hingewiesen, ohne jedoch irgendwelche weitgreifenden Schlußfolgerungen zu ziehen. Das tat nun Pascual Jordan. Er versuchte auch eine Erklärung für die geforderte Massenvermehrung zu finden. Lange bevor man die ersten Neutronensterne fand, von denen später noch ausführlich zu berichten sein wird, hatte Jordan deren Existenz vorausgesagt. Allerdings setzte er sie nicht an das Ende, sondern an den Anfang einer Sternentwicklung. Infolge der Abnahme der Gravitation sollte ein solches aus Neutronen bestehendes Gebilde seinen inneren Zusammenhalt plötzlich verlieren und dadurch explodieren. Solche Explosionen sollten in der Form von Supernovae in Erscheinung treten, also jenen damals unerklärlichen spontanen Ausstrahlungen gewaltiger Energie. Das wäre (nach Jordan) etwa die Umkehrung dessen, was wir heute über die Supernovae-Ausbrüche annehmen. Beim Auseinanderreißen der Materie wird Energie verbraucht. Diese Energie muß an anderer Stelle wieder zum Vorschein kommen, wenn das sogenannte Energienerhaltungsprinzip gelten soll. Dieses Prinzip besagt, daß in einem abgeschlossenen System – zu dem man den sich aus den Neutronenkernen bildenden Stern rechnen kann – die Summe aller Energieformen konstant bleibt. Jordan nahm nun an, daß die fehlende Energie in Form von Materie wieder zum Vorschein kommt, da die Masse nach der bekannten Formel von Einstein ($E = mc^2$) der Energie äquivalent ist.

Auch über den Anfang der Welt hatte Jordan bestimmte Vorstellungen: Zu Beginn sollte es nur ein Neutronenpaar gegeben haben. Doch bereits nach 10 Sekunden besaß die Welt bei einem Radius, der etwa demjenigen unserer Sonne gleicht, die Masse des Mondes. Später schwoll sie dann zu den uns bekannten gewaltigen Dimensionen an. Die Abnahme der Gravitationskonstanten mußte auch in viel späteren Phasen der Entwicklung eine wichtige Rolle gespielt haben. Nicht nur die Entfernungen der Monde von ihren Planeten und der Planeten von der Sonne mußten sich vergrößern, auch jeder Himmelskörper selbst mußte sich ausdehnen; denn das Gewicht der über den Kerngebieten liegenden Massen wurde danach mit der Zeit geringer. Auch auf diese Folgerung werden wir noch zurückkommen (S. 162).

Es liegt nahe, in einem weiteren Schritt auch eine Varianz der »Konstanten« im atomaren Bereich anzunehmen.

So würde sich eine zeitliche Änderung der coulombschen, also elektrischen Kraft auf die Frequenz des von den Atomen ausgestrahlten Lichtes auswirken. Wir müßten deshalb in den Spektren sehr weit entfernter Galaxien etwas andere Wellenlängen feststellen als in den nahen, da das Licht von ihnen zu einer Zeit ausgesandt wurde, zu der die coulombschen Kräfte andere waren. Dieser Effekt müßte sich mit der Doppler-Verschiebung überlagern.

Es gibt noch zwei weitere Möglichkeiten, um die Annahme des Urknalls zu vermeiden. Die eine besteht in der Voraussetzung von Materiequellen, die andere nimmt primär die Entstehung von Antimaterie an. Mit der ersten Möglichkeit werden wir uns noch sehr ausführlich beschäftigen, da sie für die Überlegungen zur Evolution der Galaxien eine sehr große Bedeutung hat. Zunächst soll aber die zweite, von dem schwedischen Nobelpreisträger Hannes Alfvèn entwickelte Theorie geschildert werden:

Bekanntlich besteht ein jedes Atom aus einem elektrisch positiv geladenen Kern und einem oder mehreren negativ geladenen Elektronen. Ein Atomkern setzt sich wiederum aus Protonen und Neutronen zusammen, wenn man die verschiedenartigen kurzlebigen Teilchen außer acht läßt. Der Träger der positiven Ladung ist das Proton, während das Neutron elektrisch neutral ist. Das Wasserstoffatom ist am einfachsten aufgebaut. Es enthält im Kern nur ein Proton und in seiner Hülle dementsprechend nur ein Elektron. Neben dem gewöhnlichen Wasserstoffatom, das im Kern kein Neutron besitzt, existieren auch andere Arten: Das Deuterium ist ein schwerer Wasserstoff, der außer dem Proton noch ein Neutron enthält; das noch schwerere Tritium besitzt sogar zwei Neutronen. Die Masse des Protons unterscheidet sich nur wenig von der des Neutrons, sie ist aber rund 1840mal so groß wie die eines Elektrons. Ein Heliumkern besteht aus zwei Protonen und zwei Neutronen. Er wird von zwei Elektronen umkreist, so daß seine Gesamtladung wie bei den übrigen Elementen neutral ist. Das schwerste in der Natur vorkommende Atom ist das Uranatom mit 92 Elektronen in seiner Hülle. Sein Kern enthält neben 92 Protonen 146 Neutronen.

Warum muß eigentlich ein Kernteilchen eine positive, ein Hüllenteilchen eine negative Ladung tragen? Könnte es nicht auch umgekehrt sein? Gilt vielleicht sogar ein Symmetriegesetz, das besagt, daß zu jedem in der Natur vorkommenden Gebilde ein anderes, zu ihm symmetrisch aufgebautes existiert, das dem ersteren gleichwertig ist? Der Mensch hat sein Herz auf der linken Seite, doch wäre er genauso lebensfähig, wenn alle seine Organe spiegelbildlich vertauscht wären. Er hätte dann sein Herz auf der rechten Seite. Wir sehen die Sonne im Osten aufgehen, mittags im Süden stehen und im Westen untergehen. Die Schatten wandern im Uhrzeigersinn. Warum soll es nicht eine Welt geben, in der die Schatten gegen den Uhrzeiger wandern? Nun, wir brauchen eine solche Welt nicht lange zu suchen. Eine Reise auf die Südhalbkugel genügt, um uns von ihrer Existenz zu überzeugen. Eine Schraube mit Rechtsgewinde ist prinzipiell genauso brauchbar wie eine mit Linksgewinde. Sollte die Natur dieser Symmetrieforderung nicht auch im atomaren Bereich entsprechen?

In der Tat konnte Anderson 1932 in der Höhenstrahlung ein solches *Antiteilchen* nachweisen. Es war ein Gebilde, das alle Eigenschaften eines Elektrons aufwies – mit einer Ausnahme: seine Ladung war positiv. Es wurde deshalb Positron genannt.

Nach der Entdeckung des ersten Antiteilchens suchten die Wissenschaftler verständlicherweise nach weiteren Teilchen, die zu den bereits bekannten symmetrisch aufgebaut sind. Vielleicht gab es auch ein Proton mit negativer Ladung, also ein Antiproton? Auch seine Entdeckung gelang. Allerdings war der Nachweis eines solchen viel massenreicheren Teilchens ungleich schwieriger. Große Energien mußten zur Verfügung stehen, um diese Teilchen zu bilden, Energien, wie sie moderne Kernforschungsanlagen liefern. In ihnen lassen sich die Teilchen bis zu vielen Milliarden Elektronenvolt beschleunigen (vgl. S. 41). In einem solchen Gerät gelang 1955 in Berkeley erstmals die Erzeugung des gesuchten Antiprotons.

Inzwischen ließ sich eine ganze Reihe von Antiteilchen nachweisen. Auch ein Antineutron wurde gefunden. Das erscheint zunächst unverständlich, da ein Neutron doch keine elektrische Ladung trägt. Ein Antiteilchen muß aber nicht unbedingt eine Ladung tragen, es muß ganz allgemein eine dem »normalen« Teilchen entgegengesetzte Eigenschaft aufweisen. Die Eigenschaft eines Neutrons ist der Besitz einer Masse. Das Gegenteil davon wäre nicht etwa *keine* Masse, sondern eine entgegengesetzte, also *negative* Masse, eine Antimasse. Natürlich können wir uns keine Antimasse vorstellen, doch versagt unsere Vorstellungskraft letztlich auch bei der genauen Definition einer »normalen« Masse. Wir kennen nur die Auswirkungen der Masse wie die Trägheit und die Schwere. Ihr eigentliches Wesen bleibt uns verborgen.

Was geschieht, wenn ein atomares Teilchen mit seinem Antiteilchen zusammenstößt? Ähnlich wie beim Austausch elektronischer Ladungen erfolgt eine Neutralisierung. Bei der Elektrizität verschwindet die Ladung, und Energie wird frei. Hier verschwinden die Teilchen ebenfalls unter Energieabgabe. Sie ist nur ungleich größer.

Nach der Einsteinschen Formel $E = mc^2$ verwandelt sich die Masse der Teilchen völlig in Strahlungsenergie. Im Falle einer Zerstrahlung von Elektron und Positron beträgt die ausgestrahlte Energie etwa eine Million Elektronenvolt.

Auch die Umkehrung ist möglich: Durch eine Strahlung mit entsprechend großer Energie, also sehr kleinen Wellenlängen, können ein Teilchen und sein Antiteilchen entstehen.

Begegnet ein Antiproton einem Positron, so bildet sich ein Atom mit negativem Kern und einem Positron in der Hülle, also das Gegenstück zum Wasserstoffatom. Es ist ein Atom der *Antimaterie*, die genauso beständig ist und dieselben chemischen und physikalischen Eigenschaften hat wie die »normale« oder »gewöhnliche« uns umgebende Materie, die Alfvèn die *Koinomaterie* nennt. Auch der Aufbau schwerer Antimaterieatome müßte möglich sein, und auch der Bildung von Molekülen aus Antimaterie dürfte nichts im Wege stehen. Tatsächlich gelang es, antimaterielle Atome nachzuweisen. Die Schwierigkeit bei Experimenten dieser Art liegt nicht so sehr in der Erzeugung der Teilchen selbst, sondern in ihrer Isolierung von der übrigen Materie. Ein Atom oder ein Molekül aus Antimaterie läßt sich ja nicht irgendwo einschließen oder aufbewahren, da es sofort zur Zerstrahlung mit der Koinomaterie kommen müßte, aus der die Wandungen bestehen.

Kehren wir zum Ausgangspunkt unserer Überlegungen zurück. Aus der Forderung nach Symmetrie in der Welt folgt, daß etwa ebensoviel Antimaterie wie Koinomaterie existieren müßte. Bei uns auf der Erde ist diese Forderung nicht erfüllt. Die gesamte uns umgebende Materie ist Koinomaterie. Auch der Mond besteht aus ihr, denn sonst müßten die Astronauten beim Betreten der Mondoberfläche in Bruchteilen einer Sekunde explosionsartig in einem Lichtblitz zerstrahlen. Dasselbe gilt wohl auch für unser ganzes Sonnensystem.

Ob die uns umgebenden Fixsterne aus Koinomaterie bestehen oder nicht, ist schwieriger zu entscheiden. Grundsätzlich ist es zunächst unmöglich, die Art der Materie eines Sterns festzustellen. Sowohl die atomaren Vorgänge im Inneren der Sterne wie die Lichtemission verraten nichts über die Materieart. Einen Anhaltspunkt könnten allenfalls die Meteoriten geben, sofern sie überhaupt Boten ferner Sterne sind. Doch gerade hier sind berechtigte Zweifel angebracht. Zumindest die Hauptmenge der Meteoriten dürfte aus unserem Sonnensystem stammen und deshalb aus Koinomaterie bestehen.

Allerdings hatte ein Meteorfall Zweifel an der Materieart ausgelöst. Am 30. Juni 1908 ging im Gebiet der Steinigen Tunguska in Sibirien ein großer Meteorit nieder. Er verwüstete den Wald im Umkreis von über 40 km. Bodenerschütterungen und die Luftdruckwelle wurden sogar in Europa beobachtet. Seitdem reisten mehrere Expeditionen zur Einschlagstelle, um die Größe des Meteoriten und seine Beschaffenheit zu rekonstruieren. Das überraschende war, daß sich wohl die Spuren der Verwüstung, aber keine Bruchstücke des Meteoriten fanden. Wo war der Meteorit geblieben? Ist er so tief in das Erdreich eingedrungen, daß man trotz Ausgrabungen und Bohrungen nichts hatte finden können? Das scheint unglaubwürdig zu sein. Einige phantasiebegabte Reporter vermuteten sogar die Explosion einer Wasserstoffbombe, die außerirdische, uns feindlich gesinnte Wesen abgeschossen hatten. Oder sollte das ein Meteorit aus Antimaterie gewesen sein, wie Libby annahm? Unmöglich ist es nicht. Allerdings glaubt man heute eher an den Aufprall eines Kometenkopfes. Das Fehlen der Bruchstücke wird dadurch erklärt, daß sich die Meteoritenmaterie durch die gewaltige, beim Aufschlag freigesetzte Energie bis zum völligen Verdampfen erhitzen konnte. Bewiesen ist weder das eine noch das andere.

Doch selbst wenn wir annehmen, daß alle Sterne unseres Milchstraßensystems aus der gleichen Materieart bestehen, wofür wir einige Anhaltspunkte haben, woraus bestehen die anderen Galaxien? Die Frage muß unbeantwortet bleiben.

Alfvèn geht bei seinen Überlegungen auch von einem »Anfang« aus, jedoch glaubt er nicht an den so unbequemen Urknall. Den Beginn alles Seins sieht er in der Entstehung der Energie, genauer gesagt, einer außerordentlich großen Strahlungsenergie. Aus der Energie entstand die Materie in der Art, wie das vorhin (mit $E = mc^2$) geschildert wurde. Es mußte also genauso viel Koinomaterie wie Antimaterie entstanden sein. Die einzelnen Materieteilchen waren zunächst räumlich noch so weit voneinander entfernt, daß sie nicht miteinander reagieren konnten. Infolge der gravitativen Anziehung verdichtete sich die »Urmaterie«. Die Abstände der Teilchen verringerten sich, bis es schließlich zu Zusammenstößen und damit zu Zerstrahlungen kam. Der Strahlungsdruck wurde bei weiterer Verdichtung so groß, daß die Implosion zum Erliegen kam und schließlich in eine Ausdehnung der Materie überging. Während der Verdichtungsphase bildeten sich durch fortgesetzte Anlagerungen der Teilchen aneinander die Sterne und schließlich die Sternsysteme.

Die Expansion der Galaxien, die wir heute beobachten, ließe sich so als Folge der Zerstrahlung von Koinomaterie und Antimaterie verstehen.

Nach den Vorstellungen Alfvèns ist die Summe aller im Weltall befindlichen Materie, da man die Antimaterie auch als »negative« Materie verstehen kann, gleich Null. Was konkret existiert, ist die Energie, die sich in bestimmten Zeiten in die beiden Materiearten umwandelt. Am Anfang gab es nur die Strahlungsenergie, und vielleicht wird es einen Endzustand geben, bei dem alle Materie durch Zerstrahlung wieder in die reine Energieform übergeführt worden ist. Doch bei solchen Spekulationen muß man vorsichtig sein. Nicht alle bekannten Prozesse im Universum sind umkehrbar (reversibel). Ein »Zurück« zum Urzustand ist deshalb nach unseren heutigen Vorstellungen nicht möglich.

Zwei schwierige Punkte bei der beschriebenen Entwicklung müßten allerdings noch erklärt werden. Wir beobachten in der Gegenwart größere Ansammlungen nur von einer Materieart. Wie also ist die Trennung des ursprünglichen Materiegemisches erfolgt? Alfvèn sucht eine Lösung in der Annahme starker Magnetfelder und von Strömungen in dem aus beiden Materiearten bestehenden Urplasma. Unter dem Einfluß der Gravitation mußte in der kosmischen Urwolke zunächst eine Trennung der leichteren Teilchen, also der Elektronen und Positronen, von den schwereren Protonen und Antiprotonen erfolgen. Durch die Bewegungen des Plasmas im Magnetfeld müßten – analog zur Stromerzeugung in einer Dynamomaschine – elektrische Ströme und Felder entstehen, die dafür sorgen könnten, daß sich an der Grenze zwischen den leichteren und den schwereren Schichten nur eine Materieart ansammelt. Die Zeichnung (Abb. 10) erläutert diesen Vorgang.

Auf diese Weise könnte sich eine Materieart so stark anreichern, daß sich schließlich ein ganzer Stern zu bilden vermag. Ob diese Erklärung ausreicht, um die Entstehung einer Galaxis aus nur einer Materieart begreiflich zu machen, ist allerdings zweifelhaft.

Das zweite Problem liegt in folgender Frage: Wie können zwei Sterne oder Sternsysteme verschiedener Materieart über Jahrmillionen nebeneinander existieren, ohne sich gegenseitig durch Zerstrahlung zu vernichten?

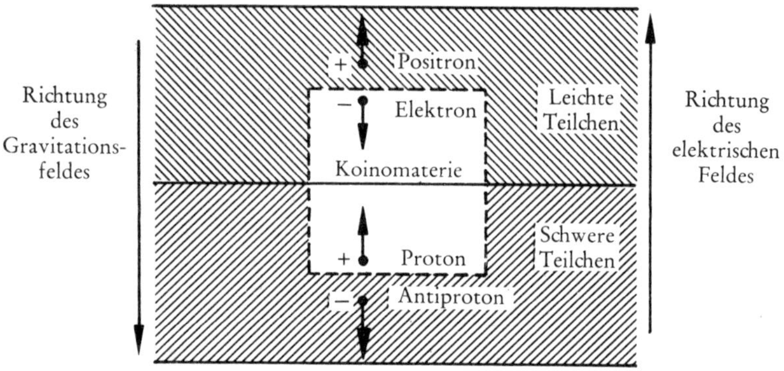

Abbildung 10: Unter dem Einfluß der Gravitation trennen sich die leichten Teilchen von den schweren. Das elektrische Feld sorgt dafür, daß sich die Elektronen zu den Protonen hinbewegen und sich aus ihnen die normale (Koino-) Materie bildet.

Auch hier weiß Alfvèn Rat. Wie bei einem Wassertropfen auf heißer Herdplatte bildet sich an der Grenze zwischen beiden Materiearten eine Isolierschicht, die eine enge Berührung mit der übrigen Materie verhindert. Beim Wasser sorgt die Dampfschicht dafür, daß der Wassertropfen nicht gleich verdampft, sondern hin- und hertanzend längere Zeit erhalten bleibt. In der Grenzschicht zwischen Koino- und Antimaterie ist es eine Strahlungsschicht, die durch den in ihr erzeugten Strahlungsdruck die Materiearten voneinander fernhält.

Diese Hypothese gestattet sogar genauere Angaben über den Zustand der Welt zum Zeitpunkt des kleinsten Durchmessers der Metagalaxis, also der Ansammlung aller in diesem Entwicklungsprozeß befindlichen Galaxien. Der Durchmesser war rund 22mal so klein wie der gegenwärtige. Die Dichte bei diesem Umkehrpunkt aus der Kontraktion zur Expansion war etwa 10 000mal so groß wie heute.

Die Theorie Alfvèns schließt auch die Möglichkeit weiterer Metagalaxien in sehr großen Entfernungen nicht aus. Ja, der schwedische Kosmologe O. Klein nimmt sogar eine weitere, noch größere Gemeinschaft an, deren einzelne Glieder die Metagalaxien sind. Er nennt dieses Supergebilde die *Tetragalaxis*. Doch auch das braucht nicht das Ende der Welt zu bedeuten. Bereits 1908 hatte C. V. L. Charlier den Gedanken geäußert, daß die Welt aus einer unendlichen Kette immer größerer Einheiten bestehe, das heißt, daß die Tetragalaxien wieder Glieder eines übergeordneten Systems seien und so weiter. Trotz ihrer Gemeinsamkeit könnte eine Strahlungsschicht auch hier für die Trennung der aus verschiedenen Materiearten bestehenden Mitglieder in dem System sorgen. Interessant ist dabei eine Folgerung für die Lösung des Olbersschen Paradoxons (S. 38). Da die Gesamtdichte vom untergeordneten zum übergeordneten System abnimmt, könnte bei geeigneter »Verdünnung« auch die zu uns gelangende Gesamtstrahlung einen mit der Praxis zu vereinbarenden Betrag annehmen. Daneben hielte sich auch die Gravitationswirkung aller im gesamten Kosmos vorhandenen Galaxien in erträglichen Grenzen (vgl. S. 50).

2.12. Zusammenfassung und Übersicht

Um die Fülle der verschiedenen möglichen Weltmodelle besser zu überblicken, wollen wir zusammenfassend die wichtigsten Modelle nach bestimmten Gesichtspunkten ordnen:

A. Weltmodelle bezüglich der Struktur des *Raumes:*

a) Der euklidische Raum
Er ist unbegrenzt und ungekrümmt, daher unendlich. K = 0 (S. 60). Er kann homogen und inhomogen sein. Auch die Forderung der Isotropie braucht nicht erfüllt zu sein. Folgende Varianten sind denkbar:

α) Der Raum ist nicht homogen und nicht isotrop. Trotzdem ist das Weltall statisch. Das Gravitationsgesetz in der uns bekannten Form gilt nicht universell.

β) Der Raum ist homogen und isotrop. Das Weltall ist nicht statisch. Es expandiert entweder exponentiell (Steady-State; q = —1 konstant) oder parabolisch (q = 0,5 konstant).

b) Der relativistisch gekrümmte Raum

α) Die Expansion erfolgt elliptisch. R vergrößert sich bis zu einem Maximalwert, um sich sodann wieder zu verkleinern. Die Gesamtenergie ist negativ. Der Raum ist positiv gekrümmt ($q_0 > 0{,}5$; K = 1). Er ist endlich, aber unbegrenzt.

β) Die Expansion erfolgt hyperbolisch. R vergrößert sich ständig. Die Gesamtenergie ist positiv. Der Raum ist negativ gekrümmt ($0 < q_0 < 0{,}5$; K = —1). Er ist unbegrenzt und unendlich.

B. Weltmodelle bezüglich der *Zeit:*

a) Es gab keinen Anfang, und es wird kein Ende geben (Unendlichkeit der Zeit in beiden Zeitrichtungen).

α) Statisches Weltall. Unter bestimmten Voraussetzungen möglich (A a *α*).

β) Relativistischer Raum mit positiver Krümmung. Expansion und Kontraktion wechseln in ununterbrochener Reihenfolge ab. (A b α). Oszillierendes Weltall.

b) Es gab einen Anfang. Ein Ende braucht nicht unbedingt angenommen zu werden.

α) Relativistische Modelle mit hyperbolischer oder parabolischer Expansion. Ausgangspunkt ist der »Urknall« (Singularität). A b β und A a β bei $q_0 = 0{,}5$. Die physikalischen und chemischen Prozesse sind alle umkehrbar (reversibel).

β) Bei der Annahme einer in großer Entfernung wirkenden Abstoßungskraft zwischen den Massen (Einführung eines λ-Gliedes) läßt sich von einem Raum mit endlichem Radius ausgehen. Die Singularität wird dabei vermieden. Ebenso wäre ein Ende der Expansion mit endlichem Radius möglich, ohne daß dabei ein Endzustand der Materie eintreten muß.

γ) Exponentielle Expansion. Ständige Neubildung der Materie (Steady-State, Jordan).

c) Es gab keinen Anfang. Ein Ende muß angenommen werden. Modelle dieser Art stoßen auf erhebliche Schwierigkeiten. Sie sind in der wissenschaftlichen Literatur kaum zu finden.

d) Es gab einen Anfang, und es muß einen Endzustand geben.

α) Relativistische Modelle mit positiver Raumkrümmung ($q_0 > 0{,}5$). Eine Rückkehr zur Singularität kann nicht erfolgen.

β) Modelle mit hyperbolischer oder parabolischer Expansion, in denen die Materie einer ständigen Evolution unterworfen ist. Nicht alle physikalischen und chemischen Prozesse sind rückführbar (sie sind teilweise irreversibel).

Die Hypothesen mit den Annahmen von Materiequellen und Antimaterie lassen sich in dieses Schema nur schwer einfügen: Sie sind mit mehreren der eben geschilderten Modelle verträglich.

3.
Kritik der experimentellen Forschung

Es ist kaum möglich, alle im Laufe der Menschheitsgeschichte ersonnenen Vorstellungen über das Werden und Vergehen im Weltall zu überblicken, geschweige denn in einem einzigen Buch wiederzugeben. Die Skala reicht von stark mystischen Hypothesen über haltlose und widersinnige Spekulationen zu widerspruchslosen und mathematisch gut untermauerten Theorien.

Wir haben im Kapitel 2 versucht, eine Auswahl zu treffen, bei der die wichtigsten und derzeit aktuellsten Theorien und Hypothesen zu Wort kamen. Es waren Möglichkeiten – aber auch nicht mehr. Damit ist uns nicht gedient. Wir wollen die Wahrheit ergründen, wollen erahnen, was richtig und was falsch ist. Wir wollen ein Mittel suchen, das uns die Spreu vom Weizen trennen läßt.

Seit Jahrhunderten werden Sternwarten gebaut, immer größere und leistungsfähigere Fernrohre in Betrieb genommen. Raumschiffe werden ins All gesandt und Milliardenbeträge für Laboratorien und Forschungsinstitute ausgegeben. Mit welchem Resultat? Was kann heute die experimentelle, die beobachtende Forschung, jener unbestechliche Zweig der Wissenschaft, zu all den Theorien und Hypothesen sagen?

3.1. Kriterien der allgemeinen Relativitätstheorie

Für die Richtigkeit der speziellen Relativitätstheorie gibt es Hunderte von Beweisen, und sie wird darum wohl von keinem ernsthaften Forscher angezweifelt. Bei der allgemeinen Relativitätstheorie ist das anders. Zwar hat auch sie sich in ihrem prinzipiellen Teil weitgehend durchgesetzt, doch gibt es bei ihr mehrere Verzweigungen, und viele Folgerungen aus ihr lassen oft verschiedenartige Lösungen zu. Welche experimentellen Möglichkeiten für eine Bestätigung der Theorie gibt es?

3.1.1. Die Ablenkung des Lichts in Gravitationsfeldern

Die Ablenkung des Lichts in Gravitationsfeldern läßt sich durch die Beobachtung eines Sternes in unmittelbarer Nähe der Sonnenscheibe prüfen. Nach der Relativitätstheorie müßte der beobachtete Sternort durch das Gravitationsfeld der Sonne gegenüber dem tatsächlichen ein wenig verlagert erscheinen (Abb. 11). Die Erklärung dieses Phänomens kann auf drei verschiedenen Wegen erfolgen, die wir kurz verdeutlichen wollen.

Wie schon erwähnt, läßt sich die Energie eines Körpers durch die »Einsteinsche Formel« $E = mc^2$ wiedergeben. Auch die Lichtteilchen, die Photonen, verkörpern eine Energie, die wiederum der Beziehung $E = h\nu$ folgt. Hierbei ist h eine konstante Zahl, das *Plancksche Wirkungsquantum*, und ν die Frequenz des betreffenden Lichtes. Daraus folgt: $mc^2 = h\nu$ und $m = \frac{h\nu}{c^2}$.

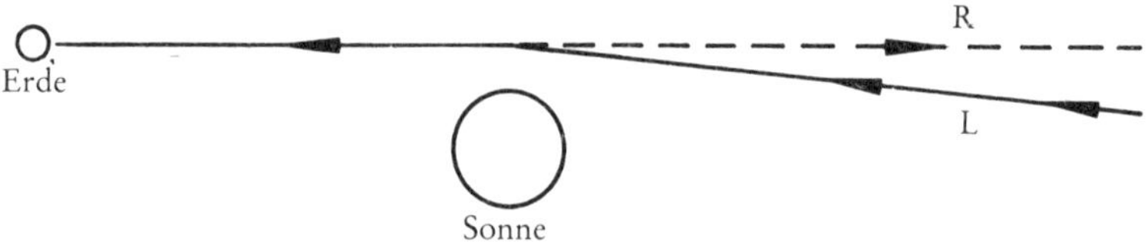

Abbildung 11: Ablenkung eines Lichtstrahles in der Nähe der Sonne (stark übertrieben). L – tatsächlicher Weg des Lichtes von einem Stern, R – Richtung, aus der das Licht zum Beobachter gelangt.

Das bedeutet, daß jedem Photon eine gewisse Masse zugeordnet werden kann. Fliegt ein Photon an der Sonne vorbei, dann wird es von ihr angezogen. Die Bahn des Photons, also des Lichtstrahles, krümmt sich. Es ist derselbe Vorgang, der sich bei einem Kometen abspielt, der in die Nähe der Sonne gerät. Auch seine Bahn krümmt sich. Dieser Gedanke ist bereits von dem deutschen Mathematiker Soldner im Jahre 1801 geäußert worden. Die genaue Rechnung ergibt allerdings wegen der Unterschiede in der Bewertung des sonnennahen Gravitationsfeldes nur den halben Betrag der von Einstein geforderten Ablenkung.

Die zweite Erklärung folgt unmittelbar aus der Raumkrümmung im Gravitationsfeld. Die Photonen bewegen sich auf »geodätischen

Linien«, die die kürzesten Verbindungen zweier Punkte bilden. Diese Linien sind durch das Gravitationsfeld der Sonne gekrümmt (vgl. S. 59).

Eine dritte Möglichkeit, die Ablenkung der Lichtstrahlen zu erklären, folgt aus der Geschwindigkeitsänderung. Die allgemeine Relativitätstheorie fordert, daß die Lichtgeschwindigkeit nicht völlig konstant ist, sondern sich – zwar geringfügig, doch meßbar – mit der Stärke des Gravitationsfeldes ändert. Sie muß deshalb in der Nähe der Sonne etwas geringer als in ihrer Ferne sein. Tritt ein Lichtstrahl aus einem Medium mit großer Lichtgeschwindigkeit in ein anderes mit geringerer ein, so wird er abgelenkt. Diese Ablenkung heißt bekanntlich Brechung. So wird auch das von den Sternen kommende Licht in der Erdatmosphäre etwas abgelenkt, da hier die Fortpflanzungsgeschwindigkeit kleiner als im Vakuum ist. Entsprechendes läßt sich auch in der Nähe der Sonne erwarten. Allerdings darf diese Ablenkung nicht mit der konventionellen, optischen Brechung in der Sonnenatmosphäre verwechselt werden, die ebenfalls vorhanden ist und zu der relativistischen addiert werden muß.

Natürlich sind die drei beschriebenen Effekte nicht voneinander unabhängig. Sie bestehen nicht nebeneinander und wirken deshalb auch nicht gemeinsam. Es sind nur verschiedene Verdeutlichungen ein und desselben Vorgangs.

Welche praktischen Resultate liegen vor? Einstein forderte eine Ablenkung von 1,75 Bogensekunden am Sonnenrand. Messungen direkt am Rand sind aber nicht durchführbar. Dazu kommen noch die eben erwähnten Störungen durch die Sonnenatmosphäre. Man muß also etwas entferntere Objekte wählen, bei denen aber die Ablenkung noch kleiner ist. Sternbeobachtungen in der Nähe der Sonnenscheibe sind verständlicherweise auch nicht jederzeit und ohne besondere Vorkehrungen durchführbar. Das störende Sonnenlicht muß ausgeschaltet werden. Das gelingt am besten während der Sonnenfinsternisse. Der erste Versuch, die allgemeine Relativitätstheorie durch die Strahlenablenkung am Sonnenrand zu untermauern, wurde 1919, also rund 2 Jahre nach der Veröffentlichung durch Einstein, unternommen. Dank der Initiative des englischen Astronomen Eddington starteten zwei Expeditionen zu den Totalitätszonen der Sonnenfinsternis vom 29. Mai. Die eine führte zur Westküste Afrikas, die andere nach dem nördlichen Brasilien. Beide Expeditionen hatten mit dem Wetter Glück und kehrten mit einer Aufnahmenserie von Sternen neben der verdunkelten Sonnenscheibe zurück. Zum Vergleich muß dasselbe Sternfeld möglichst mit derselben Apparatur und unter sonst gleichen Bedingungen in größerer Entfernung von der Sonne fotografiert werden. Nur so läßt sich der Unterschied in den Sternpositionen ermitteln. Die Ausmessung ist äußerst schwierig, da die Sternpositionen sich auf den Platten nur um Bruchteile eines Millimeters unterscheiden, die Sterne selbst aber wegen des Korns der Plattenemulsion, durch Beugungserscheinungen, Nachführungsungenauigkeiten und andere Faktoren nicht punktförmig, sondern als verwaschene Flecke erscheinen. Trotzdem hatten die Forscher 1919 Erfolg: Die ermittelte Ablenkung entsprach dem von Einstein geforderten Wert. Das Ergebnis wurde als Triumph der Theorie Einsteins gefeiert.

Später wurden wiederholt Expeditionen zur weiteren Prüfung der Lichtablenkung durchgeführt; die Fehlergrenze sollte weiter eingeengt werden. Aber die gemessenen Werte streuten erheblich. So ergab 1929 eine Sumatra-Expedition einen Wert von 2,24, eine andere, 1952 nach dem Sudan gestartete nur 1,70 Bogensekunden. Die so gemessenen Werte liegen also etwa 20 bis 30 Prozent über dem von Einstein geforderten Wert.

Wie die Lichtstrahlen muß auch das Gravitationsfeld der Sonne alle anderen Arten der elektromagnetischen Strahlung ablenken. Es liegt darum nahe, auch die moderne Radioastronomie zur Prüfung der Relativitätstheorie heranzuziehen. Dazu eignet sich die Radioquelle 3C 279, die in der Nähe der Ekliptik liegt und der die Sonne im Oktober sehr nahe rücken kann. Der Vorteil gegenüber optischen Beobachtungen liegt darin, daß das Sonnenlicht nicht stört und darum unabhängig von Verfinsterungen gemessen werden kann. Schwierig ist allerdings eine genaue Positionsbestimmung von Radiostrahlern. Man hilft sich dadurch, daß man die Messungen mit zwei möglichst weit voneinander entfernten Empfängern vornimmt und die Signale zusammenführt. So entstehen Interferenzen, mit deren Hilfe sich die Positionen recht genau bestimmen lassen. Im Jahre 1969 haben zwei amerikanische Beobachtungsgruppen die Radioquelle

3C 279 während einer Sonnenbedeckung vermessen. Die eine Gruppe benutzte zwei Parabolantennen in 1,066 km, die andere Gruppe in 21,566 km Abstand. In beiden Fällen wurde mehrfach der Winkel zwischen 3C 279 und der nahe gelegenen Quelle 3C 279 gemessen, und zwar sowohl an Tagen mit größerem Sonnenabstand wie in unmittelbarer Sonnennähe. Das Ergebnis der ersten Gruppe für die Strahlenablenkung war 1,77 ± 0,20, das der zweiten Gruppe 1,82 ± 0,26 Bogensekunden. Die Resultate liegen also dicht am geforderten Wert.

Im Oktober 1971 wurde die Vermessung von 3C 279 mit dem Radiointerferometer von Green Bank in Virginia bei einer Basislänge von rund 2,7 km wiederholt, wobei sich die Fehlergrenzen noch weiter einengen ließen. Diesmal stimmte das Ergebnis aber nicht mit dem theoretischen Wert überein. Es ergaben sich nur 1,57 ± 0,08 Bogensekunden.

In diesem Zusammenhang muß auf eine Theorie von Brans und Dicke hingewiesen werden.

Abweichend von der allgemeinen Relativitätstheorie Einsteins werden nach ihr die Gravitationswirkungen nicht durch nur *ein* Feld (das Tensorfeld), sondern zusätzlich noch durch ein zweites (das Skalarfeld) hervorgerufen. Zu denselben Feldgleichungen kam auch Jordan, weshalb allgemein von der Jordan-Brans-Dicke-(J.-B.-D.-)Theorie gesprochen wird. Das kosmologisch sehr Bedeutsame an ihr ist die Annahme der zeitlichen Änderung der Gravitationskonstanten. Darauf wurde in einem anderen Zusammenhang bereits hingewiesen (vgl. S. 89).

Eine gewisse Stütze hat die Skalar-Tensor-Theorie durch die genauen Vermessungen der Sonne durch Dicke und Goldenberg erhalten (1967). Es ist ein noch offenes Problem, ob die Sonne trotz ihrer relativ beachtlichen Rotationsgeschwindigkeit genau kugelförmig ist. Die beiden Forscher fanden mit sehr feinsinnig konstruierten Apparaturen eine zwar sehr geringe, doch immerhin meßbare Abplattung, die einen Einfluß auf die ebenfalls von der allgemeinen Relativitätstheorie geforderte *Perihelbewegung* des Merkur haben müßte. Die beobachteten Werte lassen sich mit der allgemeinen Relativitätstheorie nur dann in Einklang bringen, wenn die Sonne vollkommen rund ist. Die J.-B.-D.-Theorie erklärt dagegen die beobachtete Perihelbewegung auch bei der Sonnenabplattung. Wir kommen später noch auf den Begriff der Perihelbewegungen der Planeten zurück.

Für die Lichtablenkung an der Sonne ergibt die J.-B.-D.-Theorie einen etwas geringeren Wert, nämlich nur 1,63 Bogensekunden, der besser zu den Messungen in Virginia paßt.

Das letzte Wort ist also, zumindest was die Beweisführung durch die Lichtablenkung an der Sonne betrifft, noch nicht gesprochen.

3.1.2. Änderung der Lichtgeschwindigkeit in Gravitationsfeldern

Die an der Sonne vorbeistreichenden Strahlungen gestatten aber noch eine weitere Methode zur Überprüfung der Relativitätstheorie. Wie schon bemerkt, ist die Lichtgeschwindigkeit in der

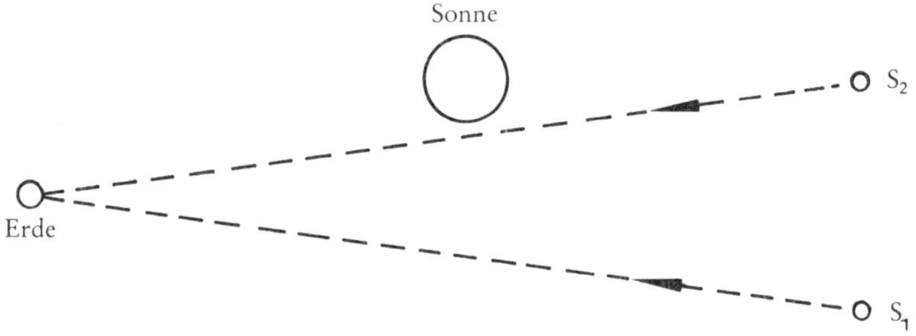

Abbildung 12: Trotz gleicher Entfernung benötigt das Signal einer Raumsonde aus der Stellung S_1 weniger Zeit, um zur Erde zu gelangen, als in der Stellung S_2.

Nähe der Sonne etwas kleiner als fern von ihr. Befindet sich – entsprechend der obenstehenden Zeichnung (Abb. 12) – ein Sender in der Stellung S_1, so wird sein Signal etwas weniger Zeit benötigen, um zur Erde zu gelangen, als von einem Sender in der Stellung S_2, obgleich beide Standorte von der Erde gleich weit entfernt sind. Die ersten Versuche dieser Art nahm I. Shapiro im November 1966 mit der Reflexion eines von einem irdischen Sender ausgehenden Radarstrahles am Planeten Venus vor. Im folgenden Jahr wiederholte er die Versuche am Merkur. Die Verzögerung durch das Gravitationsfeld der Sonne liegt in einer Größenordnung von etwa $2 \cdot 10^{-4}$ Sekunden. Die Messung dieser sehr kurzen Zeitintervalle ist experimentell nicht schwierig, wohl aber die genaue Bestimmung der Entfernung der Planeten von der Erde. In der zu beobachtenden Zeit von $2 \cdot 10^{-4}$ Sekunden legt das Licht eine Strecke von etwa 60 km zurück. Um also eine Messung mit nur 10 Prozent Ungenauigkeit zu erreichen, müßte man den Abstand des Senders von der reflektierenden Planetenoberfläche auf 6 km genau bestimmen können. Wären die Planeten vollkommene Kugeln, so wäre das Problem gelöst, da sich mit Hilfe der Radarstrahlen die Entfernungen aus der Laufzeit sehr genau bestimmen lassen. Der von der Erde kommende Strahl könnte aber auf einen Berg oder eine Senke treffen. Dadurch würde sich die Laufzeit ändern und das Ergebnis verfälschen. Trotz dieser Schwierigkeiten gelang es, die relativistische Laufzeitverzögerung mit einer Ungenauigkeit von etwa 20 Prozent zu bestimmen. Innerhalb dieser Fehlergrenzen deckte sich die Beobachtung mit den theoretischen Werten.

Wesentlich exakter waren die Ergebnisse, die Wissenschaftler 1970 mit den beiden amerikanischen Marssonden Mariner 6 und 7 vornahmen. Nach dem Passieren des Planeten Mars flogen die beiden Sonden annähernd in der Ekliptikebene weiter und wurden dadurch zu künstlichen Kleinplaneten, die sich um die Sonne bewegten. Auch sie geraten – von der Erde aus betrachtet – in die Nähe der Sonne. Da die Radioanlagen an Bord der Sonden noch funktionierten, wurde ein von einem Erdsender ausgesandtes Signal von dem an Bord befindlichen Empfänger aufgefangen und verstärkt wieder zur Erde zurückgesandt. Hier gab es keine störenden Berge, die Elektronik an Bord war genau bekannt, und so ließ sich die Fehlergrenze auf 2 bis 4 Prozent reduzieren. Das Ergebnis deckte sich gut mit den von der Einsteinschen Theorie geforderten Werten, nicht aber mit den der Jordan-Brans-Dickeschen Theorie, die von den Einsteinschen Zahlen um 7 bis 10 Prozent abweichen.

3.1.3. Periheldrehung der Planeten

Neben der Sonne lassen sich die sonnennahen Planeten zu einer Prüfung der allgemeinen Relativitätstheorie heranziehen. Die Ellipsenbahnen bei der Planetenbewegung um die Sonne erklären sich bekanntlich durch die anziehende Kraft des Zentralgestirns. Das folgt unmittelbar aus der Newtonschen Mechanik. Nach Einstein sind die Planetenbahnen aber geodätische Linien in einem vierdimensionalen Raum-Zeitsystem. Die so errechneten Bahnen stimmen zwar weitgehend mit den Resultaten aus der Newtonschen Mechanik überein, doch gibt es geringfügige Unterschiede, die sich in einer Bewegung des Planetenperihels ausdrücken. Das Perihel ist der sonnennächste Punkt einer Planetenbahn, und sein Ort muß sich in starken Gravitationsfeldern, also in der Nähe der Sonne, nach Einstein ändern. Abb. 13

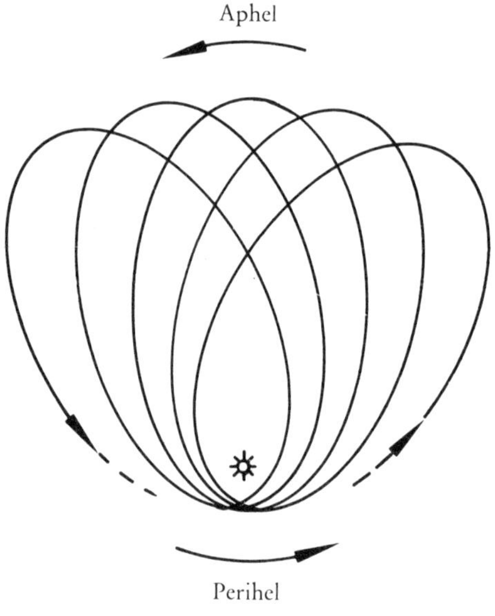

Abbildung 13: Die Perihelbewegung eines Planeten (stark übertrieben).

drückt das stark übertrieben aus. Am stärksten bewegt sich das Perihel beim Merkur. Dieser Effekt war schon lange bekannt, doch ließ er sich nicht erklären. Die Theorie fordert eine Verschiebung des Merkurperihels von 43,03 ± 0,03 Bogensekunden im Jahrhundert. Bereits 1859 hatte Leverrier, der durch die Vorausberechnung der Standorte des bis dahin unbekannten Planeten Neptun weltweit bekannt geworden ist, eine Perihelverschiebung in der von Einstein geforderten Größenordnung bestimmen können. Auch der genaue Meßwert deckt sich innerhalb der Fehlergrenzen vorzüglich mit dem theoretischen.

Die Perihelbewegungen der anderen Planeten sind sehr viel schwieriger zu beobachten. Infolge der größeren Entfernungen nehmen ihre Beträge ab. Für die Venus ergibt sich ein theoretischer Wert von 8,63, für die Erde von 3,8 und für den Mars von nur 1,4 Bogensekunden in 100 Jahren. Nicht nur diese sehr kleinen Änderungen sind schwer zu beobachten, auch die Lage des Perihels ist besonders bei der Venus schwer zu bestimmen, da ihre Bahn nur wenig exzentrisch, also fast kreisförmig ist. Trotzdem ließen sich auch hier Perihelverschiebungen nachweisen, allerdings mit erheblichen Unsicherheiten. Für die Venus ergaben sich 8,4 ± 4,8, für die Erde 5,0 ± 1,2 Bogensekunden. Der letzte Wert ist gerade noch »annehmbar«.

Im Jahre 1968 bot sich die Möglichkeit, auch den kleinen Planeten Ikarus zur Überprüfung der Relativitätstheorie heranzuziehen. Er kommt nicht nur der Sonne, sondern auch der Erde recht nahe. Auch die Bahn des punktförmig erscheinenden Körpers läßt sich besser bestimmen als die der scheibenartig aussehenden großen Planeten. Im Vergleich mit älteren Beobachtungen ließ sich 1968 während seiner Oppositionsstellung der theoretische Wert der Periheldrehung von 10 Bogensekunden im Jahrhundert zufriedenstellend bestätigen. Allerdings war die Unsicherheit mit 20 Prozent noch recht groß.

Eine Drehung des Perihels muß nach Einstein nicht nur durch die Planetenbewegung, sondern auch durch die Rotation des Zentralkörpers hervorgerufen werden. Leider ist im Falle der Sonne der Effekt nur so klein, daß er sich nicht beobachten und darum nicht zur Prüfung der Relativitätstheorie heranziehen läßt. Anders ist das bei künstlichen Erdsatelliten. Hier müßte nicht nur die Perihelbewegung durch das Gravitationsfeld der Erde nach dem zuerst beschriebenen Effekt nachzuweisen, sondern bei weiterer Steigerung der Beobachtungsgenauigkeit auch der Einfluß der Erdrotation festzustellen sein. Versuche in dieser Richtung sind bereits angelaufen. Allerdings ist der zweite Effekt im Verhältnis zum ersten klein. Er macht nur etwa 3 Prozent aus.

3.1.4. Rotverschiebung der Spektrallinien in Gravitationsfeldern

Wir hatten bei der Einführung in die Gedankengänge der allgemeinen Relativitätstheorie ein Gravitationsfeld mit der gleichförmig beschleunigten Bewegung eines Bezugssystems verglichen (S. 55). Wir wollen diese Äquivalenz wieder aufgreifen und einen Lichtstrahl untersuchen, der die Oberfläche eines Planeten senkrecht nach oben verläßt. In einem gewissen Abstand von der Oberfläche befinde sich ein Beobachter, der mit physikalischen Geräten das bei ihm eintreffende Licht vermißt. Da wir die Gravitationswirkung des Planeten einer gleichförmig beschleunigten Bewegung des Systems gleichsetzen dürfen, können wir statt der Anziehungskraft annehmen, daß sich der Beobachter mit gleichförmiger Beschleunigung nach oben bewegt. Hat das Licht beim Verlassen der Oberfläche die Frequenz ν, so wird unser Beobachter, da er sich bewegt, infolge des Dopplereffektes eine geringere Frequenz feststellen. Sie ist um so kleiner, je größer die Gravitationsbeschleunigung und die im Felde zurückgelegte Strecke ist.

Zu demselben Resultat können wir auch auf einem anderen Wege gelangen:

Wie auf S. 102 gezeigt, kann jedem Photon eine Masse zugeordnet werden. Durch die Bewegung nach oben muß es deshalb eine potentielle Energie erhalten. Da seine Gesamtenergie sich aber nicht ändern kann, muß seine Schwingungsenergie kleiner geworden sein. Eine geringere Schwingungsenergie bedeutet aber eine kleinere Frequenz (vgl. Anhang S. 304).

Eine wichtige Folgerung, die uns später noch beschäftigen wird, ergibt sich für den Zeitablauf in einem Gravitationsfeld: Ändert sich die Frequenz, so bedeutet das eine Änderung der Zeit für jede einzelne Schwingung. Das von der Oberfläche des Planeten ausgehende Licht übermittelt uns also durch seine Frequenz den zeitlichen Abstand zweier Ereignisse, nämlich die Zeitspanne zwischen zwei gleichen Schwingungszuständen des Senders. Diese Zeit erscheint dem Beobachter jedoch durch die Frequenzverkleinerung gedehnt. Er beurteilt aus seiner Sicht die Zeitabläufe anders als ein Bewohner des Planeten.

Das ist ein sehr bedeutsames Resultat: Die Zeitspanne für ein und denselben Vorgang ist im Gravitationsfeld größer als im feldfreien Raum. Je stärker die Gravitation, um so gedehnter ist die Zeit. Eine Sekunde auf der Erde ist nicht gleich eine Sekunde auf dem Mond, weil die Gravitationsfelder verschieden sind. Der Unterschied ist zwar in diesem Falle so minimal, daß er sich experimentell nicht nachweisen läßt, doch bei anderen Himmelskörpern spielt er eine nicht zu vernachlässigende Rolle. Die Zeit ist nicht absolut, sie ist relativ.

Von zwei sehr genau gehenden Uhren möge die eine auf unserem Tisch im Laboratorium liegenbleiben, während die andere einem starken Gravitationsfeld unterworfen wird. Wir können solche Felder auch künstlich durch eine Ultrazentrifuge erzeugen. Die zweite Uhr müßte während ihres Verweilens in der Zentrifuge langsamer gehen. Nach dem Versuch würden darum beide Uhren verschiedene Zeiten angeben.

Praktisch wird dieser Versuch mißlingen, da die starke Fliehkraft auch die Mechanik der Uhr sehr stark beanspruchen würde und sie schon aus diesem Grunde eine andere Zeit anzeigen müßte.

Wir kennen aber »Uhren«, die auch bei stärkster gravitativer Belastung einwandfrei funktionieren. Das sind die Schwingungsvorgänge in den Atomen und Molekülen, die wir mit dem Pendelschlag einer Uhr vergleichen können – mit dem Pendelschlag einer außerordentlich zuverlässigen Uhr. Entsprechendes gilt auch für die Lichtemission: Nach unseren Überlegungen müßten die Atome einer strahlenden Materie in einem starken Gravitationsfeld, etwa an der Sonnenoberfläche, eine etwas andere (und zwar geringere) Frequenz emittieren als etwa auf der Erde.

Der Einfluß der Gravitation auf das Sonnenspektrum läßt sich experimentell schwer bestimmen. Zwar ist die gravitative Kraft der Sonne an ihrer Oberfläche rund 27mal so groß wie die der Erde, doch auch sie ändert die Lage der Linien im Spektrum nur wenig. Bei Messungen zeigt das aus der Mitte der Sonnenscheibe kommende Licht sehr unterschiedliche Linienverschiebungen, die oft viel geringer als die berechneten sind. Besser deckt sich die Praxis mit der Theorie am Sonnenrand. Die Ursache für die unbefriedigenden Ergebnisse im zentralen Bereich sind in der Bewegung der Gase an der Sonnenoberfläche zu suchen. Die Geschwindigkeiten, mit denen die Materie in einigen Gebieten, besonders bei Sonneneruptionen, hochgeschleudert wird, sind sehr erheblich. Dadurch nähert sich der »Sender« der Erde, und die Folge ist eine Blauverschiebung, die der von Einstein geforderten Rotverschiebung entgegenwirkt. Recht genaue Ergebnisse erhielt Dicke 1964 bei der Beobachtung der D_1-Natriumlinie in den Protuberanzen, über der Sonnenoberfläche schwebenden, relativ ruhigen Gebilden. Der von der Theorie geforderte Wert bestätigte sich hier auf etwa 5 Prozent genau.

Wesentlich stärker ist der Effekt in den sehr starken Gravitationsfeldern der sogenannten *weißen Zwerge*. Sie sind ein spätes Stadium der Sternentwicklung, bei dem die Materie entartet und dabei außerordentlich dicht ist. Weil gleichzeitig auch der Durchmesser des Sternes schrumpft, muß die Gravitation bei einem von der Sternoberfläche ausgehenden Lichtstrahl eine starke Linienverschiebung hervorrufen. Beim weißen Zwerg Sirius B ergibt die Theorie für die Linienverschiebung $z = \frac{\Delta \lambda}{\lambda_0} = 6{,}5 \cdot 10^{-5}$ (vgl. S. 68). Gemessen wurde an der Wasserstofflinie H_β $z = 6{,}3 \cdot 10^{-5}$. Das stimmt mit dem geforderten Betrag sehr gut überein.

3.1.5. Der Mössbauer-Effekt

Durch eine überraschende Entdeckung des deutschen Physikers Mössbauer gelang es sogar, die relativistische Spektrallinienverschiebung im relativ schwachen Gravitationsfeld der Erde zu messen. Die um den Kern eines Atoms kreisenden Elektronen nehmen bekanntlich nur bestimmte, man sagt *gequantelte* Bahnen an. Sie sind jedoch nicht an nur eine Bahn gebunden. Erhält ein Elektron, etwa durch die Einwirkung eines ins Atominnere gelangten Photons, eine zusätzliche Energie, so springt es auf eine höhere, also weiter vom Kern entfernte Bahn. Es verbleibt aber nicht auf diesem energiereicheren Niveau oder *Term*, sondern springt nach sehr kurzer Zeit wieder zurück, wobei es seine Energie in Form eines *Lichtquants*, also eines Photons, wieder abgibt. Bezeichnenderweise nimmt nun ein Elektron nur dann die Energie für den »Sprung« auf eine höhere Bahn aus einem von außen kommenden Photon auf, wenn die Photonenenergie ($h\nu$) genau den zum Sprung erforderlichen Betrag aufweist. Das bedeutet, daß ein Atom aus einem Lichtstrahl, der ein Gemisch von verschiedenen Wellenlängen (und demnach auch Frequenzen) enthält, nur diejenigen heraussiebt, die seine Elektronen für den Sprung benötigen. Alle anderen läßt es ungehindert hindurch. Das erklärt zugleich auch die Entstehung der Absorptionslinien, die wir bereits auf S. 66 beschrieben hatten.

Dieser Effekt läßt sich auch mit einem uns sehr bekannten Vorgang in der Akustik vergleichen: Eine auf einen bestimmten Ton gestimmte Saite wird von einer Schallwelle derselben Tonhöhe zum Schwingen veranlaßt. Dieses »Mitschwingen« bezeichnet man als *Resonanz*. Auch im Bereich der Optik dürfen wir also von Resonanz sprechen, wobei diesmal eine Übereinstimmung der empfangenen und wieder ausgesandten Lichtfrequenzen gemeint ist.

Weniger bekannt ist, daß nicht nur die den Atomkern umgebenden Elektronen, sondern auch die Kerne selbst sowohl Lichtquanten emittieren als auch absorbieren, also aufnehmen können. Dabei handelt es sich um sehr energiereiche γ-Strahlen. Auch hier kommt es zu Resonanzerscheinungen, die mit denen in der Atomhülle verwandt sind. Es leuchtet ein, daß es nur bei vollkommen gleichartigen Atomkernen zur Resonanz kommen kann. Doch auch hier bleibt der erwartete Effekt oft aus. Der Grund liegt einmal in der Temperaturbewegung der Atome. Hat nämlich der als Sender wirkende Atomkern gegenüber dem »Empfänger« eine gewisse relative Geschwindigkeit, so ändert sich durch den Dopplereffekt die Frequenz. Das verhindert die Resonanz. Ein weiterer Grund für das Versagen liegt in dem Rückstoß, den ein Kern beim Aussenden des Photons erleidet. Die bei dem Ausstoß zur Verfügung stehende Gesamtenergie verteilt sich auf beide Partner, wodurch das Photon energieärmer ist, als wenn der Kern unbeweglich wäre. Geringere Energie bedeutet geringere Frequenz, die nicht zur Resonanz führen kann. Entsprechendes spielt sich auch beim Einfangen eines Photons durch den Kern ab, der zur Resonanz gebracht werden soll. Auch hier wird durch den Stoß nur ein Teil der Photonenenergie vom Kern im Rahmen der Resonanzabsorption umgesetzt. Der Rest bewirkt eine Bewegung des ganzen getroffenen Kerns.

Durch sinnvolle Maßnahmen gelang es Mössbauer, beide störende Effekte auszuschalten. Die thermische Molekularbewegung unterdrückte er durch eine sehr starke Abkühlung der Versuchsanlage. Die Energieeinbuße durch den Rückstoß verhinderte er durch den Einbau von »fremden« Atomen. Entsprechendes nahm Mössbauer beim »Empfänger« vor.

Dadurch ließen sich die Atomkerne untereinander so fest verankern, daß die ganze Energie den Photonen zugute kam und deshalb keine Frequenzänderung mehr eintrat. Mössbauer erreichte auf diese Weise eine außerordentlich »scharfe« Resonanz. Jede noch so geringe Abweichung in der Frequenz des ausgesandten Photons verhinderte die Resonanzwirkung. Eine solche Frequenzänderung entsteht bei der Bewegung eines der Systeme infolge des Dopplereffektes. Die Genauigkeit der Methode ist erstaunlich: Bereits bei einer relativen Geschwindigkeit von Bruchteilen eines Millimeters in der Sekunde treten Resonanzstörungen auf.

Mit Hilfe des Mössbauer-Effektes nahmen Pound und Rebka 1960 in Harvard, USA, Versuche zur Bestätigung der Frequenzänderung durch das Gravitationsfeld der Erde vor. Auf der Spitze eines 22 m hohen Turmes installierten sie einen »Sender«, der eine Gammastrahlung des Eisens (Fe 57) zu dem am Fuße des Turmes befindlichen »Empfänger« schickte. Für diese verhältnismäßig sehr kurze Strecke errechneten sie eine Frequenzänderung von nur $z = 4{,}9 \cdot 10^{-15}$. Sie maßen $z = 5{,}1 \cdot 10^{-15}$. Das Meßergebnis stimmte mit dem theoretischen Wert also sehr gut überein. Später konnten Rebka und seine Mitarbeiter die Methode noch wesentlich verfeinern und dabei eine Meßunsicherheit von nur 1 Prozent erreichen. Auch dabei deckte sich der theoretische Wert innerhalb der Fehlergrenze mit dem geforderten.

Es darf allerdings nicht verschwiegen werden, daß die Rotverschiebung der Spektrallinien in Gravitationsfeldern keinen voll gültigen Beweis für die allgemeine Relativitätstheorie darstellt. Die Erscheinung läßt sich nämlich auch auf anderem Wege erklären. Zusammenfassend kann nur gesagt werden, daß die Ergebnisse die Voraussagen der allgemeinen Relativitätstheorie sehr gut bestätigen. Die vorliegenden Messungen reichen aber noch nicht aus, um die J.-B.-D.-Theorie sicher zu widerlegen.

Die Raumsonden und die neue Elektronik eröffnen aber viele

neue Perspektiven, und so kann man erwarten, daß in naher Zukunft weitere Experimente die Meßgenauigkeit steigern werden. Dann ließen sich auch einige noch strittige Fragen beantworten.

3.2. Die Deutung der Rotverschiebung

Im vorigen Kapitel ist bereits einiges über die experimentelle Beobachtung der Linienverschiebung vorweggenommen worden. Wir sahen auch, daß schon vor der Entdeckung durch Hubble einige Theorien eine Ausdehnung des Weltalls und damit eine Nebelflucht forderten. Theorie und Praxis stimmten also prinzipiell überein. Doch gab und gibt es Skeptiker, die teils aus kosmologischen, teils aus weltanschaulichen Gründen die Realität einer Nebelflucht im Hubbleschen Sinne anzweifeln. Nicht zu leugnen ist die Linienverschiebung als solche. Sie ist eine unumstößliche, durch sehr viele Versuche erwiesene Tatsache. Doch beruht die Linienverschiebung überhaupt auf dem Dopplereffekt? Könnten nicht auch andere Faktoren im Spiel sein, die eine Nebelflucht nur vortäuschen? Einen solchen Effekt hatten wir tatsächlich kennengelernt: die Linienverschiebung durch das Gravitationsfeld des das Licht aussendenden Sternes. Dieses Gravitationsfeld kann in einigen Fällen auch so stark sein, daß dadurch sehr erhebliche Rotverschiebungen zustande kommen. Sterne mit so großen Gravitationsfeldern sind aber sehr selten. Auch ist nicht einzusehen, warum diese Sterne in den entfernteren Galaxien zahlreicher sein sollen als in den näheren. Nur so ließe sich aber die Abhängigkeit der Rotverschiebung von der Entfernung erklären.

Nun könnte das Licht zwar nicht beim Verlassen der Sterne, wohl aber auf dem Weg von den Galaxien zu uns irgendwo zwischen den Sternsystemen starke latente Gravitationsfelder passieren und dadurch die relativistische Linienverschiebung zeigen. Doch für diese Annahme fehlt jede vernünftige Begründung. Schon schwerwiegender ist ein anderer Einwand: Wir beobachten doch schließlich nur die Verschiebung der Linien, also die Tatsache, daß zum Beispiel die vom Element Kalzium auf einem Stern herrührenden Photonen eine andere Frequenz aufweisen als jene in unseren irdischen Laboratorien. Dabei müssen wir zunächst sicher sein, daß es sich wirklich um das Licht des Kalziums und –

noch genauer – um dieselbe Kalziumlinie handelt. Könnten die fernen Galaxien und gar die Quasare nicht ganz andere Photonenarten emittieren oder absorbieren?

Wir behaupten, eine bestimmte Linie sei an »falscher« Stelle. An dieser Stelle lassen sich aber, etwa im Sonnenspektrum, Linien ganz anderer Elemente erkennen. Die beobachtbaren Linien in sehr weit entfernten Objekten sind meistens recht verschwommen; die »Stelle« läßt sich nicht genau angeben. Ist hier kein Irrtum möglich? Vielleicht beobachten wir – um bei unserem Beispiel zu bleiben – gar nicht die Kalziumlinie, sondern diejenige eines anderen Elements, die sich nur geringfügig verschoben hat? Dagegen läßt sich einwenden, die Linien der anderen Elemente, die an der Stelle hätten sein können, seien in den Sternen viel zuwenig ausgeprägt, sie könnten nicht in der beobachteten Intensität erscheinen. Doch auch hierzu gibt es eine Entgegnung: Sind wir denn berechtigt, die Eigentümlichkeiten der Spektren, wie wir sie von den uns nahe gelegenen Objekten kennen, ohne weiteres auf die ganz fernen Galaxien zu übertragen? Könnten dort nicht nur andere Temperaturen herrschen, sondern die Sterne, falls es sich überhaupt um Sterne der uns gewohnten Art handelt, eine völlig andersartige chemische Zusammensetzung haben?

Doch auch das ist unwahrscheinlich. Zwar beobachten wir in den Spektren der entfernten Objekte nur wenige verschwommene Linien, doch sind sie auch für die näher gelegenen charakteristisch. Wir sehen immer einige markante Linien. Um »artfremde« Linien zu beobachten, müßte sich in einer bestimmten Entfernung die Zustandsart der Galaxien sprunghaft ändern. Das ist kaum anzunehmen.

Allerdings darf dabei die Zeit nicht außer acht gelassen werden. Das Licht, das wir vermessen, ist vor Milliarden von Jahren ausgesandt worden. Dürfen wir behaupten, daß damals, als die Photonen entstanden, dieselben Maße galten wie heute? Die Frequenz bestimmt sich aus der beim Elektronensprung freigesetzten Energie. Diese hängt wiederum von den im Atominneren wirksamen elektrischen, also coulombschen Kräften ab. Wir hatten schon bei der Besprechung der Jordanschen Theorie über die Änderung der Gravitationskonstanten (S. 89) erwähnt, daß sich auch die atomaren »Konstanten« möglicherweise mit der Zeit ändern. So gesehen, wären die Linienverschiebung und die durch sie vorgetäuschte Nebelflucht tatsächlich nur eine Folge der zeitlichen Änderung der inneratomaren Kräfte und Zustände. Auch dabei wäre die Linienverschiebung von der Entfernung abhängig, die Ursache aber eine andere. Hier liegt nicht nur für den Theoretiker, sondern auch für den beobachtenden Astronomen ein weites, noch nicht genügend erforschtes Feld.

Oft ist auch die Möglichkeit diskutiert worden, daß die Photonen auf ihrem langen Wege »altern« und dadurch Energie einbüßen, ähnlich wie ein Mensch, der im Alter auch nicht mehr die Energie aufbringt, die er in der Jugend hatte. Doch physikalische Partikel sind keine biologischen Organismen. Die Photonenenergie kann nicht einfach verschwinden. Sie muß, wenn das Licht sie abgibt, an anderer Stelle wieder auftreten. Einen solchen Vorgang kennen wir tatsächlich beim sogenannten *Compton-Effekt*. Stößt nämlich ein Lichtquant (Photon) gegen ein Elektron, dann lassen sich die Gesetze des elastischen Stoßes anwenden: Das Lichtquant gibt einen Teil seiner Energie an das Elektron ab. Hier kann sich der Energieverlust allerdings im Gegensatz zur makroskopischen Mechanik nicht in einer Verringerung der Geschwindigkeit des Lichtquants äußern, denn die Lichtgeschwindigkeit ist ja konstant. Da die Photonenenergie durch die Formel $E = h\nu$ mit der Frequenz verknüpft ist, muß sich bei dem Stoß die Wellenlänge vergrößern. Das bedeutet eine Rotverschiebung. Liegt hier vielleicht der Schlüssel zur Lösung des Problems? Der Raum zwischen den Galaxien ist sicher nicht völlig leer, und hier ließen sich auch freie Elektronen vermuten, die das Licht röten könnten. Doch auch diese Lösung scheitert an einem Haken: Das Photon wird beim Compton-Effekt nicht nur in seinem Energiebestand geändert, sondern durch den Stoß auch abgelenkt. Ein solches Photon käme also gar nicht aus der Richtung der fernen Galaxien in unser Auge, sondern aus einer ganz anderen Richtung. Das Licht, das uns Kunde von einer fernen Galaxis bringt, kann nicht gestreut sein.

Um Irrtümern vorzubeugen, soll an dieser Stelle kurz von einer »Rötung« des Lichtes gesprochen werden, die uns allen bestens vertraut ist: Wir können an jedem klaren Abend beobachten, wie rötlich die Sonne kurz vor dem Untergehen erscheint. Offensichtlich werden die kurzwelligen Anteile des Sonnenlichtes beim

Passieren der Atmosphäre zurückgehalten und nur die langwelligen, also rötlichen, direkt durchgelassen. Der kurzwellige, also bläuliche Anteil wird gestreut und erreicht unser Auge auf Umwegen, also aus allen möglichen »Himmelsrichtungen«, und in der Tat erscheint uns ja der Himmel blau.

Eine Rötung des Lichtes ferner Galaxien ist beim Durchgang durch die intergalaktische Materie grundsätzlich durchaus möglich, doch für unser Problem ohne jede Bedeutung. Was wir erklären müssen, ist ja nicht eine Rötung durch teilweise Absorption, sondern durch die Wellenlängenveränderung, die sich in der Linienverschiebung äußert. Die Kirchhoffschen Absorptionslinien erscheinen beim Sonnenuntergang natürlich an genau denselben Stellen wie bei hohem Sonnenstand.

Zusammenfassend läßt sich sagen, daß wir die Ursache für die Rotverschiebung trotz aller Bemühungen, eine andere Lösung zu finden, im Dopplereffekt sehen müssen. Diese Lösung wird auch von den weitaus meisten Wissenschaftlern in Ost und West anerkannt.

In neuerer Zeit kamen aber Zweifel auf, und zwar nicht an der prinzipiellen Deutung des Effektes, sondern an der unbedingten Richtigkeit des Hubble-Gesetzes. Bekanntlich überlagert die Fluchtbewegung noch eine andere, die unregelmäßige »Hin- und Her«-Bewegung der Galaxien untereinander. Sie ist jedoch im allgemeinen so klein, daß sie – besonders bei sehr weiten Objekten – das Hubble-Gesetz nicht wesentlich beeinflußt. Aber es gibt Ausnahmen: Wie noch später (S. 218) gezeigt werden wird, gibt es Gründe für die Annahme, daß kleine Galaxien, die sich in der Nähe großer befinden, aus diesen herausgeschleudert worden sind. Sie sind gleichsam die »Töchter« der zentralen großen »Mutter«. Auch unser Heimatsystem, die Milchstraße, hat in den Magellanschen Wolken solche Töchtergalaxien. Die Geschwindigkeit, mit der solche Auswürfe erfolgen, kann sicher sehr groß sein, und diese Bewegungen können das Hubble-Gesetz an den betreffenden Stellen fälschen. So hat H. Arp bei einer Aufnahme der Galaxis NGC 772 die Rotverschiebungen der unmittelbar benachbarten kleinen Galaxien untersucht und dabei gefunden, daß sie sich sehr erheblich von derjenigen der großen zentralen Galaxis unterscheiden (Abb. V). Nach dem Hubble-Gesetz müßten sie also ganz verschieden weit von uns entfernt sein. Doch gerade das ist sehr zweifelhaft. Auf der Fotografie lassen sich deutlich Materiebrücken erkennen, die die Hauptgalaxis mit den Nebengalaxien verbinden. Das ist nur durch die Annahme einer Zusammengehörigkeit erklärbar. Die Galaxien sind also etwa gleich weit von uns entfernt. Doch das sind – wie gesagt – Ausnahmen. Auch an der Richtigkeit des Hubble-Gesetzes kann, im großen gesehen, nicht gezweifelt werden.

3.3. Die Dichte des Weltalls und ihre kosmologische Bedeutung

Daß eine Expansion stattfindet, erscheint nach dem Vorausgegangenen als gesichert, doch *wie* erfolgt sie? Ist sie in allen Richtungen gleichmäßig, oder sind Abweichungen festgestellt worden? Das Hubble-Gesetz verlangt eine der Entfernung proportionale Fluchtgeschwindigkeit. Stimmt das auch bei sehr großen Entfernungen? Gibt es eine von der Theorie geforderte Verzögerung, also negative Beschleunigung, oder ist die Fluchtgeschwindigkeit möglicherweise in der Ferne noch größer, als das Hubble-Gesetz es vorschreibt?

Wir hatten im theoretischen Teil gezeigt, wie entscheidend alle diese Fragen für die Wahl des Weltmodells sind. Wir zeigten auch, wie stark die verschiedenen Meßgrößen ineinandergreifen. So ist die Art der Expansion, speziell die kosmische Beschleunigungszahl q – ein Schlüssel zu den Theorien der Weltmodelle – unter anderem von der durchschnittlichen Dichte der Welt ρ abhängig, also von der Masse in einer bestimmten Raumeinheit. Trotz der zum Teil sehr großen Dichten im Inneren der Sterne ist die durchschnittliche Dichte wegen der ungeheuren Ausdehnung des (fast) leeren Raumes sehr klein. Doch gerade von ihr hängt weitgehend die Struktur des Universums ab. Die Masse verursacht das Gravitationsfeld, und dieses bestimmt – wie wir es bei der Besprechung der allgemeinen Relativitätstheorie ausführten – die Raumkrümmung. Je größer die Dichte und damit die im Raum befindliche Masse ist, um so stärker krümmt sich der Raum. Wegen ihrer eminenten kosmologischen Bedeutung wollen wir uns den Massenbestimmungen jetzt etwas eingehender widmen.

3.3.1. Die interstellare Materie und ihre Dichte

Sehr grob gesagt, kommt die Materie im Kosmos in zwei Formen vor: einmal in starker Konzentration in den Sternen und in den sie umgebenden Planeten und ein anderes Mal äußerst verdünnt zwischen den Sternen oder Sternsystemen als interstellare oder intergalaktische Materie. Der Materieanteil in den Sternen ist zwar größer, doch darf der andere Teil bei der durchschnittlichen Dichtebestimmung keinesfalls vernachlässigt werden. Was wissen wir über die Materie zwischen den Sternen? Es ist das Verdienst der allerjüngsten Forschung, daß wir darüber überhaupt einige konkrete Angaben machen können. Noch vor wenigen Jahrzehnten waren es reine Spekulationen.

Vieles haben die Raumsonden zur Klärung beigetragen. Durch sie ließ sich erstmals unmittelbar der Raum zwischen den Planeten erforschen. Hier, im interplanetaren Bereich hat die Materie teils gasförmige, teils feste Form. Das Gas – hauptsächlich Wasserstoff – ist durch die Sonnenstrahlung, besonders durch die sehr energiereiche UV-Strahlung, weitgehend ionisiert. Man rechnet damit, daß sich in Erdentfernung von der Sonne, durch die Ionisation bedingt, einige hundert freie Elektronen pro cm^3 befinden. Um die festen Bestandteile der interplanetaren Materie, den »Staub«, zu untersuchen, baute man in die Raumsonden verschiedenartige Meßgeräte ein. Sehr empfindliche Mikrofone an der Außenhaut lieferten beim Aufschlag der Partikel elektrische Ströme. Bei bemannten Flügen gelingt es sogar, die Teilchen zu sammeln und zur Untersuchung zur Erde zu bringen. Die Astronauten verwenden dabei Folien, auf denen sie die Staubteilchen wie Fliegen auf Fliegenpapier einfangen. Dabei zeigte sich, daß die Teilchen ganz unterschiedliche Formen haben. Die Hauptmasse besitzt eine Teilchengröße von 0,001 bis 0,1 mm.

Wenn sich auch nur mit den Mitteln der neuen Forschung genaue Angaben machen lassen, so war die Existenz der festen Teilchen im interplanetaren Raum doch schon lange bekannt. Bei sehr guter Sicht beobachtet man in unseren Breiten im Frühling kurz nach dem Sonnenuntergang in der Nähe des Horizonts eine dreieckförmige Aufhellung des Himmels in der Richtung der scheinbaren jährlichen Sonnenbahn unter den Sternen. Sie heißt *Zodiakallicht.*

Der Zodiacus ist im Griechischen der Tierkreisgürtel, und in ihm liegt bekanntlich die Ekliptik, also die scheinbare Sonnenbahn. Daher der Name Zodiakallicht. Im Herbst zeigt sich die Aufhellung kurz vor Sonnenaufgang am Osthorizont. Gelegentlich erkennt man eine Aufhellung des Himmels auch an der Stelle der Ekliptik, die der Sonne genau entgegengesetzt ist. Man nennt sie den *Gegenschein*. Auch dabei handelt es sich wie beim Zodiakallicht um von der Sonne angestrahlte Staubteilchen der interplanetaren Materie.

Ihre Dichte hängt vermutlich stark von der Entfernung zur Sonne ab. Sie ist in großer Entfernung wahrscheinlich bedeutend geringer als in Sonnennähe. Genaue Angaben darüber fehlen noch, doch werden die Versuche mit Raumsonden sicher in naher Zukunft auch hier eine Klärung bringen.

Soviel vom sonnennahen Raum. Doch wie sieht es in der Ferne aus? Was können wir über die Materie zwischen den Fixsternen aussagen? Was wissen wir über den interstellaren Raum? Für Raumschiffe und Raumsonden sind diese Räume in absehbarer Zeit zwar unerreichbar, doch gibt es auch hier einige Methoden, die uns konkrete Aussagen über die Existenz der zwischen den Sternen befindlichen Materie machen lassen.

Wir hatten schon auf S. 31 von besonders dichten Stellen der interstellaren Materie berichtet, die von den Sternen teils zum Strahlen angeregt werden, teils deren Licht nur reflektieren. Diese sogenannten *galaktischen Nebel* beweisen uns zwar eindeutig die Existenz einer Materie zwischen den Sternen, doch finden sich solche Nebel nur in relativ wenigen bevorzugten Gebieten. Uns interessiert hauptsächlich die Frage, wieviel Materie außerhalb dieser Ballungsgebiete vorhanden ist. Einen ersten Hinweis für die Existenz eines Gases zwischen den Sternen ergaben Untersuchungen, die Eddington, O. Struve und andere Forscher 1926 an den Spektren einiger besonderer Sterne vorgenommen haben. Die Spektren zeigten eine Eigentümlichkeit: Ihre Linien teilten sich; die Teile entfernten sich voneinander, um sich nach einer bestimmten Zeit wieder einander zu nähern und schließlich zu einer Linie zu verschmelzen. Dieser Vorgang wiederholte sich sehr gleichmäßig. Die Periode wird dabei so genau eingehalten, daß sich eine Uhr danach stellen ließe. Die Erklärung ist einfach: Es handelt sich nicht um einzelne Sterne, sondern um jeweils zwei Sterne, die einander umkreisen, also um Doppelsterne. Liegt nun die Ebene, in der sich die beiden Komponenten bewegen, zum Sehstrahl nicht genau senkrecht, so findet eine periodische Annäherung der einen und eine Entfernung der anderen Sternkomponente statt. Die Folge ist eine ständige Linienverschiebung im Spektrum durch den Dopplereffekt. Die Astronomie kennt viele solcher *spektroskopischen Doppelsterne*. Bei der Analyse einiger dieser Sternspektren fiel jedoch eine bestimmte Linie, die Ca-II-Linie, auf, die sich nicht verschob. Bereits 1904 hatte der Astronom J. Hartmann auf diese Eigentümlichkeit hingewiesen, ohne allerdings das Problem zu lösen, da sich damals diese Linie noch nicht identifizieren ließ. Erst die Analysen von Eddington und Struve ergaben die Lösung: Die Ca-II-Linie stammt nicht von dem Doppelsternsystem, sondern von einer teilweise ionisierten Gasschicht zwischen den Sternen. Doch Kalzium ist im Universum sehr viel seltener als einige andere Elemente, vor allem Wasserstoff und Helium, die sich aber nicht auf diese Weise kundtun. Eine Aussage über den Bestand an diesen Elementen im interstellaren Raum erfordert also andere Methoden.

Heiße Sterne ionisieren den Wasserstoff in ihrer Nähe und regen ihn sogar zu eigener Strahlung an. Solche Emissionslinien können darum auch in einigen galaktischen Nebeln beobachtet werden. Wichtig für unsere Fragestellung ist aber der Wasserstoff, der sich in größerer Entfernung von den Sternen befindet, und hier sendet er kein sichtbares Licht aus. Neutraler Wasserstoff ruft auch keine merkliche Absorption hervor, so daß sein Nachweis zunächst hoffnungslos erscheint.

Wie in einigen anderen Zweigen der Astrophysik half auch hier die Radioastronomie. Auf S. 112 wurde erklärt, daß beim Übergang der Elektronen von einer Quantenbahn in eine andere Lichtteilchen, also Photonen, entstehen. Je größer der »Sprung«, desto größer ist auch die Photonenenergie und desto kurzwelliger ist die resultierende Strahlung. Die den Atomkern umlaufenden Elektronen führen – ähnlich wie die Planeten im Sonnensystem – noch eine andere Bewegung aus. Sie rotieren um die eigene Achse. Man nennt diese Bewegung *Spin*. Auch der Kern führt – entsprechend der Sonne – eine Rotationsbewegung durch. Dabei gibt es zwei Möglichkeiten: Entweder rotieren Kern und Elektron in derselben oder in entgegengesetzter Richtung. Je nach dem Rotationssinn ist die Gesamtenergie des Atoms etwas verschieden. Nun kann sich beim Wasserstoff durch äußere Umstände der Rotationssinn des Elektrons ändern und dadurch ein bestimmter Energiebetrag frei werden. Er ist sehr viel kleiner als derjenige beim Sprung des Elektrons von einer Quantenbahn auf eine andere. Darum muß auch die Wellenlänge der erzeugten Strahlung viel größer sein. Sie liegt nicht mehr im sichtbaren Gebiet, sondern mit 21,1 cm im Radiobereich. Trotz sehr geringer Intensität gelingt es dank der modernen Elektronik, diese so wichtige 21,1-cm-Strahlung bequem zu empfangen und zu registrieren. Wie so oft in der Physik, ist auch diese Strahlung lange vor ihrer Entdeckung theoretisch vorhergesagt worden. Bereits 1944 berechnete de Hulst die Wellenlänge der Strahlung. 1951 wurde sie erstmalig beobachtet. Damit konnte nicht nur die Existenz des neutralen Wasserstoffes nachgewiesen werden, die Astronomie erhielt so auch die Möglichkeit, die Menge des Wasserstoffes und damit seine Dichte im interstellaren Raum zu ermitteln.

Wesentlich schwieriger läßt sich der Heliumanteil bestimmen. Zwar gibt es auch hierfür mehrere, meist indirekte Methoden, doch sind alle sehr unsicher. Wie wir später noch zeigen werden, ist aber gerade der Prozentsatz des Heliums von großer kosmologischer Bedeutung. Hier hat die Forschung noch eine wichtige Aufgabe zu lösen. Ungeklärt ist die Menge des molekularen Wasserstoffes (H_2). Er läßt sich gegenwärtig nicht nachweisen. Aus theoretischen Erwägungen kann allerdings gefolgert werden, daß sein prozentualer Anteil nur gering ist. Auch die übrigen Bestandteile der interstellaren Materie tragen nur wenig zur Gesamtmasse bei und sind deshalb für uns von geringem Interesse.

Obgleich sich die Resultate der verschiedenen Meßmethoden recht deutlich voneinander unterscheiden, ist man sich in der Größenordnung der prozentualen Zusammensetzung einig. Danach besteht die interstellare Materie in der Umgebung der Sonne und ihrer Nachbarsterne durchschnittlich zu etwa 99 Prozent aus Gas und zu 1 Prozent aus Staub, also festen Bestandteilen. Die chemische Zusammensetzung ist etwa folgende: 60 bis 65 Prozent Wasserstoff und 33 bis 38 Prozent Helium. Die übrigen etwa 2 Prozent verteilen sich auf die anderen Elemente, wobei das Eisen eine bevorzugte Stellung einnimmt. Die mittlere Dichte der interstellaren Materie beträgt in der Sonnenumgebung etwa 1 Atom pro cm^3 oder $1{,}5 \cdot 10^{-24}$ g/cm^3. In einem m^3 wären das aber schon 1 Million, in einem km^3 10^{15} Teilchen. Eine unvorstellbar große Zahl! Wenn man bedenkt, wie groß die Räume zwischen den Sternen sind, wird man erkennen, daß sich auch hier ungeheure Materiemengen befinden. Und doch ist die Dichte im Vergleich zu der in unserer unmittelbaren Umwelt minimal. Selbst der beste, mit Hilfe modernster Hochvakuumpumpen erzeugte »luftleere Raum« beherbergt in jedem cm^3 rund 50 Millionen mal soviel Atome wie die interstellare Materie.

Wie bereits auf S. 31 kurz skizziert, konzentriert sich die interstellare Materie auf eine verhältnismäßig dünne Schicht von etwa 500 Lichtjahren Mächtigkeit in der Mittelebene unseres Milchstraßensystems. Oberhalb und auch unterhalb dieser Ebene ist ihre Dichte sehr viel kleiner. Auch die das eigentliche Sternsystem umgebende Sphäre, der Halo, enthält interstellare Materie, wenn auch in geringerer Konzentration.

Wie sieht es bei den anderen Galaxien aus? Dürfen wir ohne weiteres die Verhältnisse unseres Milchstraßensystems auf die anderen Systeme übertragen? Schon in ihrer Erscheinungsform unterscheiden sich die Galaxien sehr deutlich voneinander, und so ist auch ein anderer Prozentsatz der interstellaren Materie bei ihnen denkbar. Bei einigen Galaxien zeichnet sich eine stark ausgeprägte, dunkel erscheinende Mittelschicht mit relativ dichter interstellarer Materie ab. Ein typisches Beispiel hierfür ist der *Sombrero-Nebel* M 104 im Sternbild Jungfrau (Abb. VI). Unsere beiden nächsten Nachbarn, die Große und die Kleine Magellansche Wolke, zeigen recht unterschiedliche Zusammensetzungen der interstellaren Materie: Während in der Kleinen Wolke mehr interstellares Gas vorhanden ist, enthält die Große Wolke mehr interstellaren Staub. Die irregulären Typen, zu denen bedingt auch diese beiden Wolken zählen, sind in der Regel immer reich an interstellarem Gas und Staub (bis 20 Prozent). Dagegen besitzen die stark abgeflachten Galaxien vom Typ SO, mit einem deutlich ausgeprägten Kern, jedoch ohne Spiralarme, nur sehr wenig interstellare Materie. Dasselbe gilt auch für die elliptischen Galaxien. Im Durchschnitt beträgt ihr Anteil hier etwa 1 bis 2 Prozent (vgl. hierzu S. 181).

Wesentlich unsicherer ist man bei der Beurteilung der Menge der intergalaktischen Materie, also jener, die sich zwischen den Galaxien befindet. Wir hatten darauf schon auf S. 33 hingewiesen. Wäre die Stoffmenge hier ähnlich wie in den Räumen zwischen den Sternen, so ergäbe sich für die Weltdichte ein völlig anderer Wert als bei der Annahme eines fast leeren Raumes zwischen den Weltinseln.

3.3.2. Die Masse der Sterne und Sternsysteme

Wichtiger als die Masse der interstellaren und wohl auch der intergalaktischen Materie ist für die Beurteilung der mittleren Dichte des Universums die Masse der Materie, die sich zu Sternen kondensiert hat. Wir wissen mit Sicherheit, daß die Dichte im Inneren der Sterne, besonders im Zentrum, ungleich größer als in den oberen Schichten ist. Die Sternmasse läßt sich bei Doppelsternen oder Mehrfachsternen verhältnismäßig leicht angeben. Dabei geht man genauso wie bei der Massenbestimmung im Sonnensystem vor. Die durch die Gravitation bedingte Anziehungskraft zwischen den Himmelskörpern muß der durch die Umlaufbewegung hervorgerufenen Fliehkraft gleich sein. Die Fliehkraft läßt sich aus der Umlaufzeit und den beteiligten Massen angeben. Die gravitative Anziehungskraft ist ebenfalls durch die Massen bestimmt. Mit der sich daraus ergebenden Gleichung lassen sich die Massen errechnen (Anhang S. 305). Allerdings muß dabei der Abstand der Sterne vom gemeinsamen Schwerpunkt, um den sich die beiden Komponenten drehen, bekannt sein. Das ist meistens nicht der Fall. Leicht zu bestimmen sind dagegen die Umlaufzeiten und die gegenseitigen Abstände, aus denen sich dann die Summe der Massen beider Komponenten, also die Gesamtmasse des Systems, errechnen läßt. Gelingt es, zusätzlich die Masse einer Komponenten auf anderem Wege, etwa durch die Massen-Leuchtkraft-Beziehung, zu ermitteln, so ergibt sich dadurch natürlich auch die Masse der zweiten Komponente.

Als Beispiel wollen wir hier die Massenbestimmung des Sirius anführen. Bereits 1834 fiel dem deutschen Astronomen Friedrich Wilhelm Bessel auf, daß sich der Sirius unter den Umgebungssternen durch die Eigenbewegung nicht geradlinig, sondern auf

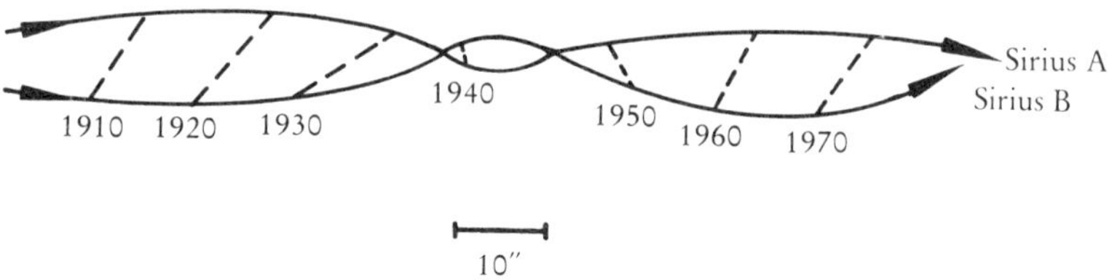

Abbildung 14: Die Eigenbewegung der beiden Komponenten des Sirius.

einer gekrümmten Bahn bewegt (Abb. 14). Genauere Untersuchungen der Bahn veranlaßten ihn zur Veröffentlichung der Vermutung, es handle sich um ein Doppelsternsystem mit einer unsichtbaren Komponente.

Die optische Entdeckung des lichtschwachen Begleiters gelang dem Amerikaner Clark erst 1862 durch einen Zufall beim Überprüfen eines von ihm gebauten Fernrohres.

Spätere Messungen erlaubten die Bestimmung des gegenseitigen Abstands und der Umlaufzeit. Daraus ließ sich die Gesamtmasse zu 3,3 Sonnenmassen errechnen. Als später auch die Lage des Schwerpunktes bekannt wurde, konnte auch das Massenverhältnis der beiden Komponenten bestimmt werden. Es beträgt 2,3 : 1. Daraus folgen für den Hauptstern (Sirius A) 2,3 Sonnenmassen und für den Begleiter (Sirius B), trotz seiner sehr geringen Leuchtkraft, eine Sonnenmasse.

Die Masse von Sternen mit sehr großen Dichten und kleinen Durchmessern läßt sich ebenfalls bestimmen, wie wir das bereits bei der Besprechung der gravitativen Rotverschiebung der Spektrallinien erwähnt hatten (S. 110). Wirklich zuverlässige Angaben gelangen aber trotz verfeinerter Meßvorrichtungen bisher nur in etwa 30 Fällen. Darunter sind drei weiße Zwerge (durch Rotverschiebung), zwei Unterriesen und ein Riese (Capella). Der Rest sind Sterne der Hauptreihe (vgl. hierzu S. 241). Besonders wichtig in kosmologischer Hinsicht wäre die genaue Massenbestimmung eines Überriesen. Sie gelang bisher nicht.

Soweit sich beim gegenwärtigen Stand der Forschung überblicken läßt, besteht eine enge Beziehung zwischen der Masse eines Sternes und den anderen Zustandsgrößen. Auch davon wird später die Rede sein. Obgleich die Radien der Sterne stark streuen, unterscheiden sich die Sternmassen offenbar nur wenig voneinander. Wir kennen Sterne, deren Radien nur ein Hundertstel des Sonnenradius betragen, und Giganten mit über 500fachem Sonnenradius, dagegen schwankt die Masse nur zwischen etwa 0,1 und 80 Sonnenmassen.

Nachdem es gelungen ist, die Massen der Einzelsterne wenigstens näherungsweise zu bestimmen, können wir einen Schritt weitergehen und versuchen, die Masse einer ganzen Sterninsel, also einer Galaxis, zu bestimmen. Zunächst scheint ein sehr einfacher Weg zum Erfolg zu führen. Nehmen wir als Beispiel unser Milchstraßensystem. Wir kennen ungefähr seine geometrischen Abmessungen und auch die Verteilung der Sterne in seinen verschiedenen Regionen. Daraus ergibt sich die Zahl der Einzelsterne, und da auch ihre Massen in etwa bekannt sind, läßt sich die Gesamtmasse der Sterne leicht errechnen. Zählen wir die Masse der interstellaren Materie, die wir ja ebenfalls berechnen können, hinzu, so ergibt sich der gesuchte Betrag.

Leider versagt diese Methode. Das liegt vor allem an der Unsicherheit in der Beurteilung der Zusammensetzung des Kerngebietes. Vorgelagerte dichte Wolken aus interstellarer Materie versperren die Sicht zum Kern. Doch was im eigenen Haus mißlingt, gelingt vielleicht beim Nachbarn! Die Sicht zu unserem großen Nachbarsystem, dem Andromedanebel, ist in der Tat kaum getrübt, und deshalb steht uns hier recht umfangreiches Material zur Verfügung. Doch stoßen wir dabei auf so viele Rätsel, daß wir auch hier nicht weiterkommen. Sowohl die visuellen Beobachtungen des Andromedanebels als auch die Untersuchungen der Strahlungen im Infrarot- und Radiobereich aus dem Zentralgebiet unserer eigenen Galaxis lassen vermuten, daß wir es hier mit einem ganz andersartigen Zustand der Materie zu tun haben. Es ist sehr fraglich, ob die inneren Kerngebiete aus normalen Sternen bestehen. Massenbestimmungen auf Grund von Helligkeitsmessungen oder gar Sternzählungen müssen deshalb hier versagen.

Doch bieten sich andere Möglichkeiten an. Die Sonne, eingebettet in die galaktische Scheibe, steht in bezug auf das Milchstraßensystem nicht still. Zunächst führt sie eine Relativbewegung zu den umgebenden Sternen aus; genauer gesagt, zum Schwerpunkt einer bestimmten uns umgebenden Sterngruppe, dem *Zentroid.* Diese ungeordnete sogenannte *Pekuliarbewegung* findet sich bei allen Sternen. Sie ist das Gegenstück zu den Bewegungen der Moleküle eines Gases. Auch hier herrscht ein »Durcheinander«. Die Moleküle bewegen sich regellos nach rechts, nach links, sie kommen von oben, von unten. Im Falle der Sonne läßt sich die Pekuliarbewegung recht genau angeben. Sie ist auf einen Zielpunkt, den *Apex*, gerichtet, der im Sternbild Herkules liegt. Die Geschwindigkeit beträgt etwa 20 km/s.

Außer dieser Bewegung führt die Sonne gemeinsam mit dem Zentroid noch eine Kreisbewegung um das Zentrum des Milchstraßensystems aus. Hier ist die Geschwindigkeit ungleich größer. Sie läßt sich durch verschiedene Methoden ermitteln, z. B. durch die Bestimmung der Sonnenbewegung relativ zu weit entfernten Objekten, die an der Umkreisung des Milchstraßensystems nicht teilnehmen, wie Kugelhaufen und anderen Galaxien. Der Wert liegt bei 250 km/s. Der Radius der Kreisbahn beträgt rund 10 kpc (Kiloparsec) = 32 000 Lichtjahre. Daraus errechnet sich eine Umlaufzeit von 250 Millionen Jahren.

Es liegt nun nahe, die Massen aus dieser Kreisbewegung in ähnlicher Weise zu bestimmen wie bei den Sternen. Die Rechnung erscheint zunächst sogar noch einfacher, da die Sonnenmasse gegenüber der zentralen Masse des Systems vernachlässigbar klein ist und deshalb der Schwerpunkt im Zentrum der Galaxis angenommen werden kann (Keplerbewegung). Wird die durch die Umlaufbewegung hervorgerufene Fliehkraft der gravitativen Anziehungskraft gleichgesetzt, so errechnet sich für die zentrale Masse ein Betrag von etwa $1{,}5 \cdot 10^{11}$ Sonnenmassen.

Leider liefert diese einfache Rechnung nur sehr angenäherte Resultate. Wir hatten die gesamte Masse des Systems im Zentrum angenommen. Das ist aber augenscheinlich falsch. Wohl können wir dort den überwiegenden Teil vermuten, doch befinden sich in der dem Zentrum entgegengesetzten Richtung noch viele Millionen von Sternen, deren Massen die Sonne nach außen ziehen. Daraus folgen sehr komplizierte Bewegungsverhältnisse, die eine Korrektur unserer Rechnung notwendig machen. Große Unterschiede ergeben sich dabei für die Zentralmasse allerdings nicht.

Bei der Anwendung dieser Methode mit Hilfe der »Keplerbahnen« auf andere Galaxien ergeben sich eine Reihe neuer Schwierigkeiten. In unserem eigenen System ist die Rotationsgeschwindig-

Abbildung I:
Die »Schöpfung«. Eine Freske Raffaels in der Sixtinischen Kapelle

Abbildung II: *Großer Orionnebel*

Abbildung III: *Das System Maffei 1. Infrarot-Aufnahme*

Abbildung IV: *Galaxienhaufen im Sternbild Jungfrau*

Abbildung V: *Die Galaxie NGC 772 mit der Materiebrücke zu dem kleineren Begleiter (unten)*

Abbildung VI: *Der Spiralnebel M 104 (NGC 4594)*

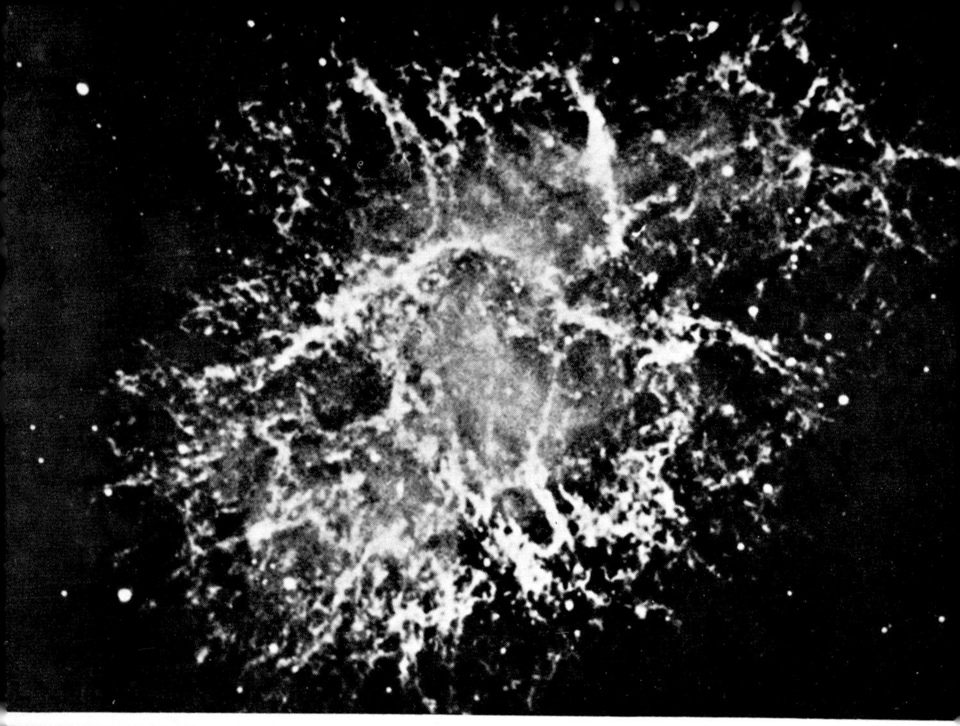

Abbildung VII: *Der Krebs-Nebel M 1. Reste einer Supernova*

Abbildung VIII: *Der Kugelhaufen M 3 im Sternbild Jagdhunde*

Abbildung IX: *Der Andromedanebel (M 31)*

Abbildung X: *Die Große Magellansche Wolke*

Abbildung XI: *Die Balkenspirale NGC 1300 im Sternbild Eridanus*

Abbildung XII: *Das Sternsystem NGC 5128 (Centaurus A), eine der stärksten Radioquellen*

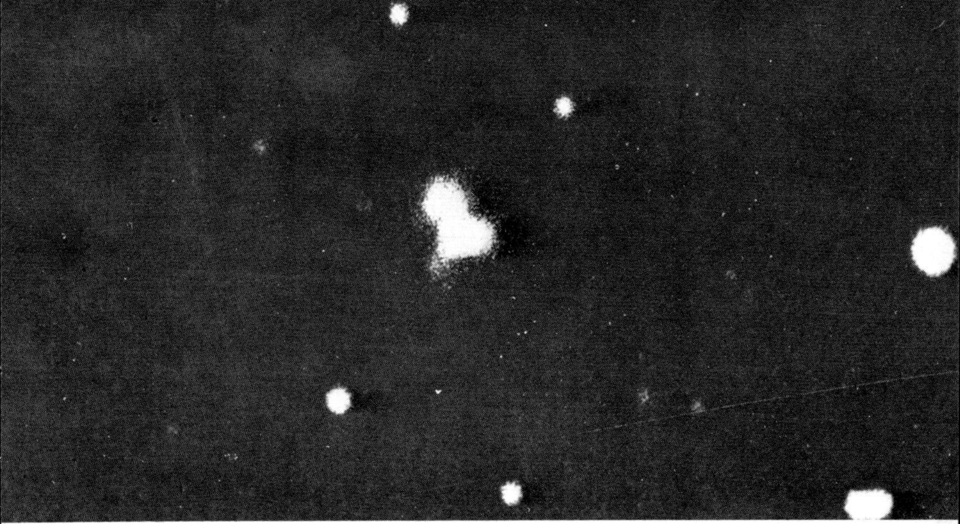

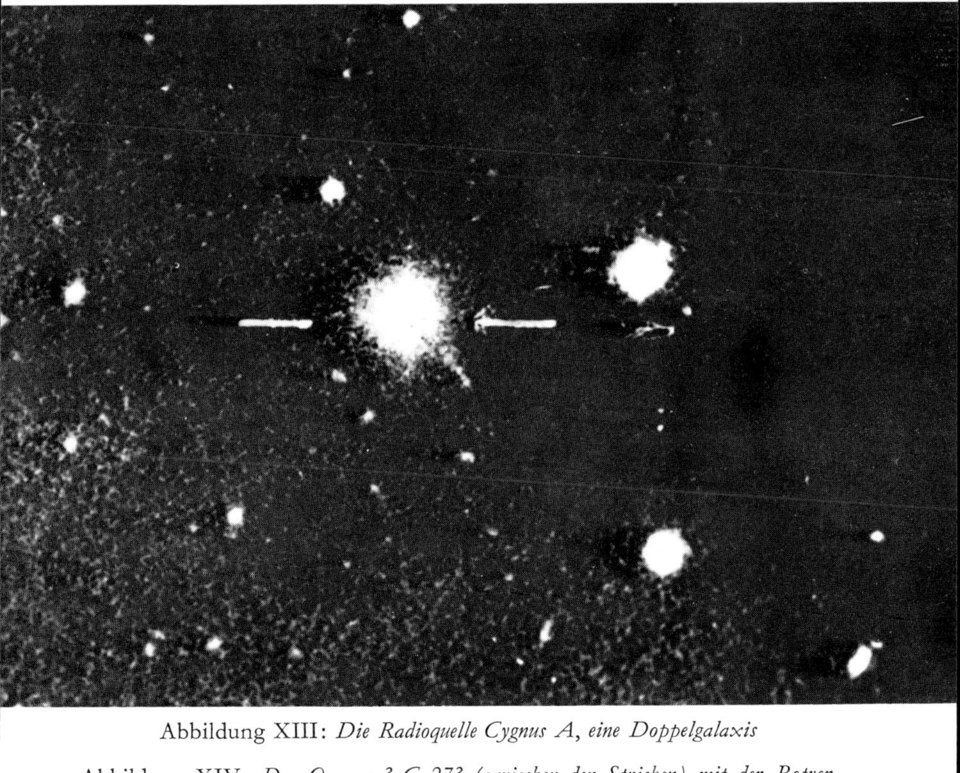

Abbildung XIII: *Die Radioquelle Cygnus A, eine Doppelgalaxis*

Abbildung XIV: *Der Quasar 3 C 273 (zwischen den Strichen) mit der Rotverschiebung z= 0,158*

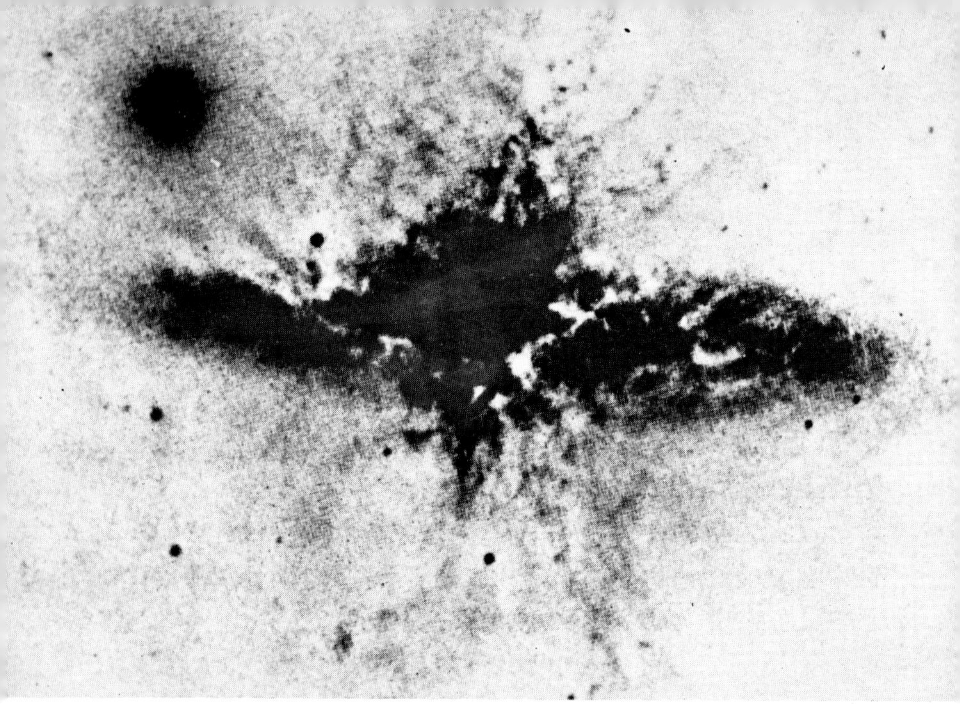

Abbildung XV: *Die explodierende Galaxie M 82 (Negativ-Aufnahmen im roten Licht)*

Abbildung XVI: *Der »Elefantenrüssel« im Sternbild Einhorn (NGC 2264)*

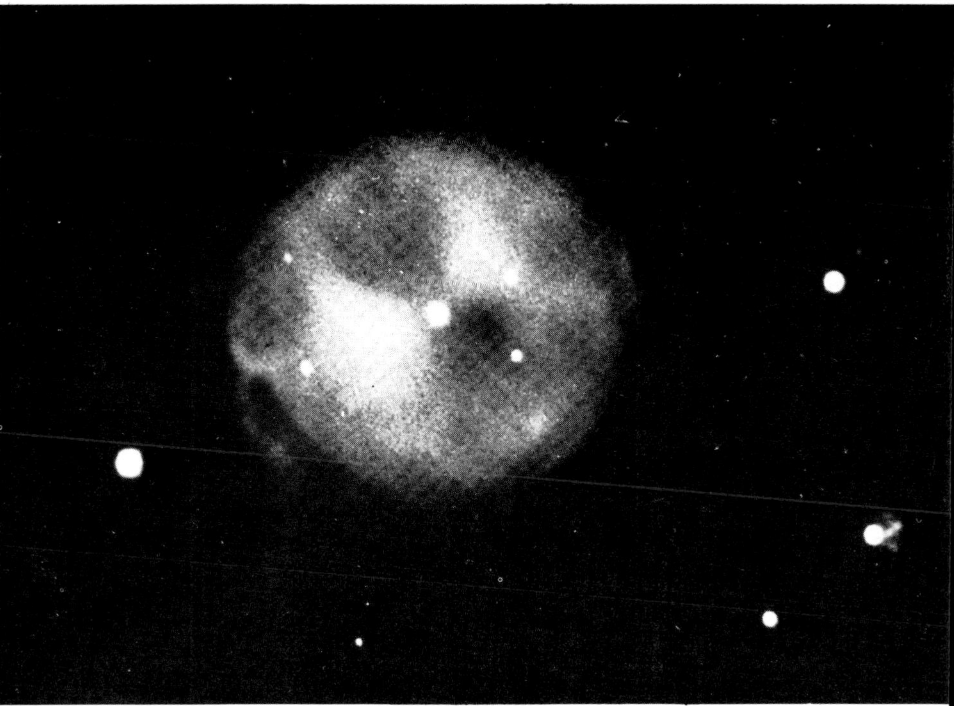

Abbildung XVII: *Der Nebel M 16 im Sternbild Schlange. Die dunklen Materieansammlungen sind gut zu erkennen*

Abbildung XVIII: *Der planetarische Nebel M 97, auch »Eulen-Nebel« genannt*

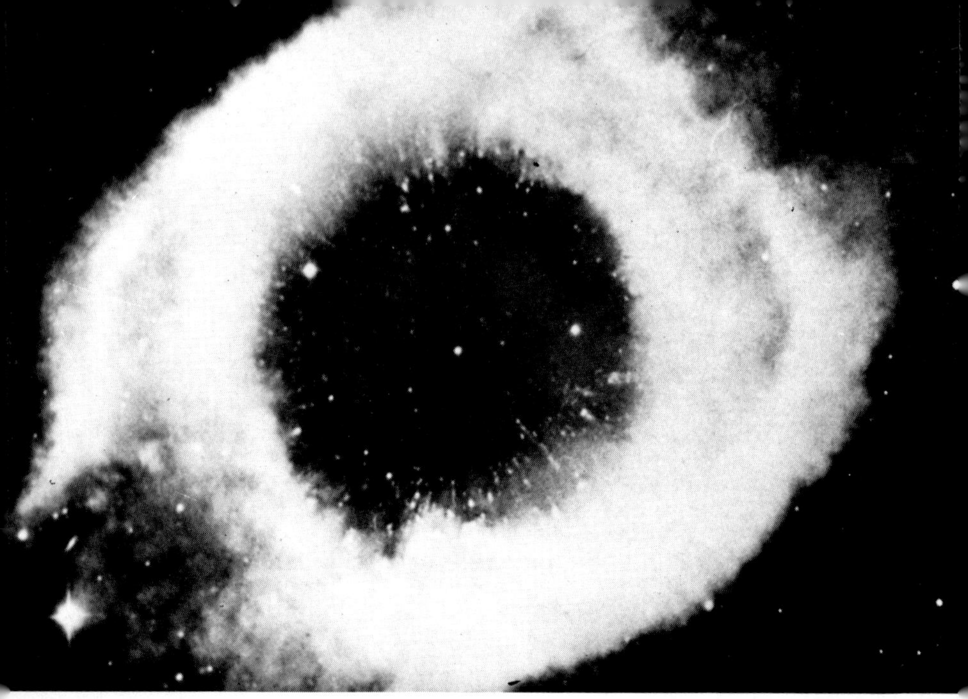

Abbildung XIX: *Der planetarische Nebel NGC 7293 im Wassermann (Sonnenblumen-Nebel)*

Abbildung XX: *Der Schleier-Nebel im Sternbild Schwan*

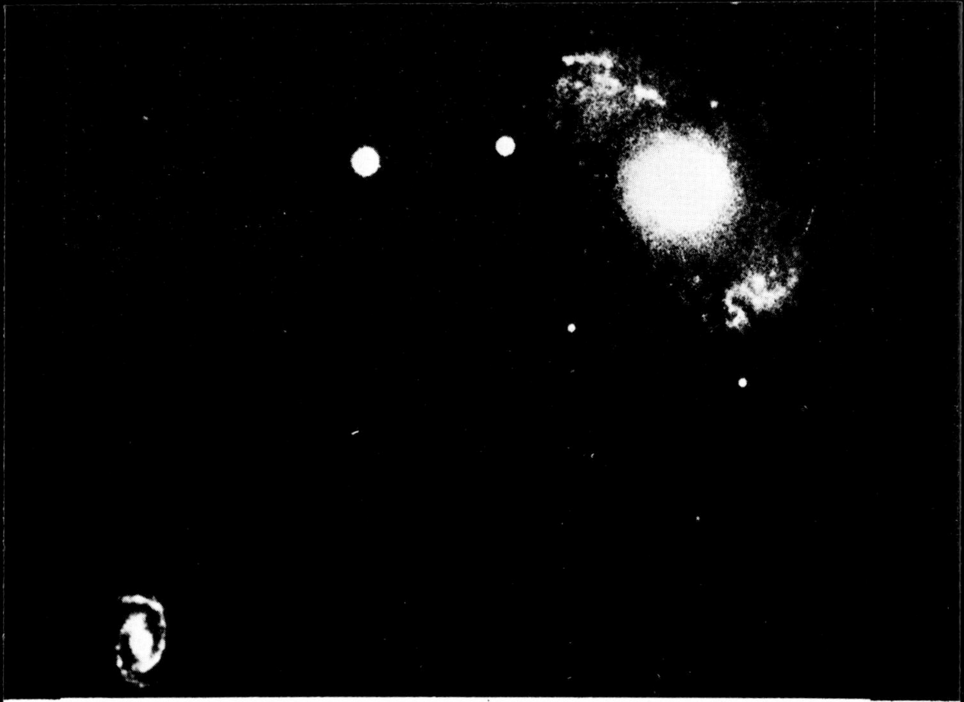

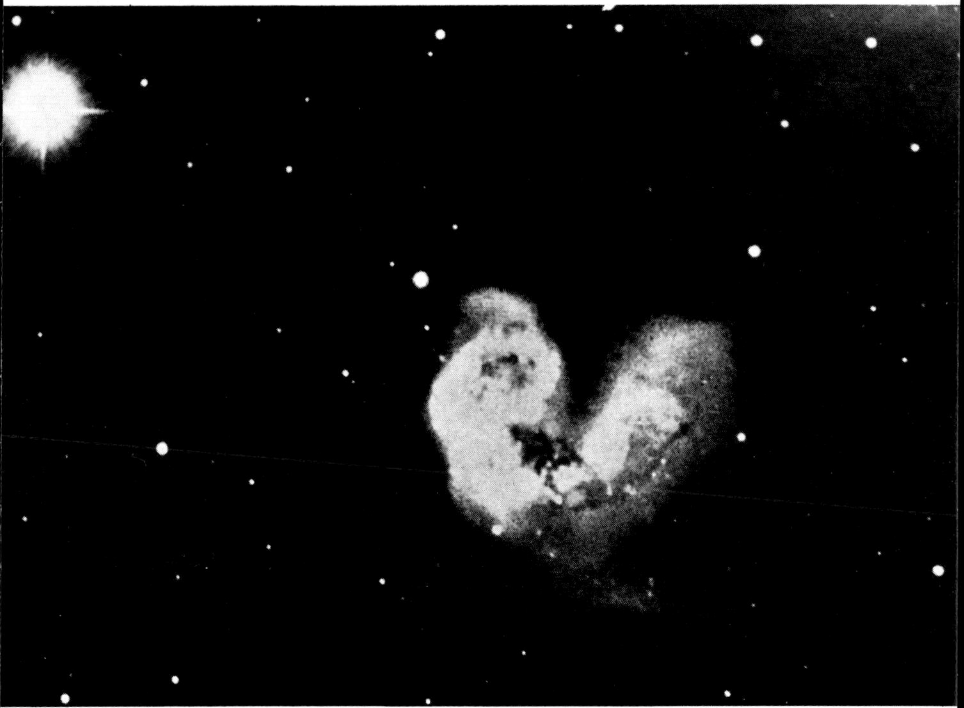

Abbildung XXI: *Die Seyfert-Galaxie NGC 4151 (groß) und die normale SB-Galaxie NGC 4156*

Abbildung XXII: *Die Galaxien NGC 4038 und NGC 4039*

Abbildung XXIII: *Die Galaxie NGC 4565 im Sternbild Haar der Berinice*

Abbildung XXIV: *Der »Pferdekopf«-Nebel im Orion*

keit, zumindest im Sonnenabstand vom Zentrum, bekannt. Doch in den fernen Systemen? Auch hier hilft uns die Linienverschiebung durch den Dopplereffekt. Wenn wir an einem Ende einer Galaxis eine andere Verschiebung feststellen als an dem entgegengesetzten, so können wir auch die Rotationsgeschwindigkeit bestimmen. Dabei müssen wir möglichst diejenigen Gebiete der Galaxis auswählen, die sich weiter vom Zentrum befinden, denn nur hier läßt sich mit einer Keplerbewegung rechnen. Das gelingt nur bei eigenen, recht nahe gelegenen Systemen. Bei entfernten Galaxien »verschmiert« sich die Doppler-Verschiebung derart, daß wir bei ihnen andere Methoden anwenden müssen.

Sicher befinden sich in den hellen und dicht erscheinenden Teilen eines Sternsystems besonders viele Sterne, und deshalb ist hier auch mit einer großen Massenkonzentration zu rechnen. Durch den Vergleich mit näher gelegenen Galaxien, deren Massen man mit der zuerst genannten Methode ermittelt hat, läßt sich deshalb aus der Flächenhelligkeit eine Gesetzmäßigkeit über die Dichteverteilung aufstellen. Diese erlaubt dann eine angenäherte Beurteilung der Masse.

Ähnlich wie bei den Sternen findet man auch bei den Galaxien Doppel- und Mehrfachsysteme. Und in analoger Form lassen sich auch hier die Massen bestimmen. Allerdings sind die dazu benötigten Faktoren viel schwerer zu gewinnen als bei den Doppelsternen. Das gilt nicht nur für die Abstände der Komponenten, sondern auch für die Umlaufgeschwindigkeiten und vor allem die Bahnformen. In vielen Fällen weiß man nicht, ob die gemessene Geschwindigkeit überhaupt einer Umeinanderbewegung zuzuschreiben ist, oder ob es sich dabei um eine Pekuliarbewegung der Galaxien handelt. Trotzdem sind die Resultate sehr aufschlußreich. Die Beobachtung von 20 Galaxienpaaren ergab im Durchschnitt $80 \cdot 10^9$ Sonnenmassen. Dabei zeichnen sich deutlich zwei Gruppen ab: In der einen sind große Galaxien mit Massen in der Nähe von $150 \cdot 10^9$ Sonnenmassen vertreten, während in der anderen kleine Systeme mit nur etwa $9 \cdot 10^9$ Sonnenmassen vorherrschen. Unser Milchstraßensystem gehört mit dem Andromedanebel zur ersten Gruppe.

Wie groß ist jedoch die Masse ferner Galaxien, die sich nicht zu einem Doppelsystem zusammengeschlossen haben? Es leuchtet ein, daß für die Beurteilung der Gesamtmassen im Universum und damit der durchschnittlichen Dichte gerade diese Objekte in der Tiefe des Raumes sehr wesentlich sind. Wir rücken mit zunehmender Entfernung auch zeitlich mit unseren Beobachtungen in die Vergangenheit, und es wäre denkbar, daß die Galaxien im Anfangsstadium ihrer Entwicklung mehr oder auch weniger Materie besessen haben als die älteren Gebilde in unserer näheren Umgebung.

Die Massenbestimmung dieser ferneren Objekte gelingt unter anderem durch das Masse-Leuchtkraft-Verhältnis. Wird die Masse m der Galaxis in Sonnenmassen ($m_{\odot}$) angegeben und die Leuchtkraft L in Vielfachen der Sonnenleuchtkraft ($L_{\odot}$), so läßt sich für jede Galaxie das Verhältnis f = m : L bilden. Es zeigt sich, daß f für ein und denselben Typus der Galaxis annähernd konstant ist. So ist f für die Spiralnebel vom Typ Sb etwa gleich 10, für elliptische Galaxien aber etwa 100 und für die irregulären Typen ungefähr 1. Kennen wir die f-Werte, so können wir aus der Leuchtkraft die Masse bestimmen. Dazu ein Beispiel: Unser Nachbar, der Andromedanebel, ist ein Spiralnebel vom Typus Sb. Man sollte meinen, daß für dieses relativ nahe und ausgezeichnet beobachtbare Objekt auch genaue Angaben vorliegen. Durch eingelagerte Cepheiden, Kugelhaufen und Riesensterne kann die Entfernung relativ leicht bestimmt werden. Doch die unterschiedlichen Methoden liefern unterschiedliche Ergebnisse. Im Mittelwert ergeben sich 2,5 Millionen Lichtjahre. Aus der Rotverschiebung der Spektrallinien des sichtbaren Lichts folgen Umlaufgeschwindigkeiten, die auf eine Masse von etwa $170 \cdot 10^9$ Sonnenmassen schließen lassen. Neuerdings hat man die Rotationsgeschwindigkeit auch mit Hilfe der 21-cm-Linie – ebenfalls nach dem Dopplereffekt – ermittelt. Ihr entsprachen $370 \cdot 10^9$ Sonnenmassen. Die Streuung ist also immer noch groß. Rechnen wir mit $300 \cdot 10^9$ Sonnenmassen, so folgt bei der beobachteten absoluten Leuchtkraft von $30 \cdot 10^9$ Sonnenleuchtkräften f = 10, wie wir es für diesen Typus angenommen hatten.

Wir wollen nun die Masse einer elliptischen Galaxis bestimmen. Aus ihrer scheinbaren Leuchtkraft und der Entfernung können wir wieder auf die absolute Leuchtkraft schließen. Sie möge nur das $5 \cdot 10^9$fache derjenigen der Sonne betragen, also insgesamt 6mal so lichtschwach wie der Andromedanebel sein. Mit $f = 100$ für elliptische Galaxien ergibt sich die Masse zu $m = f \cdot L = 100 \cdot 5 \cdot 10^9 = 500 \cdot 10^9$ Sonnenmassen. Die Galaxis wäre also wesentlich massenreicher als der Andromedanebel.

Auch ganze Galaxienhaufen lassen sich schließlich zur Massenbestimmung heranziehen. Dabei geht man davon aus, daß bei den Haufen das sogenannte *Virialtheorem* gilt, demzufolge jeder Haufen als Ganzes in seinen Dimensionen unveränderlich bleibt, sich also weder vergrößert noch verkleinert. Die Bewegungen der einzelnen Mitglieder müssen in diesem Falle, um eine Zerstreuung zu verhindern, durch die gegenseitigen Anziehungskräfte abgebremst werden. Kennt man also die Bewegungsverhältnisse in einem Galaxienhaufen, so können sowohl die Gesamtmasse als auch die Massen der einzelnen Galaxien berechnet werden.

Erstaunlicherweise ergibt diese Methode sehr viel größere Beträge als die anderen. Wo kann der Fehler liegen? Sind die zuerst genannten Wege falsch, oder sind die Voraussetzungen der Haufenmethode irrig? Stimmt das Virialtheorem nicht, und die Mitglieder der Haufen entfernen sich doch voneinander? Ist das der Fall, so müßten die Galaxien recht jung sein und eine gemeinsame Geburtsstätte haben. Untersuchungen des sowjetischen Astrophysikers Ambarzumjan an einigen Haufen scheinen diese Annahme zu bestätigen. Das steht allerdings mit einigen anderen Überlegungen im Widerspruch.

Ist das Virialtheorem doch erfüllt, so ließe sich die so große Masse dadurch erklären, daß sich zwischen den bekannten Galaxien kleinere, nicht beobachtbare Zwergsysteme befinden oder daß der ganze Haufen in einer Wolke recht dichter interstellarer Materie eingebettet ist. Träfe das zu, so ergäbe sich eine wesentlich größere mittlere Dichte des Universums als allgemein angenommen. Eine wichtige Folgerung für die Kosmologie!

Zusammenfassend läßt sich sagen, daß die Massenbestimmung der Galaxien noch recht unsicher ist. Im Mittel ergeben die einzelnen Methoden unter Einbeziehung der fernen Objekte durchschnittlich etwa $50 \cdot 10^9$ Sonnenmassen pro Galaxie.

3.3.3. Die Dichte des Universums und ihre Beziehung zur Expansion

Im letzten Abschnitt steht schon viel Wesentliches für die Dichtebestimmung im ganzen Universum. Wir müßten nur noch die durchschnittlichen Entfernungen der Galaxien voneinander kennen. Dann könnten wir die Dichte berechnen. Ganz so einfach, wie es scheint, ist das allerdings nicht, denn die Gleichmäßigkeit der Verteilung ist stark durch die Haufenbildungen gestört. Im Durchschnitt beansprucht eine Galaxis einen Raum von 10^{19} Kubikparsec (1 Parsec = 3,2 Lichtjahre). Der mittlere Abstand der Galaxien voneinander beträgt etwa 1,5 Millionen Lichtjahre. Er ist also rund 100mal so groß wie der mittlere Durchmesser. Aus der räumlichen Verteilung der Galaxien und ihren Massen läßt sich auch die mittlere Dichte des Universums – zumindest in unserer näheren Umgebung – abschätzen. Man erhält Werte um $5 \cdot 10^{-31}$ g/cm³. Das ist eine äußerst wichtige Zahl. Daß sie die tatsächliche Dichte nur ungefähr angibt, leuchtet nach dem Vorhergehenden ohne weiteres ein. Es ist aber schon ein Meisterstück der Astronomen, wenigstens die Größenordnung angeben zu können. Um unsere kosmologischen Probleme zu bewältigen, benötigen wir aber nicht nur die Größenordnung, wir müssen die Fehlergrenzen einengen; wir brauchen genaue und zuverlässige Zahlen. Leider sind wir davon heute noch sehr weit entfernt.

Die Berechnungen stützen sich allerdings nur auf den gut beobachtbaren Raum, und der ist nur ein winziger Bruchteil des gesamten Universums! Wer vermag zu behaupten, daß die Galaxien auch in den uns nur schwer erreichbaren Räumen genauso verteilt sind wie in den näheren? Wir haben berechtigte Zweifel daran. Wollen wir die Frage nach der Verteilung der ganz fernen Galaxien beantworten, müssen wir sie nicht nur sehen und zählen können, sondern auch wissen, wie weit sie von uns entfernt sind. Oft werden dabei Entfernungen von der Rotverschiebung und damit von der Hubble-Konstanten abgeleitet. Wie schon ausführlich besprochen, ist nicht nur ihr Wert unsicher, es liegt auch nahe, sie nicht als konstant anzunehmen. So ist das eine Problem mit dem anderen verzahnt, und wir kommen auf diesem Wege nur schwer weiter. Wir müssen versuchen, die Entfernungen anders zu bestimmen, um die Galaxienverteilung in der Ferne ermitteln zu können.

Dadurch wäre auch eine Kontrolle der Hubble-Konstanten möglich. Noch eine weitere Fehlerquelle kann den Wert für die Dichte beeinflussen: Die geheimnisvollen Quasare, deren Massen wir nicht kennen, die aber für die Gesamtdichte entscheidend sein könnten.

Die Unsicherheiten bei den Dichteangaben verbieten uns aus dieser Sicht auch definitive Aussagen über die Art der Raumkrümmung. Am wahrscheinlichsten ist ein hyperbolisches und demnach offenes Universum. In der Abb. 15 ist der Zusammenhang zwischen der kosmischen Dichte und den Weltmodellen noch einmal veranschaulicht worden.

Bei einer Weltdichte von 10^{-29} g/cm^3 wäre die Welt euklidisch, also unbegrenzt und ungekrümmt. Sie wäre überall gleichmäßig mit Galaxien erfüllt, die sich immer weiter voneinander entfernen.

Da einige Überlegungen, die sich auf andersartige Beobachtungsergebnisse stützen (wir kommen noch auf sie zu sprechen), für ein annähernd euklidisches oder sogar geschlossenes Weltmodell sprechen, sollte die Weltdichte mindestens 10^{-29} g/cm^3 betragen. Man ist deshalb neuerdings geneigt, der intergalaktischen Materie eine größere Masse zuzugestehen. Zwar ist sie durch die 21-cm-Linie des neutralen Wasserstoffes nicht nachweisbar, doch könnte hier möglicherweise die kosmische Hintergrundstrahlung weiterhelfen. Das ist eine Strahlung, die gleichmäßig von allen Seiten zu uns gelangt (S. 150). Eine Absorption dieser Strahlung in gewissen Wellenbereichen könnte auf eine Materie zwischen den Galaxien hinweisen. Leider sind Radiobeobachtungen in den betreffenden Frequenzen von der Erde aus schwierig. Hier liegt also wieder ein wichtiges Betätigungsfeld für die Raumfahrt. Auch Untersuchungen der aus dem Raum zu uns gelangenden Röntgenstrahlung, die wegen ihrer Absorption in der Atmosphäre nur von Empfängern in Ballonen und Satelliten registriert werden kann, weisen auf das Vorhandensein einer Materie zwischen den Galaxien hin, insbesondere in Galaxienhaufen. So hatte R. A. Suniaef daraus auf eine Gesamtdichte des Universums von $0{,}7 \cdot 10^{-29}$ g/cm^3 geschlossen.

Wegen der Äquivalenz von Masse und Energie können auch die Strahlungsenergien der Sterne sowie die magnetische Energie und die kosmische Strahlung die Weltdichte beeinflussen. Vermutlich spielen sie aber nur eine untergeordnete Rolle.

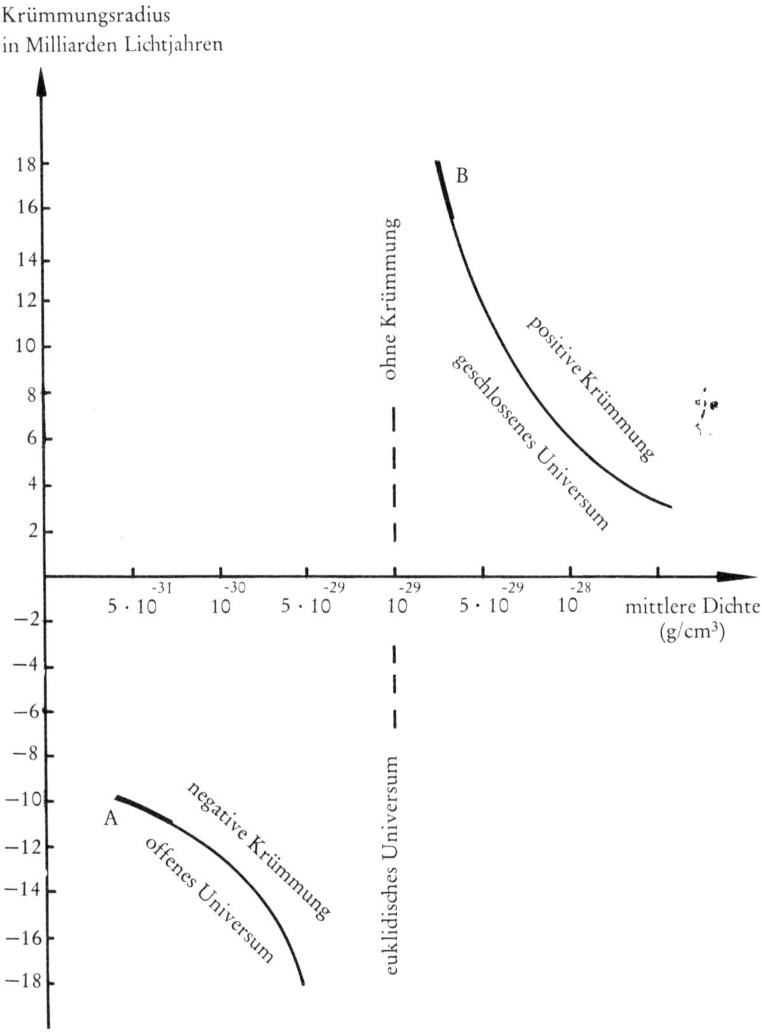

Abbildung 15: Zusammenhang zwischen der mittleren kosmischen Dichte und den Weltmodellen.

A. Berechnungen aus der räumlichen Verteilung der Galaxien und ihrer mittleren Dichte (S. 130).

B. Berechnungen bei der Annahme von stationären Galaxienhaufen (S. 131). Bei der Dichte 10^{-29} g/cm³ wäre das Weltall euklidisch.

3.4. Weitere Kriterien zur Struktur der Welt

3.4.1. Die Beziehung zwischen der Fluchtgeschwindigkeit und der Entfernung

Nach unseren Untersuchungen müßte bei gleichmäßiger Expansion die Fluchtgeschwindigkeit genau proportional der Entfernung sein. Für Modelle mit gebremster Expansion ($q < 0$) trifft das nicht zu: Wir sehen die Objekte in einem früheren Zustand, in dem die Geschwindigkeiten größer waren als heute. Die beobachteten Radialgeschwindigkeiten müßten also höher sein als bei gleichförmiger Expansion. So läßt sich die Art der Fluchtbewegung erkunden. Die Rotverschiebung ist direkt zu beobachten, und die Entfernungen lassen sich durch mehrere Methoden ebenfalls bestimmen. Wir wollen sie hier kurz wiederholen: Bei nahen Galaxien spielen die Cepheiden eine wichtige Rolle. Durch sie war es möglich, die Entfernungen von etwa 20 Galaxien zu bestimmen. Etwas weiter reicht die Methode, die absolut hellsten Sterne eines Sternsystems als Meilensteine zu benutzen. Sie haben eine absolute Leuchtkraft von etwa $-6^{M},5$. Messen wir ihre scheinbare Leuchtkraft, dann können wir auch ihre Entfernung angeben (vgl. Anhang S. 303).

Vorausgesetzt, daß die Kugelhaufen, die in fast allen Galaxien vorzukommen scheinen, alle etwa die gleiche absolute Helligkeit haben, lassen auch sie sich zur Entfernungsbestimmung heranziehen. Man erreicht mit ihnen etwa 50 Millionen Lichtjahre. Noch wesentlich heller sind die Supernovae. Sie sind oft so lichtstark wie ein ganzes Sternensystem und lassen sich deshalb noch in Entfernungen von fast 2 Milliarden Lichtjahren beobachten. Leider sind sie sehr selten, und es gehört schon Glück dazu, einen Supernovaausbruch in einer Galaxis zu sehen. Deshalb ist es wichtig, die außergalaktischen Objekte ständig fotografisch unter Kontrolle zu haben. Nachteilig ist die recht unterschiedliche absolute Leuchtkraft der Supernovae.

So gewaltig die Entfernung von 2 Milliarden Lichtjahren auch erscheinen mag, sie ist immer noch gering gegenüber den Räumen, die wir zu einer Beurteilung kosmologischer Theorien erforschen müssen. Hinzu kommt die Unsicherheit in der Bestimmung der

Linienverschiebung bei sehr fernen Objekten. Aus diesen Gründen befriedigen die Ergebnisse dieser so einfach erscheinenden und direkten Methode nicht.

In der Abb. 16 sind einige Meßergebnisse (nach Humason, Mayall und Sandage) zusammengestellt. Eine Entscheidung ist zwar nicht möglich, doch deuten die Meßpunkte mehr auf größere q-Werte. Allerdings ist fraglich, ob die Galaxien in der Vergangenheit die gleiche Leuchtkraft hatten wie heute. Hier wäre möglicher-

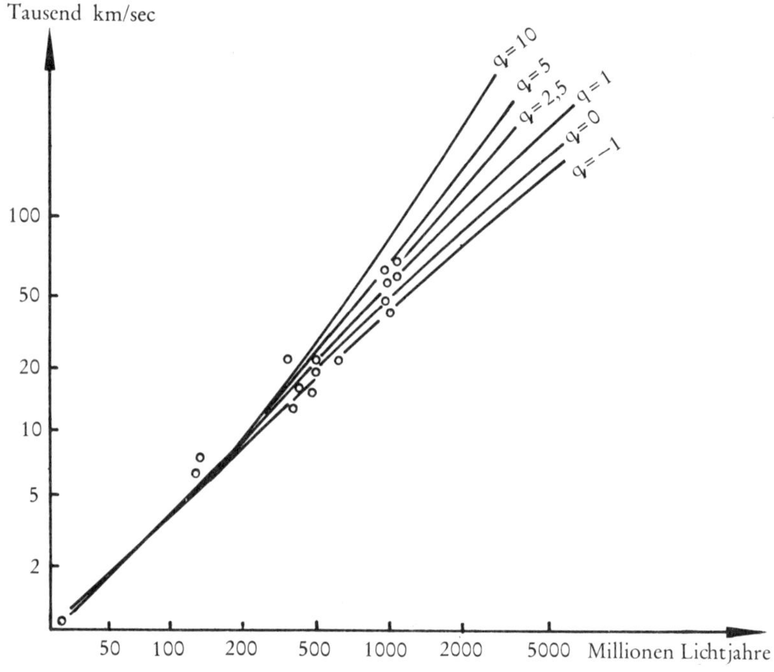

Abbildung 16: Zusammenhang zwischen der Fluchtgeschwindigkeit und der Entfernung von Galaxienhaufen.

weise eine Korrektur angebracht, die das Ergebnis (vermutlich zu kleineren Werten) verschieben könnte.

3.4.2. Verteilung der Galaxienhaufen

Noch heller als die Galaxien sind Galaxienhaufen. Zwar unterscheiden auch sie sich sowohl im Hinblick auf die Zahl ihrer Mitglieder als auch in der Art der Galaxien, die sie enthalten, sehr, doch läßt sich mit gutem Grund annehmen, daß die hellsten Galaxien in den Haufen untereinander etwa gleich hell sind. Darauf gründet sich eine Methode, die auch ohne Kenntnis der absoluten Leuchtkraft der Haufen zu schwerwiegenden Folgerungen für die Art der Fluchtbewegung führt. Wegen ihrer besonderen Bedeutung wollen wir sie etwas eingehender erklären:

Zunächst setzen wir zweierlei voraus: Einmal soll die Verteilung der Galaxienhaufen in gleichen Entfernungen gleich sein. Das bedeutet, daß wir beispielsweise bei einer angenommenen Entfernung von 1 Milliarde Lichtjahren in jeder Richtung pro Quadratgrad immer gleich viele Haufen vorfinden. Zum anderen sollen alle Haufen die gleiche Leuchtkraft haben. Trotz großer Streuung der Leuchtkräfte sind diese Annahmen vernünftig, denn bei der sehr großen Zahl der Einzelobjekte gleichen sich die Unterschiede soweit aus, daß sich gut mit durchschnittlichen Werten rechnen läßt.

Wir wollen uns eine durch unseren Standpunkt gelegte Ebene denken. In der Abbildung 17 sollen die einzelnen Punkte die Haufen darstellen. B soll der Ort eines Beobachters sein. Setzen wir eine gleichmäßige Verteilung voraus, so stellt der Beobachter im eingezeichneten Sehwinkel in einem Abstand r 4 Haufen, in einem Abstand 2 r 8 Haufen fest. Die Zahl der beobachteten Haufen n ist also proportional der Entfernung. $n \sim r$ oder: $n_1 : n_2 = r_1 : r_2$. In unserem Beispiel ist also $n_1 : n_2 = r_1 : r_2 = 1 : 2$.

Nehmen wir jetzt eine Expansion der Haufen an, die streng dem Hubble-Gesetz folgt. Dann liegt also in doppelter Entfernung die doppelte Fluchtgeschwindigkeit vor, in dreifacher die dreifache und so weiter.

Das Licht möge die Strecke r in t Jahren zurücklegen (also r = t Lichtjahre). Wegen der Expansion waren die gegenseitigen Abstände vor t Jahren geringer. Im Abstand r mögen damals 6, im Abstand 2 r 12 Haufen gelegen haben (Abb. 18). Vor 2 t Jahren sollen es 8 bzw. 16 Haufen gewesen sein (Abb. 19). Heute sehen wir im Abstand r wegen der Laufzeit des Lichtes den Zustand nach Abb. 18 (also 6 Haufen), im Abstand 2 r dagegen den Zustand nach Abb. 19 (also 16 Haufen). Das Verhältnis ist jetzt 6 :16 oder 1 : 2,67.

Ist die Expansion nicht konstant, sondern verzögert, so ändert

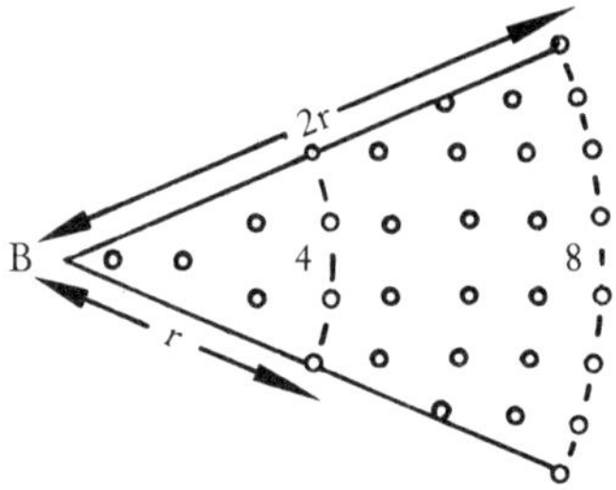

17

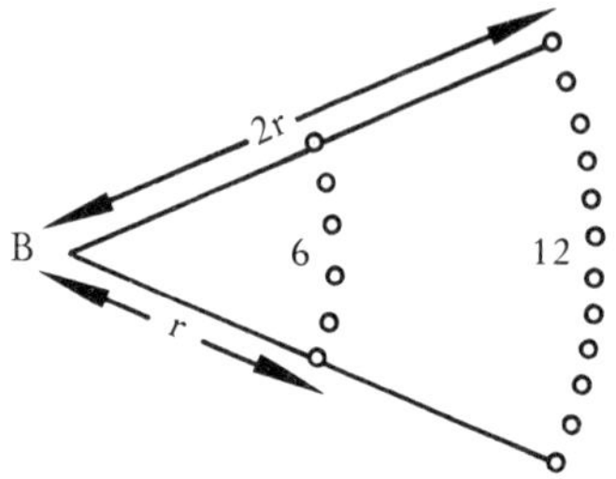

18

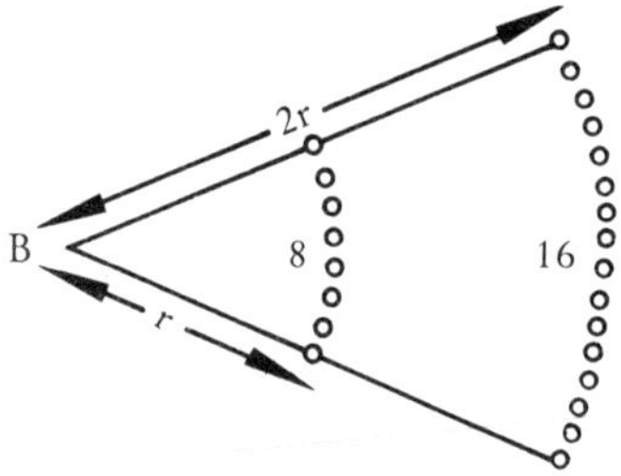

19

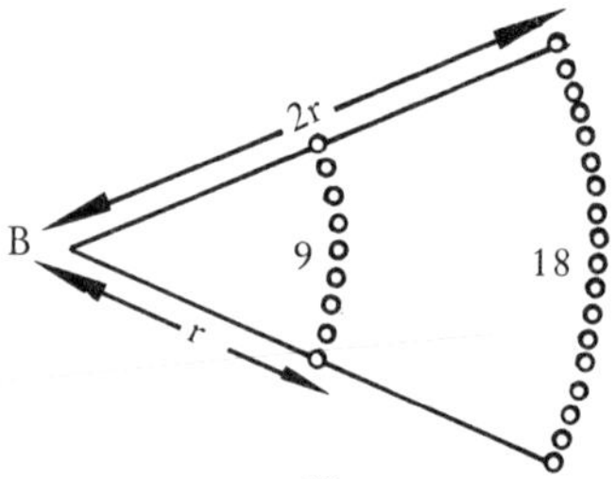

20

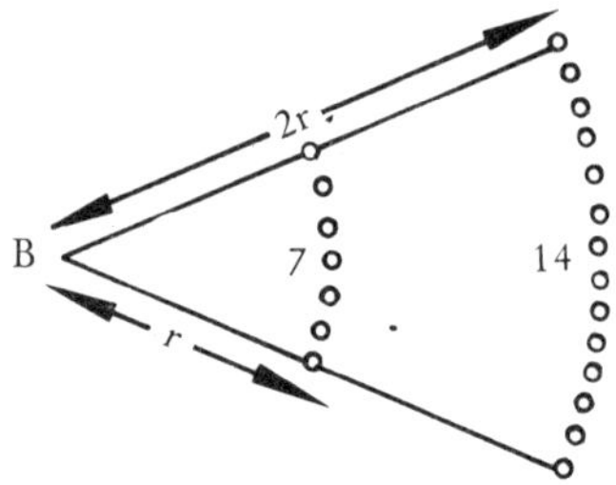

21

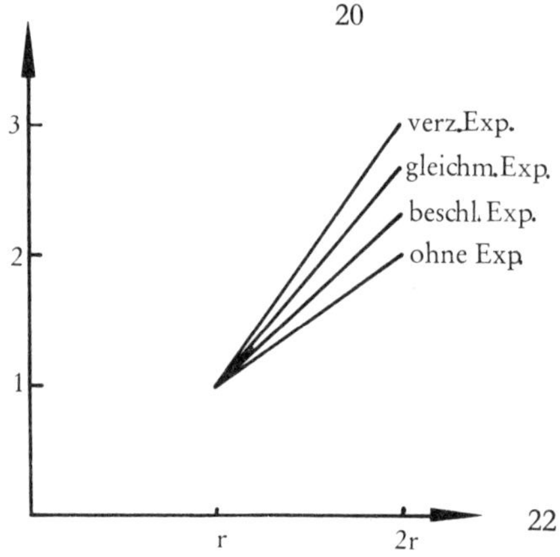

22

Abbildungen 17—21: Abhängigkeit der Dichte der Galaxienhaufen von der Zeit.
Abbildung 17: Gegenwärtige Dichte.
Abbildung 18: Dichte vor t Jahren (gleichmäßige Expansion).
Abbildung 19: Dichte vor 2 t Jahren (gleichmäßige Expansion).
Abbildung 20: Dichte vor 2 t Jahren (verzögerte Expansion).
Abbildung 21: Dichte vor 2 t Jahren (beschleunigte Expansion).
Abbildung 22: Verhältnis der Anzahl der in einer Ebene unter konstantem Winkel in den Entfernungen r und 2r erkennbaren Objekte unter Berücksichtigung der Laufzeit des Lichtes bei der Annahme einer gleichmäßigen Verteilung.

sich das Verhältnis wiederum. Nehmen wir an, daß vor t Jahren, um bei denselben Zahlen 6 und 12 zu bleiben, die Lage der Haufen der Abb. 18 entsprach, so müssen vor 2 t Jahren die Haufen dichter aneinander gelegen haben als in Abb. 19. Wir würden im Abstand r vielleicht 9, im Abstand 2 r 18 Haufen gezählt haben (Abb. 20). Unter der Berücksichtigung der Laufzeit ergeben sich jetzt die Zahlen 6 und 18 und ein Verhältnis 1 : 3.

Im Falle einer beschleunigten Expansion müßte die zahlenmäßige Zunahme der beobachteten Objekte in der Vergangenheit geringer gewesen sein, und wir kämen für die Zeit vor 2 t Jahren zu der Abb. 21 mit den Zahlen 6 und 14 entsprechend einem Verhältnis aus heutiger Sicht von 6 : 14 = 1 : 2,33.

Die Abb. 22 veranschaulicht die erhaltenen Zahlenverhältnisse durch die Steigungen der Geraden. Wir können aus ihnen auf die Art der Expansion schließen.

Diese grundlegenden Erkenntnisse lassen sich bei den tatsächlichen Beobachtungsbefunden verwerten:

Wir hatten die Zahlen der Galaxienhaufen in bestimmten Entfernungen betrachtet. Das ist in der Praxis schwierig, da wir die Entfernungen nur ungenau kennen. Nun lassen sich aber recht einfach die Objekte zählen, die heller als eine festgesetzte Grenzgröße sind. Man erfaßt dadurch alle Galaxienhaufen bis zu einer bestimmten Entfernung. Übertragen auf unsere Ebene, bedeutet das die Anzahl der Punkte im angegebenen Sektor zunächst bis zu der Entfernung r (n_1) und dann bis zur Entfernung 2 r (n_2). Es ist leicht einzusehen, daß wir dadurch die Flächen der Sektoren erfassen. Bei der Annahme gleichmäßiger Verteilung ohne Expansion würden sich also die Anzahl der Objekte zueinander wie die Flächeninhalte der Sektoren und damit wie die Quadrate der Radien verhalten: $n_1 : n_2 = r_1^2 : r_2^2$.

In unserem Beispiel: $n_1 : n_2 = r^2 : (2r)^2 = 1 : 4$.

In der Praxis zählt man natürlich nicht die Objekte in einer Ebene, sondern in einem bestimmten Raumwinkel. Die Anzahl der Objekte verhalten sich dabei zueinander wie die Volumina der Kugelausschnitte. Hieraus folgt die kubische Beziehung $n \sim r^3$ oder $n_1 : n_2 = r_1^3 : r_2^3$. In unserem Zahlenbeispiel: $n_1 : n_2 = r^3 : (2r)^3 = 1 : 8$.

Unsere Betrachtungen sind zwar für die Anzahl der Punkte –

oder im astronomischen Bereich für die Menge der Galaxienhaufen – in den angegebenen Räumen richtig. Zählungen der Haufen in abgegrenzten Räumen lassen sich aber praktisch kaum durchführen.

Zählen wir dagegen die Objekte, deren Helligkeit eine Grenzhelligkeit m übersteigt, so kommen wir, wie gesagt, viel leichter zu brauchbaren Ergebnissen. Dabei müssen wir aber bedenken, daß die scheinbare Helligkeit einer Lichtquelle mit dem Quadrat der Entfernung abnimmt. In doppelter Entfernung erscheint uns eine Lichtquelle viermal so dunkel, in dreifacher neunmal, und so weiter.

Wenn wir das berücksichtigen und die Anzahl der Objekte N (heller als m) in einem Diagramm eintragen, so müßte sich, wie die Rechnung zeigt, bei gleichmäßiger Verteilung eine Gerade mit der Steigung 0,6 oder einem Neigungswinkel von 31 Grad ergeben (Anhang S. 307).

Nun zur Praxis: Wir bestimmen die Zahl der in einem Raumwinkel beobachteten Galaxienhaufen, die heller als die 16. Größenklasse sind, dann diejenigen, die heller als die 17. sind, und so weiter. Verbinden wir die einzelnen Meßpunkte untereinander, so ergibt sich eine Linie, die uns über den Bau des Weltalls Auskunft geben muß.

In der Abb. 23 ist das die gestrichelte Linie. Sie gilt für die bisher durchgeführten Beobachtungen. Ihre Steigung ist eindeutig kleiner als 0,6.

Die Ursache dieser Abweichung ist noch unbekannt, doch könnten hier mehrere Faktoren eine Rolle spielen: Da der Raum zwischen den Galaxien vermutlich nicht völlig leer ist, wird das Licht auf dem weiten Wege geschwächt (intergalaktische Absorption). Die Rotverschiebung vermindert die Helligkeit zusätzlich. Auch die Entwicklung der Galaxien kann einen Einfluß haben, da die weit entfernten Objekte infolge der Laufzeit des Lichtes relativ jung beobachtet werden und deshalb möglicherweise eine andere absolute Leuchtkraft als die alten haben. Auch könnten die Galaxienhaufen in der Ferne anders verteilt sein.

Die Raumkrümmung wirkt sich bei den beobachteten verhältnismäßig nahen Haufen noch nicht aus.

Im Diagramm sind auch die theoretischen Kurven für die verschiedenen Weltmodelle eingezeichnet (nach A. Sandage).

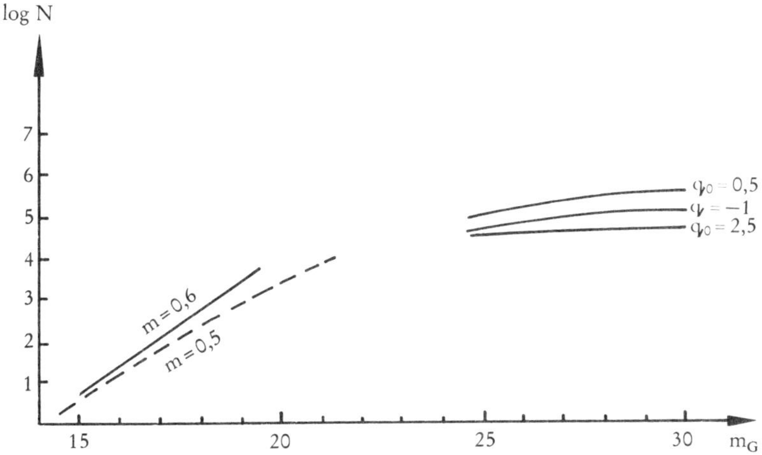

Abbildung 23: Beziehung zwischen der Zahl der in einem Raumwinkel beobachteten Galaxienhaufen (N) und ihren Grenzhelligkeiten (m_G) für verschiedene Weltmodelle.

Wie aus der Zeichnung deutlich hervorgeht, vermitteln die verfügbaren Beobachtungsergebnisse keine große Erkenntnis, da sich im Bereich bis zu m = 20 keine Abweichung von der Geraden erkennen läßt. Auch wenn es gelingen sollte, bis etwa m = 23 zu messen, wird nicht viel gewonnen, da sich die Linien erst bei m = 26 deutlich voneinander unterscheiden.

3.4.3. Die Verteilung der Quasare im optischen Bereich

Vielversprechender sind die Beobachtungen an den Quasaren. Wir hatten sie schon kurz auf S. 37 beschrieben. Die Quasare strahlen sowohl im optischen wie auch im Radiofrequenzbereich. Optisch erscheinen sie als blaue Punkte. Ihr Spektrum unterscheidet sich aber sehr von dem der blau erscheinenden Sterne. Dadurch wird eine Differenzierung möglich. Durch ihre enorme Leuchtkraft können sie auch optisch noch in sehr großen Entfernungen beobachtet werden, und so liegt es nahe, sie in unser Schema einzufügen und zu kosmologischen Tests zu benutzen. Leider ergeben sich dabei sehr große Schwierigkeiten. Die blaue Farbe deutet auf eine hohe Oberflächentemperatur. Die in ihren Spektren eingelagerten Linien weisen eine sehr starke Rotverschiebung auf, die auf sehr große Entfernungen schließen läßt. Wenn das Objekt aber trotz der Rotverschiebung bläulich erscheint, so bedeutet das eine tatsächliche Strahlung im noch viel kurzwelligeren, also ultravioletten Bereich. Hier muß also eine Korrektur angebracht werden. Zudem ist die Strahlung der Quasare vorwiegend keine thermische, sondern eine Synchrotron-Strahlung, die durch sehr schnelle Elektronen in starken Magnetfeldern erzeugt wird. Da die Elektronen dabei in kurzer Zeit ihre Energie verlieren, müßten irgendwie ständig neue Elektronen erzeugt und beschleunigt werden. Wir werden noch in anderem Zusammenhang (S. 210) über die Probleme, vor die uns die Quasare stellen, sprechen, doch sei schon an dieser Stelle gesagt, daß wir über die Natur dieser geheimnisvollen Objekte noch sehr wenig wissen. Das erschwert die Versuche, sie mit einigem Erfolg wie die Galaxienhaufen zu behandeln, wesentlich.

Fraglich ist auch, ob die von uns gemachte Voraussetzung auch für Quasare gilt: Sind auch sie im Universum gleichmäßig verteilt? Vieles spricht dagegen. Da wir in unserer näheren Umgebung keine solchen Gebilde kennen, müssen wir annehmen, daß sie nur in relativ frühen Zeitabschnitten der kosmischen Entwicklung vorkamen. Wir blicken ja in die Vergangenheit. Nehmen wir eine Expansion an, so müßten damals die Objekte dichter beieinander gelegen haben. Wir müßten also in großer Entfernung eine größere Häufigkeit feststellen, und die Steigung der Kurve müßte größer als 0,6 sein. Andererseits müßte die Kurve bei positiver Raumkrümmung absinken. Die Abbildung 24 faßt die Messungen und Berechnungen von A. Sandage und anderen schematisch zusammen. Die Kurve steigt zunächst recht stark an, um dann abzusinken. Obgleich die Unsicherheiten hierbei noch sehr beträchtlich sind, läßt sich dieses Ergebnis nur so deuten, daß die Verteilung der Quasare im Kosmos nicht gleichmäßig ist. Wir werden auf diesen Befund noch zurückkommen (S. 219).

3.4.4. Verteilung der Radioquellen

Nicht nur die optische, auch die Radioastronomie liefert ihren Beitrag. Der große Vorteil liegt in der Möglichkeit, noch sehr schwache und deshalb vermutlich sehr weit entfernte Radioquellen zu

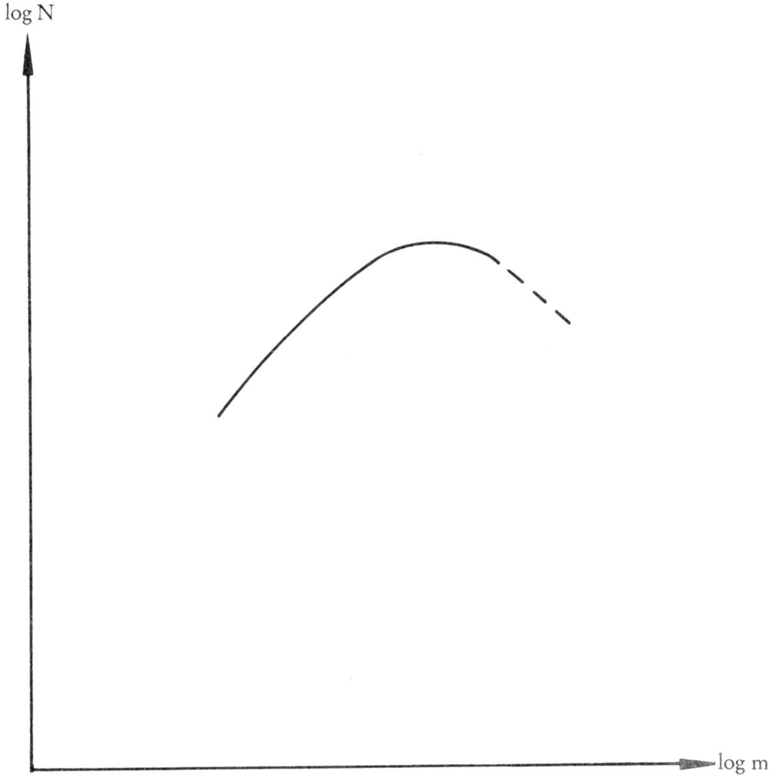

Abbildung 24: Ungefährer Zusammenhang zwischen der Anzahl der optischen Quasare und ihren Helligkeiten. Die geringe Zahl der sehr lichtschwachen Quasare spricht für eine ungleichmäßige Verteilung.

registrieren und ihre Intensität sehr genau zu bestimmen. Eine Doppler-Verschiebung muß natürlich auch bei ihnen erwartet werden, doch ist sie nicht meßbar, weil im Radiospektrum mit wenigen Ausnahmen, die hier nicht zum Tragen kommen, keine diskreten Frequenzbänder vorkommen. Entfernungsbestimmungen nach dieser Methode entfallen also. Auch die absolute Strahlungskraft der Objekte ist uns noch unbekannt. Schwierigkeiten bereitet schließlich das noch nicht ganz befriedigende Auflösungsvermögen der Radioteleskope. Durch Interferenzmessungen mit weit voneinander aufgestellten Geräten lassen sich infolge der großen Meßbasis aber doch die zunächst einander überlagernden

Quellen trennen. Natürlich gilt das vorhin von den Quasaren bezüglich der kosmologischen Bedeutung Gesagte auch für die Radioquellen. Vermutlich ist hier gar kein prinzipieller Unterschied vorhanden. Auch hier läßt sich ein Diagramm für die bisher gewonnenen Beobachtungen aufstellen. Allerdings kann dabei natürlich nicht die scheinbare Größe angewandt werden. Man benutzt statt dessen die Intensität S in einem bestimmten Wellen-

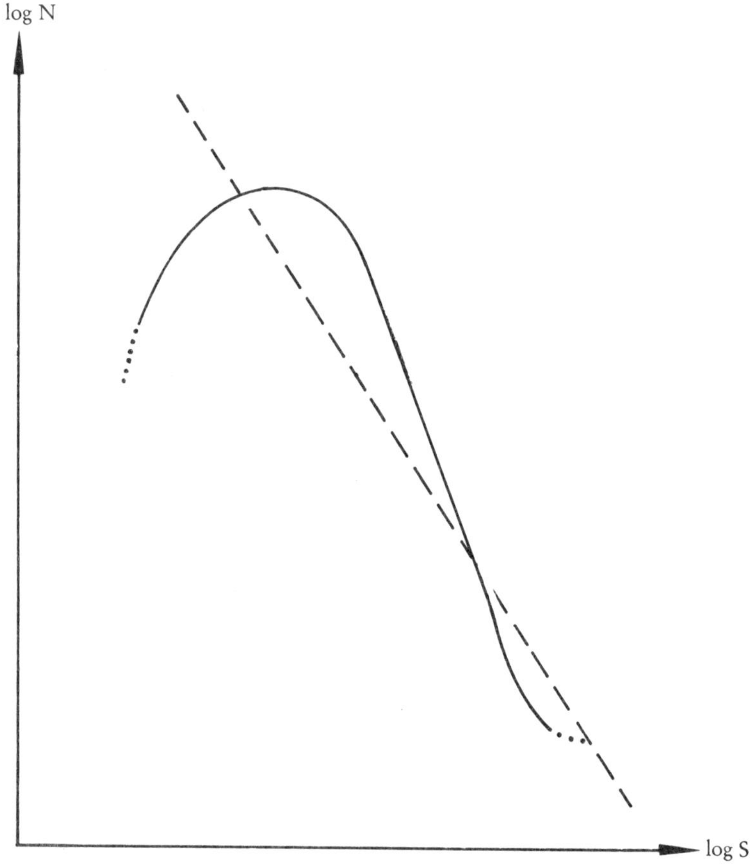

Abbildung 25: Die ungefähre Häufigkeit der Radioquellen in Abhängigkeit von ihren Strahlungsströmen. N = Anzahl der Quellen mit Intensitäten größer als S. S = Strahlungsintensität. Die gestrichelte Linie gibt den Zusammenhang bei gleichmäßiger Verteilung der Quellen an. Bei den schwachen Quellen ist die Quellenzahl sehr viel kleiner, als das bei gleichmäßiger Verteilung sein müßte, bei mittelstarken Quellen deutlich größer.

bereich und untersucht die Zahl der Quellen in Abhängigkeit von S. Dabei geht man wie bei den Galaxienhaufen vor: Man zählt die Objekte, deren Intensitäten größer als bestimmte Grenzintensitäten sind. Die bisherigen Ergebnisse gibt das Diagramm (Abb. 25) wieder. Hier wurde die Intensität (Strahlungsstrom) S (in Watt pro Quadratmeter und Hertz) im logarithmischen Maßstab über dem Logarithmus der Anzahl der Radioquellen aufgetragen. Bei gleicher Verteilung der Quellen müßte sich für eine statische Welt eine Gerade ergeben, die schräg von links oben nach rechts unten verläuft. Der Verlauf ist jedoch völlig anders. Die Beobachtungen zeigen zunächst bei den schwachen Quellen eine viel zu geringe Zahl, während bei mittleren Intensitäten die Anzahl der Quellen wider Erwarten groß ist. Das kann nur dadurch erklärt werden, daß die Radioquellen wie die Quasare aus unserer Sicht eine ungleichförmige Verteilung haben. Der Grund dafür liegt sicher in der Entwicklung der Quellen. Wir beobachten in der Ferne so wenige Objekte, weil es zu der Zeit, als sie das Licht aussandten, nur wenige von ihnen gab. Das wäre auch mit der Existenz von Materiequellen verträglich, einer Hypothese, von der später noch ausführlich zu berichten sein wird.

3.4.5. Die Verteilung der Winkeldurchmesser

Aus den relativistischen Modellen erwächst eine erstaunliche Folgerung für die Winkel, unter denen wir die fernen Objekte beobachten. Wir hatten das bereits auf S. 85 angedeutet. Zur Erklärung wollen wir wieder die Verhältnisse auf einer Kugeloberfläche betrachten. An Stelle der Nebelhaufen nehmen wir auf der Erde kreisrunde und gleich große Gebiete an. Die Abb. 26 zeigt sie in schematischer Darstellung. Ein Beobachter in X soll die Möglichkeit haben, die eingezeichneten Winkel zu messen. Das ließe sich etwa so vorstellen, daß an der Peripherie eines jeden Landes Sender aufgestellt sind, deren Wellen der Erdkrümmung folgen und von X geortet werden können. Das Land A erscheint ihm unter einem Winkel α, das Land B unter einem kleineren Winkel β. Der Winkel γ für das Land C ist wiederum kleiner. Überraschenderweise erscheint dem Beobachter aber das noch ferner liegende Land D wieder unter dem Winkel β, und das

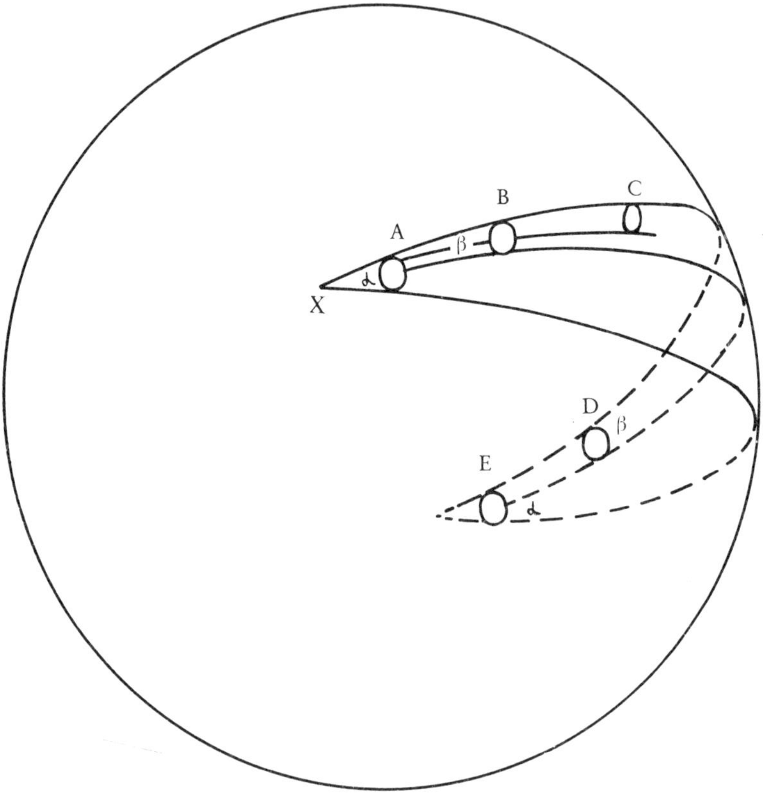

Abbildung 26: Winkel, unter denen man gleichgroße Objekte auf einer Kugel beobachtet.

schließlich weitaus entferntere Land E unter demselben großen Winkel α wie das nächstgelegene Objekt A. Übertragen auf den vierdimensionalen Raum müßte sich hier bei der Beobachtung sehr entfernter kosmischer Objekte das gleiche abspielen. Die Galaxienhaufen dürften in sehr großer Entfernung nicht, wie zunächst zu erwarten, kleiner, sondern müßten wieder größer erscheinen. Allerdings wird in so großer Ferne die Beobachtung schwierig, weil bei großen Winkeldurchmessern die Flächenleuchtkraft abnimmt und auf dem längeren Wege die Absorption stört. Auch die große Rotverschiebung wäre sehr hinderlich, weil wir optisch nur die extrem kurzwellige, vom Haufen ausgehende Strahlung empfangen könnten. Für jedes Weltmodell gibt es eine bestimmte Entfernung l, in der die Haufen unter dem kleinsten Winkeldurchmesser erscheinen würden (Äquator). Übertragen auf die Erde, wäre diese Entfernung gleich ein Viertel des Erdumfanges, also gleich 10 000 km. Je größer die angenommene Raumkrümmung ist (große Werte von q), um so kleiner ist der Krümmungsradius und damit auch l. Könnten wir die Entfernung angeben, in der uns die Galaxienhaufen am kleinsten erscheinen, so bedeutete das eine

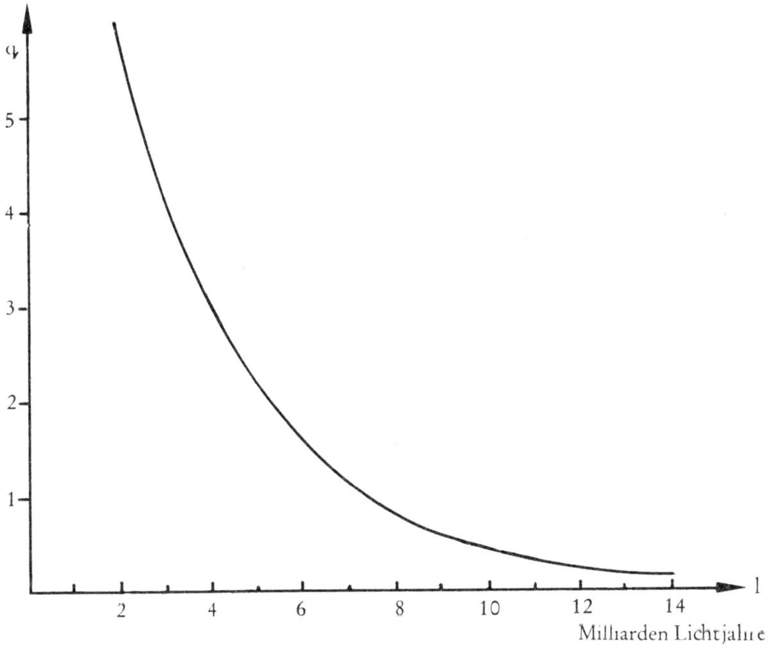

Abbildung 27: Zusammenhang zwischen der Entfernung (l), bei der ein Galaxienhaufen unter kleinstem Winkel erscheinen würde, und der Beschleunigungszahl q, die die Weltmodelle repräsentiert.

Entscheidung hinsichtlich des zutreffenden Weltmodells. Zwar sind Entfernungsbestimmungen, wie wir gesehen haben, recht schwierig, doch sind sie auch nicht unmöglich. Die Abb. 27 zeigt den Zusammenhang zwischen l und q.

Die Kurve macht deutlich, daß wir uns im optischen Bereich in der Praxis hart an der Grenze des Möglichen bewegen. Es könnte uns gerade noch gelingen, Galaxienhaufen in einer Entfernung von

2 Milliarden Lichtjahren zu vermessen, aber kaum darüber hinaus. Allerdings wäre es nicht unbedingt erforderlich, die Entfernung l zu überschreiten. Wie in der Analogie zur Erde hängt die Abnahme der Winkeldurchmesser neben der Entfernung l auch vom Krümmungsradius R ab. Ist keine Krümmung vorhanden, also $R = \infty$, so müßten sich die Tangensfunktionen der Winkeldurchmesser zueinander umgekehrt wie die Entfernungen verhalten. Also $\mathrm{tg}\alpha_1 : \mathrm{tg}\alpha_2 = l_2 : l_1$. Je größer die Krümmung ist, desto größer muß auch die Abweichung von diesem Gesetz sein. Aus der Abweichung ließe sich also prinzipiell schon die Art der Krümmung bestimmen. Leider ist aber die Vermessung der Winkeldurchmesser für Objekte in großen Entfernungen derart ungenau, daß wir mit unseren heutigen optischen Beobachtungsinstrumenten kaum zu brauchbaren Resultaten kommen. Anders sähe es aus, wenn wir ein Observatorium im Weltall oder auf dem Mond errichten könnten. Die Abwesenheit der störenden Atmosphäre würde die Beobachtungen so erleichtern, daß wir zu sehr viel genaueren Ergebnissen kämen.

Auch hier kann uns die Radioastronomie weiterhelfen, wenn wir die Auflösung der Instrumente steigern können und mehr über die Art der Radioquellen erfahren. Die Entfernungen lassen sich schon jetzt überbrücken, doch gelingt es uns noch nicht, die Durchmesser der Quellen ausreichend genau zu erfassen. Auch haben wir noch keine sicheren Vorstellungen über die tatsächliche Struktur der Objekte.

3.4.6. Antipodensterne

Die Entscheidung, ob die Welt *geschlossen* oder *offen* ist, könnte theoretisch eventuell durch die Beobachtung eines Objektes aus zwei gegenüberliegenden Richtungen erfolgen. Wer sich überlegt, wie sich auf der Erde ein sehr ferner Ort erreichen läßt, wird das leicht verstehen. Auch hier gibt es ja zwei Wege: Der eine Weg von Europa nach Indien führt nach Osten, der andere nach Westen. Bekanntlich war das der Gedanke, der Columbus dazu bewog, seine Expedition auszurüsten, um den westlichen Seeweg zu erkunden. Entsprechendes müßte im geschlossenen Raummodell möglich sein. Wir könnten ein Objekt einmal »direkt«, ein andermal »hinten herum« sehen. Sicher würde das Licht auf dem langen Weg durch die Absorption stark geschwächt werden. Das Objekt wäre lichtschwächer als bei direkter Beobachtung. Die Beobachtungsrichtungen brauchten dabei nicht genau entgegengesetzt zu sein, da wir durch die unterschiedliche Laufzeit des Lichtes das Objekt in zwei verschiedenen Phasen seiner Entwicklung sehen würden. Es könnte in der Zwischenzeit im All gewandert sein.

Tatsächlich fanden die Astronomen einige *Antipodenpaare*, die möglicherweise ein und demselben Objekt zuzuschreiben sind. Beweise für ein sphärisches Universum sind das natürlich noch nicht. Es muß dabei auch erwähnt werden, daß solche Doppelbeobachtungen nur bei einem Lichtweg möglich wären, der kleiner als die durch die Fluchtbewegung und die Lichtgeschwindigkeit bestimmte Grenzentfernung (S. 85) ist. Andernfalls könnten uns die Lichtwellen nicht erreichen.

3.4.7. Zusammenfassung der bisherigen Ergebnisse

Die Resultate der bisher durchgeführten Beobachtungen enttäuschen im Hinblick auf eine Entscheidung bei der Wahl der Weltmodelle. Aber wir stehen ja erst am Anfang eines vielversprechenden Weges, und es bedeutet schon viel, wenn sich überhaupt etwas aussagen läßt: Der Anteil der interstellaren Materie an der Gesamtmasse ist relativ klein. Er liegt, je nach der Art der Galaxien, etwa zwischen 1 und 25 Prozent. Der überwiegende Teil der kosmischen Massen hat sich zu Sternen kondensiert, oder er befindet sich in den Kerngebieten der Galaxien in einem physikalisch noch schwer erkennbaren Zustand.

Die durchschnittliche Dichte liegt im gut überblickbaren Raum bei $5 \cdot 10^{-31}$ g/cm^3. Wie weit sich dieser Wert auf die weitere Umgebung übertragen läßt, ist fraglich. Bei dieser Dichte wäre das Universum hyperbolisch gekrümmt und demnach offen. Bestimmungen an Galaxienhaufen und aus der intergalaktischen Röntgenstrahlung lassen auf eine 20- bis 30fache Dichte schließen, was zu einem sphärischen und geschlossenen Modell führen würde.

Eine direkte, aber unsichere Methode besteht in der Untersuchung der Fluchtgeschwindigkeit in Abhängigkeit von der Entfernung. Die Resultate führen auf q-Werte zwischen 0,5 und 2, sprechen also mehr für ein geschlossenes Modell.

Aus der Verteilung der Galaxienhaufen lassen sich zur Zeit noch keine brauchbaren Angaben über die Art der Raumkrümmung machen.

Wird die Verteilung der Quasare und der ihnen verwandten Radioquellen nach der gleichen Methode untersucht, so sprechen die Ergebnisse zunächst gegen alle von der Theorie aufgestellten Weltmodelle. Das bedeutet aber nicht, daß diese Modelle falsch sind. Falsch ist dagegen die Voraussetzung: Die Quasare sind nicht gleichmäßig verteilt.

Aus den Beobachtungen der Winkeldurchmesser lassen sich gegenwärtig noch keine Schlüsse ziehen. Die Methode ist jedoch für die Zukunft recht vielversprechend.

Die Methode der Suche nach Antipodensternen ist unsicher.

3.5. Für und gegen den Urknall – Die kosmische 3-K-Strahlung

Eng verknüpft mit den Fragen nach der räumlichen Struktur der Welt sind die Probleme der zeitlichen Entwicklung des Universums. Gab es einen Anfang, oder gab es ihn nicht? Ist die Welt explosionsartig aus dem Nichts entstanden, gab es den ominösen Urknall?

Wir haben die theoretischen Erwägungen hierzu ausführlich erörtert. Gibt es auch einen praktischen, also experimentellen Weg zur Beantwortung dieser Fragen?

Neue Ergebnisse lassen sich auf zwei Arten erlangen: Nach der einen hofft man etwas Bestimmtes zu erkunden. Ein fester Plan soll Schritt für Schritt dem ersehnten Ziel näherführen, bis schließlich, dank Zähigkeit und Fleiß, das Gesuchte erreicht ist. Der andere Weg ist der des Zufalls. Man hat dabei oft ein ganz andersartiges Ziel vor Augen, oder man schlendert nur so dahin, man experimentiert aus lauter Freude am Experimentieren, man beobachtet nur, weil es Spaß macht – und so nebenbei macht man dann eine wichtige Entdeckung. Es gibt eine ganze Reihe von Beispielen dazu: die Entdeckung des Planeten Uranus durch Herschel oder etwa die zufälligen Beobachtungen von Nova-Sternen. Solche Zufallsentdeckungen kommen auch in den modernen Zweigen der naturwissenschaftlichen Forschung vor.

1965 arbeiteten zwei Mitarbeiter der Bell Telephone Laboratories in Holmdell (USA), A. A. Penzias und R. W. Wilson, an einem Empfänger, der auf eine Wellenlänge von 7,35 cm ausgerichtet war. Das Gerät, das sonst einwandfrei funktionierte, zeigte ein Rauschen, das den beiden zunächst Ärger bereitete, denn sie nahmen an, daß es aus dem Empfänger kam und deshalb behoben werden mußte. Bald zeigte sich jedoch, daß dieses gleichmäßige Rauschen seinen Ursprung außerhalb des Gerätes haben mußte. Die beiden Techniker erinnerten sich daran, einmal gelesen zu haben, daß theoretische Untersuchungen die Existenz einer kosmischen radiofrequenten Strahlung forderten, die eines Tages gefunden werden könnte. Das wäre eine mögliche Erklärung!

In der Tat hatte bereits ein Jahr zuvor, also 1964, R. H. Dicke von der Princeton-Universität darauf hingewiesen, daß bei der Annahme eines Urknalls eine *Reststrahlung* vorhanden sein müßte, deren Wellenlänge derjenigen gleicht, die ein schwarzer Körper bei einer Temperatur von 3 Kelvin, also —270 Grad Celsius, ausstrahlt.

Diese *3-K-Strahlung* ist kosmologisch von so großer Bedeutung, daß es angebracht erscheint, hier etwas näher auf sie einzugehen.

Ist auch die Art der kosmischen Expansion noch ungewiß, die Tatsache, daß sie existiert, läßt sich, wie wir sahen, kaum bezweifeln. Zu einem sehr frühen Zeitpunkt müßten die Abstände der Galaxien deshalb sehr klein gewesen sein. Ja, zur »Zeit Null« müßte die gesamte Materie in einem Punkt vereint gewesen sein. Je nach der Wahl des Weltmodells und damit des kosmischen Beschleunigungsfaktors q ergeben sich etwas unterschiedliche Zeitangaben für diesen Zustand. Dieser Anfang, der »Urknall«, läßt sich natürlich unmöglich physikalisch charakterisieren, wohl aber der Zustand kurz danach. Als einer der ersten hat sich der belgische Astronom Georges Henri Lemaître mit diesen Problemen beschäftigt. Er nannte die kompakte Masse, aus der sich dann das Universum entfaltete, das »kosmische Ei«. Nach den Vorstellungen Lemaîtres explodierte das »Ei«, und aus den Bruchstücken bildeten sich später die Sterne und Sternsysteme.

Bei seinen Betrachtungen ging er von der Voraussetzung aus, daß sich die Gesamtmasse im Universum im Laufe der Entwicklung nicht geändert hat. Wir können das etwas moderner formulieren und behaupten, daß die Summe der Masse und der Energie konstant geblieben ist, da nach Einstein mit $E = mc^2$ Energie und Masse einander äquivalent sind. Das ist eine keineswegs selbstverständliche Voraussetzung. Wir haben im ersten Kapitel darauf hingewiesen.

Wenn auch die Summe konstant geblieben ist, die Verteilung in Masse und Energie muß sich im Laufe der Zeit sehr erheblich geändert haben. Diese Verhältnisse und die Zustände, in denen sich das Weltall früher befand, haben in der Folgezeit viele Theoretiker sehr eingehend untersucht. So machte der sowjetische Astronom Friedmann schon 1922 genaue Angaben über den Urzustand.

Gegenwärtig liegt die Materiedichte, wie dies bereits besprochen wurde, in einer Größenordnung von etwa 10^{-30} bis 10^{-31} g/cm^3. Der Anteil der Energiedichte durch die elektromagnetische Strahlung ist sehr viel kleiner. Er beträgt weniger als ein Hundertstel der materiellen Dichte. In früheren Zeiten war das anders. Die Rechnungen zeigen, daß je nach dem Weltmodell etwa 1000 bis 1 Million Jahre nach dem Urknall die Strahlungsdichte etwa gleich der materiellen war und daß davor die Strahlungsenergiedichte dominierte. Kurz nach dem »Knall« muß es im Kosmos sogar fast nur Strahlungsenergie gegeben haben. Die Temperatur, durch die sich die Strahlung beschreiben läßt, muß demnach extrem hoch gewesen sein. Dieser durch die Urexplosion ausgelöste *Lichtblitz* wanderte in die Welt hinaus, ja, er wandert noch immer, und er erreicht auch uns. Doch was wir heute von ihm empfangen, ist von seinem damaligen Zustand grundverschieden. Wir »sehen« diese damals ausgesandte Strahlung aus einer gewaltigen Entfernung. Die Strahlungsquelle muß kurz vor dem *Horizont* liegen, von dem auf S. 84 die Rede war. Aus dieser Entfernung erscheint uns auch die spektrale Linienverschiebung extrem groß. Theoretische Überlegungen lassen darauf schließen, daß die beobachtete Strahlung aus der Zeit stammt, in der die Materiedichte gleich der Strahlungsdichte war. Bei abnehmendem Weltradius R vergrößert sich die materielle Dichte in der dritten, die Strahlungsdichte aber in der vierten Potenz. Daraus läßt sich die Strahlungstemperatur errechnen. Auch hier spielt die Wahl der Weltmodelle eine Rolle, doch lassen sich als Größenordnung für die damalige Temperatur etwa 3000 K annehmen. Da damals der Weltradius nur ein Tausendstel des heutigen betrug, müßte die Rotverschiebung, mit der wir heute die Strahlung empfangen, z = 1000 sein (vgl. S. 68). Daraus folgt auch eine heutige Strahlungstemperatur von einem Tausendstel der damaligen, also 3 K. Die Strahlungstemperatur ist umgekehrt proportional dem Weltradius, das bedeutet, daß bei doppeltem Weltradius die Temperatur nur die Hälfte der heutigen betrüge. Wenn es also nach 10 oder 13 Milliarden Jahren irgendwelche Wesen geben sollte, so würden sie (da dann der Weltradius auf das Doppelte angestiegen sein wird) eine Strahlung von 1,5 K empfangen.

Um Mißverständnissen zu begegnen, müssen wir nochmals darauf hinweisen, daß mit der Strahlungstemperatur nicht die Temperatur des Raumes gemeint ist. Der leere Raum hat überhaupt keine Temperatur, da sie ein Maß für die Bewegung der Atome und Moleküle ist. Wo nichts ist, läßt sich natürlich auch nicht von einem Bewegungszustand und damit von Temperatur sprechen. Gemeint ist hier die Zusammensetzung der in der Strahlung enthaltenen Photonenarten. Sie ist, wie das noch erklärt werden soll, von der Temperatur eines strahlenden Körpers abhängig.

Die Verkleinerung der Strahlungstemperatur und die damit zusammenhängende Frequenzänderung läßt sich anschaulich durch die Wellenlängenänderung erklären: Wir wollen uns dazu in einem bestimmten Volumen einen »eingefrorenen« Wellenzug denken. Die Abb. 28 verdeutlicht das. Stellen wir uns weiter vor, daß sich das Volumen ausdehnt, so wird sich der eingelagerte Wellenzug mitdehnen. Dabei vergrößert sich die Wellenlänge. Einer Vergrößerung der Wellenlänge entspricht eine Verringerung der Frequenz und damit auch der Energie der Strahlung. Übertragen wir dieses Gedankenexperiment auf die relativistische Ausdehnung des Weltraumes, dann verstehen wir die Energieeinbuße.

Es bleibt nur noch zu erklären, wie sich aus der empfangenen Strahlung auf die Strahlungstemperatur schließen läßt. Empfangen wir eine Strahlung von einer bestimmten Wellenlänge, so sagt das zunächst nichts über die Temperatur des strahlenden Körpers. Wird beispielsweise ein Eisenstück auf 1000 Grad Celsius erhitzt,

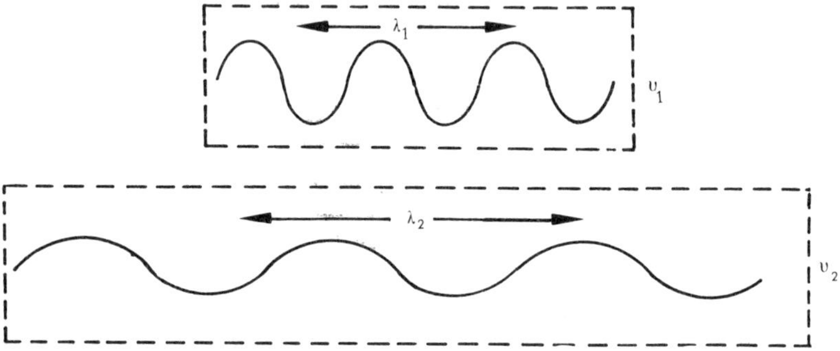

Abbildung 28: Durch die Ausdehnung des Raumes hat sich die Wellenlänge vergrößert.

so beginnt es in rötlichem Licht zu glühen. Die Wellenlänge dieser Strahlung beträgt etwa 700 nm. Wird das Eisen noch weiter erhitzt, so wird es weißglühend und sendet weißliches, also energiereicheres und kurzwelligeres Licht aus. Das besagt aber nicht, daß nun weniger rötliches Licht emittiert wird. Das genaue Gegenteil ist der Fall! Weißglühendes Eisen strahlt auch mehr rötliches Licht aus. Was sich ändert, ist die Wellenlänge des bevorzugt emittierten Lichtes. Für jede Temperatur gibt es deshalb eine Kurve, die die Intensität der Strahlung in den verschiedenen Frequenzbereichen wiedergibt. Man nennt diese Charakteristiken *Planck-Kurven.* Dabei muß allerdings eine Einschränkung gemacht werden: Die Strahlungsverteilung hängt von der Oberflächenbeschaffenheit, also der Farbe des betreffenden strahlenden Körpers, ab. Die durch die Planck-Kurven dargestellte Abhängigkeit gilt für einen absolut schwarzen Körper, also für den Idealkörper, der das auf ihn fallende Licht vollständig absorbiert. Ein solcher Körper gibt seine Wärmeenergie durch Strahlung auch vollständiger an die Umgebung ab als jeder andere. Die Abbildung 29 zeigt einige Planck-Kurven.

Um die Temperatur einer empfangenen Strahlung zu prüfen, genügen also keine Messungen in einem diskreten Wellenbereich. Man muß die Intensitätsverteilung in Abhängigkeit von der Wellenlänge bestimmen. Erst dann läßt sich aus der Kurvenform die Strahlungstemperatur ermitteln.

Nun zurück zur Praxis! Nach dem Bekanntwerden der von Penzias und Wilson entdeckten Hintergrundstrahlung wurden

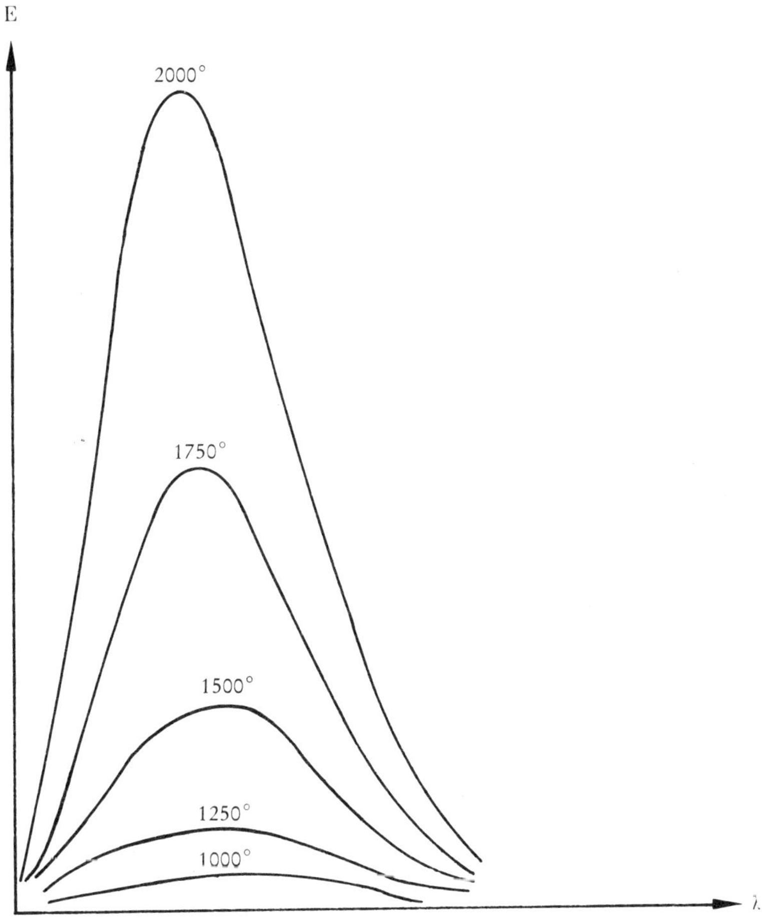

Abbildung 29: Planck-Kurven für verschiedene Temperaturen eines schwarzen Körpers.

vielerorts sehr genaue Messungen in verschiedenen Wellenbereichen durchgeführt. Um die erwartete Strahlung von 3 K (genauer 2,7 K) durch die Planck-Kurve erkennen zu können, müßten Messungen im Bereich von etwa 0,03 bis 100 cm ausgeführt werden. Das ist vom Erdboden aus nicht möglich. Für die längeren Wellen oberhalb von etwa 75 cm ist die Atmosphäre zwar durchlässig, doch überdeckt in diesem Bereich eine starke Strahlung aus dem Milchstraßensystem die erwartete 3-K-Strahlung. Bei Wellenlängen unter etwa 1 cm stört die Atmosphäre sehr. Doch gerade hier wären genaue Meßergebnisse erforderlich, da das Strahlungsmaximum für die Temperatur von 2,7 K bei 0,11 cm liegt. Im Bereich von etwa 2 bis 20 cm sind die Messungen am zuverlässigsten, und hier decken sich die Resultate recht gut mit der linken Flanke der 2,7-K-Planck-Kurve. Die Strahlung ist isotrop, sie kommt also gleichmäßig aus allen Himmelsrichtungen, und sie zeigt auch keine Fluktuation, das heißt, sie weist keine Intensitätsschwankungen auf. Soweit spricht alles für die Existenz der Urknall-Reststrahlung. Eine Entscheidung kann jedoch erst dann fallen, wenn es gelingt, das Maximum und die rechte Flanke der Kurve zu erreichen.

Hierfür bieten sich zwei Möglichkeiten an. Die eine Methode ist indirekt. Wir müssen, um sie zu erklären, etwas weiter ausholen. Neben den »normalen« Zusammenschlüssen der Atome zu einem Molekül gibt es solche, bei denen ein Atom eine anomale Wertigkeit annimmt. Ein Kohlenstoffatom beispielsweise ist normalerweise vierwertig. Es kann sich aber auch an ein dreiwertiges Sauerstoffatom binden und dadurch nur dreiwertig erscheinen. Solche organische Verbindungen heißen *Radikale*. In unserem Fall handelt es sich um das Cyan-Radikal CN, das wegen seiner unvollständigen Bindung chemisch sehr aktiv ist und deshalb auf der Erde nicht frei vorkommt. Anders im Weltall: In den Wolken der interstellaren Materie sind die Atome und Moleküle so weit voneinander entfernt, daß hier auch freie Radikale recht beständig sein können. Durch eine Strahlung kann ein solches Radikal *angeregt* werden, wobei es in einen anderen, sogenannten *Rotationszustand* gerät.

Durchquert nun das Licht eines Sternes die Wolken der interstellaren Materie, so bildet sich ein Absorptionsspektrum. Der Vorgang ist von uns auf S. 113 beschrieben worden. Ein Teil des Sternlichtes wird von den nichtangeregten CN-Molekülen absorbiert, ein anderer von den angeregten. CN-Radikale im Grundzustand absorbieren das Licht bei einer Wellenlänge von 3874,00 Å, CN-Radikale im ersten angeregten Zustand dagegen bei 3874,61 Å. Der Unterschied ist klein, aber durchaus meßbar.

Die unterschiedlichen Absorptionslinien ließen sich auch tatsächlich im Spektrum einiger Sterne feststellen, übrigens lange bevor man etwas über die Existenz einer Hintergrundstrahlung wußte. Eine befriedigende Erklärung für die Anregung der CN-Radikale gab es damals nicht. Heute scheint dieses Problem gelöst zu sein. Die 3-K-Strahlung besitzt gerade die für die Anregung erforderliche Energie. Aus dem Verhältnis der Intensitäten der beiden Absorptionslinien läßt sich auch auf die Intensität der Strahlung schließen, die die Anregung hervorgerufen hat. Beobachtungen ergaben, daß die Grundstrahlung bei einer Anregungswellenlänge von 0,26 cm eine Strahlungstemperatur von 3,0 ± 0,5 K haben muß. Das stimmt wieder gut mit der theoretischen Forderung überein. Das Maximum oder gar die rechte Flanke ist

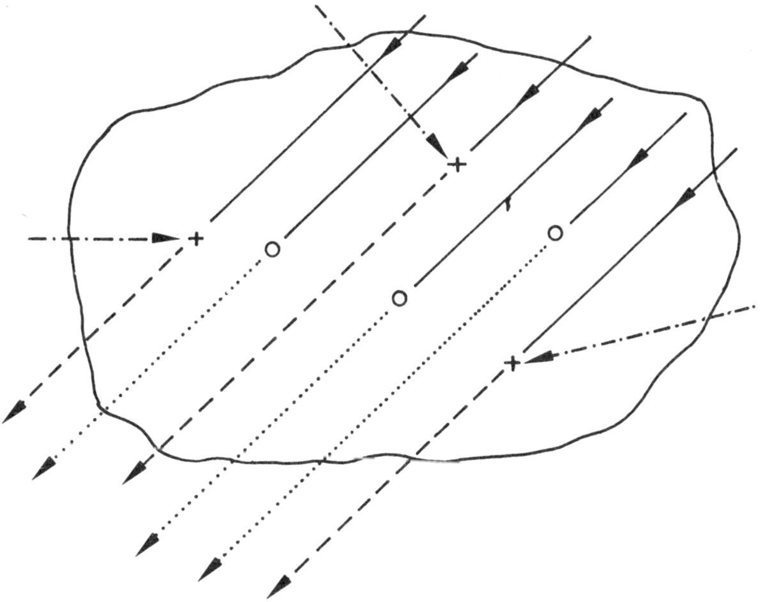

Abbildung 30: Schematische Darstellung der Beeinflussung der Sternstrahlung durch eine Wolke mit eingelagerten CN-Molekülen:

——————► primäre Sternstrahlung,
··—·—·—·—·► einfallende kosmische Hintergrundstrahlung,
— — — — — ► Strahlung nach der Absorption durch ein angeregtes CN-Molekül,
··············► Strahlung nach der Absorption durch ein nichtangeregtes CN-Molekül,
× angeregte CN-Moleküle,
O nichtangeregte CN-Moleküle.

damit allerdings noch immer nicht erfaßt. Im Jahre 1969 untersuchte man in gleicher Weise die Linien anderer Radikale. Dabei ließ sich jedoch nur die obere Grenze der Hintergrundstrahlung (im kurzwelligen Teil also) in guter Übereinstimmung mit der Theorie festlegen.

Die Abb. 30 zeigt schematisch den Vorgang der Absorption in einer Wolke mit eingelagerten CN-Molekülen, die Abb. 31 die Planck-Kurve der 2,7-K-Strahlung mit den eingezeichneten Ergebnissen nach der CN-Methode. Abb. 32 zeigt die Absorptionslinie im Spektrum des Sternes Xi Ophiochi.

Eine arge Enttäuschung für die Anhänger der 3-K-Theorie

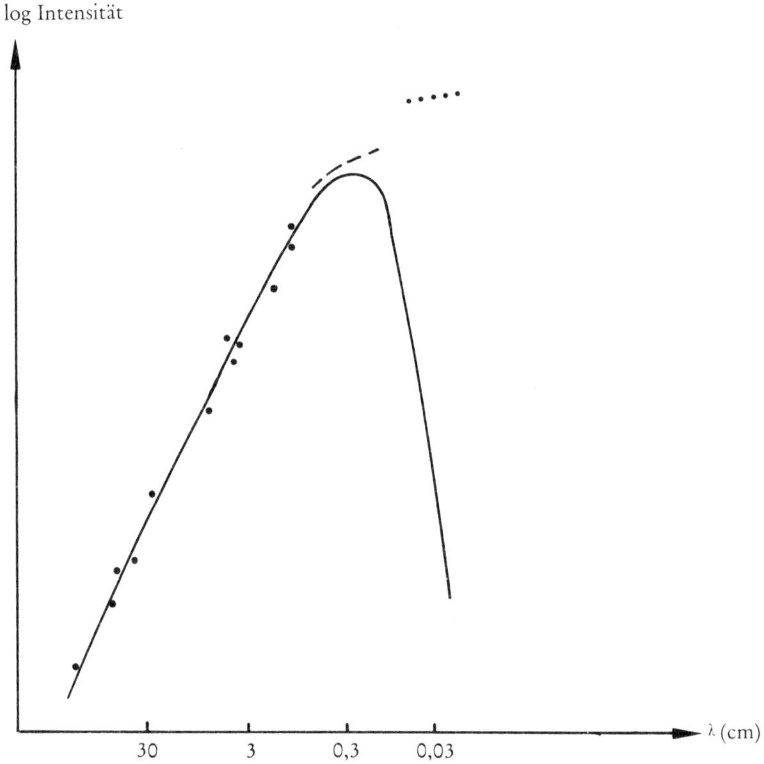

Abbildung 31: Die Intensität der 3-K-Strahlung eines schwarzen Körpers in Abhängigkeit von der Wellenlänge. Die Punkte zeigen direkte Meßergebnisse. Die gestrichelte Linie zeigt die Ergebnisse nach der CN-Methode. Die punktierte Linie zeigt die obere Grenze der Strahlung, die sich aus dem Fehlen von angeregten CN-Absorptionslinien ergibt.

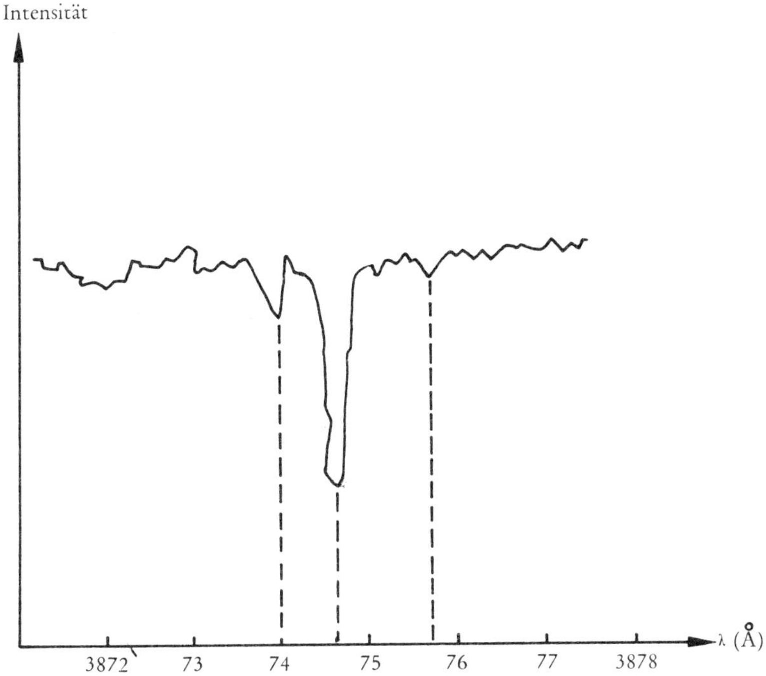

Abbildung 32: Intensität der Strahlung des Sternes Xi Ophiochi bei verschiedenen Wellenlängen. Bei 3874 Ångström und bei 3875,8 Ångström ist die Intensität geringer. Hier erfolgt eine Absorption durch angeregte CN-Moleküle. Bei 3874,6 Å liegt die Absorptionslinie, die durch die nichtangeregten CN-Moleküle entsteht.

brachten Messungen mit Hilfe von Ballonen außerhalb der Erdatmosphäre in Höhen um 40 km. Auch hier zeigte sich die Hintergrundstrahlung, doch war im kurzwelligen Bereich die Intensität wesentlich größer als die durch die Planck-Kurve geforderte.

Neuere ähnliche Experimente sprechen jedoch wieder zugunsten der 3-K-Strahlung. Die Diskrepanz zu den früheren Messungen könnte auf eine mangelhafte Unterdrückung des Erdstreulichtes zurückzuführen sein. Trotzdem ist auch hier eine gewisse Vorsicht bei der Beurteilung der Meßergebnisse am Platz. Der endgültige Beweis dafür, daß es sich um die Reststrahlung des Urknalls handelt, ist noch lange nicht erbracht.

Mehrere Forscher versuchten, die Hintergrundstrahlung auf andere Art zu erklären. Da sie weitgehend isotrop ist, kann ihr

Ursprung vermutlich nicht im Milchstraßensystem liegen. Möglich wäre aber, daß sie von den Quasaren stammt. Einige theoretische Arbeiten in dieser Richtung sind recht erfolgversprechend. Auch eine Emission durch den intergalaktischen Wasserstoff wurde als Deutung der Hintergrundstrahlung erwogen.

Sollte sich die Annahme einer Reststrahlung des Urknalls bewahrheiten, so wäre damit sehr vieles auch im Hinblick auf die Frage nach der Entstehung der Elemente gewonnen. Wir werden noch darauf zurückkommen. Eine sehr interessante Möglichkeit ergibt sich dabei auch für die Bewegungsvorgänge: An die Hintergrundstrahlung ließe sich nämlich ein Bezugssystem knüpfen. Eine Eigenbewegung der Erde gegenüber diesem Strahlungsfeld müßte sich so ausdrücken, daß die Frequenz der empfangenen Strahlung und damit auch die Strahlungstemperatur nach dem Dopplereffekt in der Bewegungsrichtung etwas anders wäre als in der entgegengesetzten. Gemeint ist dabei natürlich nicht die verhältnismäßig langsame Umlaufgeschwindigkeit der Erde um die Sonne, sondern die ungleich größere Geschwindigkeit durch die Rotation um das Milchstraßenzentrum. Vielleicht gelingt es dabei sogar, die noch sehr problematische Bewegung des ganzen lokalen Galaxiensystems um ein Zentrum, vermutlich im Virgo-Haufen, nachzuweisen.

Die astronomische Forschung besitzt seit kurzem einen neuen wichtigen Zweig: die Röntgenastronomie. Wie schon oft erwähnt, strahlen die Sterne und Sternsysteme ihre Energie in Form von elektromagnetischen Wellen sehr verschiedener Länge ab. Nur ein kleiner Teil erreicht den Erdboden, die meisten Strahlungsarten werden in der Atmosphäre absorbiert. Auch die extrem energiereichen Röntgenstrahlen können die Lufthülle nicht durchdringen. Doch gerade von ihnen erwarten die Astronomen wichtige Hinweise. In den letzten Jahren konnte mit Hilfe von Satelliten eine ganze Reihe von Messungen im Röntgenbereich durchgeführt werden. Weitere Experimente dieser Art sind in Vorbereitung. Die bisherigen Versuche ergeben neben der Beobachtung einiger diskreter Röntgenquellen einen überaus wichtigen Befund, der ein neues kosmologisches Problem aufwirft: Es zeigt sich auch eine Röntgen-Hintergrundstrahlung. Auch sie kommt aus allen möglichen Richtungen zu uns, aber – soweit sich den bisher durchgeführten Auswertungen trauen läßt – im benutzten Frequenzbereich nicht immer mit gleicher Intensität. Unter der Annahme, daß sich die Erde mit einer Geschwindigkeit von ca. 800 km/s gegenüber einem Röntgenstrahlungsfeld bewegt, könnte man jedoch die Existenz einer völlig isotropen Röntgenstrahlung vermuten. Dieser Befund hat sehr weitreichende Konsequenzen. Da sich die Erde mit 30 km/s um die Sonne bewegt, diese eine Pekuliarbewegung von 20 km/s ausführt und gleichzeitig mit 250 km/s um das Milchstraßenzentrum rotiert, ließe sich die beobachtete Geschwindigkeit von 800 km/s so deuten, daß sich das Milchstraßensystem innerhalb des lokalen Galaxienhaufens bewegt. Oder bewegt sich vielleicht der ganze lokale Haufen? Wohin? Welches Bezugssystem repräsentiert dann die Röntgen-Hintergrundstrahlung? Das sind alles Fragen, die wir erst beantworten können, wenn weitere Ergebnisse vorliegen. Vor allem müßte geklärt werden, woher die Strahlung stammt. A. M. Wolfe und G. R. Burbidge glauben, daß sie entweder durch Vorgänge in sehr weit entfernten Galaxienkernen oder durch die Streuung sehr schneller Elektronen an der 3-K-Strahlung entstanden sein könnte. Wahrscheinlicher ist nach den bisherigen Diskussionen wohl die erste Annahme. Auch hier eröffnet sich also ein weites Feld, das sich sicher dazu eignet, unsere Kenntnisse vom Bau des Universums ganz wesentlich zu erweitern. Doch müssen wir Geduld haben. Die Verlegung der Beobachtungsstellen in Gebiete außerhalb unserer störenden Atmosphäre hat eben erst begonnen. Wir dürfen mit Recht gespannt sein, welche Überraschungen uns noch bevorstehen.

3.6. Die Beurteilung der Steady-State-Theorie durch die experimentelle Forschung

Wir erinnern uns daran, daß die Welt nach der Steady-State-Theorie nicht nur von jedem Ort aus, sondern auch zu allen Zeiten, von örtlichen Schwankungen abgesehen, den gleichen Anblick bieten sollte. Das sollte durch eine kontinuierliche Neuschöpfung der Materie erreicht werden, die sich genau angeben läßt. Wir hatten sie schon auf S. 87 beschrieben. Da in diesem Fall die Expansion exponentiell mit der Zeit erfolgen muß, sind die Abweichungen gegenüber anderen Weltmodellen recht erheblich, und man kann die Theorie schon nach den vorliegenden Messungen kritisieren. Das Diagramm auf S. 136 spricht gegen sie. Besonders schwerwiegend sind die Ergebnisse der Beobachtungen an Quasaren. Ihre vermutlich ungleichmäßige Verteilung im Universum infolge ihrer zeitlichen Änderung ist mit der Steady-State-Theorie unvereinbar.

Auch die Hintergrundstrahlung spricht eher gegen als für die Steady-State-Theorie. Ihr Ursprung in einem Urknall scheidet hier natürlich als Erklärung aus. Die 3-K-Strahlung müßte in einem unveränderlichen Weltall immer vorhanden sein, und darum wäre sie nur denkbar, wenn sie entweder aus fernen Galaxien oder aus dem interstellaren Staub stammt. Derartige Lösungen haben auch, wie erwähnt, einige Theoretiker untersucht, doch läßt sich die Wellenverteilung der beobachteten Hintergrundstrahlung bei diesen Annahmen nur mit großer Mühe und nur mit Zusatzhypothesen einigermaßen begründen.

3.7. Kritisches zur Dirac-Jordanschen Kosmologie

In der ursprünglichen Form seiner Theorie hatte sich Jordan die Geburt des ersten Sternes aus der Entstehung eines Neutronenpaares vorgestellt. Nach etwa 10 s sollte der Weltradius etwa dem heutigen Sonnenradius gleich gewesen sein; die Weltmasse sollte etwa der unseres Mondes entsprochen haben. Die Supernovae seien ebenfalls Geburtsstätten neuer Sterne.

Durch die Entdeckung der Pulsare und nach der sehr plausiblen Theorie über den Endzustand der Sterne in Form von Neutronenzusammenballungen (vgl. S. 265) ist dieser Teil der Jordanschen Theorie wohl widerlegt. Anders steht es mit den Problemen um die Gravitationskonstante. Hat sich diese Größe im Laufe der Entwicklung des Universums tatsächlich verändert, so müßten die Auswirkungen auch heute in einigen Bereichen der Forschung nachweisbar sein. Ein Argument für die Annahme dieser Theorie ist die problematische Ausdehnung der Erde.

Die älteren Leser werden sich sicher noch an Erdkundestunden erinnern können, in denen die Geschichte der Erde etwa so besprochen wurde: Das alternde Mütterchen Erde gleicht einem

Apfel, der – vor längerer Zeit gepflückt – allmählich austrocknet. Er schrumpft zusammen und bildet auf seiner Oberfläche Falten. Unser Heimatplanet schrumpft im Laufe der Jahrmillionen wie dieser Apfel mehr und mehr, und seine Falten sind die Gebirge. Die Ursache des Schrumpfens wurde in der Abkühlung des Erdballs gesehen.

Die neue Forschung geht andere Wege. Bereits der deutsche Geophysiker Alfred Wegener (1880–1930) wies in seiner berühmt gewordenen Kontinentalverschiebungstheorie auf die Konturen der Kontinente hin. Sie sind so gestaltet, daß sich die Kontinentalschollen wie die einzelnen Stücke eines Puzzlespiels aneinander legen lassen. Wegener vertrat die Ansicht, daß im ausgehenden Mesozoikum nur zwei riesige Kontinente bestanden. Der eine, er nannte ihn *Gondwanaland*, umfaßte Afrika, Indien, die Antarktis, Australien und Südamerika. Der andere, *Laurasia*, setzte sich aus dem heutigen Europa, Asien, Nordamerika und Grönland zusammen. Im Tertiär begannen diese Urkontinente zu bersten, und die einzelnen Teilstücke – die heutigen Kontinente – entfernten sich voneinander.

Die Theorie, zunächst von vielen Geologen begeistert aufgenommen, galt später lange als widerlegt. Wegener hatte nämlich als Ursache der Kontinentalverschiebung die Fliehkraft infolge der Erdrotation genannt. Genauere Berechnungen zeigten jedoch eindeutig, daß diese Kräfte bei weitem nicht zu einem Bersten der Urkontinente ausreichten.

Wenn also die heutige Forschung für die Kontinentaldrift auch andere Erklärungen suchen muß, an der Richtigkeit des Wegenerschen Grundgedankens läßt sich kaum mehr zweifeln. Wir wollen das begründen: Die äußere Schicht unseres Planeten, die sogenannte Erdkruste, setzt sich chemisch nicht überall gleich zusammen. Ein Bereich besteht vorwiegend aus Granit und ähnlichem Gestein und enthält relativ viel *Si*lizium und *Al*uminium, weshalb er auch *Sial* genannt wird. Ein zweiter enthält vorwiegend basaltische Gesteine und zeichnet sich durch einen hohen Prozentsatz von *Si*lizium und *Ma*gnesium aus. Er heißt deshalb auch *Sima*-Schicht. Die Sial-Schicht ist spezifisch leichter als die Sima-Schicht. So erklärt sich, daß die Kontinentalschollen vorwiegend aus ihr bestehen, während die Sima-Massen in einer relativ gleichmäßigen Tiefe von etwa 20 km unter den Kontinentalschollen liegen. An den tiefsten Stellen der Ozeane, den Tiefseebecken, ist die schwere Sima-Schicht dem Erdboden schon recht nahe.

Auffällig sind auch die Höhenlagen auf der Erdoberfläche verteilt. Zwischen den höchsten Erhebungen und den tiefsten Senken liegt eine Differenz von etwa 20 km. Die Kontinentalschollen liegen im Durchschnitt etwa auf Meereshöhe, die Tiefseebecken im Mittel rund 5 km tiefer. Auf diese Zweiteilung hatte auch schon Wegener hingewiesen. Die Abb. 33 zeigt schematisch den Übergang zwischen der europäischen Kontinentalscholle und dem atlantischen Tiefseebecken an der französischen Küste. Das Bild zeigt auch deutlich, daß die eigentliche Begrenzung der Kontinentalschollen nicht die Küstenlinie ist. Zu den Schollen gehören

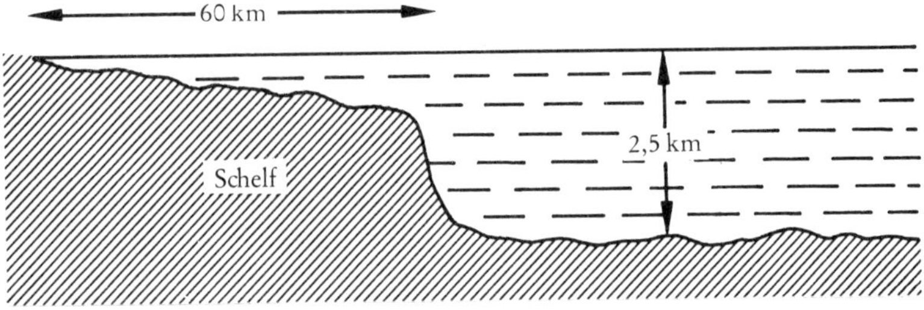

Abbildung 33: Profil an der französischen Atlantikküste.

noch die Schelfgebiete. Werden die Kontinente nicht mit ihren Küsten, sondern mit ihren Schollenrändern aneinandergelegt, so passen sie so deutlich zusammen, daß ein Zufall ausgeschlossen ist. Die ehemalige Verbundenheit der Kontinente steht unzweifelhaft fest. Wegener hatte also recht (Abb. 34).

Aber welcher Motor trennte die Urkontinente und trieb die Schollen auseinander? Muß nicht angenommen werden, daß im Urzustand das leichtere Sial-Material gleichmäßig die Oberfläche bedeckte? Sind nicht die Kontinentalschollen Teile jener einstigen Sial-Oberfläche? Wenn das richtig ist, muß die Erde früher kleiner gewesen sein und sich im Laufe der Jahrmillionen ausgedehnt haben. Das ist in der Tat die Ansicht vieler führender Geophysiker.

Alle Argumente für eine Erdausdehnung zu besprechen, würde hier zu weit führen. Wir wollen hier nur einige nennen:

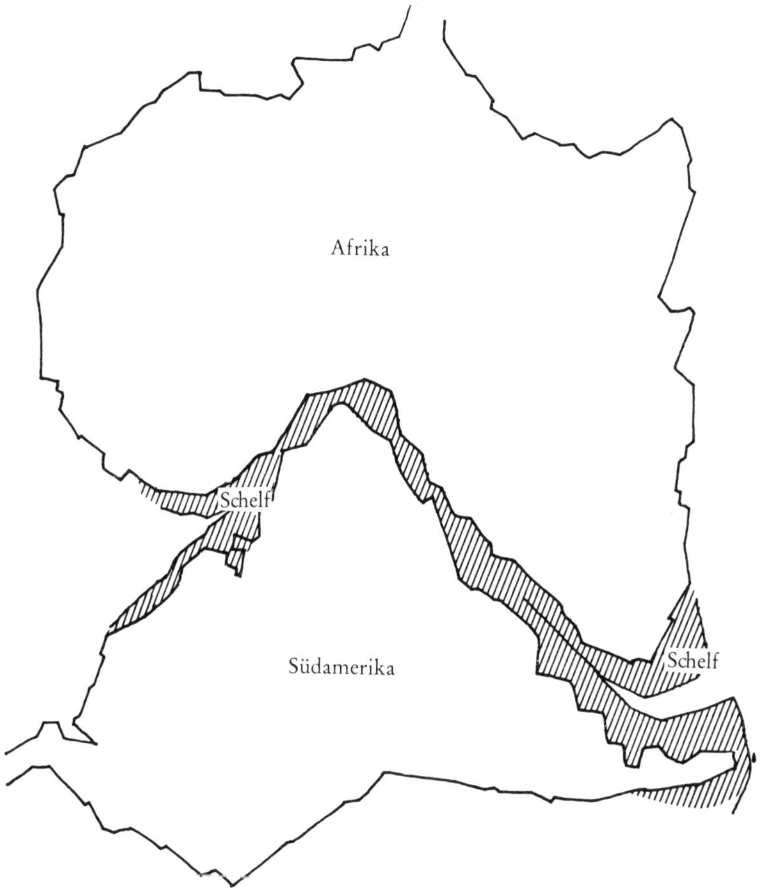

Abbildung 34: Die Kontinentalschollen von Afrika und Südamerika passen mit ihren Formen aneinander.

a) Geologische Untersuchungen der etwa 2¾ Milliarden Jahre alten Faltengebirge zeigen eine zum Äquator symmetrische Anordnung, die auf einen Erdradius von nur 4 400 km (statt heute rund 6 350 km) schließen läßt.

b) Aus den Funden versteinerter ehemaliger Meeresbewohner (marine Fossilien) läßt sich schließen, daß früher ein viel größerer Teil der Erdoberfläche mit Wasser bedeckt war als heute. Hat sich die gesamte Wassermenge auf der Erde nicht geändert – was allerdings einige Forscher bezweifeln –, so kann das nur durch die Erdausdehnung erklärt werden.

c) Aus Streifen an Korallen, die vor etwa 400 Millionen Jahren gelebt haben, läßt sich neben einer täglichen Wachstumsrate noch eine weitere Periode des Wachstums erkennen, die vermutlich dem jährlichen Zyklus entspricht. Nach ihr mußte damals ein Jahr rund 400 Tage gehabt haben. Diese Verlängerung der Erdrotation ist der Astronomie nicht neu. Die modernen Atomuhren gehen so außerordentlich genau, daß sich mit ihnen Differenzen von wenigen Tausendstel Sekunden im Jahr registrieren lassen. Auf diese Weise fand man, daß im Jahre 1956 ein Tag 0,002 s länger, in den Jahren 1957 und 1958 dagegen etwa 0,001 s kürzer als 24 Stunden war. Diese Änderungen sind aber sicher auf Massenverlagerungen auf der Erdoberfläche, wie die Wanderungen von Eisbergen, und auf die Winde zurückzuführen. Astronomische Messungen gestatteten aber auch die Feststellung einer ständigen Verlängerung der Erdrotationsdauer, die sich größenordnungsmäßig mit den Fossilien-Untersuchungen deckt. Als mögliche Ursache dieser Verzögerung galt bisher meistens die durch die Gezeiten verursachte Reibung. Es ist aber bemerkenswert, daß auch eine Erdexpansion eine Verlängerung der Rotationsdauer im festgestellten Umfange erklären könnte.

Alle diese Untersuchungen weisen eindeutig auf eine ständige Vergrößerung des Erdradius hin. Das Bild eines schrumpfenden Apfels ist deshalb sicher falsch. Der Apfel scheint noch sehr kräftig zu wachsen!

Doch wie erklärt sich das? Bildet sich neue Materie im Erdkörper? Auch das ist diskutiert worden, obgleich es von vornherein sehr unwahrscheinlich ist.

Was geschieht jedoch, wenn – nach Dirac und Jordan – die Gravitationskonstante ihren Wert mit der Zeit verkleinert? Die Schwerkraft würde dann abnehmen, der Erdkörper würde entlastet und dehnte sich deshalb aus. Sollte das der Schlüssel zum Geheimnis sein? Andere Möglichkeiten einer vernünftigen Erklärung gibt es kaum. Eine Diskrepanz besteht allerdings hinsichtlich der Expansionsrate. Die meisten Messungen zeigen eine Vergrößerung des Erdradius von etwa 0,6 mm pro Jahr. Theoretisch ergibt sich aus der Abnahme der Gravitationskonstanten eine Zuwachsrate von nur 0,05 mm, also ein wesentlich kleinerer Betrag. Dabei ist interessant, daß sich die Expansionsrate des Weltalls, wie sie aus der Hubble-Konstanten erfolgt, sehr gut mit den Meßwerten deckt: Bei gleicher prozentualer Vergrößerung der Erde und des Weltalls müßte der Erdradius hiernach um 0,66 mm pro Jahr zunehmen. Hieraus Schlußfolgerungen zu ziehen, ist allerdings verfrüht, da noch zu viele Unsicherheiten vorhanden sind.

Nicht nur die Erde, auch die anderen Himmelskörper müßten sich ausdehnen, wenn die Gravitationskonstante abnimmt; so auch unser Mond. Wahrscheinlich werden zukünftige Mondexpeditionen der Forschung auch in dieser kosmologisch so überaus wichtigen Frage weiterhelfen.

Zum Schluß noch eine wichtige Bemerkung zum Quasar-Problem: Wie E. Teller zeigte, reagiert ein Stern bei seiner Entwicklung sehr empfindlich auf eine eventuelle Gravitationsänderung. Unter dem Einfluß vergrößerter Schwerkraft wächst auch seine Leuchtkraft stark. Eine Galaxis müßte deshalb in ferner Vergangenheit, als die Gravitation größer war, auch sehr viel heller geschienen haben. Sollten vielleicht die Quasare Frühstadien normaler Galaxien unter anderen Schwerkraftbedingungen sein? Hier ist allerdings Vorsicht geboten. Die Verteilung der Quasare spricht dafür, daß bei ihrer Entwicklung andere Faktoren eine viel größere Rolle gespielt haben müssen als eine mögliche Änderung der Gravitationskonstanten. Auch für die Entwicklung und die Struktur der Sonne führte man Untersuchungen unter Annahme einer sich ändernden Gravitationskonstanten durch. Eine schnelle Änderung, wie sie von Jordan gefordert wird, läßt sich nach den Berechnungen von Schwarzschild praktisch nicht beobachten.

Wir hatten schon (S. 90) davon gesprochen, daß sich neben einer Änderung der Gravitationskonstanten auch atomare Konstanten geändert haben könnten. Das würde unter anderem auch eine Änderung der 21-cm-Linie (S. 123) bewirken. Sollte also früher diese Linie eine etwas andere Wellenlänge repräsentiert haben, so müßte sich das bei sehr entfernten Galaxien feststellen lassen. Zur Zeit gibt es hierfür noch keinerlei Hinweise.

Zusammenfassend gesagt, ist auch dieses Problem noch völlig

offen. Eine begründete Ablehnung kann hier jedenfalls – zum Unterschied etwa von der Steady-State-Theorie – nicht angebracht werden.

3.8. Gibt es Sterne aus Antimaterie?

Daß die Mitglieder unseres Sonnensystems aus ein und demselben Material bestehen, ist, wie auf S. 93 ausgeführt, sicher. Für die uns umgebenden Fixsterne ist das schon wesentlich fraglicher, und über die materielle Art der weiter entfernten Galaxien können wir keinerlei direkte Auskunft geben. Aber es gibt einige Möglichkeiten, ihre Zusammensetzung auf indirekte Weise zu erkunden. Nach den Vorstellungen von Alfvèn wird eine gegenseitige Zerstrahlung der Sterne und Sternsysteme verschiedener Materiearten durch die Anwesenheit von Strahlungsfeldern vermieden. Die von diesen Feldern ausgehende überaus kurzwellige Strahlung müßte auch in Erdnähe erkennbar sein. Eine solche Strahlung wurde in der Tat als Röntgen-Hintergrundstrahlung gefunden (vgl. S. 160). Sollte sie Alfvèns These erhärten? Obgleich einiges, wie die beobachtete Isotropie, dem zu widersprechen scheint, läßt sich nichts Endgültiges sagen, solange wir keine konkreten Vorstellungen darüber haben, welche Sternsysteme aus Antimaterie aufgebaut sind.

In einem bestimmten Falle genügten allerdings schon Satellitenbeobachtungen zu einer Kritik: Wenn man nämlich die Theorie Alfvèns mit der Steady-State-Theorie kombinieren wollte, müßte die Neubildung der Materie im Universum stets paritätisch erfolgen. Es müßten immer genauso viele Protonen wie Antiprotonen, Neutronen wie Antineutronen, Elektronen wie Positronen entstehen. Diese Teilchen müßten miteinander bis auf einen Rest reagieren und zerstrahlen. Da die Produktionsrate aus der Steady-State-Theorie bekannt ist, kann auch die Intensität der dabei entstehenden Strahlung abgeschätzt werden. Sie müßte nach den Berechnungen jedoch weit über den mit Hilfe der Satelliten beobachteten Werten liegen.

Es gibt noch eine zweite Möglichkeit, etwas über die Existenz von Antimaterie auszusagen. Sie liegt in der Analyse der kosmischen Strahlung. Obgleich wir über ihren Ursprung noch sehr wenig wissen, wäre zu erwarten, daß bei annähernd gleichartiger Verteilung der Materiearten im großen und ganzen auch die kosmische Strahlung beide Materiearten enthält. Einige Versuche mit hochfliegenden Ballonen zeigten in der Primärstrahlung einen Anteil von Antimaterie unter 0,5 Promille. Das scheint recht eindeutig gegen die Existenz von Antimaterie in größeren Mengen auch in relativ fernen Gegenden zu sprechen. Damit ist allerdings noch lange keine Entscheidung über das grundlegende Problem gefällt.

4. Die Geburt der Galaxien

Es ist oft versucht worden, zu dem Bau des Kosmos im großen eine Parallele im Mikrokosmos zu finden. Man verglich das Sonnensystem mit einem Atom. So wie hier um die zentrale große Masse, die Sonne, die Planeten kreisen, so kreisen dort um den Atomkern die Elektronen. Gesetzmäßigkeiten beim Bau finden sich sowohl beim einen wie beim andern. Einige kühne und phantasiebegabte Leute übertrugen sogar das Geschehen im Makrokosmos auf die Welt der Atome und stellten die Behauptung auf, daß sich auf den Elektronen etwa dasselbe abspielt wie auf den Planeten, auch dort würde Leben existieren, gleichsam in der nächst kleineren Stufe des Universums. Man braucht nur einen Schritt in der anderen Richtung weiterzugehen, um unser Planetensystem als ein Atom einer übergeordneten Superwelt zu betrachten. Natürlich ließe sich die Reihe nach beiden Seiten hin bis ins Unendliche fortsetzen.

So interessant solche Spekulationen auch sein mögen, aus unserer Sicht sind sie unzulässig. Es gibt sehr wesentliche Unterschiede zwischen den Gesetzmäßigkeiten, die die Strukturen der Atome bestimmen, und denjenigen, die im Sonnensystem gültig sind.

Trotzdem ist zweifellos eine gewisse Ähnlichkeit vorhanden, und so ist die Frage berechtigt, ob es im Makrokosmos etwas gibt, das der nächsthöheren Ordnung im Mikrokosmos, dem Molekül, entspricht. Man ist geneigt, Zusammenschlüsse von Sternen, also Sternhaufen, als solche Gebilde anzusprechen. Doch zeigt sich hier ein völlig anderes Bild. Moleküle ein und derselben Verbindung haben alle genau die gleiche Zusammensetzung. Sie sind ein Musterbeispiel für eine strenge Ordnung im naturwissenschaftlichen Bereich. Sternhaufen sind dagegen sehr individuelle Gebilde, die oft nur sehr schwer eine eigene Ordnung erkennen lassen.

Ganz anders verhält es sich bei den Galaxien. Hier haben wir es nicht mit einer ungeordneten Häufung von Einzelsternen zu tun. Zumindest ein großer Teil von ihnen zeigt vielmehr eine gewisse Struktur, einen Bauplan, der zur Behauptung berechtigt, daß wir es bei ihnen mit selbständigen Individuen im Reich des aus unserer Sicht Überdimensionalen zu tun haben.

So drängt sich die weitere Frage auf, ob sich etwas Entsprechendes auch im Mikrokosmos finden läßt. Etwa eine geordnete Ansammlung von mehreren Millionen von Atomen. Das einzige, was zum Vergleich berechtigt, wäre eventuell im biologischen Bereich zu finden. Vielleicht ein Einzeller. Doch sind hier die Zusammenhänge so sehr von denen in einer Galaxis verschieden, daß auch in diesem Falle eine Übertragung aus der einen Stufe in die andere scheitert. Es ist deshalb nutzlos, bei den Problemen, die mit der Entstehung der Galaxien zusammenhängen, Hilfe aus dem atomaren Bereich holen zu wollen – ein Versuch, der dennoch verschiedentlich unternommen worden ist.

Um die Frage zu beantworten, wie sich die Galaxien einst gebildet haben können, müssen wir ihre Eigentümlichkeiten kennen. Denn eine Theorie zu ihrer Entstehung muß auch sie erklären können. Wir wollen deshalb zunächst versuchen, die wichtigsten Merkmale nachfolgend aufzuzeichnen.

4.1. Die galaktische Scheibe

Einen groben Überblick über die Struktur des Milchstraßensystems haben wir bereits im 2. Kapitel gegeben. Auch über die Massenbestimmungen ist berichtet worden. Wir wollen jetzt diejenigen Beobachtungsresultate etwas genauer betrachten, die für die Entstehungsgeschichte unserer Galaxis von besonderer Bedeutung sind.

Der überwiegende Teil der Materie befindet sich in einer flachen Scheibe mit einem Durchmesser von etwa 100 000 und einer mittleren Mächtigkeit von 3 000 Lichtjahren. In der Mitte ist die Scheibe verdickt: Wir sprechen vom *Kerngebiet*. Es hat einen Durchmesser von etwa 15 000 Lichtjahren. Die Sonne ist rund 30 000 Lichtjahre vom Mittelpunkt des Systems entfernt und liegt etwa 50 Lichtjahre nördlich der Zentralebene (s. Abb. 1). Die interstellare Materie befindet sich in einer durchschnittlich 800 Lichtjahre dicken Schicht beiderseits der Zentralebene. Sie besteht aus Gas (hauptsächlich H und He) mit einer mittleren Dichte von 10^{-24} g/cm³ und Staub, der etwa 1 Prozent der Gesamtmasse der interstellaren Materie ausmacht. In großer Entfernung von den Sternen hat der Staub eine Temperatur von etwa 20 K. In der Nähe der Sterne ist er wesentlich wärmer (vgl. hierzu S. 262). Innerhalb der beschriebenen Schicht ist die interstellare Materie nicht gleichmäßig verteilt. Abgesehen von einigen örtlichen Verdichtungen, die – wie der bekannte Orionnebel – bereits im Feldstecher zu beobachten sind, existieren großräumige »Arme«, die sich zum Teil optisch, vorwiegend jedoch durch die 21-cm-Linie (vgl. S. 123) beobachten lassen. Unter der wohl begründeten Annahme, daß sich auch die Sterne hauptsächlich in diesen Armen finden, läßt sich vermuten, daß unser Milchstraßensystem spiralförmig aufgebaut ist, also zu den Spiralnebeln gehört. Trotz der erstaunlichen Erfolge der modernen Forschung gerade auf diesem Gebiet gehen die Meinungen der Forscher über die Anordnung der Spiralarme noch weit auseinander. Die Abb. 35 zeigt die ungefähre Lage der Arme in der Nähe des Sonnensystems. Eine Regelmäßigkeit in der Anordnung der Spiralen wie bei einigen außergalaktischen Nebeln läßt sich hier noch nicht erkennen.

Die Sterne in der galaktischen Scheibe sind deutlich zum Zentrum hin konzentriert. Sie gehören größtenteils zu der Sternenart der Population I, haben also einen recht hohen Gehalt an schweren Elementen (vgl. S. 79 und S. 196). Auch das Sternfeld zeigt Verdichtungen, die *offene Sternhaufen* genannt werden. Um sich eine Vorstellung von der Verteilung der Sterne in der Sonnenumgebung machen zu können, denken wir uns in der Hauptstadt eines jeden Landes der Erde einen Apfel. Ein Apfel befände sich dann in Moskau, einer in Peking, Tokio und so weiter. In Europa würden die Äpfel wegen der viel kleineren Länder wesentlich näher beieinander liegen. Sie würden einem offenen Haufen entsprechen. Ein anderer Haufen ergäbe sich im nördlichen Südamerika, ein weiterer in Afrika. Die Äpfel entsprechen den Sternen, wobei wir allerdings neben einigen Riesenäpfeln auch winzige Äpfelchen, wie sie kurz nach der Befruchtung an den Bäumen hängen, einordnen müßten. Die Gesamtzahl der offenen Haufen im Milchstraßensystem wird auf etwa 30 000 geschätzt.

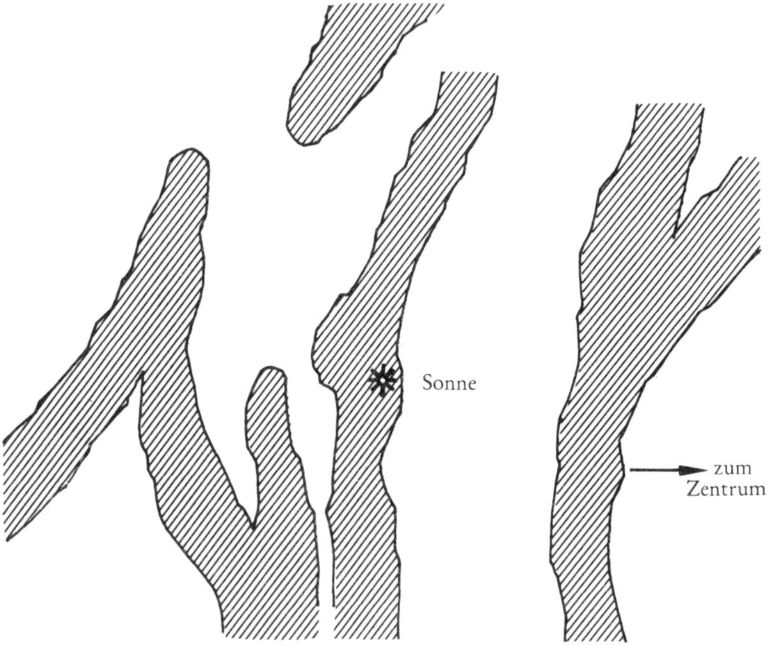

Abbildung 35: Ungefähre Lage der Arme in der Sonnenumgebung. Die Angaben der verschiedenen Autoren weichen noch stark voneinander ab.

4.2. Der galaktische Halo

Die galaktische Scheibe wird von einem kugelförmigen Gebiet umgeben, das man den *galaktischen Halo* nennt. Sein Radius beträgt 75 000 Lichtjahre. Innerhalb dieses Gebietes sind drei Arten von Objekten beheimatet: Gas, Einzelsterne und Kugelhaufen.

Ob im Halo Gas in größeren Mengen vorhanden ist, wird allerdings von einigen Forschern bestritten. Sicher ist, daß es fast ausnahmslos in sehr geringer Konzentration aufritt. Eine direkte Beobachtung, etwa durch die 21-cm-Linie, ist deshalb ausgeschlossen. Es sind vor allem zwei Argumente, die für das Vorhandensein einer Gaswolke um das eigentliche Milchstraßensystem sprechen: Einmal ist es eine theoretische Forderung, auf die wir später noch zu sprechen kommen werden, dann aber die sogenannte *allgemeine galaktische Radiostrahlung*. Abgesehen von einzelnen über die ganze Himmelssphäre verstreuten Radioquellen, empfangen wir praktisch von jedem Punkt des Himmels eine Radiostrahlung. Woher kommt sie? Hat sie ihren Ursprung im interstellaren Gas der galaktischen Scheibe? Sind es die Überreste von Supernovaexplosionen in der Art des berühmt gewordenen »*Krebsnebels*« M 1, von dem noch später genauer zu berichten sein wird (S. 266)? Wir wissen, daß es intensive Radioquellen sind. Oder sind gar »gewöhnliche« Sterne dafür verantwortlich?

Sicher spielen alle diese Faktoren mit, doch reichen sie zur Erklärung nicht ganz aus. Die genannten Quellen stammen alle aus der Scheibe, und man müßte deshalb aus der Richtung senkrecht zur Scheibenebene wesentlich weniger Strahlung empfangen als aus der Scheibenrichtung. Das ist aber nicht der Fall. Die Radiostrahlung ist zwar nicht so gleichmäßig wie die 3-K-Hintergrundstrahlung, doch zeigt sie eine Verteilung, die für eine Herkunft aus dem Halo spricht. Sollte sie aus dem Halo-Gas stammen? Man hat berechnet, daß dieses Gas, um beständig eine Strahlung aus unserem Milchstraßensystem abgeben zu können, eine Temperatur von etwa 1 Million Grad haben müßte, also sie wäre etwa ebenso heiß wie die Sonnenkorona. Wir hätten es demnach mit einer »galaktischen Korona« zu tun. Möglichkeiten, aber auch berechtigte Zweifel. Auch hier ist die Forschung in vollem Gang.

Die Einzelsterne im Halo gehören zur Population II, sie sind also arm an schweren Elementen. Ein großer Teil von ihnen zählt zur Klasse der RR-Lyrae-Veränderlichen. Die meisten Halosterne bewegen sich auf langgestreckten Ellipsen um das galaktische Zentrum und sind in der Nähe viel häufiger als in den Randgebieten. Da sie an der Rotation der galaktischen Scheibe nicht teilnehmen, geraten sie bei ihrem Durchgang durch die Scheibe in den »Fluß« der hier umlaufenden Sterne. Im Verhältnis zu diesen Sternen, zu denen ja auch die Sonne gehört, bewegen sie sich deshalb mit großen Geschwindigkeiten. Sie werden deshalb auch *Schnelläufer* genannt. Ein sehr bekannter Vertreter dieser Klasse ist *Barnards Pfeilstern*, der sich wegen seiner relativen Nähe von nur 5,9 Lichtjahren in jedem Jahr um rund 10 Bogensekunden am Himmel weiterbewegt.

Die Kugelhaufen gehören zu den interessantesten astronomischen Objekten. In klaren Nächten zeigt sich bereits im Feldstecher im Sternbild Herkules ein verwaschener Fleck, der sich im

Fernrohr als eine Ansammlung von unzähligen Einzelsternen entpuppt: der Kugelhaufen M 13. Zur Zeit kennen wir etwa 150 Objekte dieser Art, doch schätzt man ihre Gesamtzahl auf über 1000. Sie konzentrieren sich um den galaktischen Mittelpunkt. Die entferntesten Kugelhaufen sind fast 300 000 Lichtjahre vom Zentrum entfernt.

Wie die Halo-Sterne, bewegen sich auch die Kugelhaufen auf langgestreckten Ellipsen um das Milchstraßenzentrum. Man kann berechnen, daß dabei im Durchschnitt alle 100 Millionen Jahre ein Kugelhaufen die galaktische Scheibe durchquert. Zu Zusammenstößen der Kugelhaufensterne mit den Sternen der Scheibe wird es dabei nur in ganz seltenen Fällen kommen, da die Scheibensterne dazu viel zu weit voneinander entfernt sind. Anders ist das mit der interstellaren Materie. Sie müßte kollidieren, und die Folge davon wäre, daß sie aus dem Kugelhaufen bei jedem Durchgang »ausgekämmt« würde. Das deckt sich auch mit den Beobachtungen: Gas und Staub konnten zwischen den Sternen in den Kugelhaufen nicht nachgewiesen werden.

In einem Kugelhaufen sind ungleich mehr Einzelsterne zusammengefaßt als in den offenen Sternhaufen. Die geschätzten Zahlen liegen zwischen 10 000 und etwa 10 Millionen. Im Kugelhaufen M 3 im Sternbild der Jagdhunde konnten über 44 000, in M 22 sogar über 70 000 Mitglieder gezählt werden, die alle in den Randgebieten liegen (Abb. VIII). Mehr zum Zentrum des Haufens hin wird die Sterndichte so groß, daß sich dort keine Einzelsterne mehr beobachten lassen. Die Sterne gehören zur Population II, sie sind also metallarm. Neben relativ vielen roten Riesensternen befinden sich im Inneren sehr viele veränderliche Sterne, vor allem wieder RR-Lyrae-Sterne. So beobachtete man im Kugelhaufen M 3 über 170 RR-Lyrae-Sterne. Die Mitglieder im Inneren des Haufens beeinflussen sich wegen ihrer sehr großen Dichte untereinander sehr stark. Die Bewegungsverhältnisse sind recht ungeordnet. Es herrscht ein großes »Durcheinander«, wobei einige Sterne auch so beachtliche Geschwindigkeiten erhalten können, daß sie die Fluchtgeschwindigkeit überschreiten und damit das System auf Nimmerwiedersehen verlassen. Ein Kugelhaufen muß sich, wenn keine neuen Sterne in ihm gebildet werden, deshalb allmählich mehr und mehr auflösen. Zumindest ein Teil der im Halo befindlichen Einzelsterne könnte nach diesen Überlegungen aus den Kugelhaufen stammen. Auch in anderen Sternsystemen konnten Kugelhaufen beobachtet werden. In unserem großen Nachbar, dem Andromedanebel, wurden über 250, in den uns relativ nahen Magellanschen Wolken sogar über 1000 Kugelhaufen gezählt.

Ob wir bei den Sternen im Inneren der Kugelhaufen auch Planeten vermuten dürfen, ist sehr ungewiß, doch wollen wir uns einmal hypothetisch einen Bewohner eines solchen Planeten vorstellen. Sein Nachthimmel würde von Tausenden von Sternen von solcher Leuchtkraft erhellt, daß er rund 1000mal so hell wie unser Vollmond erschiene. Einige Nachbarsterne würden sich dem Planeten von Zeit zu Zeit beängstigend nähern. Dadurch würden nicht nur die Lichtverhältnisse, sondern auch die jahreszeitlichen Veränderungen des Klimas ständig wechseln. Auch Katastrophen würden die Annäherungen mit sich bringen, und schließlich könnten sogar Zusammenstöße vorkommen, die jedes Leben auslöschen würden. Eine unwirtliche Welt!

4.3. Das Kerngebiet

Optisch ist uns das Zentralgebiet unseres Milchstraßensystems nur sehr schwer zugänglich. Die dichten Wolken interstellarer Materie hindern den Blick. Vor allem der hier eingelagerte Staub stört sehr. Er mindert die Helligkeit der Kernobjekte schätzungsweise um etwa 25 Größenklassen.

Wesentlich günstiger sind die Beobachtungsbedingungen für die elektromagnetische Strahlung. Schon 1951 entdeckten Astronomen im Sternbild Schütze eine sehr intensive Radioquelle, die kontinuierlich strahlt. Sie nannten das Objekt *Sagittarius A*. Es ist kaum zu bezweifeln, daß Sagittarius A das eigentliche Zentrum unseres Milchstraßensystems ist. In den folgenden Jahren gelang es durch verbesserte Empfänger, ein genaues Bild des Quellengebietes im Wellenbereich zwischen 1 und 10 cm zu erhalten. Besonders aufschlußreich waren die Beobachtungen im 21-cm-Bereich. Sie erlaubten, die ungefähre Verteilung des Wasserstoffes im Kerngebiet festzustellen. Ein wesentlicher Nachteil bei diesen radioastronomischen Methoden besteht darin, daß sich zwar die Richtung, aus der die Strahlung kommt, nicht aber die Entfernung der Quelle angeben läßt.

Auch im Infrarotbereich kann man das galaktische Zentrum beobachten. Diese Strahlen werden ebenfalls wenig von der interstellaren Materie absorbiert. Allerdings tritt hier eine neue Schwierigkeit auf: Die Beobachtung wird erheblich durch die irdische Atmosphäre gestört. Man muß deshalb in möglichst großen Höhen messen. Auch die Registrierung der ankommenden Wellen ist schwierig. Infrarotstrahlen sind Wärmestrahlen. Sie sind für unsere Augen unsichtbar. Ein Empfang mit Hilfe der üblichen Hochfrequenzelektronik gelingt ebenfalls nicht. Dazu sind die Wellenlängen zu kurz.

Doch auch hier fand die moderne Technik einen Ausweg: Nach langwierigen Versuchen wurde eine Detektorzelle mit einem Germanium-Bolometer ausgerüstet. Bolometer sind Geräte, die Wärmestrahlen registrieren können. Um die störende Eigenstrahlung des Gerätes im Infrarotbereich auszuschalten, wurde die Zelle bis auf 1,8 K gekühlt. Der eigentlichen Beobachtung diente ein Teleskop von 30 cm Durchmesser. Das ganze Gerät wurde an einen Ballon gehängt und von der Erde aus bedient. Die Messungen, die in 29 km Höhe bei einer Wellenlänge von 100 Mikrometer ausgeführt wurden, bestätigten die auch schon von der Radioastronomie gewonnenen Ergebnisse: Im Zentrum unserer Sterninsel werden so ungeheure Energien freigesetzt, daß man für ihre Erklärung ganz neue Annahmen treffen muß. Die Kerngebiete der Galaxien gehören deshalb zu den rätselhaftesten, aber kosmologisch wohl wichtigsten astronomischen Objekten.

Aus den bisher gewonnenen Ergebnissen läßt sich etwa folgendes Bild entwerfen: Im Innern unserer Galaxis befindet sich ein abgeplattetes Gebiet mit einem Durchmesser von etwa 4000 Lichtjahren, in dem eine Materie von rund 20 Milliarden Sonnenmassen konzentriert ist. Auffällig an diesem Gebilde ist, daß es keine differentielle Rotation zeigt, bei der die Sterne, je nach ihrer Lage, unterschiedliche Umlaufzeiten besitzen würden, sondern daß es wie ein starrer Körper mit konstanter Winkelgeschwindigkeit rotiert. Am Rande beträgt die Geschwindigkeit etwa 230 bis 270 km/s. Außerhalb dieses Gebietes nimmt die Geschwindigkeit vermutlich ab, da die beobachteten Sterne in großer Entfernung wesentlich langsamer umlaufen. Es muß allerdings betont werden, daß die Geschwindigkeitsangaben des zentralen Gebietes nur aus

Doppler-Verschiebungen der 21-cm-Linie des neutralen Wasserstoffs hergeleitet wurden. Sternbeobachtungen sind hier ja nicht möglich. Sehr wahrscheinlich machen aber auch die eingelagerten Sterne diese Rotationsbewegung des Wasserstoffes mit.

Weiter innen nimmt die Dichte der Materie sehr stark zu. Der eigentliche Kern, der wohl mit der Radioquelle *Sagittarius A* identisch ist, gibt uns besonders viele Rätsel auf. In einem Gebiet von nur etwa 50 Lichtjahren Durchmesser befindet sich eine Materie von rund 30 Millionen Sonnenmassen. Die Dichte ist hier also noch ungleich größer als im Inneren der Kugelhaufen. Ob es sich hierbei überhaupt um normale Sterne handelt, ist allerdings mehr als fraglich.

Der Kern strahlt, wie wir gesehen haben, sowohl im Radio- wie im Infrarotbereich. Doch läßt sich mit Sicherheit annehmen, daß auch andere Strahlungsarten gewaltige Energien freisetzen.

Sehr bedeutsam ist die im Radiobereich empfangene Energie-

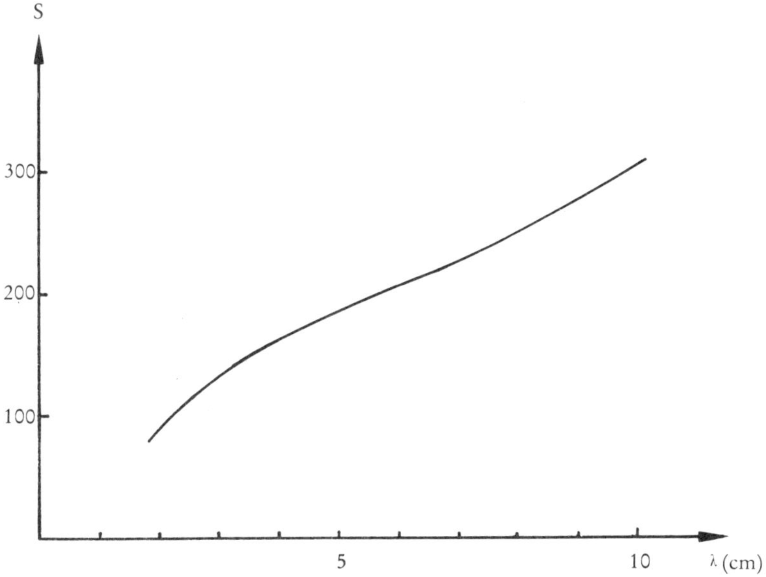

Abbildung 36: Der Zusammenhang zwischen der Flußdichte S (in 10^{-19}erg sec^{-1}m^{-2}Hz^{-1}) und der Wellenlänge der aus dem Zentrum des Milchstraßensystems zu uns gelangten Radiostrahlung.

menge (Flußdichte) in Abhängigkeit von der Wellenlänge. Das entspricht den Planck-Kurven (vgl. S. 154) im optischen Bereich. Die Energiekurve der thermischen Radiostrahlung fällt im cm-Wellenlängenbereich ab; je größer die Wellenlänge, um so kleiner ist also die gemessene Energie. Die Strahlung aus dem galaktischen Kerngebiet verhält sich anders. Die Abb. 36 zeigt den Verlauf der gemessenen Kurve. Dieses Ergebnis ist nur unter der Annahme verständlich, daß es sich hier um eine Synchrotronstrahlung handelt. Solche Strahlen werden durch sehr schnelle Elektronen in Magnetfeldern verursacht. Woher stammen diese schnellen Elektronen? Elektronenströme beobachtet man bei Materieausbrüchen. Sollte etwas Ähnliches auch im Kern unserer Galaxis stattfinden?

Diese Vermutung wird durch andersartige Beobachtungen unterstützt, die vornehmlich von den Radioastronomen I. Oort, G. W. Rougoor und P. C. van der Kruit in Leiden gemacht wurden. Aus den Doppler-Verschiebungen der 21-cm-Linie läßt sich auf zwei Wasserstoffwolken schließen, die mit Geschwindigkeiten zwischen 50 und 60 km/s aus dem Kern herausströmen. Ihre Bewegungsrichtung ist gegenüber der galaktischen Ebene um etwa 30 Grad geneigt. Über die Entfernung zum Kern läßt sich kaum etwas Bestimmtes aussagen. Nimmt man den Beginn der Expansion der Wolken vor etwa 10 Millionen Jahren an – ein Wert, der von einigen Forschern vertreten wird –, so ergibt sich eine Entfernung von einigen Tausend Lichtjahren.

Ein sehr aufschlußreiches Resultat ergeben auch hier die Infrarotmessungen. Sie zeigten, daß die Strahlung nicht nur aus einer, sondern aus mehreren Quellen in der Nähe der galaktischen Ebene stammt. Besonders aktiv sind zwei Quellen, die aus unserer Sicht etwa 45 Bogenminuten voneinander entfernt sind. Die Vermutung liegt nahe, daß die von der Leidener Forschergruppe festgestellte Expansion mit einer Zweiteilung der Infrarotquelle zusammenhängt. Wir werden auf dieses sehr wichtige Problem noch bei der Besprechung der Materiequellen zurückkommen.

4.4. Die Welt der Galaxien

Wie das Milchstraßensystem, so erscheinen uns auch die anderen Galaxien, als seien sie nach einem bestimmten Bauplan geschaffen.

Es sind Individuen, die ihre Eigenarten besitzen, aber untereinander auch viele gemeinsame Merkmale aufweisen. Dabei treten deutlich einige Typen mit besonderen charakteristischen Eigenschaften hervor.

Es gibt eine ganze Reihe von Klassifizierungsmöglichkeiten. Die bekannteste stammt von dem bereits erwähnten amerikanischen Astronomen E. Hubble, der nach optisch beobachteten Formen unterscheidet. Die Abb. 37 zeigt schematisch seine Klassifikation, deren Typen wir im folgenden etwas genauer betrachten wollen.

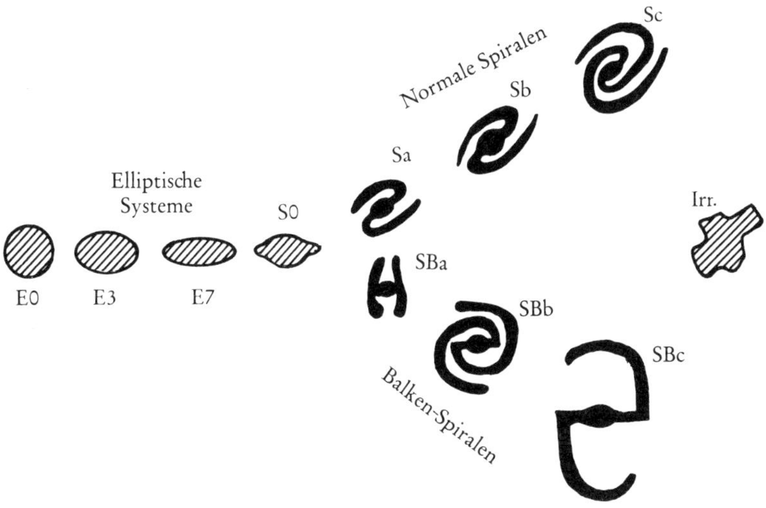

Abbildung 37: Klassifikation der Galaxien nach Hubble.

4.4.1. Elliptische Systeme (E ...)

Die Gestalt elliptischer Systeme ist rotationssymmetrisch, das heißt, ihre Materie ist symmetrisch zu einer Achse verteilt. Sie können kugelig oder auch langgestreckt sein. Die kugelförmigen Systeme werden mit E O bezeichnet, die ellipsoidischen mit E 1 bis E 7. Nennt man die beiden Halbachsen der Ellipse a und b, so gilt die Formel $\frac{a}{b} = \frac{10}{10 - z}$, wobei z die an den Buchstaben E angehängte Zahl bedeutet. Für eine E-5-Galaxie ergäbe sich also: $\frac{a}{b} = \frac{10}{10 - 5} = \frac{10}{5} = 2$. Ihre große Achse ist also doppelt so lang wie die kleine.

Für E 7 beispielsweise beträgt das Achsenverhältnis 10 : 3. Über 40 Prozent aller beobachteten elliptischen Galaxien gehören zu den Typen E 0 oder E 1. Die wahre Verteilung ist sicher ganz anders: Da die Lage der Galaxien in allen möglichen Richtungen streut, sehen wir viele elliptische Systeme annähernd in der Richtung ihrer großen Achse, wodurch sie kugelige Formen vortäuschen. Auf Grund von statistischen Untersuchungen läßt sich vermuten, daß in Wirklichkeit die verschiedenen Formen etwa gleich häufig sind.

Bis auf einen kleinen hellen Kern sind die elliptischen Galaxien strukturlos. Ihre Helligkeit nimmt vom Zentrum aus nach allen Seiten gleichmäßig ab. Neben einigen Riesensystemen ist die Mehrzahl dieser Galaxien relativ klein. Bei großen Systemen erscheint der Kern meistens roter als die umgebenden Gebiete. Bemerkenswert ist der geringe Anteil der Radiostrahlung aus normalen elliptischen Systemen. Etwa 18 Prozent aller Galaxien gehören dem elliptischen Typus an.

4.4.2. Spiralförmige Systeme (S ...)

Diese Systeme sind viel häufiger (über 60 Prozent) als die elliptischen. Meistens werden sie Spiralnebel genannt, obgleich es, wie wir wissen, keine Nebel, sondern Ansammlungen von Sternen sind. Sie besitzen Arme, die vom Kern ausgehend das Kerngebiet umschlingen. Meistens sind es nur zwei annähernd symmetrische Arme. Das ist für das Problem der Galaxienentwicklung wichtig. Je nachdem, wie weit sich die Arme öffnen, unterscheiden die Astronomen die Typen Sa, Sb und Sc. In derselben Reihenfolge ist das Zentralgebiet kleiner, so daß bei extremen Sc-Typen aus einem sehr kleinen Kern weitgeöffnete Arme ausgehen wie etwa beim zur lokalen Gruppe gehörenden *Dreiecksnebel* M 33. Im Unterschied zu ihnen bestehen die Sa-Typen fast nur aus einem Kern mit geringen Andeutungen der Arme. Sie können als Übergangsform zu den elliptischen Systemen betrachtet werden. Die Abb. VI zeigt als Beispiel hierzu die Galaxis M 104, deren Kern die Form eines elliptischen Nebels besitzt. Die mit dunkler Materie vermischte Scheibe ist jedoch deutlich zu erkennen. Dadurch unterscheidet sich M 104 von den meisten strukturlosen elliptischen Systemen. Wegen ihres Aussehens wird sie auch *Sombreronebel* genannt. Die bekannteste Spiralgalaxis vom Typ Sb ist wohl der *Andromedanebel* M 31, den die Abb. IX zeigt. Auch unser eigenes Milchstraßensystem gehört vermutlich zu dieser Klasse. Die Abb. XXIII zeigt die spindelförmige Galaxie NGC 4565. Deutlich ist bei ihr die Schicht dunkler Materie zu erkennen.

Trotz der Verschiedenartigkeit der Spiralformen läßt sich für die Mehrzahl der Objekte eine Gesetzmäßigkeit herleiten: Meistens sind es logarithmische Spiralen, die dadurch charakterisiert sind, daß ein vom Mittelpunkt ausgehender Strahl die Spirale an jeder beliebigen Stelle unter dem gleichen Winkel schneidet. Die Abb. 38 verdeutlicht das. Die Spiralsysteme sind meistens stark abgeplattet und zeigen eine deutliche Rotation. Lange war es ungeklärt, in welcher Richtung sie erfolgt. Man kann zwar durch die Doppler-Verschiebung leicht feststellen, welcher Arm sich zu uns hin und welcher sich von uns fortbewegt, doch ist sehr viel schwieriger zu beurteilen, welcher näher und welcher weiter gelegen ist. Einen ähnlichen Effekt können wir leicht bei den rotierenden Radar-

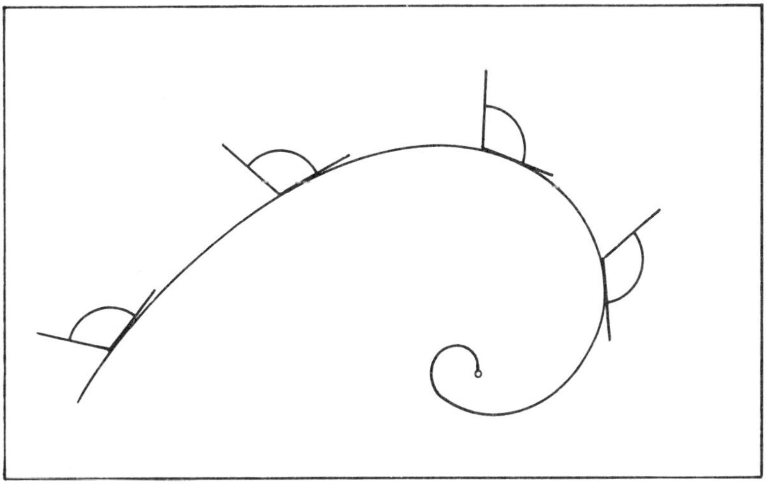

Abbildung 38: Die Spiralarme sind annähernd logarithmische Spiralen, bei denen ein vom Mittelpunkt ausgehender Strahl die Spirale an jedem Punkt unter gleichem Winkel schneidet.

schirmen auf Flugplätzen oder an Schiffen beobachten. Die Bewegung der »Arme« können wir leicht erkennen: Der eine bewegt sich von rechts nach links, der andere umgekehrt. Doch welcher »Arm« ist es, der sich von rechts nach links bewegt? Ist es der vordere oder der hintere? Die große Entfernung zum Radargerät versagt uns das plastische, dreidimensionale Sehen, und wir können deshalb den Abstand von uns nicht abschätzen. Oft sind wir überzeugt, daß die Rotation linksherum erfolgt, doch im nächsten Augenblick schlägt die Empfindung um, und wir könnten schwören, daß sich das Ding rechtsherum bewegt!

So ähnlich ging es auch den Astronomen, bis es schließlich doch gelang, das Problem zu lösen: Die Spiralen werden nachgezogen, die Bewegung erfolgt also wie bei einem rotierenden Rasensprenger oder einem Feuerrad. Auch das ist ein kosmologisch sehr bedeutsamer Befund.

Spiralgalaxien sind in der Regel sehr groß und massenreich. Zwergsysteme mit Spiralarmen sind unbekannt. Die Sterne in den Kerngebieten gehören wie in den elliptischen Systemen der Population II an. Interstellare Materie ist hier nur wenig vertreten. In den Armen dominiert dagegen die Population I mit oft dichten interstellaren Wolken.

4.4.3. Balkenspiralen (B ...)

Das Zentralgebiet der Balkenspiralen ist langgestreckt, es bildet einen *Balken*, an dessen Enden meistens fast rechtwinklig die Arme ansetzen. Je nach der Öffnung der Arme werden wiederum, wie bei den normalen Spiralen, die Untergruppen a, b und c unterschieden. Auffallend ist die Symmetrie, die meistens ausgeprägter als bei den normalen Spiralen ist. Balkenspiralen sind seltener als S-Systeme (etwa 15 Prozent). Die Abb. XI zeigt die Balkenspirale NGC 1300 im Sternbild Eridanus.

4.4.4. Irreguläre Systeme (Irr...)

Früher galten die beiden Nachbarn unseres Milchstraßensystems, die Große und Kleine Magellansche Wolke, als typische *irreguläre Systeme*. Neuere Untersuchungen der GMW (Große Magellansche

Wolke) scheinen jedoch auf ein rotierendes balkenförmiges System vom Typus Sb hinzuweisen (Abb. X). Der Bau der irregulären Galaxien ist unsymmetrisch, ein Kern ist meistens nicht zu erkennen. Die Sterne gehören vorwiegend zur Population I. Interstellare Materie ist reichlich vertreten. Irreguläre Systeme sind nur mit etwa 4 Prozent an der Gesamtzahl der Galaxien beteiligt.

4.4.5. Übergangsformen

Als Übergangsformen zwischen den elliptischen und den Spiralsystemen können die spindelförmigen Systeme (SO) betrachtet werden. Die Kerngebiete ähneln in ihrer Form den S-Systemen, doch fehlen die Spiralarme. Interstellare Materie kommt in geringen Mengen vor.

Neben der Hubbleschen Klassifikation gibt es, wie erwähnt, eine Reihe anderer. So lassen sich die Galaxien wie die Sterne in Spektralklassen einteilen. Einen anderen Weg beschreitet die Klassifikation von Morgan, der die Galaxien in Abhängigkeit vom Grad ihrer Konzentration zum Mittelpunkt unterscheidet.

Interessant sind einige besondere Typen. So haben die *Hantelgalaxien* (dumb-bells) zwei Kerne. Die *Seyfert-Galaxien* (nach dem Astronomen C. K. Seyfert genannt) zeichnen sich durch einen kleinen, aber sehr aktiven Kern aus. Die Breite der Emissionslinien weist auf eine hohe Temperatur der dort befindlichen Gase hin, die mit sehr großer Geschwindigkeit expandieren. Einige Merkmale dieser Typen deuten auf eine Verwandtschaft mit den Quasaren. Meistens senden sie auch eine radiofrequente Strahlung aus, so daß sie sich als Übergangsformen zu den Radiogalaxien ansehen lassen. Die Abb. XXI zeigt die Seyfert-Galaxie NGC 4151.

4.4.6. Radiogalaxien

Radiogalaxien heißen die Sternsysteme, bei denen das Verhältnis der Radiostrahlung zur optischen Strahlung besonders groß ist. Ein typisches Beispiel ist die Radioquelle im Sternbild *Centaur* (Cen A), die mit der Galaxis NGC 5128 identisch ist (Abb. XII). Ein kreisförmiger Kern wird von einem Halo mit einer dunklen, zerrissen aussehenden Zone umgeben. Die Radiostrahlung beträgt etwa 10^{33} Watt und ist damit 1000mal so stark wie die Radiostrahlung des gesamten Milchstraßensystems. Als Ursache der Strahlung nahm man früher den Zusammenstoß eines elliptischen EO-Systems mit einem Spiralsystem an, auf dessen Kante wir sehen. In einem solchen Fall würden die Sterne selbst nicht Schaden nehmen. Die Sterndichte in den Galaxien ist so gering, daß sie aneinander vorbeifliegen würden. Kollidieren würde aber die interstellare Materie, und dabei ließe sich in der Tat ein größerer Effekt erwarten. Obgleich die Kollision zweier Galaxien grundsätzlich nicht auszuschließen ist, zeigen neuere Untersuchungen, daß hier andere Vorgänge im Spiel sind. Man fand auch so viele ähnliche Objekte, daß die Kollisionshypothese nicht aufrechterhalten werden konnte.

Die Radioquelle Cyg A zeigt zwei Kerne in einem elliptischen System. Ihre Radiostrahlung übertrifft die des Milchstraßensystems bereits um das Millionenfache (Abb. XIII).

Mit modernen Radioteleskopen ist es inzwischen gelungen, eine große Zahl von Radioquellen zu entdecken. Wahrscheinlich sind viele dieser Quellen Radiogalaxien in großen Entfernungen. Während die empfindlichen Radioempfänger auf die Strahlung noch ansprechen, sind die optischen Geräte hierzu nicht in der Lage. Oft ließ sich auch bei diesen Quellen eine Zweiteilung feststellen.

4.4.7. Quasare

Wir haben uns mit diesen Objekten schon früher beschäftigt (S. 37). Wie später gezeigt werden wird, ist es nicht unberechtigt, sie hier im Zusammenhang mit den Galaxien zu nennen. Sie sehen wie Sterne aus und wurden früher auch für solche gehalten. Heute wissen wir, daß es sich um ganz andersartige Gebilde handelt. Wegen ihres sternartigen Aussehens hatte man sie *Quasistellare Objekte*, kurz Quasare, genannt. Neben Objekten mit starker Radiostrahlung (QSS) gibt es Quasare, die keine meßbare Radiostrahlung aussenden (QSG). In ihren Spektren zeigen sie nicht nur eine ganz außergewöhnliche Energieverteilung, sondern auch eine enorm starke Rotverschiebung. Wenn man das als Dopplereffekt deutet – eine andere Möglichkeit bietet sich kaum an –, so spricht das für eine Fluchtbewegung mit Geschwindigkeiten bis zu 250 000 km/s. Mit der Hubble-Konstanten ergibt das Entfernungen von fast 8 Milliarden Lichtjahren. Wenn wir die Quasare trotz dieser gewaltigen Entfernungen beobachten können, so muß ihre absolute Leuchtkraft außerordentlich groß sein.

Doch diese sonderbaren Objekte geben uns noch mehr Rätsel auf. Einige von ihnen zeigen deutliche Helligkeitsschwankungen. So hat man die Quasare 3C 273 und 3C 48 auf Fotografien, die vor längerer Zeit gemacht worden sind, gefunden (Abb. XIV). Das Überraschende dabei war, daß sie damals heller gewesen sein mußten als heute. Die Helligkeitsabnahme ist so stark, daß die Leuchtkraft – falls der Prozeß anhält – bereits nach etwa 150 Jahren auf die Hälfte gesunken sein muß. Ja, in einigen extremen Fällen beobachtete man innerhalb von Monaten sogar Helligkeitsschwankungen, bei denen die Intensität zunächst bis auf ein Viertel zurückging, um dann wieder anzusteigen. Solche Schwankungen können nicht von ausgedehnten Objekten herrühren. Die räumlichen Ausmaße müssen klein sein. Die Astronomen rechnen mit Durchmessern von Bruchteilen eines Lichtjahres.

Welch enorme Leuchtkräfte auf so kleinem Raum! Der Quasar 3C 48 strahlt (nach Rechnungen) mit einer Leistung von $2 \cdot 10^{39}$ Watt. Er hätte damit trotz seiner gewaltigen Entfernung eine rund 100mal so große Leuchtkraft wie eine normale Riesengalaxis! Was mag hier vor sich gehen? Vor einigen Jahren konnte an den Quasaren eine weitere wichtige Entdeckung gemacht werden:

Die Radiobeobachtungen mit Hilfe der Interferometrie bei langen Basen (vergl. S. 143) ergaben einen sensationellen Befund: In den Quasaren mußten Geschwindigkeiten auftreten, die um ein Vielfaches größer waren als die Lichtgeschwindigkeit!

Wir hatten bereits auf S. 54 darauf hingewiesen, daß die spezielle Relativitätstheorie eine höhere Geschwindigkeit als die Lichtgeschwindigkeit verbietet und daß dieses Naturgesetz zu den gesichertsten in der Physik gehört. Wie kam man zu diesen Schlüssen?

Im Oktober 1970 und Februar 1971 wurden in den USA mit zwei Radioteleskopen (Haystack und Goldstone, 36 bzw. 64 m Durchmesser) bei einer Basislänge von 3900 km und bei der Wellenlänge 3,8 cm mehrere Quasare beobachtet. Dabei zeigte der Quasar 3C 279 in der Zeitspanne zwischen den Beobachtungen eine Expansion. Ob das ganze Objekt sich ausgedehnt hat oder ob es sich um eine Doppelquelle handelt, bei der sich die etwa gleich hellen Komponenten voneinander entfernt haben, ist noch ungeklärt. Wird die gemessene Rotverschiebung $z = 0{,}538$ als Maß für die Entfernung des Quasars nach der Hubble-Beziehung zugrunde gelegt, so folgt eine Ausbreitungsgeschwindigkeit des Objekts von etwa 1 500 000 km/s. Auch bei anderen Quasaren konnte ähnliches beobachtet werden.

Was geht hier vor? Stimmen in diesen Entfernungen unsere Naturgesetze nicht mehr? Oder muß möglicherweise all das, was sicher und gefestigt galt, noch revidiert werden?

Das ist in der Tat die Meinung einiger Wissenschaftler. Andere bezweifeln die Gültigkeit der Hubble-Beziehung, nach der die Entfernungen zu den Quasaren bestimmt worden sind. Doch gelangt man bei einigen Quasaren auch auf anderem Wege zu den gleichen Entfernungswerten. Obgleich etwas Endgültiges zu dem Problem noch nicht gesagt werden kann, bietet sich eine Erklärung an, die durch folgende Überlegung verständlich wird:

Wir denken uns einen kugelförmigen Luftballon. Wenn wir den Ballon im Zimmer langsam an das Glas eines Fensters drücken, kann ein außenstehender Beobachter leicht erkennen, wie sich die kreisförmige Berührungsfläche zwischen Glas und Ballonhaut vergrößert. Die Geschwindigkeit, mit der der Kreisradius zunimmt, kann dabei wesentlich größer als diejenige Geschwindigkeit sein, mit der wir den Ballon zum Glase hin bewegen. Was sich bei dieser Beobachtung bewegt, ist nur der optische Eindruck. Es ist *nicht* die Bewegung der Materie selbst oder einer Information, die ja nach Einstein die Lichtgeschwindigkeit nicht überschreiten darf.

Ein ähnlicher optischer Eindruck könnte entstehen, wenn wir uns im Zentrum eines riesigen, überdimensionalen Luftballons eine Lichtquelle denken, die einen Lichtblitz erzeugt. Das Licht würde jeden Punkt der Ballonoberfläche gleichzeitig erreichen, doch würde ein außenstehender Beobachter infolge der Laufzeit des Lichtes zunächst das Aufleuchten an dem ihm am nächsten gelegenen Ballonpunkt bemerken und dann erst – kreisförmig wachsend – an den anderen Ballonteilen.

Sollte hier die Lösung liegen? Wie wäre es, wenn eine den Quasar umgebende Gashülle durch die Explosion im Inneren beleuchtet wird? Wäre der Eindruck nicht ein ähnlicher? Die Beobachtung stände in diesem Falle nicht im Widerspruch zu der Relativitätstheorie.

Eine endgültige Antwort zu geben, ist hier noch verfrüht, doch ist es beruhigend zu wissen, daß nicht alles verkehrt sein muß, was die Naturwissenschaft in jahrhundertelangem Bemühen erarbeitet hat.

4.5. Klassische Theorien zur Galaxienentstehung

Nach der Beschreibung der verschiedenen extragalaktischen Objekte wollen wir uns wieder dem Hauptproblem zuwenden: Wie sind diese Gebilde entstanden? Wir wollen zunächst kurz die klassische Hypothese erläutern: Als Urformen der Galaxien (Protogalaxien) werden runde Gaswolken mit mehr oder wenig starker Turbulenz angesehen. Natürlich erhebt sich sofort die Frage, woraus diese Wolken entstanden sind. Geht man von der Urexplosion aus, so lassen sich die Protogalaxien als Teile der beim Urknall entstandenen Materie ansehen, die zunächst das ganze Weltall erfüllte. Diese Urmaterie hat sich später in einzelne runde Haufen aufgelöst, deren Durchmesser etwa zehnmal größer als derjenige der späteren Galaxie war.

Im Laufe der Zeit schrumpfte der größte Teil der Protogalaxis zusammen. Dadurch bildete sich eine dichte und noch wenig abgeplattete Zentralwolke aus. Der kleinere Teil der Materie sammelt sich auch in den Außengebieten zu runden Wolken, aus denen sich später die Kugelhaufen und die heutigen Halosterne der Population II bildeten. Die Turbulenz innerhalb der Wolke wirkte zunächst einer weiteren Kondensation entgegen, doch da sich dabei die Gasmassen aneinander rieben, mußte ihre Geschwindigkeit allmählich kleiner werden, und die Wolke konnte weiter schrumpfen.

Die weitere Entwicklung hängt davon ab, welchen Drehimpuls das ganze System nach dem Abklingen der Turbulenz noch behält. Ist er klein, so bilden sich elliptische Galaxien, ist er relativ groß, so entsteht aus der zentralen Wolke zunächst durch die starken Fliehkräfte ein flaches Ellipsoid und schließlich ein scheibenartiges Gebilde. In der Scheibe haben die äußeren Teile eine größere Geschwindigkeit als die inneren; darum bildet sich erneut eine Turbulenz aus. Wiederum reiben sich die Gasmassen aneinander, wodurch aber jetzt die inneren Gasteilchen nach innen, die äußeren nach außen gedrängt werden. Dadurch reichert sich das Zentrum an, und hier entsteht schließlich der Kern. Durch die »Flucht« der außen gelegenen Gasmassen dehnt sich die Scheibe stark aus; sie wird dünn.

Angenommen, die entstandene Scheibe sei nicht homogen, sondern an einigen Stellen verdichtet, so muß sich ein solches Gebilde infolge der Rotation verformen. Die weiter vom Mittelpunkt gelegenen Teile rotieren langsamer und bleiben zurück, während die inneren vorauseilen. Auf diese Weise könnten sich Spiralarme ausgebildet haben; die Folge wären S-Systeme.

Die Bildung von Balkenspiralen läßt sich mit dieser Hypothese kaum erklären.

Parallel zu der geschilderten Entwicklung aus der Protogalaxis bilden sich aus dem Gas auch die Sterne. Während sich aber das Gas, wie wir sahen, durch die Turbulenz und die daraus erwachsenen Reibungskräfte in seiner äußeren Form stark verändert, bleiben die Sterne davon unberührt. Sie sind so weit voneinander entfernt, daß sie sich gegenseitig nicht beeinflussen, und auch die Reibung zwischen ihnen und dem sie umgebenden Gas reicht nicht zu einer Veränderung aus. Daraus folgt, daß die gegenwärtig in der Scheibe befindlichen Sterne größtenteils *nach* der Bildung der Scheibe entstanden und darum relativ jung sind. Es sind Sterne der Population I, die sich bekanntlich unter anderem durch ihren Metallreichtum auszeichnen. Der Metallreichtum läßt sich durch die Bildung dieser Sterne aus Wolken interstellarer Materie erklären, die bereits mit Metallen und anderen schweren Elementen angereichert war. Da sich Metalle aus der Ursubstanz nur durch Kernverschmelzungen (Fusionen) gebildet haben können, was wiederum nur in Sternen denkbar ist, muß diese interstellare Materie letztlich aus Sternen stammen. Die jungen Sterne sind also Kinder alter Sterne. Sie gehören einer jüngeren Generation an. Auch unsere Sonne ist das Kind einer Mutter, in der die schweren Elemente entstanden waren. Gab es auch eine Großmutter und womöglich eine Urgroßmutter? Einige Astronomen nehmen in der Tat mehrere Sterngenerationen an, bei denen sich die Häufigkeit der schweren Elemente ständig steigerte. Wir werden über die Theorien zur Entstehung der Elemente noch genauer zu berichten haben. Es läßt sich leicht nachweisen, daß die Entwicklung der Scheibe aus der annähernd sphärischen Protogalaxis in der kosmologisch kurzen Zeit von 200 bis 300 Millionen Jahren erfolgte. Da auch die älteren Sterne der Population I aus der Scheibe stammen, muß in ihr der Prozentsatz an schweren Elementen bereits damals recht groß gewesen sein. Deshalb müssen sich in der ersten Phase der Galaxienbildung die Sterne besonders reichlich gebildet haben und relativ schnell wieder zerfallen sein.

Der heute in der interstellaren Materie vorhandene Staub kann nicht aus der Zeit der Galaxienbildung stammen. Infolge der Anziehungskräfte der Sterne, des Lichtdrucks und des »Sternwindes« müßten sich die Teilchen längst aus dem interstellaren Raum verflüchtigt haben. Vermutlich verdanken sie ihre Entstehung entweder alten Riesensternen, die die Teilchen (größtenteils Kohlenstoff) durch ihren Lichtdruck aus ihren Atmosphären abstoßen, oder den ganz jungen, eben »geborenen« Sternen. Bei ihnen könnte sich durch die Übertragung des Drehimpulses des entstandenen Sternes auf die äußeren Schichten eine Hülle gebildet haben, aus der die Teilchen wiederum durch den Sternwind fortgetrieben worden sind. Durch ständige Anlagerung dieser Teilchen aneinander könnten später die äußeren Massenansammlungen der Sterne – Meteorite und Kometen – entstanden sein. Von der Entstehung der Planeten werden wir später noch sprechen.

Die Galaxien ohne eine Scheibe, also die elliptischen und irregulären Typen, entwickeln sich nur insofern anders, als sie sich wegen der nur geringen Rotationsbewegung nicht scheibenförmig abgeplattet haben. Die Sternentwicklung und die Bildung der Kugelhaufen erfolgte in der gleichen Weise. Wie bereits früher beschrieben, befinden sich in der Scheibe des Milchstraßensystems dichte Gas- und Staubwolken, in denen sich viele relativ junge Sterne befinden. Ein bekanntes Beispiel dafür ist der Orionnebel. Auch die Bildung dieser Wolken muß erklärt werden.

Nach einer Theorie von P. Brosche bestand das Milchstraßensystem ursprünglich aus einer Anzahl von Gaswolken, die infolge ihrer unregelmäßigen Eigenbewegung zusammenstießen, dabei sich teilweise spalteten und auf diese Weise ständig vermehrten. Bei der Annahme von 10 ursprünglich vorhandenen Wolken sollten nach dem ersten Stoß 11 bis 15 Wolken vorhanden sein. Um die heutige Zahl von etwa 40 Millionen Wolken in unserem Milchstraßensystem zu erklären, wären bei der angenommenen Vermehrungsrate etwa 100 bis 500 Generationen im Laufe der Entwicklungsgeschichte des Systems entstanden. Aus den Wolken haben sich durch weitere Verdichtungen die Sterne gebildet.

So folgerichtig sich die einzelnen Entwicklungsphasen auch aneinanderzufügen scheinen, bei genauer Analyse ergeben sich doch sehr erhebliche Zweifel an diesen Hypothesen. Es würde den Rahmen dieses Buches sprengen, wenn wir alle Gegenargumente anführen wollten. Wir wollen daher nur einige erwähnen, um deutlich zu zeigen, wie schwierig und vielfältig die Probleme um die Entwicklungsgeschichte der Galaxien sind.

4.6. Probleme der Kugelhaufen

Aus ihrer Lage, weit außerhalb der eigentlichen Galaxis, folgt, daß sich die Kugelhaufen aus dem Halomaterial gebildet haben mußten. Doch wie? Waren es zunächst Einzelsterne, die sich zu einem Haufen zusammengeschlossen haben? Wir sahen (S. 176), daß die Mitglieder der Haufen dazu tendieren, sich zu zerstreuen. Wie vereinbart sich das mit der Forderung eines Zusammenschlusses? Die Gebilde sind erstaunlich gleichartig aufgebaut. Alle sind fast kugelförmig, alle haben ähnliche Mitgliederzahlen. Warum fehlen Übergangsformen? Warum gibt es keine Zwergsysteme oder Riesenhaufen? Sollten sie vielleicht ähnlich wie die Galaxien aus Wolken, also aus »Protokugelhaufen«, entstanden sein? Ihre Entwicklung müßte dann aber auch in der gleichen Form wie bei den Galaxien abgelaufen sein. Warum fehlen bei allen Kugelhaufen die Scheiben? Sollte sich gleich zu Beginn alles vorhandene Gas zu Sternen umgewandelt haben? Oder besaßen die Kugelhaufen in der ersten Phase eine Scheibe aus interstellarem Gas, die jedoch beim ersten Durchgang durch die galaktische Scheibe weggefegt wurde? In beiden Fällen müssen alle Sterne etwa gleich alt wie der Haufen sein. Bestand die Urmaterie nur aus Wasserstoff und Helium, dann dürften sie überhaupt keine schweren Elemente enthalten. Zumindest sollten alle sehr metallarm sein. In der Regel ist diese Forderung auch erfüllt. Die Sterne der Kugelhaufen gehören zur Population II. Doch gibt es Ausnahmen. Wir kennen Kugelhaufensterne, deren Metallhäufigkeit sich nur wenig von derjenigen alter galaktischer Haufensterne mit relativ reichlichem Metallgehalt unterscheidet. Wie erklärt sich das? Eine einzige Ausnahme kann eine sonst sehr glaubwürdige Theorie zu Fall bringen. Trifft das auch hier zu? Eine weitere Schwierigkeit ergibt sich im Zentralgebiet eines Kugelhaufens. Hier stehen die Sterne so dicht, daß Kollisionen sehr häufig vorkommen müssen. Bei solchen Zusammenstößen müßten sehr beträchtliche Energien frei werden, die sich der Beobachtung nicht entziehen könnten. Schließlich müßten öfters auch Sternkollapse, also Materiezusammenbrüche in der Art der Supernovae vorkommen, ja – auch die Bildung von »Schwarzen Löchern«, von denen noch die Rede sein wird, müßte die Folge sein. Wenn die Kugelhaufen sehr alte Gebilde sind, müßten diese Vorgänge im Laufe der Zeit einen extrem dichten Kern verursacht haben. Doch darauf fehlen uns jegliche Hinweise.

4.7. Die Entstehung der Elemente

Bekanntlich bezieht die Sonne wie alle anderen Fixsterne ihre Energie aus der Umwandlung von Wasserstoff in Helium. Vier Wasserstoffkerne verschmelzen zu einem Heliumkern. Man spricht von einer Fusion. Bei hohen Temperaturen können auch noch andere Fusionsprozesse ablaufen, bei denen schwere Elemente aufgebaut werden. Es ist üblich, die Zusammensetzung der Atomkerne durch zwei Zahlen zu charakterisieren. Die Massenzahl A gibt die Anzahl der Nukleonen (Protonen und Neutronen), die Kernladungszahl Z nur die Zahl der Protonen an. Zur Kennzeichnung werden die beiden Zahlen vor das chemische Symbol gesetzt. Beispielsweise bezeichnet ${}^{4}_{2}He$ Helium mit der Massenzahl 4 und der Kernladungszahl 2, also einen Atomkern mit 2 Protonen und 2 Neutronen. Bei größeren Massenzahlen können bei entsprechend hohen Temperaturen nicht nur Fusionsprozesse auftreten, die Kerne können auch zerfallen. Dabei stellt sich schließlich ein Gleichgewichtszustand ein, bei dem Aufbau und Abbau einander die Waage halten.

Wichtig für die Fusionsvorgänge ist die Bindungsenergie zwischen den Nukleonen. Sie nimmt bei wachsender Massenzahl zu, erreicht bei A = 56 ein Maximum und fällt dann wieder ab. Es ist deshalb kein Zufall, daß das Element mit der Massenzahl 56 im Kosmos, verglichen mit anderen schweren Elementen, besonders häufig vorkommt. Es ist das Eisen $^{56}_{26}Fe$, dessen Kerne besonders stabil sind. Je nach der herrschenden Temperatur stellt sich eine bestimmte Häufigkeitsverteilung der Elemente ein, die sich berechnen läßt. Die im Kosmos vorhandene Verteilung der Elemente läßt auf eine Temperatur von etwa 4 Milliarden Grad bei einer Dichte von über 100 000 g/cm³ schließen. So heiß muß also der Ofen gewesen sein, der in der Urküche die Materie zubereitet hat.

Elemente mit größeren Massenzahlen als das Eisen können durch den Zusammenschluß leichter Kerne nicht entstehen, da die Bindungsenergien dabei wieder kleiner werden. Der Aufbau solcher Elemente gelingt aber durch den Einfang von Neutronen. Dabei müssen wir zwischen einem *s-* und einem *r-Prozeß* unterscheiden. Beim s-Prozeß erfolgt ein langsamer Neutroneneinfang (*s* vom englischen *slow*). Durch ihn können alle schweren Kerne bis A = 209 entstehen. Der Aufbau der noch schwereren Elemente könnte durch einen schnellen Neutroneneinfang im r-Prozeß (*r* von *rapid*) erfolgen. Dabei müßten in der sehr kurzen Zeitspanne von wenigen Minuten außerordentlich starke Neutronenflüsse geherrscht haben.

Um die Existenz der tatsächlich im Universum vorhandenen Elemente und ihre Verteilung erklären zu können, müssen wir uns zunächst fragen, wo und wann solche extremen Bedingungen während der Entwicklung des Kosmos bestanden haben. Auch hier bietet die Urknalltheorie einige Ansätze. Nach Ansicht des belgischen Astronomen Georges Henri Lemaître hatte sich das Weltall aus einem überdichten Urkörper, dem »kosmischen Ei«, entwickelt (vgl. S. 151). Gleich nachdem dieses »Ei« gelegt wurde, zerbarst es, da die Materie in dieser Form nicht stabil war. Beim Auseinanderplatzen bildeten sich zunächst die schweren Elemente, deren Kerne jedoch ebenfalls auseinanderbrachen, bis schließlich die Materie in der heutigen Form mit vorwiegend leichten Elementen entstand.

Die moderne Kernphysik widerlegt die Möglichkeit eines solchen Ablaufs. Eine Spaltung wäre zwar möglich, doch würde sich dabei eine in Wirklichkeit nicht vorhandene Anreicherung der stabilen mittelschweren Elemente ergeben, und auch das Vorherrschen des Wasserstoffes wäre auf diesem Wege unerklärlich.

Wenn sich also die gegenwärtige Verteilung der Elemente durch den Zerfall schon zu Beginn vorhandener schwerer Kerne nicht erklären läßt, vielleicht gelingt dann die Umkehrung, bei der aus beim Urknall entstandenen einfachen, leichten Elementen durch Kernfusionen erst später die schweren aufgebaut wurden? Im Jahre 1948 veröffentlichten drei Physiker eine Arbeit, die auf diesem Gedanken aufbaut. Es waren der Amerikaner Ralph Asher Alpher, der Deutschamerikaner Hans Albrecht Bethe und der russisch-amerikanische Atomphysiker George Gamow. Wegen der Ähnlichkeit der Namen mit den ersten drei Buchstaben des griechischen Alphabetes wird ihre Theorie auch *Alpha-Beta-Gamma-Theorie* genannt. Ja, es wurde sogar behauptet, daß sich die drei Wissenschaftler nur wegen dieser Buchstabenfolge zu einem Team zusammengeschlossen hatten. Nun, der einzige Grund wird es sicher nicht gewesen sein!

Nach ihrer Theorie bestand das »Ei« aus Neutronen. In der ersten sehr kurzen Phase der Explosion spalteten sich unter der Einwirkung extrem hoher Temperaturen und bei sehr großem Druck die Neutronen in Protonen und Elektronen, ein Vorgang, der experimentell bestätigt werden konnte. So entstand der Wasserstoff, der sich durch Kernfusionen und den Einfang weiterer Neutronen in der Folgezeit teilweise in schwere Elemente umwandelte. Wegen kernphysikalischer Schwierigkeiten wurde die Theorie umgestaltet: Die Ursubstanz sollte nicht mehr aus Neutronen, sondern aus einem Gemisch von Neutronen und Protonen bestehen.

Wenn das zutrifft, sind die Elemente bereits *vor* der Bildung der Sterne entstanden. Das ist eine sehr wichtige Feststellung. Die Substanz, aus der die Sterne entstanden, setzte sich also in allen Fällen gleich zusammen. In der Tat kann man aus den Spektren der Sterne ermitteln, daß die in ihren Atmosphären vorkommenden schweren Elemente immer etwa die gleiche Verteilung haben. Bloß stimmt das Verhältnis der schweren Elemente zum Wasserstoff und zum Helium nicht in allen Fällen überein. Wie öfter betont, gibt es die Sternpopulationen I und II, deren Metallhäufigkeiten sich unterscheiden. Wie soll das mit der Alpha-Beta-Gamma-Theorie in Einklang gebracht werden? Das ist nicht die einzige Schwierigkeit, die bei der Theorie auftritt. Noch andere Fakten machen sie unglaubwürdig.

Die Voraussetzungen für die Kernfusionen beschränken sich bekanntlich nicht allein auf den Urknall. Auch in den Fixsternen entsteht ständig neues Helium, und auch schwerere Elemente könnten aufgebaut werden. Liegt hier die Lösung des Problems?

Wieder war es eine Gruppe von Wissenschaftlern, die gemeinsam diesen Weg betrat. Das Ehepaar E. M. und G. R. Burbidge, Fowler und Hoyle entwickelten eine Theorie, deren Symbol B^2FH ist. Nach ihr entstanden die Galaxien aus Wasserstoffwolken. Durch Kondensation dieses Wasserstoffes bildeten sich die ersten Sterne, in denen sich der Wasserstoff in Helium und dieser später in schwerere Elemente umwandelte. Hier wird also auch die Bildung der schwersten Elemente im Sterninneren angenommen. Auch die Unterschiede zwischen den Sternpopulationen erklärt die Theorie: Die Sterne stehen mit der interstellaren Materie in einem ständigen Austausch. Durch Sternexplosionen wird Materie in die Umgebung herausgeschleudert. Sie enthält deshalb auch die durch die Fusionsprozesse entstandenen schweren Elemente. Aus Verdichtungen der nunmehr mit schweren Elementen angereicherten interstellaren Materie entstehen neue Sterne. In ihnen geht der Verschmelzungsprozeß weiter, und sie enthalten deshalb mehr schwere Elemente als ihre Vorgänger. Dieser Prozeß kann sich durch mehrere Generationen wiederholen. Wir hatten darauf bereits auf S. 190 hingewiesen. So wäre auch unsere Sonne ein Stern, dessen Materie früher einmal einem anderen Stern angehörte. Das erklärte schließlich, weshalb die jungen Sterne der Population I metallreicher als die alten Sterne der Population II sind.

Auch manche neue kosmologische Veröffentlichungen bevorzugen diese Theorie, aber einer ernsthaften Kritik hält sie nicht stand. Gegen sie spricht auch das Heliumproblem, auf das wir hier kurz zu sprechen kommen wollen.

Leider sind wir nicht in der Lage, zuverlässige Angaben über die chemische Zusammensetzung im Inneren der Sterne zu erhalten.

Es sind hier mehr theoretische Überlegungen im Spiel. Beobachtbar sind nur die Spektrallinien der Sternatmosphären, die u. a. auch über die in ihnen vorhandene Heliumhäufigkeit Auskunft geben.

Bei der Annahme einer Heliumerzeugung im Sterninneren müßten wir in den Atmosphären sehr alter Sterne der Population II nur eine sehr geringe Heliumhäufigkeit feststellen, da bei ihnen die Wasserstoffumwandlung noch nicht bis zur Oberfläche vorgedrungen sein kann. Zwar treten Heliumlinien in den Spektren der Sterne mit niedrigen Oberflächentemperaturen, zu denen auch die alten Sterne der Population II zu rechnen sind, nur sehr spärlich auf, doch scheint auch bei ihnen dasselbe H : He-Verhältnis vorzuliegen wie bei den jungen Sternen der Population I, nämlich etwa 3 : 1.

Noch deutlicher tritt die Diskrepanz zwischen der B^2FH-Theorie und der Praxis bei den sogenannten *Heliumsternen* in Erscheinung. Es sind Sterne, deren Spektren eine sehr starke Anreicherung von Helium zeigen. Entgegen der theoretischen Voraussage gehören sie vorwiegend nicht der Population I, sondern der alten Population II an. Noch eine andere Schwierigkeit sei erwähnt: Unter der Annahme, daß alles Helium unseres Milchstraßensystems in den in ihm eingelagerten Sternen entstanden ist, läßt sich die Energie berechnen, die bei der Kernfusion aus dem Wasserstoff frei wurde. Pro Gramm ergeben sich rund $6 \cdot 10^{11}$ Joule. Bezogen auf das ganze Milchstraßensystem ist die Energie dann etwa 10mal so groß wie jene, die alle in ihm eingelagerten Sterne in 10^{10} Jahren ausgestrahlt haben, vorausgesetzt, daß die gegenwärtige Strahlungsintensität unverändert bestanden hat. Wesentlich älter als 10^{10} Jahre kann unser Milchstraßensystem kaum sein. So müssen wir folgern, daß nicht nur die Bildung der Sterne, sondern auch ihre Strahlungsintensität im ersten Stadium der Entwicklung unserer Galaxis sehr viel größer gewesen sein muß als heute. Das ist besonders deshalb fragwürdig, weil damals die Dichte im Innern der Galaxis kleiner als heute war.

Diese und andere Schwierigkeiten veranlaßten die Theoretiker, wieder zu der Annahme der Elemententenentstehung vor der Sternbildung zurückzukehren.

1964 veröffentlichten Hoyle und Tayler, zwei Jahre später

Wagoner, Fowler und Hoyle eine Theorie, nach der die leichten Elemente, vor allem das Helium, hauptsächlich während der Urknallphase oder bei Explosionen sehr massenreicher Objekte (little bang) entstanden sein sollen. Während die Bildung der schweren Elemente beim Urknall nicht möglich erscheint, könnten einige von ihnen sehr wohl in den übermassiven Objekten geboren worden sein. Nach wie vor wird dabei aber an einer teilweisen Bildung der schweren Elemente im Inneren der Sterne festgehalten. Doch gerade hier ergibt sich eine Schwierigkeit, die wir bereits auf S. 195 erwähnten: Zwar ist das Verhältnis der schweren Elemente zum Wasserstoff bei den verschiedenen Sternpopulationen unterschiedlich, doch ist sowohl bei allen Sternen als auch in der interstellaren Materie das Verhältnis der schweren Elemente untereinander mit wenigen Ausnahmen konstant. Sollten sie sich aber teilweise in den Sternen gebildet haben und gehören die Sterne der Population I einer späteren Generation an, so müßte das Verhältnis bei ihnen wegen der weiteren Kernumwandlungen anders sein. Warum tritt aber selbst bei den ältesten Sternen das gleiche Verhältnis auf? Zwingt das nicht doch wieder zur Vorstellung der Entstehung der schweren Elemente *vor* der Sternengeburt?

Im Hinblick auf das Helium kommt noch eine neue Schwierigkeit dazu: Sollte es sich beim Urknall gebildet haben, so müßte sein prozentualer Anteil heute in einigen Bereichen größer, aber nirgends kleiner als zu Beginn der Sternenbildung sein. Wie schon gesagt, wird der gegenwärtige durchschnittliche Heliumgehalt mit etwa 30 Prozent angegeben. Auch die Urknalltheoretiker errechneten für ihre »Urküche« denselben Anteil. Nun haben einige Astronomen in etlichen Sternen einen Heliumprozentsatz von weniger als 20 festgestellt! Trotz aller Unsicherheiten bei der Analyse der chemischen Zusammensetzung der Sterne ist das mit den Forderungen dieser Theorie unvereinbar. Damit sind wir in einen Teufelskreis geraten, aus dem es zunächst keinen Ausweg gibt.

4.8. Weitere Schwierigkeiten

Noch eine ganze Reihe weiterer Argumente sprechen gegen eine Entstehung der Galaxien aus Urwolken. Eine Theorie ist nur dann gesichert, wenn sie den Beobachtungsbefund erklärt. Doch gerade dabei liegt es hier im argen. Wir wollen nur einige der Schwierigkeiten nennen:

a) Die Entstehung der Spiralen läßt sich nur mit Mühe erklären. Unverständlich ist nach der Theorie auch die Tatsache, daß in den meisten Fällen nur zwei Arme existieren.
b) Es ist unerklärlich, wie sich die Balkenspiralen gebildet haben.
c) Die Bewegungsverhältnisse in den Galaxienkernen (Rotation mit gleicher Winkelgeschwindigkeit) kann die Theorie nur durch Hilfshypothesen erklären.
d) Für die beobachtete Zwei- oder Mehrteilung der Galaxienkerne gibt es keine befriedigende Begründung.
e) Explosionen aus den Kerngebieten in der beobachteten Art sind unerklärlich.
f) In der Nähe großer und massereicher Galaxien finden sich oft mehrere Zwerggalaxien. Auch dafür fehlt eine Begründung.
g) Bei der sehr plausiblen Annahme, daß die Quasare Entwicklungsstadien normaler Galaxien sind, fehlt auch hierfür eine befriedigende Erklärung.

Zusammenfassend gesagt, erscheint nach Abwägung aller Faktoren die Galaxienbildung aus Urwolken auf dem eben beschriebenen Wege durch eine Kondensation als äußerst zweifelhaft. Wir müssen völlig neue Wege beschreiten, die uns zu den Anfängen des Universums führen sollen. Wir müssen dabei den Mut haben, mit einigen alten und uns vertrauten Grundsätzen zu brechen. Ob wir dabei zu brauchbaren Ergebnissen kommen werden, die auch einer strengen Kritik standhalten, sei dahingestellt. Eine Entscheidung kann nur die zukünftige Forschung bringen.

4.9. Materiequellen

Im Bestreben, der Sackgasse, in die die moderne Kosmologie geraten ist, zu entkommen, hatte der Verfasser bereits 1954 vorgeschlagen, bei der Galaxienentstehung den umgekehrten Weg zu untersuchen, also nicht von einer Kondensation der Materie aus Urwolken, sondern von einer Expansion der Materie aus Materiequellen auszugehen. Auch andere Kosmologen beschreiten in neuerer Zeit ähnliche Wege. So entwickelte der sowjetische Astronom V. A. Ambarzumjan eine Theorie, die von einer Explosion in den Kernen der Galaxien ausgeht. Mit Recht hatte er darauf hingewiesen, daß die Theoretiker immer wieder von Kontraktionen stark verdünnter Materie sprechen, daß in der Praxis aber immer das genaue Gegenteil, nämlich Expansionen beobachtet werden. Die Materiequellentheorie wurde in den letzten Jahren recht eingehend untersucht und weiter ausgebaut. Auch sehr namhafte Kosmologen unterstützten sie. Die These deckt sich in so vielem mit den durch die Beobachtung gewonnenen Erkenntnissen, daß es angebracht erscheint, an dieser Stelle etwas ausführlicher auf sie einzugehen.

Wie schon erwähnt, stützt sie sich auf Materiequellen, die an bestimmten Stellen im Raum mit unterschiedlicher Intensität tätig sind. Es soll aber dabei gleich zu Beginn auf eine sehr bedeutende Schwäche hingewiesen werden: Es gibt zur Zeit keine befriedigende Theorie, die in der Lage wäre, die Herkunft der von den Quellen ausgestoßenen Materie zu erklären.

Es bieten sich zwei Wege einer Lösung an: Der erste führt zu der Bildung von übermassiven Körpern aus der Urmaterie des Universums. Der zweite beginnt mit einer Materieneubildung.

4.9.1. Übermassive Körper als Materiequellen

Extrem große Massenkonzentrationen können unter gewissen Voraussetzungen instabil sein. Ein Teil der Materie stürzt in sich zusammen, wobei die dabei frei werdende Gravitationsenergie die äußeren Teile explodieren läßt. Der ganze Vorgang im Inneren der Materiequelle hätte demnach eine gewisse Ähnlichkeit mit den Vorgängen bei Supernovaexplosionen, auf die wir später noch genauer zu sprechen kommen werden.

Die erste Phase der Entwicklung verläuft etwa in der Form, wie wir es bereits bei den klassischen Theorien beschrieben haben. Allerdings bildet sich jetzt nicht eine aus Sternen und interstellarer Materie bestehende Galaxis, sondern ein immer dichter werdendes kompaktes Gebilde. Infolge der Kompression des Gases steigt die Temperatur ständig an, und es kommt zu ersten Kernfusionen.

Die weitere Entwicklung wird stark davon abhängig sein,

welchen Drehimpuls diese Protogalaxis gehabt hat. War er groß, so bildet sich frühzeitig eine Scheibe, und der weitere Zusammensturz der Materie wird durch die Fliehkraft verlangsamt. Bei kleinen Drehimpulswerten kontrahiert die Materie schneller. In den äußeren Teilen zerfällt die Materie in einzelne Protosterne, die aber bereits aus der vorausgegangenen Phase einen – wenn auch geringen – Anteil an schweren Elementen enthalten. Der größere Teil der Protogalaxis kontrahiert weiter und bildet schließlich den übermassiven Körper mit der eigentlichen Materiequelle, von der wir eingangs sprachen.

In der nun folgenden dritten Phase bilden sich im zentralen Gebiet weitere schwere Elemente, die bei den folgenden Explosionen in die Umgebung ausgeschleudert werden und sich mit den leichten Elementen der äußeren Schichten der Protogalaxis vermischen. Aus diesem Gemisch entstehen dann dichte Wolken, und aus ihnen die Sterne der Population II. Es ist naheliegend, anzunehmen, daß bei diesen Explosionsbewegungen auch die ursprünglich äußeren Teile mit den sich schon gebildeten Sternen in die Außenbezirke transportiert worden sind und sich im galaktischen Halo angesiedelt haben. Die Kugelhaufen verdanken ihre Entstehung Verdichtungen der äußeren Protogalaxis.

Das Zusammenstürzen der zentralen Protogalaxis müßte enorme Energien freigesetzt haben. Dabei dürften die Kernfusionen nur einen geringen Teil der Gesamtenergie geliefert haben. Den weit größeren Teil bestritte die Gravitationsenergie. Es liegt nahe, die Quasare als werdende Galaxien in dieser Phase anzusehen. Rechnungen, die für die Energieerzeugung in einem derartigen Kollaps durchgeführt wurden, zeigen, daß man dabei zu Werten kommt, die denen eines Quasars entsprechen könnten.

Hier, in der Quasarphase, entsteht wohl auch das Elementengemisch, aus dem sich später die Sterne gebildet haben. Das Spektrum einiger Quasare zeigt Absorptionslinien (vgl. S. 66), die nur von Gaswolken stammen können, welche aus den Zentralgebieten ausgestoßen worden sind. Diese Linien haben Y. W. Tung Chan und E. M. Burbidge untersucht und fanden dabei eine ähnliche Elementenverteilung wie bei den »fertigen« Galaxien. Also ebenfalls ein Hinweis auf die Bildung der Elemente in dieser Phase.

Die sehr stark strahlenden Kerne der Seyfert-Galaxien (vgl.

S. 185) könnten Spätstadien der Quasare darstellen, also derjenigen Phase, die dem ursprünglichen Kollaps folgt. Bei ihnen haben sich bereits weite Gebiete mit Sternen und Sternhaufen gebildet, doch ist der Vorgang im Inneren der Galaxis noch sehr aktiv.

Die Entwicklung der Galaxis aus der zentralen Materiequelle geht aber weiter. Immer neue Massenkonzentrationen kollabieren und stoßen dabei ihre äußeren Teile in die Umgebung ab. Deshalb beobachten wir sowohl bei einigen uns umgebenden Galaxien als auch in unserem Milchstraßensystem ein Ausströmen der Materie aus dem Quellengebiet. Daneben wird verständlicherweise auch eine starke elektromagnetische Strahlung emittiert. Ausströmende Elektronen sehr hoher Geschwindigkeit erzeugen in Verbindung mit eingelagerten Magnetfeldern die beobachtete Synchrotronstrahlung (vgl. S. 142). Ein Beispiel dafür liefert die Galaxis M 87 im Sternbild Jungfrau, die mit der sehr intensiven Radioquelle Virgo A identisch ist. Man beobachtet bei ihr einen etwa 5000 Lichtjahre langen »Auswurf« (Jet), der im blauen, zu rund 30 Prozent polarisierten Licht strahlt. Eine Analyse dieses Lichtes weist auf eine Synchrotronstrahlung.

Auch die Erzeugung der kosmischen Strahlung (S. 40) wird uns verständlicher. Hier, in der Materiequelle, stehen uns die dazu notwendigen extrem großen Energien zur Verfügung.

Einige Schwierigkeiten bereitet das Zustandekommen der Spiralarme. Gehen wir davon aus, daß sie sich aus der ausströmenden Materie gebildet haben, so ist es unverständlich, wie sich die Arme so lange haben halten können. Sie müßten sich schon längst »aufgewickelt« haben und danach verschwunden sein. Wir kommen auch auf dieses Problem noch zurück (S. 224).

Eine Lösung sieht H. Arp in der Annahme einer ständigen Neubildung der Arme durch die aus der Materiequelle ausgestoßenen Plasmawolken. Sie bewegen sich zunächst radial vom Zentrum weg und wickeln sich dann durch die Rotation des Systems zu Spiralen auf, die sich nach einer gewissen Zeit zerstreuen. Die Materieausstöße müßten sich, um den Beobachtungen gerecht zu werden, in Abständen von 10 bis 100 Millionen Jahren wiederholen. Ein solcher Prozeß könnte gegenwärtig bei der explodierenden Galaxis M 82 stattfinden (S. 212). Altersbestimmungen der in den Armen eingelagerten Sterne sprechen allerdings dafür, daß sie sich – wenn auch nicht gleichzeitig – so doch vorwiegend in der Frühphase der galaktischen Entwicklung gebildet haben.

Das Fehlen der Arme in den elliptischen Galaxien könnte trotz ihrer oft starken Quellenintensität durch die kleine Rotationsgeschwindigkeit des Systems erklärt werden.

Obgleich diese Theorie sehr viele Ergebnisse der Galaxienforschung zu erklären vermag, sie hat auch ihre bedeutenden Schwächen. Vor allem bleibt es ungeklärt, wie sich ein so aktiver Zentralkern gebildet haben könnte. Zwar reicht die Abschätzung des Energieumsatzes, wie wir das bereits erwähnt hatten, aus, doch müßte der zur Bildung des Zentralkernes beigetragene Kollaps gleich zu Beginn der Galaxienbildung eingetreten sein, also vor etwa 10 Milliarden Jahren. Wir beobachten eine Quellentätigkeit aber noch gegenwärtig.

Ein Zusammensturz solch gewaltiger Massen müßte die Materie in einem hohen Maße komprimieren. Die Gravitationskraft wäre in der Nähe dieser Massenkonzentration so groß, daß – als Folge der allgemeinen Relativitätstheorie – kein Lichtstrahl und auch kein materielles Teilchen diesen Körper verlassen könnte. Man bezeichnet ein solches Gebilde als ein »Schwarzes Loch« (vgl. S. 269).

Gehen wir von der Vorstellung aus, daß die bei den Quasaren beobachteten Energien aus dem Kollaps einer sich verdichtenden Urwolke stammen, so kann auch die Größe des zusammengestürzten Körpers, also des Schwarzen Loches, angegeben werden. Man kommt zu Gebilden von der Größe unserer Erde, in denen die gesamte Materie des Zentralkernes, also etwa 100 Millionen Sonnenmassen, untergebracht sind. Das während der Quasarphase entstandene Schwarze Loch müßte während der späteren Entwicklung immer mehr Materie in sich hineingezogen haben und dadurch immer massenreicher geworden sein. Ein solches Gebilde »frißt« immer mehr und mehr – unersättlich! Die Folge wäre ein ständiges Verschwinden von Materie und nicht das beobachtete Ausströmen.

Zwar ist verschiedentlich versucht worden, die Materiequelle durch fortgesetzte Zusammenschlüsse von Sternen mit nachfolgenden supernovaähnlichen Ausbrüchen größten Stils zu erklären, doch konnten dadurch die Schwierigkeiten nicht behoben werden. Die Bildung der übermassiven Körper aus den Urwolken bleibt deshalb genauso zweifelhaft wie die Erklärungen der Wirkungsweise des Quellengebiets während der Zeit seit seiner mutmaßlichen Entstehung.

Einen Ausweg aus diesen Schwierigkeiten glaubt der sowjetische Astrophysiker Ambarzumjan dadurch gefunden zu haben, daß er die Erzeugung der galaktischen Zentralkörper und die nachfolgenden Explosionen als einen Elementarprozeß ansieht, für den es aus der heutigen astrophysikalischen Sicht keine Erklärung gibt. Alles zu erklären ist uns sowieso unmöglich. Wir müssen froh sein, wenn es uns gelingt, die Vorgänge in begrenzten Zeitabschnitten zu verstehen!

4.9.2. Materiequellen durch Materieneubildung

Der zweite Weg, die Entstehung und Wirkungsweise der Materiequellen zu erklären, scheint auf den ersten Blick absurd zu sein. Doch warum sollten wir nicht etwas postulieren, was seit alters her sowohl in die Naturwissenschaften als auch in die mannigfaltigsten Religionen ihren Eingang gefunden hat: Eine Schöpfung aus einem uns prinzipiell unzugänglichen Etwas oder – was letztlich auf dasselbe herauskommt – aus dem naturwissenschaftlich betrachteten »Nichts«. Wir kommen damit auf ein Problem zurück, welches wir im ersten Kapitel bereits behandelt hatten. Wir verlegen hier lediglich den Schöpfungsakt aus der Vergangenheit in die Gegenwart. Natürlich widerspricht ein solcher Vorgang in krasser Weise dem bisher unangefochtenen Gesetz von der Erhaltung der Materie und Energie. Wenn etwas Neues entsteht, sucht man nach einer materiellen Ursache, nach einem Kausalzusammenhang zwischen dem ursprünglichen und dem neuen Zustand. In unserem Fall soll die Materie keinen ursprünglichen Zustand besessen haben, sie war überhaupt nicht da. Unser »gesunder Menschenverstand« sträubt sich gegen diese Annahme. In der Tat sind solche Neuschöpfungen, wenn man Energie und Masse als eine Einheit betrachtet, an keinem Ort und zu keiner Zeit beobachtet worden. Sämtliche Berechnungen, auch im mikroskopischen Bereich, gehen vom Erhaltungsgesetz aus, dem wir letztlich unsere Entdeckungen und Erfindungen, ja unseren so erstaunlichen technischen Fortschritt verdanken. Und im kosmischen Maßstab soll das anders sein? In der Tat wird diese These von vielen Naturwissenschaftlern vertreten. Auch die Urknalltheoretiker können die Welt nur zu einem Zeitpunkt kurz nach dem eigentlichen »Knall« beschreiben. Der Zeitpunkt »davor« bleibt ihnen verborgen. Die Materie in der uns verständlichen Form tritt deshalb auch nach ihrer Ansicht spontan in Erscheinung – sie ist plötzlich einfach da. Auch sie entstammt demnach einer Materiequelle. Wenn wir nicht in der Lage sind, die Ursache der Materieentstehung zu nennen, so muß – gemäß unserer Definition über die Kausalität im naturhaften Bereich – dieser Vorgang akausal verlaufen sein.

Sobald man für einen wenn auch noch so weit zurückliegenden Zeitpunkt eine Ausnahme zuläßt, gibt es keine Allgemeingültigkeit mehr, und wir dürfen auch an anderen Orten und zu anderen Zeiten mit Ausnahmen rechnen. Ganz so abwegig ist also die Existenz von Materiequellen nicht!

Doch ist das nicht der einzige wunde Punkt. Die Quellen müssen einige besondere Eigenschaften besitzen, wenn ihre Tätigkeit mit den Beobachtungen im Einklang stehen soll. Sie müssen an bestimmte Orte gebunden sein und die Materie mit wechselnder Intensität emittieren. Auch hierfür gibt es keine Erklärung. Warum soll eine Quelle hier oder da entstehen und dort nicht? Warum ist sie nicht immer gleich produktiv? Warum kann sie völlig versiegen? Auf all das gibt es bislang keine Antwort. Trotzdem läßt sich durch die Annahme dieser Hypothese so vieles begründen, so vieles mit den Beobachtungen in Einklang bringen, daß sie sehr wohl dazu berufen erscheint, einen bedeutenden Platz in der modernen Kosmologie einzunehmen.

Wir wollen zunächst alle Bedenken beiseite lassen und uns den Folgerungen zuwenden, die sich aus der Existenz von solchen Materiequellen ergeben würden. Wir nehmen bestimmte Stellen im Raum an, die befähigt sein sollen, Materie auszustoßen. Die räumliche Ausdehnung dieser Quellen ist für unsere folgenden Untersuchungen nicht von entscheidender Bedeutung. Wir wollen ihren Durchmesser kleiner als ein Lichtjahr annehmen. Die Quellen sollen Materie in der einfachsten Art, also als atomare Elementarteilchen ausstoßen. Wir hätten es demnach mit einem Fluß von Neutronen, Protonen und Elektronen zu tun, außerdem mit einer sehr energiereichen elektromagnetischen Strahlung. Sicher dürften wir innerhalb der Quelle auch Antiteilchen annehmen, die dann durch Reaktionen mit der normalen Materie die sehr starke elektromagnetische Strahlung verständlich machen würden. Doch wollen wir die ohnehin reichlich spekulativen primären Bedingungen nicht noch weiter komplizieren. Die Annahme des eben erwähnten Flusses genügt.

Es sind eine ganze Reihe von Arbeiten veröffentlicht worden, in denen das plötzliche Auftauchen großer Materiekonzentrationen behandelt worden ist. Wir hatten bereits vom »kleinen Knall« (little bang) berichtet, bei dem nach den Vorstellungen von G. R. Fowler und anderen anläßlich einer Explosion aus dem galaktischen Zentrum vorwiegend Wasserstoff und Helium in die Umgebung herausgeschleudert worden sind. Dadurch hofften die Autoren, das H : He-Verhältnis erklären zu können. Ähnliche Vorstellungen hatte – wie wir berichteten – auch Ambarzumjan. Bei diesen Hypothesen ähnelten die Vorgänge in gewisser Hinsicht denen der allerersten Phase der Welt bei der Urknalltheorie.

Der wesentliche Unterschied hierzu besteht darin, daß es sich bei der neuen Hypothese um keine einmalige, sondern um eine dauernde Materieerzeugung handelt.

Entscheidend für die folgenden Untersuchungen sind die kinetische Energie der ausgestoßenen Teilchen und die Flußdichte. Wir müssen also plausible Angaben darüber machen, wieviel Materie pro Zeiteinheit entsteht und wie groß die Geschwindigkeiten der ausgestoßenen Teilchen sind. Wir wollen einen jährlichen Ausstoß von $3 \cdot 10^{31}$ kg annehmen. Dieser Wert wurde nicht willkürlich gewählt; er könnte den tatsächlichen Gegebenheiten recht nahekommen.

Es sind eine ganze Reihe von Modellen mit sehr unterschiedlichen Geschwindigkeiten durchgerechnet worden. Dabei hingen die Resultate sehr stark auch von der Geschwindigkeitsverteilung ab. Es ist also sehr entscheidend, ob alle Teilchen die gleiche Geschwindigkeit von beispielsweise 400 km/s haben, oder ob diese Zahl ein Durchschnittswert ist und die Teilchengeschwindigkeiten in weiten Grenzen streuen. Auch die angenommene Turbulenz spielt für die weitere Entwicklung eine wesentliche Rolle.

Die Auswirkungen einer solchen Materiequelle lassen sich in mehrere Phasen gliedern, die wir im folgenden besprechen wollen:

a) In der ersten Phase kommt es in unmittelbarer Nähe der Quelle bei großer Dichte, starkem Strahlungsdruck und hohen Temperaturen teilweise zu Kernfusionen und damit zum Aufbau von Helium. Auch einige schwerere Elemente könnten schon in dieser Phase enstanden sein. Der weitaus größte Teil der Materie besteht noch aus Wasserstoff. Genaue Angaben über die prozentuale Verteilung lassen sich nicht machen, da die Grundbedingungen zu unsicher sind.

Die ausgeströmte Materie breitet sich aus und kühlt dabei stark ab. Schließlich nehmen der Wasserstoff und eingelagerte andere Elemente je nach den Voraussetzungen einen Raum von etwa 100 000 bis einigen Millionen Lichtjahren Radius ein. Die Dichte ist sehr klein. Die Dauer dieser ersten Phase mag in der Größenordnung von einigen 100 Millionen bis zu einer Milliarde Jahren liegen. Ein Teil der ausgeströmten Materie wird später in sehr großer Verdünnung auch die Räume zwischen den Galaxien füllen. Die Existenz intergalaktischer Materie ist demnach anzunehmen.

b) Infolge des weiteren Materieausstoßes aus der Quelle wächst im quellennahen Raum die Gesamtmasse durch die langsamen Teilchen und durch Zusammenstöße im Laufe der Zeit immer mehr an. Die emittierten Teilchen können sich nicht mehr unbeschränkt entfernen. Die Zentralmasse zieht sie an. Durch weiteren Massenzuwachs im Zentrum wird die bereits ausgeströmte Materie schließlich zur Umkehr gezwungen. Wie die Rechnungen zeigen, bildet sich dadurch eine Schicht, die sich im weiteren Verlauf ständig weiter verdichtet und mit wachsender Geschwindigkeit dem Zentralgebiet zuströmt (Abb. 39). Die Temperatur in der Schicht wird dabei immer größer. Sowohl der Temperaturverlauf als auch die Mächtigkeit der Schicht und die Implosionsgeschwindigkeit hängen weitgehend von der Massenproduktion der Quelle und der Geschwindigkeitsverteilung ab.

Bei den meisten durchgerechneten Modellen zeigte sich letztlich das gleiche Bild: Am Schluß der Implosion entsteht ein Kerngebiet, das die dritte Phase einleitet. Auch die zweite Phase währt einige 100 Millionen Jahre.

c) Die zusammenstürzende Materie erhitzt sich nahe des Zentrums etwa auf mehrere Milliarden Grad bei sehr starker gleichzeitiger Druckerhöhung. Das ist ein Gravitationskollaps, ähnlich

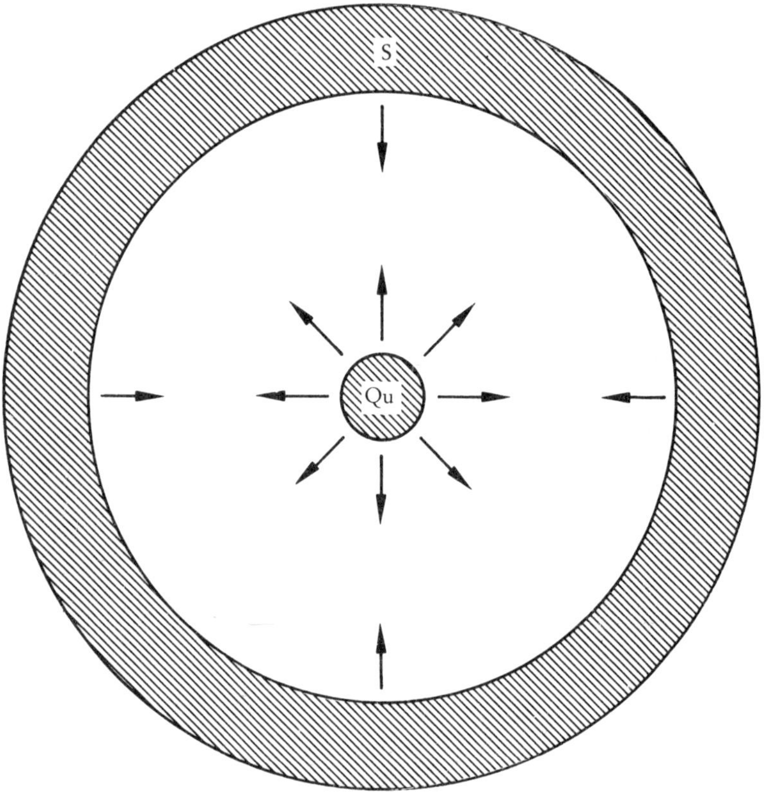

Abbildung 39: Schematische Darstellung der zweiten Phase. Qu = Quellengebiet. Die Schicht großer Dichte (S) stürzt ins Zentrum und verdichtet sich noch weiter.

wie wir es auf Seite 200 bereits beschrieben hatten. Auch hier bildet sich also ein übermassiver Körper.

Drei Energiearten addieren sich hierbei: einmal die Gravitationsenergie, die durch das »Fallen« der Teilchen zum Schwerpunkt des Systems frei wird. Zweitens die Kernenergie der Atome. Bei den extremen Bedingungen ist damit zu rechnen, daß in starkem Maße Kernverschmelzungen stattfinden, die auch schwere Elemente aufbauen. Wir wollen uns daran erinnern, daß wir bei der Materiequelle den Ausstoß von Elementarteilchen, also auch von Neutronen, angenommen hatten. Dieser Neutronenstrom müßte auf die implodierende Materie stoßen und zu r- und s-Prozessen führen (vgl. S. 194). I. P. Amiet und H. D. Zeh haben die Vorgänge bei so extremen Bedingungen näher untersucht. Sie fanden, daß bei Dichten um 10^{10} g/cm³ und Temperaturen bei 10^{9}–10^{10} K die Urmaterie sich durch Kernumwandlungen zu der Häufigkeitsverteilung verändern kann, wie wir sie in den äußeren Teilen der Galaxien vorfinden. In dieser Phase erfolgt demnach der Aufbau der Elemente zu dem Gemisch, das sich später in den Sternen und in der interstellaren Materie findet. Die dritte Energienart stammt aus der Quelle selbst. Wir gehen davon aus, daß die Quelle ihre Tätigkeit nicht einstellt. Ihr energiereicher Strom trifft mit den »fallenden« Teilchen zusammen und trägt dadurch zur Erhöhung der Gesamtenergie bei.

Der aus dem Zentrum stammende Teilchenstrom sorgt zusammen mit dem Strahlungsdruck der enorm erhitzten Materie dafür, daß sich die Implosion nicht bis zum Mittelpunkt fortsetzt, sondern in einiger Entfernung von ihm zum Erliegen kommt. Dadurch unterscheidet sich dieser Prozeß stark von den Vorgängen bei den Supernovae. Die Abb. 40 zeigt den schematischen Aufbau des quellennahen Gebietes.

Die gesamte in dieser Phase frei werdende Energie läßt sich grob abschätzen: Es sind etwa 10^{50} bis 10^{54} Joule. Der Durchmesser des hauptsächlich strahlenden Gebietes mag etwa ein Lichtjahr oder weniger betragen. Wahrscheinlich ist weiterhin die Anwesenheit starker Magnetfelder. Im Zusammenhang mit einem Elektronenfluß folgt daraus, daß ein Teil der ausgesandten Strahlung eine Synchrotronstrahlung sein muß. Die Magnetfelder könnten aber noch eine weitere Folgerung haben: Das ganze Quellengebiet könnte polarisiert sein. Das bedeutet, daß wir es nicht mit einem kugelförmigen, sondern einem länglichen Gebilde zu tun haben, das nicht nach allen Seiten gleichmäßig, sondern gebündelt strahlt. Es liegt nahe, dabei auch an eine Teilung der Quelle in zwei oder sogar mehrere Komponenten zu denken. Allerdings sind das zunächst nur Möglichkeiten und Spekulationen.

Wie steht nun die Forschung zu diesen Hypothesen? Gibt es an irgendeiner Stelle des Universums Anzeichen für solche Energiezentren? Sollten die Galaxien aus Materiequellen entstanden sein, so müßte diese sehr frühe Phase der Entwicklung zeitlich sehr weit zurückliegen, und wir können kaum damit rechnen, gegenwärtig

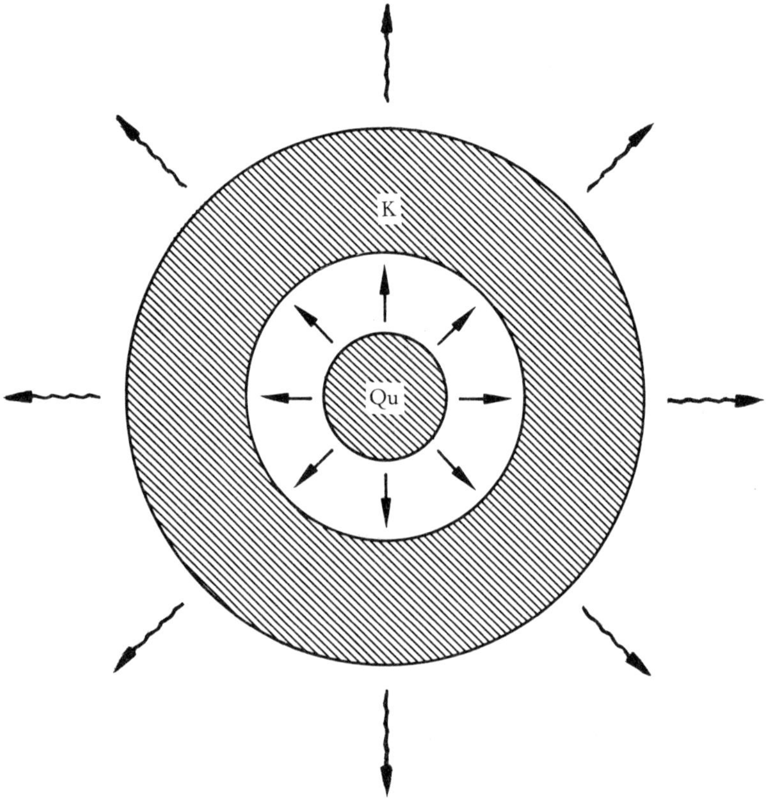

Abbildung 40: Schematische Darstellung der dritten Phase. In der Nähe der Quelle (Qu) bildet sich ein extrem dichter Körper von sehr hoher Temperatur (K). Von ihm geht eine sehr intensive Strahlung aus.

etwas Derartiges zu entdecken. Doch in großen Entfernungen schauen wir ja in die Vergangenheit zurück! Läßt sich dort nichts sehen, das dieser Entwicklungsphase entspricht? Vielleicht sind es die Quasare? Tatsächlich decken sich die bisherigen Beobachtungsbefunde sehr gut mit den vorhin gestellten theoretischen Forderungen. Sowohl die Energiebilanz als auch die berechneten Durchmesser liegen bei den Quasaren in der geforderten Größenordnung. Ebenso verhält es sich mit der Zweiteilung der strahlenden Quellen und der Strahlungsart. Auch hier würde eine Übereinstimmung vorliegen. Verständlich ist auch, warum die Quasare in unserer näheren Umgebung fehlen. Diese Entwicklungsphase ist in den uns nahen Galaxien bereits abgeschlossen.

Es gibt noch einen Hinweis, der unsere Annahmen stützt: Wir hatten bei der Besprechung der kosmischen Strahlung (S. 46) darauf hingewiesen, daß die energiereichen Partikel ihren Ursprung wahrscheinlich außerhalb des Milchstraßensystems haben müssen. In der dritten Phase der Galaxienentwicklung bietet sich eine Erklärung an: Die außerordentlich große freiwerdende Energie könnte den Teilchen sehr wohl die geforderte hohe Geschwindigkeit erteilen. Die im Quellengebiet zu erwartenden starken magnetischen und elektrischen Felder könnten die Partikel zudem noch weiter beschleunigen. Vielleicht liegt hier der Schlüssel für diese geheimnisvolle Strahlung.

d) In etwa 10 bis 100 Millionen Jahren kühlt die Materie in der Schicht großer Dichte durch die Ausstrahlung so stark ab, daß es erneut zu einer Umgestaltung kommt: Da wir im Inneren eine Quelle voraussetzen, die immer noch tätig ist, vergrößert sich die Dichte der Schicht noch weiter. Dasselbe bewirkt auch die Abkühlung: Der Strahlungsdruck wird in den Außenbezirken kleiner, die Gravitation überwiegt. Die schließlich entstehende Dichte läßt sich berechnen. Verständlicherweise hängt sie vom Materiefluß aus der Quelle ab. Auch für diese Phase sind mehrere Modelle durchgerechnet worden. Die Resultate liegen für einige besonders dichte Stellen zwischen 10^3 und 10^7 g/cm³. In solchen Fällen ist die Materie, richtiger gesagt, sind die Elektronen bereits »entartet«. Wir werden später noch auf den besonderen Zustand der Atome unter diesen Bedingungen eingehen. Hier sei nur kurz angedeutet, daß es sich dabei um eine Umgestaltung der Elektronenhülle handelt. So große Dichten sind auf der Erde unbekannt. Das dichteste bei uns vorkommende Element ist das Osmium mit 22,48 g/cm³.

Um die eigentliche Quelle entsteht also ein sehr ungleichmäßiger »Panzer« aus sehr stark verdichteter Materie, an den außen eine Schicht mit »normaler« Materie grenzt, die immer noch stark strahlt. Auch eine starke Turbulenz muß hier angenommen werden. Der ständige Zufluß von Materie aus der Quelle komprimiert die innen noch nicht entarteten Teile der Schicht weiter. Kernfusionen kommen hinzu. Druck und Temperatur steigen weiter an. Diese Anordnung ist nicht stabil. Der Innendruck überwiegt die Gravitation: Es muß zu erneuten Explosionen kommen.

Teile der überdichten Materie werden nach allen möglichen Richtungen herausgeschleudert. Das wäre das Stadium, in dem sich die explodierenden Galaxien befinden. Wir beobachten bei ihnen den Ausstoß großer Massen aus dem Kerngebiet, wie etwa bei M 82. Solche Explosionen können auch durch ins Zentrum einstürzende Massen erklärt werden. Modellrechnungen von I. Appenzeller und K. Fricke zeigen, daß ein solcher Kollaps durch das plötzliche Einsetzen der CNO-Fusionen, bei denen Wasserstoff in Helium umgewandelt wird, gebremst werden kann. Hierbei heizt sich die Materie extrem stark auf, wodurch die äußeren Teile explosionsartig nach außen geschleudert werden.

Wir hatten bisher noch nicht von einer Sternbildung gesprochen. In der ersten Phase scheidet eine Sternentstehung wohl aus, da die Materie noch so stark verdünnt ist, daß es kaum zu einer genügend starken Kondensation kommen kann. Eine größere Wahrscheinlichkeit dazu besteht in der zweiten Phase. Hier könnten sich schon viel eher »Materieklumpen« bilden, die durch weitere Verdichtung im Inneren eine so hohe Temperatur erlangen, daß sie schließlich als Stern zu leuchten beginnen. Sollten sie tatsächlich in so relativ kurzer Zeit entstanden sein, dann wäre für die meisten von ihnen die Lebenserwartung äußerst gering. Durch die Implosion würden sie unweigerlich in den großen »Topf« der zusammengepferchten Materie gelangen und schließlich mit den übrigen einstürzenden Teilen verschmelzen.

Anders verhält es sich in der vierten Phase. Auch die nunmehr expandierende Materie muß Verdichtungen aufweisen. Zwar kühlen auch sie zunächst, soweit sie massenarm sind, ab, ohne zu Sternen zu werden, doch können sie »Kondensationskerne« für die späteren Sterne sein.

An dieser Stelle müssen wir auf die Entstehung der Elemente zurückkommen. Wir hatten einen Ausstoß von Elementarteilchen aus der Quelle angenommen. Aus ihnen konnten sich bereits in der ersten Phase Wasserstoff und Helium bilden. Auch einige wenige schwerere Elemente könnten dabei entstanden sein. Dieses Elementengemisch erwarten wir deshalb auch in der intergalaktischen Materie und in der durch die Implosion entstandenen Schicht großer Dichte vor dem Einsetzen weiterer Kernreaktionen. Die Kernfusionen während der dritten Phase werden die schweren und schwersten Elemente vermehren oder sogar neue hinzukommen lassen.

Bei den Explosionen in der vierten Phase gelangt dieses Gemisch nunmehr in die äußeren Bezirke, die bisher vornehmlich Wasserstoff und Helium enthalten hatten. Aus dieser ausgestoßenen und der bereits in den außen liegenden Gebieten befindlichen Materie können sich durch Kondensation Sterne bilden, die aber nunmehr beständig sind. Sie werden die ältesten Sterne der neu entstandenen Galaxis sein. Wegen ihres relativ hohen Gehalts an Wasserstoff und Helium rechnen wir sie zu den Sternen der Population II. Die neu entstandenen Sterne mit kleinen Ausstoßgeschwindigkeiten werden sich in der Nähe des Zentrums aufhalten, während die schnelleren die weiten Räume im Halo der Galaxis bevölkern werden. Bei der durchaus plausiblen Annahme einer »seitlichen« Geschwindigkeitskomponente müßten sie auf langgezogenen Ellipsenbahnen um das Zentrum umlaufen.

Um die Existenz der Kugelhaufen im Halo zu erklären, könnte man an den Auswurf größerer und kompakterer Massen aus dem Kerngebiet denken. Auch die Zwerggalaxien, die in der Regel die großen Galaxien mit sehr aktiven Kernen umgeben, könnten aus der von den Quellen ausgestoßenen Massen stammen. Dafür spricht auch die spektroskopische Ähnlichkeit der Zwerggalaxien mit den Kugelhaufen. Allerdings soll nicht verschwiegen werden, daß hierbei noch recht vieles ungeklärt bleibt.

e) Welches weitere Schicksal erwartet die neu entstandene Galaxis? Wird das Quellengebiet stabil? Eine Antwort auf diese Frage ließe sich nur geben, wenn ganz präzise Angaben über die Natur der Quellen vorliegen. Auch in diesen Fällen wurden mehrere Modellrechnungen durchgeführt.

Die Ergebnisse lassen sich folgendermaßen schematisch zusammenfassen:

α) Die Aktivität der Quelle soll ständig etwa gleichmäßig abnehmen. Die Folge wäre zunächst ein Abklingen der Explosion, doch würde wegen des nachlassenden Quellendrucks die Materie erneut zum Zentrum hin zusammenstürzen. Die dadurch frei werdende Gravitationsenergie würde das Zentralgebiet wieder aufheizen und zu Strahlungs- und Materieausbrüchen führen. Schließlich würde im äußeren Kerngebiet eine Beruhigung eintreten. Über den Zustand im inneren Kernraum lassen sich allerdings keine plausiblen Angaben machen. Hier treten dieselben Schwierigkeiten auf, die uns später auch bei der Behandlung des Lebensweges der Sterne begegnen werden.

Das Resultat dieser Entwicklung wäre eine Galaxie mit einem »erloschenen« Kerngebiet. Wir dürfen aus ihr keine oder nur eine geringe Synchrotronstrahlung erwarten. Neben älteren Sternen könnten auch junge Sterne die Galaxis bevölkern, die sich aus der interstellaren Materie gebildet haben. Hierzu könnten die kleinen elliptischen Galaxien gehören.

β) Eine dauernde unveränderliche Materieproduktion der Quelle müßte zu großen Sternsystemen führen. Eine Stabilität im Kerngebiet kann hierbei nicht eintreten. Die Schicht hoher Dichte erneuert sich im Laufe der Zeit immer wieder. Es muß deshalb zu Eruptionen kommen, bei denen Materie in die Umgebung abgegeben wird. Hierbei wird aus den dichten Stellen, also aus dem vorher beschriebenen »Panzer«, das durch die Kernfusion entstandene Gemisch mit schweren Elementen ausgestoßen. Aus den weiter außen liegenden Gebieten wie auch aus dem Inneren der Quelle strömen bei einem solchen Durchbruch die leichten Elemente hauptsächlich wieder in Form von Wasserstoff und Helium aus. Aus diesem Gemisch würden sich dann die interstellare Materie und aus ihr später die Sterne aufbauen. Bei solchen Galaxien müßten wir deshalb einen ständigen, wenn auch nicht gleichmäßigen Materiestrom vom Zentrum zu den äußeren Bezirken beobachten. Vom Zentralgebiet müßte eine intensive Strahlung ausgehen, die auch den Radiowellenbereich umfaßt.

γ) Die Aktivität der Quelle unterliegt zeitlichen Änderungen. Es ist wichtig, an dieser Stelle nochmals den hypothetischen Charakter unserer Annahmen zu betonen: Die Frage, *warum* die Quelle Materie ausstößt, muß unbeantwortet bleiben. Wir können ihre Existenz nicht auf Ursachen, sondern nur auf ihre Wirkungen zurückführen, und auch die Eigenschaften der Quelle können wir nur aus den Beobachtungen ihrer mutmaßlichen Tätigkeit erkennen. Es ist schon früher davon berichtet worden, daß aus dem Kern des Milchstraßensystems Materie expandiert (S. 180). Das würde mit der Annahme von Materiequellen gut in Einklang zu bringen sein. Einige Rückschlüsse aus dem gegenwärtigen Bau des Systems lassen zudem vermuten, daß diese Expansion in früheren Zeitabschnitten wesentlich stärker als heute war. Wir hätten es deshalb in diesem Fall mit einer abklingenden Tätigkeit der Quelle zu tun, wobei die Aktivitätsabnahme aber wahrscheinlich nicht gleichmäßig erfolgte.

Sicher ist unser Milchstraßensystem keine Ausnahme, und darum dürfen wir uns auch bei unseren Nachbarn umschauen. Auch bei ihnen gibt es mehrere Anzeichen für eine ungleichmäßige Quellenaktivität. Am eindruckvollsten ist dabei die Galaxis M 82, auf die wir später noch genauer eingehen werden. Wir können deshalb annehmen, daß Aktivitätsänderungen der Quellen sehr häufig sind. Allerdings hätte auch eine gleichförmige Quellentätigkeit ein ungleichmäßiges Ausstoßen der Materie zur Folge. Darüber wurde bereits gesprochen. In diesem Falle müßten aber die Eruptionen in bestimmten Perioden erfolgen (vgl. S. 211).

Je nach der Art der Quellentätigkeit ergeben sich verschiedene Arten der entstehenden Galaxien. Je gleichmäßiger die Quellen arbeiten, um so gleichmäßiger müßte auch ihr Bau werden. Je intensiver über längere Zeiträume hinweg die Quellen tätig sind, um so massereichere Systeme müßten entstehen. Auch die Geschwindigkeit, mit der die Materie den Kern verläßt, ist wesentlich. Bei großen Geschwindigkeiten entstehen stark aufgelöste Systeme von der Art der Sc-Spirale M 101. Massereicher Ausstoß bei kleinen Geschwindigkeiten ergibt Galaxien mit großen mittleren Dichten. Solche Systeme sind kürzlich im Galaxienhaufen Shakhbazian I im Großen Bären entdeckt worden. Ihre Massen liegen in derselben Größenordnung wie beim Milchstraßensystem und bei M 101; die Ausdehnungen betragen aber durchschnittlich nur 20 000 Lichtjahre gegenüber rund 100 000 Lichtjahren bei unserem System. Sie sind sehr hell (absolute Helligkeit = —22), und ihr Massen-Leuchtkraftverhältnis liegt nur bei 2, obgleich es sich vermutlich um elliptische Systeme handelt (vgl. S. 130).

Sehr bedeutungsvoll für die Formen der Galaxien sind die Bewegungsverhältnisse im kernnahen Gebiet. Vermutlich sind die Bewegungen der verschiedenen Teilchen der zusammenstürzenden Materie nicht alle gleichmäßig zum Zentrum gerichtet. Es kommt zu *Querbewegungen*, die sich nur teilweise durch Zusammenstöße ausgleichen. Schließlich wird sich eine bevorzugte Querbewegung ausbilden, die zur Rotation des Kerngebietes führt. Diese Kernrotation ist ganz besonders wesentlich für die Gestalt der entstandenen Galaxis. Die Schicht dichter Materie, die das eigentliche Zentrum wie eine Schale umgibt, wird durch die Rotation abgeflacht. Gleichzeitig treten besonders starke Magnetfelder auf, die das ganze Gebilde noch weiter verformen. Unter dem Einfluß dieser Felder erscheint auch eine Teilung oder zumindest eine Streckung des Quellengebietes durchaus verständlich (vgl. S. 221). Die Folge davon wäre ein Materieausstoß in zwei bevorzugte einander entgegengesetzte Richtungen. Das ganze System läßt sich mit einem rotierenden Rasensprenger vergleichen, bei dem das Wasser aus zwei Düsen austritt. Die Momentaufnahme einer solchen Anlage würde zwei spiralförmige »Arme« zeigen. Die Form dieser Spiralen läßt sich leicht berechnen. Abb. 41 zeigt schematisch die aus dem Kern entstandenen Arme.

Wir wollen diesen Vorgang noch etwas genauer beschreiben: Während der fünften Phase hat sich bei einem schnell rotierenden System die aus der Quelle austretende Materie an zwei einander gegenüberliegenden Stellen besonders stark verdichtet. Dagegen nimmt die Dichte der ausgeströmten Materie ab. Auch der aus der Quelle kommende Strom entweicht an diesen »weichen« Stellen und vermischt sich mit den Teilchen der »Schale« und der bereits vorher in weiter Entfernung vom Zentrum befindlichen Materie. Aus diesem Gemisch, das relativ reich an schweren Elementen ist, entwickeln sich die Sterne der Population I. Dabei können die aus der Schale stammenden kompakten Materieansammlungen als Kondensationskerne wirken (vgl. S. 212). Diese Sterne müssen wir demnach in den Armen erwarten. Halten wir an einer ungleichmäßigen Produktionsrate der Quellen fest, so können wir bei sehr energiereichen Quellen von Zeit zu Zeit mit besonders starken Ausbrüchen rechnen. Da wir für das Anfangsstadium der Galaxienbildung eine besonders starke Aktivität der Quelle annehmen, könnte ein solches Ausstoßen großer Massen zu Beginn der fünften Phase oder sogar noch früher eingetreten sein. Dank ihrer Geschwindigkeit wären sie in der Lage, sich sehr weit vom Zentrum zu entfernen. Später könnten sich Zwerggalaxien daraus bilden,

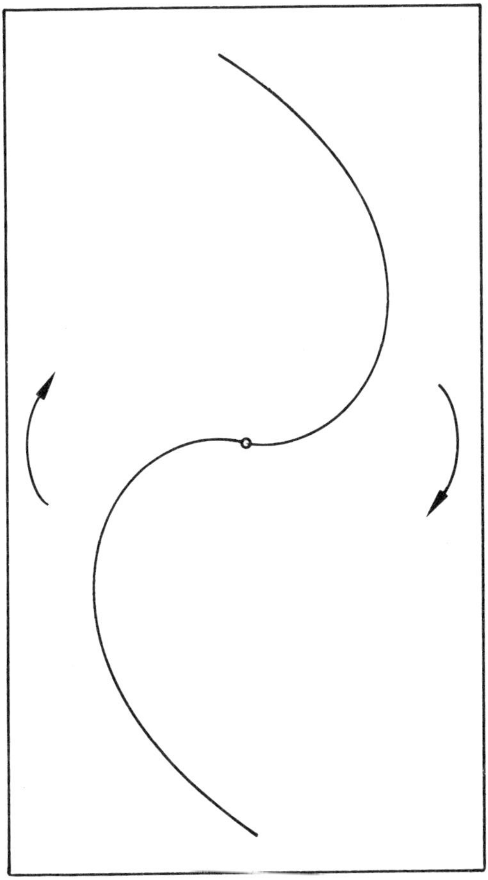

Abbildung 41: Ansicht des von einem Rasensprenger ausgeschleuderten Wassers bei Vernachlässigung des Luftwiderstandes. Bei entsprechenden Vorgängen im Weltall wären die beiden Arme durch die Anziehungskraft des Kernes zurückgebogen.

die die Muttergalaxis umgeben. Es ist auffallend, daß in der Regel die Zwerggalaxien außerhalb der Galaxienebene gelegen sind. Auch das kann durch die Tätigkeit der Materiequellen erklärt werden: Die ausgeworfene Materie würde in der Scheibe abgebremst und bliebe in ihr stecken. Erst in höheren galaktischen Breiten könnte sie sich weit vom Zentrum entfernen und später zu eigenen kleinen Sternsystemen geworden sein. Auch die beiden Magellanschen Wolken und die uns nahen kleinen Systeme in den

Sternbildern Bildhauer (Sculptor), Drachen und Kleiner Bär könnten demnach aus dem Kern des Milchstraßensystems stammen. Den Gedanken, daß die kleinen, meist kernlosen Zwerggalaxien von den großen Galaxien ausgeschleudert worden sind, hat auch der sowjetische Astrophysiker Ambarzumjan geäußert (vgl. S. 253).

Ob die Tochtergalaxien tatsächlich alle kernlos sind, ist nicht entschieden. Einige dieser Sternansammlungen haben in ihrem Zentrum Verdichtungen, die auch einen aktiven Kern enthalten könnten. In solchen Fällen ließe sich annehmen, daß beim Auswurf aus der Muttergalaxis auch das eigentliche Quellengebiet in Mitleidenschaft gezogen wurde.

Wir hatten vermutet, daß sich die Quellen teilen können. Trifft das zu, so wäre die Möglichkeit nicht auszuschließen, daß einzelne Teile der Quelle mit der übrigen Materie herausgeschleudert werden und so für noch aktive Tochtergalaxien sorgen. Auch Verzweigungen und Knicks in den Spiralarmen könnten auf die Wirkung solcher Tochterquellen zurückzuführen sein. Daß einige Zwerggalaxien gegenwärtig keinen Kern enthalten, ließe sich mit einem allmählichen Versiegen der Quelle erklären.

All das sind allerdings nur Spekulationen, die zur Zeit jeder wissenschaftlichen Grundlage entbehren. Die zukünftige Forschung wird auch hier möglicherweise eine Klärung bringen.

4.10. Stützen der Materiequellenhypothese

Seit der Entdeckung der Quasare reißt die Kette der Astrophysiker nicht ab, die mit immer neuen Theorien und Hypothesen ihre so sonderbaren Eigenschaften zu erklären versuchen. Wenn man die Linienverschiebung in ihren Spektren als Dopplereffekt deutet und ihn mit der Hubble-Konstanten in Verbindung bringt, so weist das auf Entfernungen von rund 10 Milliarden Lichtjahren. Aus der beobachteten Helligkeit der Quasare und ihrer Entfernung folgt eine tatsächliche Leuchtkraft wie die einer ganzen Riesengalaxis. Helligkeitsschwankungen während weniger Monate zwingen uns weiterhin, Durchmesser dieser Objekte in der Größenordnung von nur einem Lichtjahr anzunehmen (vgl. S. 187).

Wie erklärt sich das? Einige Forscher wollten die enorme Leuchtkraft unter Zuhilfenahme einiger Zusatzhypothesen als Folge von Supernovae-Kettenreaktionen begründen. Doch das hielt keiner kritischen Betrachtung stand. Andere vertraten die Ansicht, daß die starke Linienverschiebung nicht die Entfernungen der Quasare wiedergibt. Aus den Kernen der Galaxien in »normaler« Entfernung würde leuchtende Materie mit sehr großen Geschwindigkeiten herausgeschleudert. Die Fluchtgeschwindigkeit der Galaxis addiere sich zu der Geschwindigkeit der ausgestoßenen Materie und ergebe so den beobachteten Dopplereffekt. Es ist aber nicht einzusehen, warum dieses Ausstoßen nur in der von uns fortweisenden Richtung erfolgen soll. In der uns zugewandten Richtung müßte eine Blauverschiebung eintreten, die jedoch nicht beobachtet wird.

Eine weitere Möglichkeit liegt in einer Rotverschiebung durch das starke Gravitationsfeld in der Nähe des Kernes. Unsere Überlegungen im Zusammenhang mit der allgemeinen Relativitätstheorie (vgl. S. 110) erklären das. Gewiß trägt dieser Effekt seinen Teil zur Rotverschiebung bei, doch ist es mehr als zweifelhaft, daß er dabei ausschlaggebend ist. Am glaubwürdigsten erscheint die bereits auf S. 211 beschriebene Erklärung durch die Tätigkeit von Materiequellen.

Statistische Untersuchungen haben gezeigt, daß die Zahl der extrem lichtschwachen und damit sehr entfernten Quasare viel kleiner ist, als das bei gleichmäßiger Verteilung im Raum sein müßte (vgl. S. 142). Das wird verständlich, wenn wir die Quasare als ein Stadium in der Entwicklung der Galaxien ansehen: In sehr großen Entfernungen lassen sich nur wenige Quasare beobachten, weil zu der Zeit, als das Licht von ihnen ausging, nur wenige Objekte diese Entwicklungsstufe bereits erreicht hatten.

Eine weitere Stütze der Materiequellenhypothese ist die beobachtete Expansion von Wasserstoffwolken aus dem Kerngebiet des Milchstraßensystems (vgl. S. 180). Ähnlich verhält sich der Kern des Andromedanebels. Solche Materieaustritte sind in noch viel rasanterer Form verschiedentlich auch bei anderen Galaxien beobachtet worden. Wir hatten bereits die Explosion bei M 82 erwähnt. Das ist eine abgeplattete Galaxis, aus deren Kerngebiet nach beiden Seiten gewaltige Wasserstoffmassen herausgeschleudert werden. Die Abb. XV zeigt eine Negativaufnahme im Licht der Hα-Wasserstofflinie, die A. R. Sandage am Mt.-Palomar-Teleskop gemacht hat.

Die Geschwindigkeit, mit der die Materie aus dem Kern strömt, ist etwa proportional der Entfernung vom Mittelpunkt. Das ist die gleiche Beziehung wie bei der Hubbleschen Expansionsbewegung der Galaxien. Auch hier werden wir an die Momentaufnahme einer Explosion erinnert, bei der die entfernteren Bruchstücke schneller fliegen. In einem Abstand von 10 000 Lichtjahren beträgt die *Fluchtgeschwindigkeit* etwa 2100 km/s, woraus sich errechnet, daß die Explosion vor etwa 1,5 Millionen Jahren stattgefunden hat.

Ein weiteres Beispiel für das Ausstoßen gewaltiger Materiemassen aus dem Kern liefert die Seyfert-Galaxie NGC 1275 (vgl. S. 185).

Auf die EO-Galaxis M 87 im Virgo-Haufen haben wir bereits auf S. 202 hingewiesen. Zu ähnlichen Ergebnissen führen auch die neuen radioastronomischen Beobachtungen: Einige Galaxien im Perseus-Haufen zeigen »Radioschweife«, die auf eine Materieabstoßung hinweisen. Als Erklärung können wir Instabilitäten in der vierten Phase der Galaxienbildung annehmen. Wir dürfen dabei davon ausgehen, daß ein Teil der ausgeschleuderten Materie in den Kern zurückfällt, was zu Gravitationskollapsen führen kann. Dabei werden wiederum gewaltige Energiemengen frei, und erneute Explosionen sind die Folge.

Solche Massenverschiebungen erzeugen in der Umgebung des Kernes starke Änderungen des Gravitationsfeldes, die Gravitationswellen herbeirufen können. Wir werden in anderem Zusammenhang noch eingehender auf sie zurückkommen (S. 272).

Im Sternbild Schwan befindet sich ein großer Galaxienhaufen, dessen hellstes Mitglied eine der stärksten Radioquellen ist (Cygnus A). Neue Untersuchungen der Quelle zeigen, daß die Radiostrahlung nicht von der Galaxis selbst, sondern von zwei Wolken ausgeht, die sich mit großer Geschwindigkeit von ihr in einander entgegengesetzten Richtungen entfernen. Wie die Analyse der Strahlung zeigt, muß sie eine Synchrotronstrahlung sein (S. 142), die auf das Vorhandensein von Elektronenströmen hinweist. Die Elektronen müssen hierbei mit sehr großer Geschwindigkeit um magnetische Feldlinien herumwirbeln und dabei sowohl das sichtbare Licht wie auch die Radiostrahlung emittieren. Cygnus A ist nicht die einzige Quelle dieser Art, man kennt eine ganze Reihe solcher Objekte. Eine im Kern der Galaxis tätige Materiequelle könnte die Beobachtung gut erklären.

Bemerkenswert ist die Existenz von Doppel- und Mehrfachkernen in einigen Galaxien. Wie schon gesagt, enthält auch der Kern des Milchstraßensystems zwei ausgeprägte Infrarotquellen (S. 180). Dieser Befund läßt sich auch durch die auf S. 216 beschriebene Kernteilung erklären.

Einige kugelförmige Galaxien (also vom Typus E0) zeigen quer durch das System einen dunklen Streifen. Ein typisches Beispiel hierfür ist die Galaxis NGC 5128, die identisch mit der sehr starken Radioquelle Centaurus A (Abb. XII) ist. Man glaubte früher, daß es sich dabei um die Kollision zweier Galaxien handelt. Solche Zusammenstöße könnten in der Tat bei Galaxien wesentlich öfter vorkommen als bei Sternen. Bei solchen Kollisionen würden die Sterne nicht in Mitleidenschaft gezogen, wohl könnte aber die interstellare Materie durch den Zusammenprall zur Aussendung starker Radiostrahlung angeregt werden. Diese Erklärung muß jedoch schon wegen der großen Zahl solcher Objekte angezweifelt werden. Viel wahrscheinlicher als ein Zusammenstoß ist eine Teilung der Galaxien.

Sehr häufig existieren zwischen den Galaxien Materiebrücken. Eine solche Verbindung zwischen dem Milchstraßensystem und den Magellanschen Wolken wurde bereits erwähnt (S. 33). Etwa 3 Prozent aller Galaxien zeigen solche »Wechselwirkungen« untereinander. Wollte man sie alle auf ehemalige Zusammenstöße zurückführen, so wäre hierzu eine Zeitspanne von über 1000 Milliarden Jahren nötig gewesen. Diese Möglichkeit scheidet also aus. Viel verständlicher wäre eine Materiebrücke als »Spur« eines Teilungsvorganges. Dafür spricht auch die Existenz zahlreicher Doppel- und Mehrfachsysteme (Abb. XXII). In der ersten Phase der Galaxienbildung aus Materiequellen hatten wir die Bildung einer sehr verdünnten intergalaktischen Materie gefordert (S. 207). In der Nähe einiger Mehrfachsysteme wurden tatsächlich Materiewolken entdeckt, die die Galaxien zu umhüllen scheinen. Das alles sind Hinweise für die Galaxienbildung aus Materiequellen.

Schwieriger ist die in den Kerngebieten beobachtete starke Rotation zu erklären (vgl. S. 178). Bei einigen Galaxien, wie M 33, reicht das Gebiet der Rotation mit gleicher Winkelgeschwindigkeit

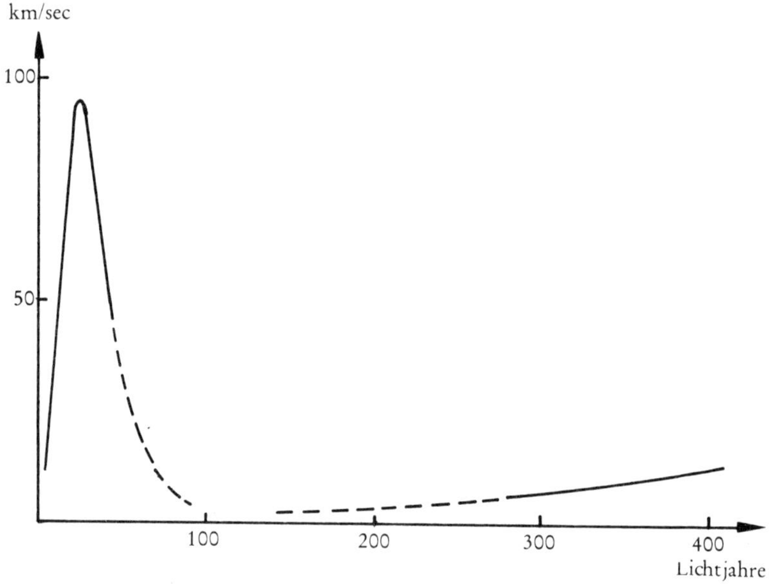

Abbildung 42: Abhängigkeit der Rotationsgeschwindigkeit vom Abstand zum Zentrum bei der Andromeda-Galaxis.

weit aus dem eigentlichen Kern heraus. Beim Andromedanebel zeigt sich ein Verlauf, wie ihn die Abb. 42 wiedergibt. Bemerkenswert ist das Geschwindigkeitsmaximum im Abstand von 2500 Lichtjahren vom Zentrum. Die Abb. 43 zeigt die Rotationsverhältnisse im inneren Kerngebiet. Der geradlinige Teil vom Zentrum bis zu einer Entfernung von etwa 23 Lichtjahren deutet auf die starre Rotation in diesem Gebiet. Hier muß die Materie in sehr starker innerer Wechselwirkung stehen. Kräftige Magnetfelder würden das erklären. Vieles bleibt hier noch unklar, doch wird uns das Verständnis durch die Annahme von Schichten großer Dichte (vgl. S. 214) in der Nähe der Quellen erleichtert.

Die klassische Theorie der Galaxienbildung aus Urwolken erklärt die Entstehung der Spiralarme nur sehr unbefriedigend: Zufällig entstandene Materieverdichtungen sollen durch die unterschiedliche Umlaufgeschwindigkeit um das Zentrum zu Spiralarmen auseinandergezogen worden sein. Das mag für einige schwach ausgebildete Spiralen noch einleuchten, doch erklärt es die ausgeprägten Arme bei den Sb- und Sc-Formen nicht. Anders

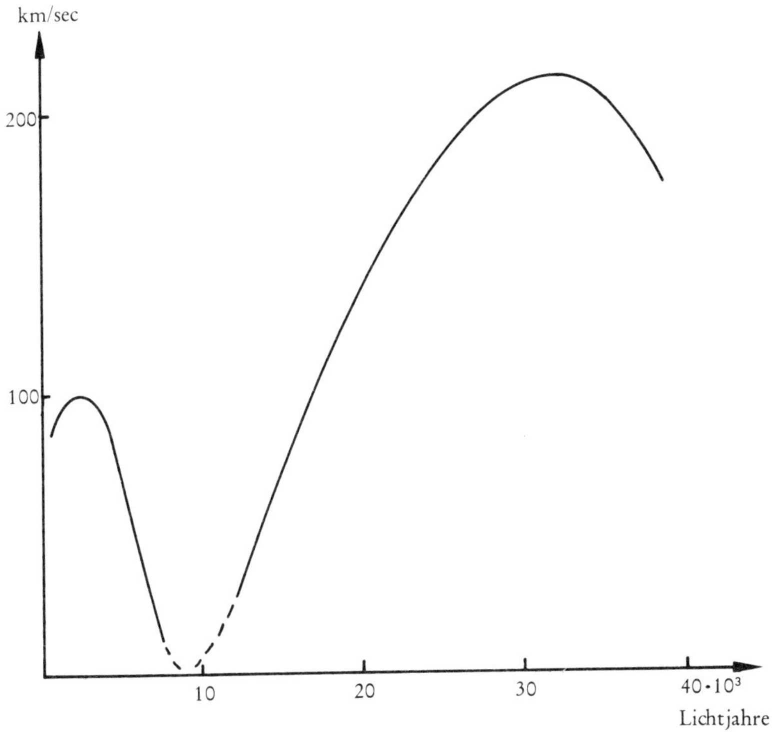

Abbildung 43: Rotationskurven des Zentralgebietes bei der Andromeda-Galaxis. Der gradlinige Verlauf der Kurve bis zu einem Abstand von etwa 23 Lichtjahren deutet auf eine starke Rotation (nach Lallemand, Duchesne und Walker).

verhält es sich bei der Annahme von Materieausbrüchen aus den Quellengebieten (vgl. S. 214). Bei Balkenspiralen könnte eine Zweiteilung des Kernes zustande gekommen sein, wobei die beiden Komponenten durch starke Magnetfelder miteinander gekoppelt sind. Nehmen wir weiterhin eine Rotation des ganzen Balkens an, so wird bei weiterer Tätigkeit der Quellen die Bildung zweier Arme an den Balkenenden verständlich. Allerdings soll nicht verschwiegen werden, daß gerade an dieser Stelle auch bei diesen Annahmen noch sehr vieles unklar ist. Hier müssen noch umfangreiche theoretische Arbeiten folgen.

Vermag die Materiequellenhypothese die Entstehung der Arme auch befriedigend zu erklären, so kann sie zunächst nicht die

Frage nach der Erhaltung der Arme beantworten. Im Laufe der Jahrmilliarden müßten sich die Arme längst »aufgewickelt« haben. Die ursprünglich von mehreren Autoren vertretene Ansicht, daß die in den Galaxien befindlichen Magnetfelder die Arme zusammenhalten, gilt als widerlegt. Dazu reichen die Feldstärken nämlich nicht aus. Auf die auch nicht voll befriedigende Theorie von Arp haben wir auf S. 202 hingewiesen. Eine Lösung dieses Problems wurde von C. C. Lin vorgeschlagen. Seine Theorie geht auf Arbeiten von B. Lindblad zurück, der die Bahnen der Sterne in Abhängigkeit von ihrer Umgebung und der Milchstraßenrotation sowie die dabei auftretenden Resonanzerscheinungen untersuchte. Nach Lins Theorie rufen die in den Armen befindlichen Sterne auf die Materie in ihrer Umgebung, vor allem auf das Gas, durch die gravitative Anziehung Strömungen hervor. Diese Strömungen ergeben Dichteschwankungen, die sich wellenförmig in der galaktischen Scheibe fortpflanzen und als Spiralarme erscheinen. Die Arme bestehen demnach nicht ständig aus ein und denselben Sternen und denselben interstellaren Materiewolken. Sie sind vielmehr nur örtliche Verdichtungen, die sich relativ zum Sternfeld bewegen. Erzeugt werden die Dichtewellen letztlich durch die Spiralarme selbst. Ihr ursprüngliches Vorhandensein wird also auch hier vorausgesetzt. Trotz mancherlei Einwände erklärt diese Theorie recht brauchbar den Bestand der Spiralarme, wobei sich wiederum die Folgerungen aus der Existenz von Materiequellen als hilfreich erweisen.

Die Annahme der Spiralarmbildung durch Eruptionen aus dem Kerngebiet wird auch durch die Untersuchungen der Galaxis NGC 4258 unterstützt. Sie ist ein Sb-Spiralsystem in etwa 20 Millionen Lichtjahren Entfernung. Außer den im optischen Bereich erkennbaren Armen zeigt sie im Radiobereich (1 415 MHz) zwei »Radioarme«, die vermutlich in der Äquatorebene des Systems liegen und an der Rotationsbewegung teilnehmen (Abb. 44). Genaue Untersuchungen des Kerngebietes deuten auf eine starke Aktivität hin und lassen darauf schließen, daß die Arme ihren Ursprung im Kern haben. Nach den Vorstellungen von P. C. van der Kruit, J. H. Oort und D. S. Mathewson muß vor etwa 18 Millionen Jahren eine Explosion einen Teil der Kernmaterie in zwei entgegengesetzte Richtungen auseinandergerissen haben.

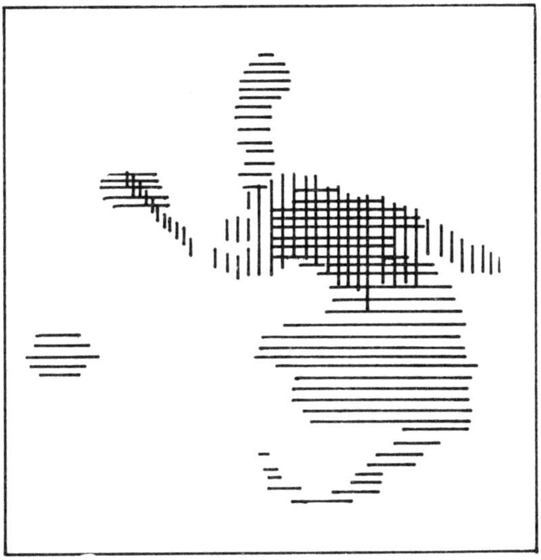

Abbildung 44: Schematische Lage der Gebiete mit optischer Emission (waagerecht schraffiert) und der Radioemission (senkrecht schraffiert) bei der Galaxie NGC 4258.

Im weiteren Verlauf haben sich aus den ausgestoßenen Materiewolken und der bereits in der Galaxienscheibe vorhandenen Materie des interstellaren Gases die Spiralarme in der beobachteten Form gebildet.

Die Vermutung liegt nahe, daß die Vorgänge in NGC 4258 keinen Ausnahmefall darstellen, sondern in ähnlicher Form ganz allgemein auch bei den anderen Spiralgalaxien für das Zustandekommen der Arme sorgten.

Abschließend sei noch etwas über die verschiedenen Typen der Galaxien im Zusammenhang mit ihrer Entstehung gesagt. Es leuchtet ein, daß die aus dem Kern ausgestoßenen Massen je nach ihren Bewegungsverhältnissen verschiedene Galaxienformen zur Folge haben. Wie schon auf S. 215 angedeutet, ergibt ein gleichmäßiger Austritt nach allen Seiten bei kleinen Rotationsgeschwindigkeiten sphärische, elliptische oder irreguläre Galaxien. Explosionsartiges Ausschleudern der Materie in bevorzugte Richtungen hat spiralförmige Systeme zur Folge. Bei starker Polarität entstehen nur zwei Arme. Die Rotationsgeschwindigkeit müßte bei den Typen Sa und Sb größer als bei den stark aufgelösten Sc-

Spiralen sein. Diese Abhängigkeit konnte die praktische Forschung auch tatsächlich bestätigen. Natürlich hängt die Galaxienform auch stark von anderen Faktoren wie der Ausstoßgeschwindigkeit, der Geschwindigkeits- und Massenverteilung ab (vgl. S. 207). Neben den »Standardsystemen« existieren noch spezielle Typen, die vermutlich verschiedene Entwicklungsstadien darstellen. Zu ihnen gehören unter anderen die Galaxien mit besonders starker Radioemission und die Seyfert-Galaxien, bei denen sich aus der Verbreitung der aus dem Kern stammenden Spektrallinien auf eine besonders starke Kerntätigkeit schließen läßt.

Besonders sorgfältig sind die beiden relativ nahen Seyfert-Galaxien NGC 1068 und NGC 4151 untersucht worden. So konnte M. Schwarzschild mit einem Teleskop, das durch einen Stratosphärenballon in eine Höhe von 24 km gebracht worden war, das Zentralgebiet von NGC 4151 mit großer Auflösung fotografieren. Es zeigte sich ein Kern mit einem Durchmesser unter 25 Lichtjahren. Aus Intensitätsschwankungen der Kontinuumstrahlung konnte man sogar auf einen Kerndurchmesser von nur höchstens einem Lichtjahr schließen. Trotz dieser so kleinen Abmessungen ist die Leuchtkraft des Kernes rund 10^{11}mal so groß wie die der Sonne. Sie entspricht also etwa der Strahlung einer ganzen Galaxis. Bemerkenswert ist auch das explosionsartige Ausstoßen von Materie bei einigen Seyfert-Galaxien.

Diese Forschungsergebnisse lassen sich sehr leicht verstehen, wenn man die Seyfert-Galaxien in den Entwicklungsprozeß der Galaxien nach der Materiequellenhypothese einordnet. Sie sind dann im Zustand der frühen vierten Phase, also beim Übergang aus dem Quasarenzustand in die Galaxienform.

Zukünftige Forschungen werden mit Sicherheit noch weiteres Material zur Beurteilung der Matericquellenhypothese erbringen. So wäre es sehr wichtig, die Verteilung der schweren Elemente in den verschiedenen Galaxientypen genau zu erkunden. Wie auf S. 212 gezeigt, müßte das Elementengemisch je nach dem Alter des Systems und der Teilchenerzeugungsrate der Materiequelle verschieden sein. Beim Andromedanebel erwarten wir wegen seiner Ähnlichkeit mit dem Milchstraßensystem auch eine ähnliche Zusammensetzung der Elemente, doch in einigen andersartigen Systemen müßte sie sich stark davon unterscheiden. Das scheint nach neuesten Untersuchungen auch der Fall zu sein. So haben L. Searle und W. L. W. Sargent blaue Zwerggalaxien gefunden, die einen geringen Gehalt an Sauerstoff und Neon haben. Die Farbe rührt von zahlreichen Sternen in der Galaxis her. Ähnliches ist auch in den Magellanschen Wolken beobachtet worden. Hier sind es Kugelhaufen, die eine Blaufärbung aufweisen. Vielleicht liegt hier eine gewisse Verwandtschaft in der Art vor, daß sowohl die Zwerggalaxien als auch die blauen Kugelhaufen noch aktive Materiequellen enthalten. Untersuchungen der Metallhäufigkeit an E-Galaxien zeigen eine deutliche Abhängigkeit von der Masse in guter Übereinstimmung mit der Annahme der Elemententenentstehung in den Kerngebieten.

Noch eine ganze Reihe anderer Ergebnisse der beobachtenden Astronomie läßt sich gut mit der Existenz von Materiequellen in Einklang bringen, doch mögen die angeführten Beispiele genügen.

Zusammenfassend läßt sich sagen, daß sehr vieles für die Bildung der Galaxien aus Materiequellen spricht. Woher letztlich die Materie stammt, muß nach dem heutigen Stand der Forschung noch unbeantwortet bleiben. Sowohl die Hypothesen der Entstehung der Quellen durch die Freisetzung der atomaren und der Gravitationsenergie mit nachfolgender Bildung von übermassiven Zentralkörpern als auch die Annahme von Quellen, die ständig Materie emittieren, haben ihre Berechtigungen. Daß die Materiequellentheorie gegenüber der klassischen Theorie immer mehr bevorzugt wird, drückt sich auch in der modernen Literatur aus. Immer mehr Autoren lehnen sich direkt an die Materiequellenhypothese an oder schlagen zumindest ähnliche Wege ein. Es ist dabei natürlich völlig bedeutungslos, wie sie die Quellen nennen. So spricht Low von *Irtronen*, von denen er in jedem Galaxiskern gleich mehrere hundert annimmt. Wesentlich ist die neue Richtung der Kosmologie.

Die zukünftige Forschung wird über den Wert des neuen Weges entscheiden.

4.11. Materiequellen und Fluchtbewegung

Obgleich die Materiequellenhypothese der Urknalltheorie nicht direkt widerspricht, müssen bei ihr doch teilweise andere Wege zur Begründung der beobachteten Phänomene begangen werden.

Nehmen wir an, daß sämtliche in der Natur vorkommende Materie aus den Quellen stammt, so muß es zu einer Zeit »Null« keine Materie in der uns verständlichen Form gegeben haben, und wir kämen damit zu einer Singularität zurück, die sich in letzter Konsequenz mit dem Zustand »vor« dem Urknall deckt. Die ungeheure Massen- und Energiekonzentration beim Urknall mit all ihren physikalischen Schwierigkeiten wäre dabei natürlich vermieden.

Welche Ursache hat dann aber die Fluchtbewegung? Man könnte zwar meinen, daß die Quellen entgegengesetzt zu der früher geäußerten Annahme doch einen kausalen Zusammenhang mit irgendeinem uns unbekannten naturhaften Vorgang besitzen, der an einen bestimmten Raumpunkt gebunden ist. Demnach wäre zumindest teilweise eine Kausalität vorhanden. Sind nun diese bevorzugten Raumpunkte in einem sich ausdehnenden primär massenarmen oder massenlosen Raum eingebettet, so wäre eine Fluchtbewegung der Galaxien verständlich. In diesem Fall operieren wir aber mit lauter Unbekannten in einer Art, die uns nicht befriedigt.

Anders wäre es, wenn sich eine vernünftige Ursache für die »Nebelflucht« finden ließe, die den Urknall nicht in Erwägung zieht. Eine solche Möglichkeit bietet die Theorie von E. Bagge, von der wir bereits kurz im Zusammenhang mit der kosmischen Strahlung berichteten (S. 47).

Der interstellare Raum enthält neben frei umherschwirrenden Elektronen und Protonen und den viel selteneren schweren Atomkernen bekanntlich die Körnchen kosmischen Staubes, die je nach ihrer chemischen Zusammensetzung durchschnittlich Massen zwischen $5{,}7 \cdot 10^{-16}$ und $2{,}1 \cdot 10^{-12}$ Gramm besitzen. Die mittlere Geschwindigkeit der Elektronen ist aber bei gleicher thermischer Energie rund 43mal so groß wie die Geschwindigkeit der Protonen, und die Folge davon ist, daß die Staubkörnchen entsprechend öfter von Elektronen als von Protonen getroffen werden. Sie laden sich deshalb so lange negativ auf, bis sich ein Gleichgewichtszustand einstellt, bei dem die negative Körnchenladung ein weiteres Eindringen der Elektronen verhindert. Bagge rechnet für ein Fe_2O_3-Kristall vom Durchmesser 0,06 μ mit einer Ladung von etwa 21 Elektronen.

Während die Körnchen in neutralen Gasen (H-I-Gebieten) nur wenig von ihrer Bewegungsenergie verlieren, werden sie in ionisierten Plasmen (H-II-Gebieten), wie sie in der Nähe von Sternen und vor allem nahe den galaktischen Zentren vorkommen, stark abgebremst. Infolge der hier herrschenden Leitfähigkeit geben die Körnchen ihre Elektronen an das Plasma ab, wodurch sich der ganze ionisierte Bereich elektrisch negativ auflädt. Anders verhalten sich die positiven Ladungsträger, also die Protonen. Sie werden viel seltener eingefangen und wandern deshalb ins Unendliche ab. Sie sind die Elemente der kosmischen Strahlung.

Die fortgesetzte Aufladung der Körnchen und ihre Abwanderung durch Bremsung in die inneren Teile der Galaxien hat schließlich zur Folge, daß die ganze Galaxis eine negative Ladung erhält. Diese Ladung läßt sich sogar abschätzen: man erhält $6 \cdot 10^{38}$ elektrostatische Ladungseinheiten beziehungsweise $1{,}3 \cdot 10^{48}$ Elektronenladungen. Ein von einer anderen Galaxis stammendes und durch diese Ladung angezogenes Proton erhält dadurch eine Energie in der Größenordnung von 10^{20} eV. Das stimmt mit den Werten, die sich an den extrem energiereichen Teilchen der kosmischen Strahlung feststellen ließen, gut überein.

Die negativ geladenen Staubkörnchen nehmen natürlich an der Rotation der galaktischen Scheibe teil. Dieser *Strom* muß eine magnetische Wirkung haben. Er ist die Ursache des galaktischen Magnetfeldes. Auch hier ist eine gute Übereinstimmung zwischen den Rechnungen und den astronomischen Messungen (etwa $2 \cdot 10^{-6}$ Gauß) vorhanden.

Kosmologisch besonders bedeutend ist die durch die negative Ladung hervorgerufene abstoßende coulombsche Kraft zwischen den Galaxien. Da sie mit zunehmendem Alter ihre Ladung vergrößern, muß auch diese Kraft mit der Zeit zunehmen. Sie wirkt der gravitativen Anziehung entgegen, und darum ist ihre Wirkung die gleiche wie bei einer Abnahme des Wertes der Gravitationskonstanten. Hier könnte also der Schlüssel für die von so vielen Kosmologen geforderte Abstoßungskraft liegen, und damit wäre vielleicht auch die Ursache der galaktischen Fluchtbewegung gefunden. Genaue Untersuchungen müssen auch hier folgen.

4.12. Kosmologie der Galaxienhaufen

Begegnen uns schon bei den Problemen über die Entstehung der Galaxien erhebliche Schwierigkeiten, so sind sie bei den Galaxienhaufen noch wesentlich größer.

Die klassische Theorie geht auch hier von sehr ausgedehnten Urwolken derjenigen Materie aus, die sich beim Urknall gebildet hat. Die grundlegenden Arbeiten wurden hauptsächlich von Jeans und v. Weizsäcker durchgeführt.

Die Rechnungen zeigten, daß sich eine Urwolke in den geforderten Dimensionen und unter den gegebenen Umständen nicht so kondensieren kann, daß aus ihr ein einziges kompaktes Gebilde entsteht.

Die Theorie von Jeans geht von einer im ganzen gleichartigen Verteilung der Materie aus, in der aber doch »Störungen« in Form von materiellen Verdichtungen eingelagert waren. Aus ihnen konnten sich mit der Zeit größere Materiekonzentrationen bilden, die sich unter gewissen Voraussetzungen in Teilwolken aufzuspalten vermochten. Diese Urwolken erster Generation konnten als Ganzes wieder nicht weiter kondensieren, doch konnten sie sich weiter teilen usw., bis es schließlich zu relativ kleinen Protosternen und letztlich zur Bildung der Sterne kam.

Die sogenannte Turbulenztheorie von v. Weizsäcker nimmt einen stark turbulenten Bewegungszustand der anfänglichen Urmaterie an. Dadurch konnte sie sich im Laufe der Zeit in weitere »Turbulenzelemente« aufspalten, die später nach demselben Vorgang weiter zerfielen.

Nach diesen Theorien bildet die erste Generation die Galaxienhaufen, die zweite die Galaxien, die dritte die offenen Sternhaufen und Kugelhaufen und letztlich die vierte die Sterne selbst.

Beide Theorien befriedigen nicht völlig. Berechnet man die Zeit, die für die Bildung der Galaxienhaufen aus der ursprünglichen Urwolke vergangen sein müßte, so kommt man zu einem Wert, der weit über demjenigen liegt, der hierzu aus anderen kosmologischen Gründen zur Verfügung stehen konnte.

Außerdem ergeben sich Schwierigkeiten mit dem auf S. 131 bereits angeschnittenen Virialtheorem: Die einzelnen Mitglieder des Haufens ziehen sich gegenseitig an. Diese Anziehungskraft ist natürlich von der Masse der Haufenmitglieder abhängig. Je größer die Masse, um so größer ist auch die Gravitationskraft. Ist sie klein, so müssen sich die einzelnen Galaxien voneinander entfernen, ist sie groß genug, so bleibt der Haufen in seinen Abmessungen bestehen, oder er schrumpft bei noch größeren Werten weiter zusammen. Gehen wir davon aus, daß die Haufen durch Kontraktionen aus Urwolken entstanden sind, so müßten sich die Abstände der einzelnen Galaxien gegenwärtig nicht wesentlich ändern und keinesfalls vergrößern. Die Massenbestimmung der Haufenmitglieder durch die Beobachtungen ergibt jedoch Werte, die für den Zusammenhalt der Galaxien zu klein sind. Die Gravitationskraft könnte die Mitglieder nicht aneinander binden. Der Haufen müßte sich allmählich zerstreuen.

Wo liegt der Fehler? Liegt er in der Massenbestimmung, oder sind die angenommenen Voraussetzungen für die Haufenentstehung falsch?

Ganz anders wäre die Situation, wenn wir eine Galaxienentstehung aus Materiequellen annehmen. Wir sprachen davon, daß vieles auf einen Teilungsvorgang der Quellen hinweist. Sollten die Galaxienhaufen eine Folge solcher Quellenteilungen sein? Wenn wir bereits zu Beginn der ersten Phase eine Teilung der »Urquelle« annehmen, wäre uns durch eine Art »Rückstoßeffekt« ein Auseinanderstreben der Quellen verständlich. In diesem Falle brauchten wir das Virialtheorem nicht anzuwenden, und die Massenbestimmung brauchte nicht fehlerhaft zu sein. Außer dem Rückstoßeffekt könnte auch die in der Theorie von Bagge geforderte elektrische Ladung der sich neu gebildeten Galaxien zu einer Zerstreuung der Haufenglieder beitragen (S. 228).

Schließlich könnte noch ein Befund des neuen astronomischen Forschungszweiges, der Röntgenastronomie, für das Auseinanderstreben der Haufenmitglieder verantwortlich sein: In den Zentralgebieten einiger Haufen konnte man außerordentlich ergiebige Materiequellen feststellen, die ein sehr heißes Plasma mit großer Geschwindigkeit nach allen Seiten ausstoßen. Diese Plasmawolken senden auch die beobachtete Röntgenstrahlung aus. Die ausgestoßene Materie prallt auf die die Hauptquelle umgebenden energieärmeren Nebengalaxien. Auch diese sind in Plasmawolken eingelagert. Untersuchungen der aus diesen Gebieten ausgesandten

Röntgenstrahlung zeigen eine deutliche Verformung dieser Wolken, die nur durch den Aufprall der aus der zentralen Quelle ausgesandten Materie zu erklären ist. Es hat demnach den Anschein, daß sich im Zentrum des Haufens eine extrem starke Materiequelle befindet, die die umgebenden Galaxien auseinandertreibt. Es gibt noch andere Hinweise darauf, daß wir es bei den Haufen mit einer Expansion des ganzen Systems zu tun haben. Alles in guter Übereinstimmung mit der Materiequellentheorie. Auch der zeitliche Ablauf dieser Bewegungen läßt sich mit anderen kosmologischen Forderungen in Einklang bringen.

Eine wesentliche Unterstützung dieser Theorie liefern Analysen der inneren Struktur der Haufen. Der Verfasser hatte schon in den fünfziger Jahren auf Grund von Haufendurchmusterungen auf Ketten und spiralförmige Arme hingewiesen, zu denen sich die Galaxien in den Haufen zusammenschließen. Inzwischen sind solche Anordnungen auch von mehreren anderen Forschern bestätigt worden. Von Zufällen zu sprechen, ist hier kaum möglich. Diese Formen müssen eine kosmologische Ursache haben. Als Beispiel sei hier der bekannte Virgo-Haufen genannt. Die untenstehende Zeichnung zeigt die Lage der hellen Mitglieder des Haufens.

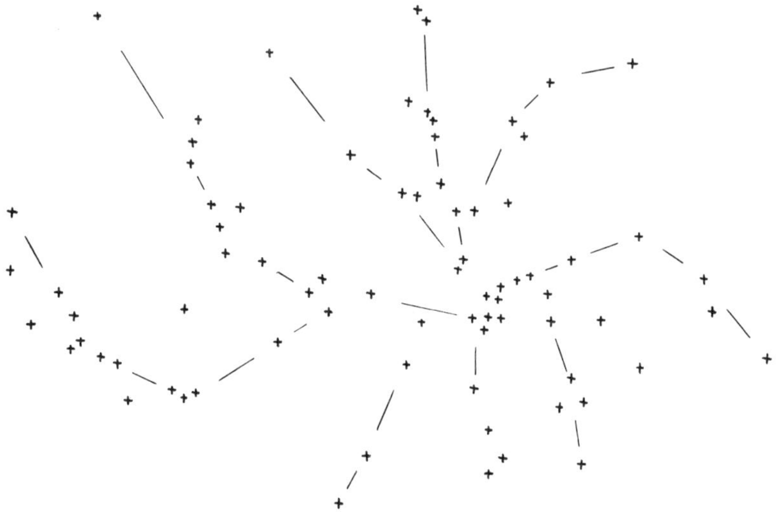

Abbildung 45: Die Positionen der helleren Mitglieder des Galaxienhaufens im Sternbild Jungfrau. Die Verbindungslinien veranschaulichen die spiralförmige Struktur.

Einen weiteren Hinweis auf die Bildung von Galaxienhaufen aus einem zentralen Gebilde bietet die Erforschung der sogenannten kompakten Gruppen von kompakten Galaxien (Compact Clusters of Compakt Galaxies – abgekürzt: CCCG). Es handelt sich bei ihnen um eine Art von Galaxiengruppen mit sehr kompakter Struktur, bei denen die Mitglieder eine so ungewöhnlich starke Helligkeitskonzentration besitzen, daß sie nur schwer von Sternen zu unterscheiden sind. In den letzten Jahren wurden in Zusammenarbeit der Mitarbeiter der Sternwarte in Bjurakan (Armenische SSR) und des Zentralinstituts für Astrophysik der Akademie der Wissenschaften der DDR große Gebiete des Nordhimmels nach solchen Objekten durchmustert. Es zeigte sich, daß solche kompakten Gruppen relativ häufig sind. Insgesamt sind heute etwa 260 solcher CCCG bekannt.

Auch bei ihnen wiederholt sich die bei Galaxienhaufen festgestellte Struktur: Es gibt kettenförmige, T-förmige, hantelförmige, kreisförmige und spiralförmige Gruppen. Die Abb. 46 zeigt die Lage der Galaxien in einer von Schachbasjan entdeckten Gruppe. Die sehr hellen Mittelpartien der in den CCCG enthaltenen Galaxien lassen darauf schließen, daß sie sich noch im Frühstadium ihrer Entwicklung befinden. Sie ähneln in vielem den Quasaren. Auch die relative Nähe der einzelnen Mitglieder voneinander deutet

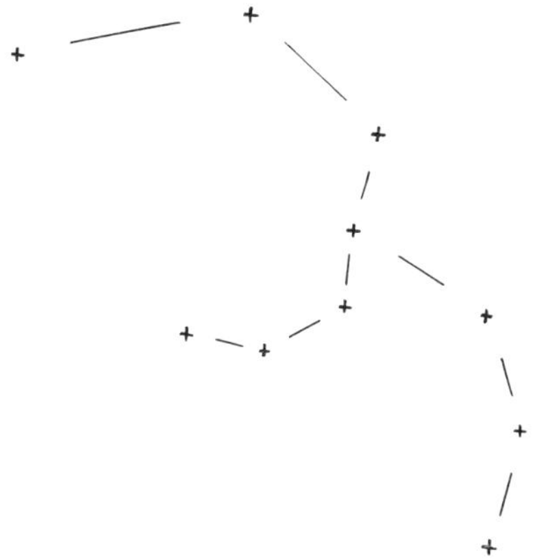

Abbildung 46: Die Kreuze geben die Positionen der kompakten Galaxien mit spiralförmiger Gruppenstruktur an. (CCCG Schachbasjan 120)

darauf hin, daß sie sich noch nicht weit entfernen konnten und deshalb noch jung sind. Die großen Entfernungen der Objekte in der Größenordnung von Milliarden von Lichtjahren weisen uns ebenfalls auf ein geringes Alter der Objekte hin, da wir bei ihnen in die Vergangenheit blicken. Eine kompakte Galaxis könnte sich allerdings auch durch eine Quelle mit relativ kleinen Teilchengeschwindigkeiten bilden. Wir hatten darauf auf S. 215 hingewiesen. In einem solchen Falle könnte es sich um eine Galaxis in einem späteren Stadium handeln.

Die bei den CCCG beobachteten Formen decken sich sehr gut mit der Vorstellung über die Bildung der Haufen aus besonders energiereichen Materieurquellen. Werden die Teilquellen nach allen Seiten geschleudert, so entstehen kreisförmige Haufen. Erfolgt die Explosion in einer bevorzugten Richtung, so entstehen Ketten oder Spiralen, und ein nachträgliches Teilen der Quellen erzeugt die hantelförmigen Gebilde.

Interessant ist auch der Befund, daß es sowohl bei den CCCG als auch bei Galaxienhaufen kreisartige Formen gibt, bei denen von bestimmten Stellen der Peripherie nach außen gerichtete, also strahlenförmige Strukturen ausgehen. Auch das läßt sich mit dem Zerfall der Quellen erklären. Zu ähnlichen Folgerungen kommt auch Ambarzumjan. Zusammenfassend kann gesagt werden, daß auch die Erforschung der Galaxienhaufen die Materiequellentheorie unterstützt.

5. Der Lebensweg der Sterne

5.1. Klassifikation und Zustandsgrößen

Es ist noch gar nicht lange her, daß man glaubte, die Sterne befänden sich auf einer riesigen Kugel, die unsere Sonne und die Planeten umhülle. Auch zur Zeit des Kopernikus und des Dänen Tycho Brahe (1546–1601) glaubte man fest an die These des Ptolemäus, nach der sich die Standorte der Fixsterne nicht verändern. Sie sollten an der Himmelssphäre »fixiert« sein – daher auch der Name. Ja, im Jahre 1600 mußte der Philosoph Giordano Bruno sein Leben auf dem Scheiterhaufen lassen, weil er unter anderem behauptet hat, die Fixsterne seien nichts anderes als sehr weit entfernte Sonnen. Nicht nur die Kirche lehnte diese neue Lehre ab. Auch unter den Wissenschaftlern fanden sich kritische Stimmen: Sollten nämlich die Sterne verschieden weit im Raum verteilt sein, so müßten sich die nahen Sterne infolge des Umlaufs der Erde um die Sonne innerhalb eines Jahres gegenüber den weit entfernten verschieben (Abb. 47). Da man eine solche Verschie-

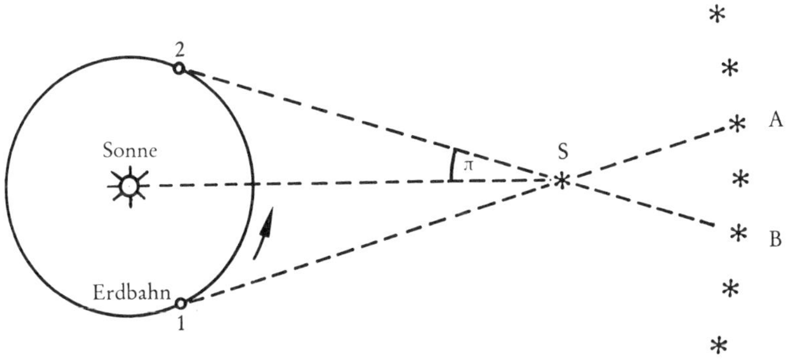

Abbildung 47: Infolge der Bewegung der Erde um die Sonne hat sich die Position des Sternes S gegenüber den Hintergrundsternen verschoben. In der Zeit, in der sich die Erde von 1 nach 2 bewegt hat, scheint der Stern S sich vom Stern A zum Stern B verschoben zu haben.

bung nicht hatte feststellen können, mußten alle Sterne gleich weit von uns entfernt sein, und wir – die Erde – müßten den Mittelpunkt der Welt bilden. Niemand ahnte, daß diese Verschiebung infolge der gewaltigen Entfernungen der Fixsterne für die damalige Zeit unmeßbar klein war. Erst 1838 konnte der Königsberger Astronom Bessel am Stern 61 Cygni eine jährliche Positionsänderung feststellen. Aus der Größe des Winkels π, der Parallaxe, läßt sich durch eine einfache trigonometrische Rechnung bei Kenntnis des Abstandes der Erde von der Sonne auch die Entfernung des betreffenden Sternes finden. Bei Sternen, die weiter als etwa 300 Lichtjahre von uns entfernt sind, werden die Parallaxen so klein, daß die gefundenen Entfernungswerte zu ungenau werden und kaum mehr zu gebrauchen sind. Zum Glück kennen wir heute noch eine ganze Reihe anderer Methoden der Entfernungsberechnung, die sich allerdings alle auf die trigonometrische Dreiecksmethode stützen.

Wir hatten bereits auf S. 72 erwähnt, daß sich bei bekannten Entfernungen aus der scheinbaren Helligkeit (m) die absolute Helligkeit (M) errechnen läßt. Wir müssen an dieser Stelle jedoch noch einiges ergänzen: Die Helligkeit eines Sternes ist nicht in allen Farbbereichen gleich. Ein roter Stern erscheint dunkler, wenn man ihn durch ein blaues Filter betrachtet. Ein rötliches Filter ändert dagegen seine Helligkeit nur wenig. Um also eine genaue Aussage über die Helligkeit eines Sternes zu erhalten, muß man die Farbe oder, genauer gesagt, die Wellenlänge angeben, in der die Messung erfolgen soll. Die *visuellen Helligkeiten* (m_{vis}) beziehen sich auf die Wellenlänge, in der das menschliche Auge am empfindlichsten ist. Sie liegt im Grünen bei etwa 5 400 Å (1 Å = 0,1 nm = 10^{-10} m). Die fotografische Platte ist für kurzwelliges Licht empfindlicher als das menschliche Auge, und so liegt die *fotografische Helligkeit* (m_{phot}) bei etwa 4 200 Å. Soll die gesamte von einem Stern kommende Strahlung zum Ausdruck kommen, so spricht man von der *bolometrischen Helligkeit* (m_{bol}).

Wird nun die Helligkeit eines Sternes in zwei oder drei verschiedenen Wellenlängen gemessen, so kann daraus auch auf die Wellenlänge geschlossen werden, in der der Stern am stärksten strahlt. Das wird verständlich, wenn wir uns an die *Planckkurven* erinnern, die wir auf S. 154 besprochen haben. Die verschiedenen Helligkeitsmessungen geben uns deshalb einen Hinweis auf die der Sternstrahlung zugeordnete Planckkurve und damit auch auf die Temperatur der Sternoberfläche. In der Praxis wird oft das von H. L. Johnson und W. W. Morgan entwickelte *UBV-System* angewandt, bei dem die Sterne in den Farben ultraviolett (m_u), blau (m_b) und visuell (m_{vis}) gemessen werden. Die Differenzen zweier Helligkeiten in verschiedenen Wellenlängen nennt man *Farbindex*. So wird im UBV-System die Differenz zwischen m_b und m_{vis} kurz als der *B-V-Farbindex* bezeichnet. Die Farbindizes spielen eine wichtige Rolle beim Hertzsprung-Russell-Diagramm, von dem noch die Rede sein wird.

Nun zurück zu der Bestimmung der absoluten Helligkeit, also jener Helligkeit, die wir in einer Entfernung von 10 Parsec vom betreffenden Stern registrieren würden. Je nach der Wahl der Helligkeitsart ergeben sich dabei verständlicherweise verschiedene Werte. So ist die fotografische absolute Helligkeit der Sonne (M_{phot}) gleich 5,4, die visuelle (M_{vis}) gleich 4,8 und die bolometrische (M_{bot}) gleich 4,72.

Eng verbunden mit der absoluten Helligkeit ist die Leuchtkraft eines Sternes. Darunter verstehen wir die gesamte vom Stern ausgesandte Strahlungsenergie pro Zeiteinheit. Für die Sonne beträgt sie $3,86 \cdot 10^{23}$ kW.

In Abhängigkeit von ihren Leuchtkräften werden die Sterne in verschiedene Leuchtkraftklassen eingeteilt, die hier aber nicht besprochen werden sollen.

Eine ganz besonders große Bedeutung hat die Klassifikation der Sterne nach Spektralklassen erlangt. Schon zu Beginn unseres Jahrhunderts lagen mehr als 10 000 Aufnahmen von Sternspektren vor. Man begann zu ordnen und ähnliche Typen zu Klassen zusammenzufassen. Das heute bevorzugte System geht auf die Arbeiten von E. C. Pickering und Miß A. J. Cannon zurück. Die sogenannte *Hauptfolge* enthält sieben Spektralklassen, die mit den Buchstaben O, B, A, F, G, K, M bezeichnet werden und neben einigen spektralen Eigenschaften eine Anordnung nach den Oberflächentemperaturen und damit auch den Farbindizes darstellen. Die wichtigsten Eigenschaften der Typen sind folgende:

Klasse O

Bläulich-weiße, sehr heiße Sterne. Breite Linien des ionisierten Heliums (He II). Die Wasserstofflinien sind relativ schwach. Zur Klasse O werden als Sondertypen auch die sogenannten Wolf-Rayet-Sterne gerechnet, die sich durch eine mit großer Geschwindigkeit expandierende Hülle auszeichnen, ferner die Planetarischen Nebel, von denen später (S. 261) noch die Rede sein wird, und die Novae. Temperatur um 30 000 K.

Klasse B

Ebenfalls bläulich-weiße Sterne. Stark ausgeprägte Linien des neutralen Heliums (He I). Die Linien des ionisierten Heliums fehlen. Die Linien des Wasserstoffes (Balmerserie) nehmen zu. Typische Vertreter: Rigel und die Gürtelsterne im Orion. Temperatur um 20 000 K.

Klasse A

Linien des Wasserstoffs im Maximum. Linien ionisierter Metalle (Mg II, Si II und Ca II). Vertreter: Sirius, Wega. Temperatur um 10 000 K.

Klasse F

Gelblich-weiße Sterne. Wasserstofflinien schwächer. Linien der ionisierten Metalle etwa gleich stark wie die Linien neutraler Metalle. Vertreter: Procyon. Temperatur um 7 000 K.

Klasse G

Gelbe Sterne. Sehr starke Linien des ionisierten Kalziums (Ca II). Zahlreiche, kräftige neutrale Metallinien. Wasserstofflinien nehmen weiter ab. Das Maximum des kontinuierlichen Spektrums liegt im Gelbgrünen. Vertreter: Sonne, Capella. Temperatur um 5 500 K.

Klasse K

Gelb-rote Sterne. Kräftige Metallinien, besonders ausgeprägte Eisenlinien. Absorptionsbanden von Molekülen chemischer Verbindungen. Vertreter: Arktur, Aldebaran. Temperatur um 4 500 K.

Klasse M
Rote Sterne. Stark ausgeprägte Linien neutraler Metalle, besonders Ca I, Titanoxid-Banden. Vertreter: Beteigeuze, Antares. Temperatur um 3 000 K.

Um die Sterne noch präziser einzuteilen, wird jede Spektralklasse durch die Zahlen 0—9 in 10 Stufen gegliedert. So wird die Sonne mit G_2, Capella mit G_0 und Aldebaran mit K_5 gezeichnet.

Am Ende der Hauptfolge mit niedrigen Temperaturen werden (bei K) noch oft die Nebenklassen C (früher R und N) und S angehängt. Es handelt sich dabei um relativ seltene Riesensterne mit abweichender chemischer Zusammensetzung. Oft werden die Typen O, B und A als die *frühen*, F und G als die *mittleren* und K und M als die *späten* bezeichnet. Das ist darauf zurückzuführen, daß man früher eine Sternentwicklung in dieser Reihenfolge annahm. Man glaubte, die heißen O- und B-Sterne seien erst kürzlich entstanden, während mit zunehmendem Alter die Sterntemperaturen allmählich immer kleiner werden und darum die kühlen Sterne alt sein müssen. Wir werden später sehen, daß diese Vorstellung nicht richtig ist.

Außer den Helligkeiten, den Leuchtkräften, den Farben und den Spektraltypen gibt es noch mehrere andere sogenannte *Zustandsgrößen* der Sterne, die sich teils direkt beobachten, teils errechnen lassen. Von besonderer Bedeutung ist die Masse der Sterne, die man jedoch einigermaßen zuverlässig nur bei Doppelsternen und Mehrfachsystemen nach der Art bestimmen kann, wie es bereits auf S. 125 und S. 126 geschildert wurde. Aus den Durchmessern der Sterne, die allerdings direkt nur schwer festzustellen sind, und ihren Massen lassen sich die Dichten berechnen. Bei Sternen mit sehr großer Dichte (weiße Zwerge) gelingt eine Massenbestimmung durch die gravitative Linienverschiebung (vgl. S. 110). Leider gibt es keine Möglichkeit, die Massen von Riesensternen zu bestimmen, da sie weder dicht genug sind, noch sich zu Doppelsternen zusammengeschlossen haben. Auf weitere Zustandsgrößen wie die Rotation, die Magnetfelder in den Sternen und so weiter wollen wir hier nicht näher eingehen.

Kosmologisch sehr bedeutsam sind die Zusammenhänge zwischen den verschiedenen Zustandsgrößen der Sterne. So könnte man vermuten, daß die Sterne um so größere Leuchtkräfte haben, je heißer sie sind. Das trifft zwar für eine Reihe von Sternen zu, doch lange nicht für alle. Es gibt eine Gruppe von Sternen, die trotz einer relativ niedrigen Temperatur dank ihrer Größe sehr hohe Leuchtkräfte besitzen, und Zwergsterne, die bei hohen Oberflächentemperaturen nur schwach leuchten. Zu Beginn unseres

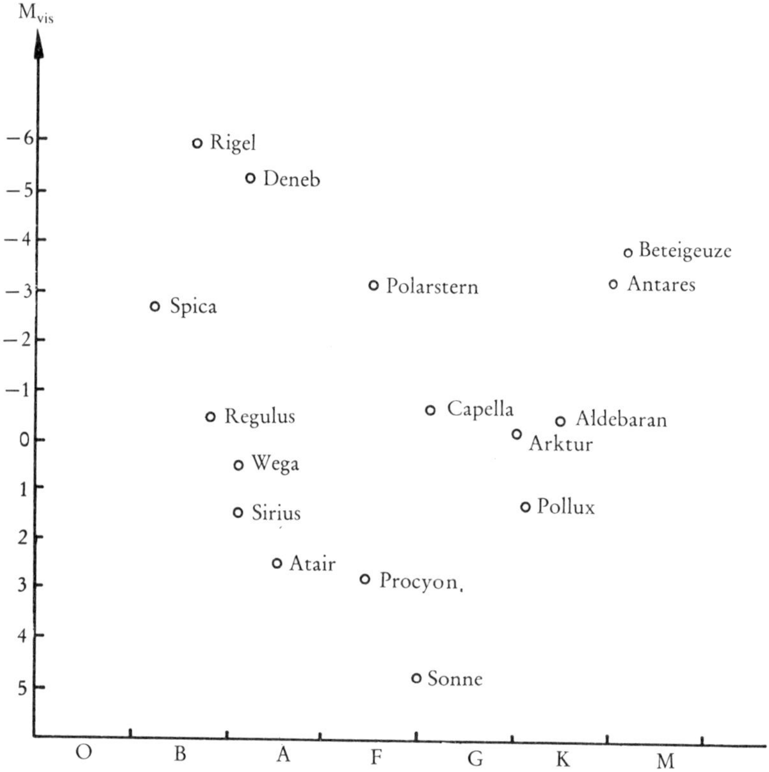

Abbildung 48: Das Hertzsprung-Russell-Diagramm für einige bekannte Sterne (M_{vis}).

Jahrhunderts haben die beiden Astrophysiker E. Hertzsprung und H. N. Russell ein Diagramm zusammengestellt, das die Zusammenhänge zwischen der Oberflächentemperatur (oder den Spektralklassen) und den absoluten Helligkeiten (oder Leuchtkräften) wiedergibt. Die Abb. 48 zeigt dieses Hertzsprung-Russell-Diagramm (abgekürzt HRD) zunächst für einige bekannte Sterne.

Trägt man in ihm auch die Menge der anderen Sterne mit bekannten absoluten Größen und Spektralklassen ein, so zeigt sich deutlich eine Ordnung. Die Masse der Sterne liegt in der sogenannten Hauptreihe; rechts oben haben die Riesensterne ihren Platz, links unten die weißen Zwerge (Abb. 49).

Riesensterne sind relativ selten. Man kann abschätzen, daß auf etwa 100 Zwergsterne ein Riesenstern kommt. Wir werden später

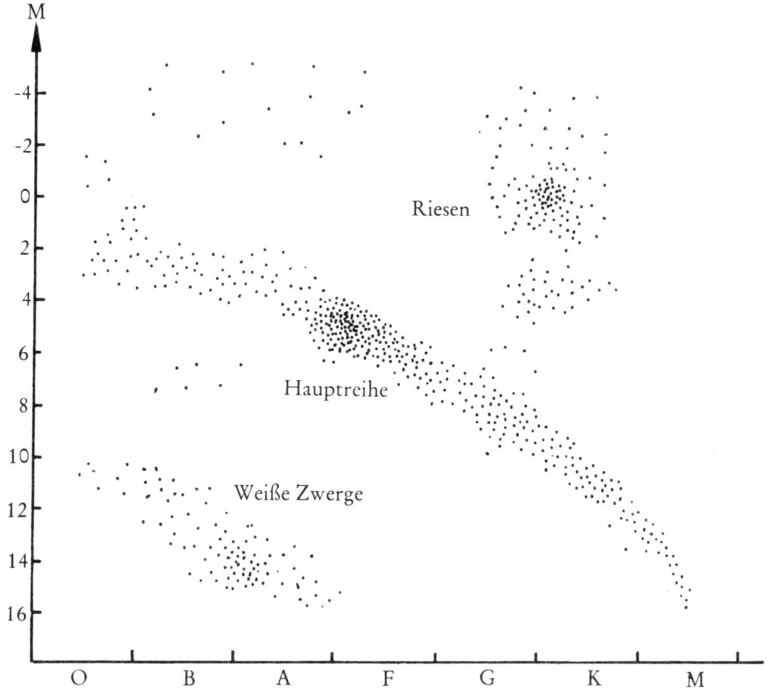

Abbildung 49: Ungefähre Lage der Sterne der weiteren Sonnenumgebung im HRD.

sehen, daß es sich dabei nicht um grundsätzlich andere Sternindividuen, sondern um ein Entwicklungsstadium der Sterne handelt. Häufig sind dagegen die weißen Zwerge, die ebenfalls eine Entwicklungsphase repräsentieren.

Eine wichtige Beziehung besteht zwischen den absoluten Größen und den Massen der Sterne. Auch dafür läßt sich ein Diagramm aufstellen, das die Abb. 50 wiedergibt. Die Hauptreihen-

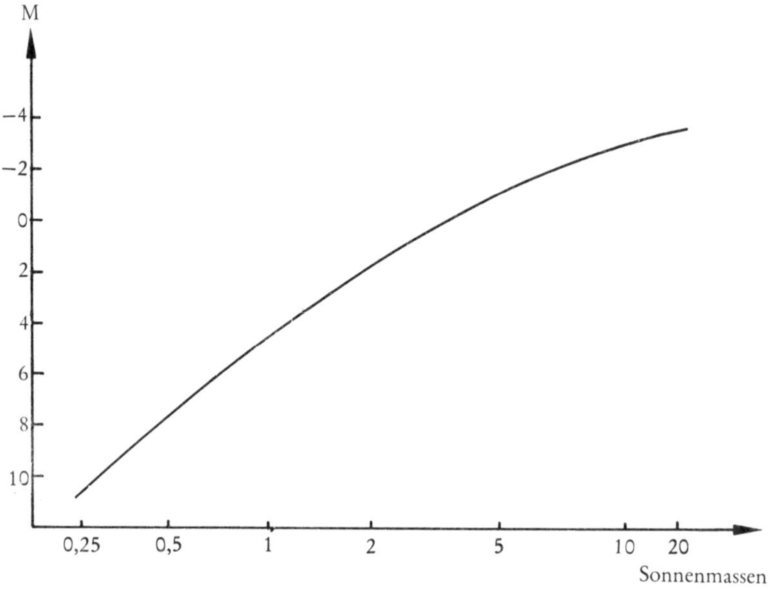

Abbildung 50: Die Beziehung zwischen den Massen und der absoluten Größe der Sterne.

sterne und Riesensterne bilden hier eine gemeinsame Folge, während die weißen Zwerge wiederum eine Sonderstellung einnehmen. Diese Beziehung läßt sich auch mathematisch ausdrücken: Die Leuchtkraft ist etwa der dritten Potenz der Masse proportional. Das besagt, daß ein Stern mit doppelter Masse etwa die 8fache, ein Stern mit 3facher Masse die 27fache Leuchtkraft hat, und so weiter. Natürlich läßt sich die Leuchtkraft leicht in absoluten Helligkeiten ausdrücken.

Ein weiterer Zusammenhang besteht zwischen den Rotationsgeschwindigkeiten und den Spektraltypen. Während die K- und M-Sterne eine kaum nachweisbare Rotation haben, weisen die heißen Typen etwa bis zum Typus A eine ständig steigende Rotationsgeschwindigkeit auf.

5.2. Bau der Sterne

Es ist erstaunlich, daß uns die Astrophysik die Möglichkeit bietet, nach den direkt beobachtbaren Zustandsgrößen recht genaue

Angaben über den inneren Aufbau der Sterne zu machen. Ja, wir können über den Zustand im Inneren einiger Sterne in Entfernungen von Tausenden von Lichtjahren Genaueres aussagen als bei unserem Heimatplaneten.

Betrachten wir für ein Rechenmodell die Sterne als Gaskugeln, so läßt sich bedingt die Zustandsgleichung für ideale Gase anwenden, eine Beziehung zwischen dem Druck, der Temperatur und der Dichte. Ideale Gase sind solche, bei denen die Anziehungskräfte zwischen den Molekülen keine Rolle spielen, die also weit von einer Verflüssigung mit dem Einsetzen der Kohäsionskräfte entfernt sind. Je heißer und je verdünnter ein Gas ist, um so mehr nähert es sich diesem Idealzustand. Die Zustandsgleichung lautet exakt:

$$p = \frac{R}{\mu} \rho T,$$

wobei p den Druck, R die Gaskonstante, μ das Molekulargewicht, ρ die Dichte und T die Temperatur bedeuten. Befindet sich ein Stern im Gleichgewichtszustand, was für die meisten Sterne angenommen werden kann, so muß für jeden in seinem Inneren befindlichen Teil der nach außen gerichtete Druck (p) gleich dem Gewicht der darüberliegenden Materie sein. Außer dem Gasdruck ist noch der Strahlungsdruck wirksam: Die auf die Sternmaterie auftreffenden Photonen üben eine Kraft aus, die zum Gasdruck addiert werden muß. Allerdings ist der Strahlungsdruck verhältnismäßig klein und nur im Inneren sehr heißer und massereicher Sterne von wesentlicher Bedeutung.

Da sich bei bekannter Masse und bekanntem Durchmesser des Sterns für jedes Raumelement im Inneren das Gewicht der darüberliegenden Schicht berechnen läßt, kann auch der Druck p bestimmt werden. Auch die Dichte läßt sich leicht berechnen, und so bleibt die Temperatur T die einzige Unbekannte.

Für die Bestimmung des inneren Sternaufbaus ist der Energiehaushalt maßgebend. Es ist ohne weiteres verständlich, daß ein Stern im Gleichgewichtszustand so viel Energie von seiner Oberfläche abstrahlen muß, wie er in seinem Inneren erzeugt. Überwiegt die Energieerzeugung im Inneren, so erhitzt sich der

Stern immer mehr, ist die Energieabgabe dagegen größer als die Zufuhr aus dem Inneren, so muß sich der Stern abkühlen. Beide Vorgänge sind zwar bei den veränderlichen Sternen bekannt, doch bei der Mehrzahl der Sterne bleibt die Temperatur über lange Zeiträume konstant. Die Strahlung eines Sterns läßt sich durch Beobachtungen und Messungen ermitteln, und damit gelingt es auch, den Energiestrom aus dem Inneren zu errechnen, der wiederum mit den aus der Zustandsgleichung gewonnenen Angaben über die Temperatur in Einklang gebracht werden kann. Diese Messungen und Berechnungen liefern ein recht genaues Bild über die Zustände im Sterninneren.

Die Abb. 51 zeigt ein Diagramm, das die Verhältnisse im Sonneninneren wiedergibt. Die Temperatur steigt in der Nähe des Sonnenmittelpunktes sehr stark an, und darum ist hier auch die eigentliche Energiequelle zu suchen. Der Transport der Energie vom Zentrum zur Oberfläche kann prinzipiell durch drei Vorgänge erfolgen:

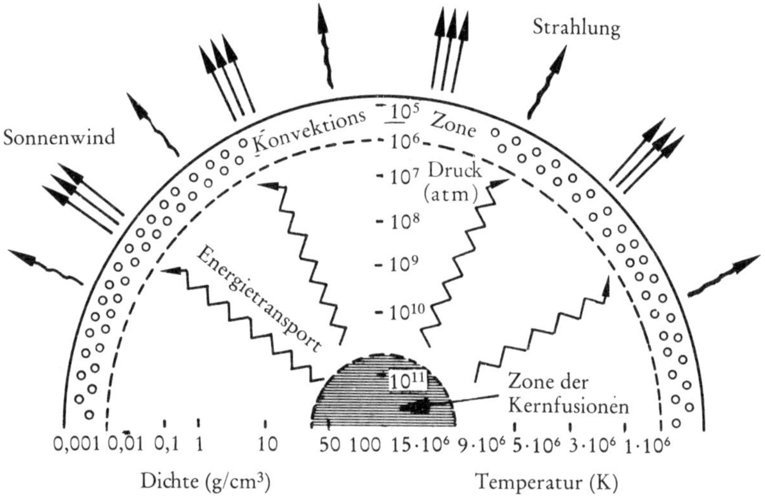

Abbildung 51: Schematische Darstellung der Zustände in der Sonne. Im Sonnenkern wird durch die Verschmelzung von Wasserstoff zu Helium (Kernfusion) Energie erzeugt, die nach außen transportiert wird. In der Konvektionszone erfolgt eine Durchmischung der Sonnenmaterie. Von der Oberfläche wird die Energie in Form von elektromagnetischer Strahlung und einem Teilchenstrom (Sonnenwind) abgegeben.

a) durch Wärmemischung (Konvektion), bei der die heißere Materie nach außen, die kühlere nach innen gelangt, sich also »durchmischt«,
b) durch Wärmeleitung, bei der die thermische Molekularbewegung weitergeleitet wird,
c) durch Wärmestrahlung, bei der die Energieübertragung durch elektromagnetische Schwingungen erfolgt.

Die letzte Art spielt im Sterneninneren die wichtigste Rolle. Die im Zentrum erzeugten Photonen können allerdings die Sternoberfläche nicht direkt erreichen. Sie werden bereits nach einer sehr kurzen Strecke von Atomen der Sternmaterie absorbiert. Sie erzeugen hier neue Lichtquanten, die bald wieder in Wechselwirkungen mit den Atomen treten und so weiter, bis sich schließlich die Energie nach langen Irrwegen zur Oberfläche durcharbeitet. Es läßt sich berechnen, daß ein im Sterninneren erzeugtes Photon seine Energie erst nach einigen Millionen Jahren an die Oberfläche abgibt. Dann verschwindet sie allerdings mit Lichtgeschwindigkeit im All. Bei diesen Wanderungen ändert sich auch die Strahlungsart. Im Zentrum finden sich fast ausschließlich die sehr energiereichen γ-Strahlen; das von der Sternoberfläche stammende Licht, wie es im Sternspektrum sichtbar wird, besteht aus sehr viel langwelligeren Photonen.

Von großer Bedeutung für die Art des Energietransports ist die *Opazität*, die man sich als die Undurchlässigkeit der Materie für die Strahlung verdeutlichen kann. Ist die Opazität klein, so können die Photonen bis zur Absorption Strecken in der Größenordnung von mehreren Millimetern zurücklegen. Bei großen Opazitätswerten erfolgt die Absorption in sehr viel kürzerer Entfernung, und die Folge davon ist, daß sich die Energie in solchen Gebieten staut. Der Temperaturunterschied zwischen den tiefen und den höheren Schichten ist daher sehr groß. So kann es zur Ausbildung starker Konvektionsströmungen kommen. In der Regel ist die Konvektion auf die äußeren Sternschichten begrenzt.

Der Energietransport durch Wärmeleitung spielt bei normalen Sternen keine Rolle. Nur bei extrem hohen Dichten, wie sie im Zentrum einiger Sterne und bei den weißen Zwergen vorkommen, wird die Energie noch wesentlich durch die Molekularbewegung übertragen.

Zusammenfassend läßt sich sagen, daß der Bau eines Sterns durch seine chemische Zusammensetzung, seine Masse und seine von der Oberfläche abgestrahlte Energie eindeutig bestimmt ist.

5.3. Energieerzeugung in den Sternen

Seit Milliarden von Jahren strahlt die Mehrzahl der Sterne wie die Sonne mit fast gleichbleibender Intensität. Woher stammt die Energie, die das bewirkt? Die Strahlungsleistung der Sonne beträgt etwa $4 \cdot 10^{20}$ kW. Die Energie, die die Sonne in nur einer Sekunde abstrahlt, würde reichen, um die Menschheit für mehrere Millionen Jahre zu versorgen.

Jeder Stern enthält vier Arten von Energiequellen, die wir kurz charakterisieren wollen:

a) Die potentielle Energie

Unter der potentiellen Energie eines Körpers versteht man die Arbeit, die er dank seiner Lage in einem Kraftfeld auszuführen vermag. Heben wir beispielsweise einen Stein mit einem Gewicht von einem Kilopond (Masse 1 kg) um zwei Meter über den Erdboden, so ist seine potentielle Energie in der neuen Lage, da Arbeit gleich Kraft mal Weg ist, gleich $1 \cdot 2 = 2$ Kilopondmeter.

Die potentielle Energie eines Sternes, also einer Gaskugel, läßt sich durch die Gleichung $E = -C \frac{Gm^2}{R}$ wiedergeben. Hier bedeutet C eine Konstante, die von der Innenstruktur des Sternes abhängt und für die meisten Sterne den Wert 1 bis 2 hat. G ist die Gravitationskonstante, m die Masse und R der Radius des Sternes. Schrumpft nun ein Stern infolge der Abnahme des Innendruckes zusammen, so wird ein Energiebetrag frei, der sich aus der Formel für E errechnen läßt. Dabei wird etwa die Hälfte zur Temperaturerhöhung des kontrahierenden Sternes verbraucht. Die andere Hälfte wird an den umgebenden Raum abgegeben.

Dieser Vorgang bildet den wichtigsten Energieproduzenten bei der Entstehung eines Sternes und – wie wir später noch genauer zeigen werden – in der letzten Phase der Sternentwicklung. Diese Energieform spielt auch bei der Bildung der Galaxien eine wichtige Rolle. In der »ruhenden« Phase der Sternentwicklung, während der sich die Sterne auf der Hauptreihe im HRD befinden, ist sie fast bedeutungslos. Die Sonne enthält eine potentielle Energie, die es ihr ermöglichen würde, rund 30 Millionen Jahre in ihrer bisherigen Art zu strahlen.

b) Die thermische Energie

Sie ist der in den Sternen befindliche Wärmegehalt und spielt nur im Endstadium eines Sternes eine gewisse Rolle. Für die Sonne errechnet sich eine thermische Energie, die für etwa 10 Millionen Jahre reichen würde.

c) Die chemische Energie

Das ist diejenige Energie, die bei der Molekülbildung und Molekülumbildung frei wird. Sie ist im Energiehaushalt der Sterne ohne Bedeutung.

d) Die atomare Energie

Bei der im Sterneninneren herrschenden sehr hohen Temperatur besitzen die atomaren Teilchen eine so große Energie, daß zwei Atomkerne die zwischen ihnen bestehende abstoßende elektrische (coulombsche) Kraft überwinden und miteinander verschmelzen können. Das Prinzipielle solcher Kernfusionen hatten wir bereits auf S. 192 besprochen. Um zwei Wasserstoffkerne, also Protonen, zum Verschmelzen zu bringen, müssen sie eine (kinetische) Energie von etwa 1 MeV haben. Die durchschnittliche Protonenenergie im Inneren der Sonne beträgt aber nur etwa 1,5 KeV, sie reicht also zunächst zur Fusion nicht aus. Daß es hier trotzdem zu Kernumwandlungen kommt, ist darauf zurückzuführen, daß die Teilchenenergien stark streuen, daß also erheblich höhere Beträge vorkommen. Außerdem spielt der sogenannte *Tunneleffekt* eine Rolle, durch den auch energiearme Teilchen unter gewissen Voraussetzungen verschmelzen können. Handelt es sich nicht um Protonen, sondern um die Kerne schwerer Elemente, so ist die coulombsche »Barriere« größer. Sie verschmelzen daher nur bei sehr viel höheren Temperaturen.

Man könnte zunächst erwarten, daß bei der Bildung eines schweren Kerns aus leichten Kernen Energie verbraucht wird und somit dem Stern verlorengeht. Erstaunlicherweise ist das aber nicht der Fall. Wir wollen das etwas genauer untersuchen. Die Fusionsvorgänge des Wasserstoffes in den Sternen erfolgen auf zwei verschiedenen Wegen, nämlich

α) nach dem Proton-Proton-Prozeß (pp-Reaktion) und

β) nach dem Bethe-Weizsäcker-Zyklus (CNO-Zyklus).

Wir wollen uns zunächst mit der ersten Reaktion beschäftigen, die vorwiegend bei Temperaturen zwischen 5 und 15 Millionen K zustande kommt:

Aus zwei Protonen entsteht zunächst ein gemeinsamer Kern, wobei sich ein Proton in ein Neutron umwandelt. Atome mit solchen Kernen kommen auch auf der Erde in größeren Mengen vor. Bei ihnen umkreist nur ein Elektron den Kern. Das Atom hat also die chemische Eigenschaft des Wasserstoffes, es ist jedoch schwerer und wird deshalb auch *schwerer Wasserstoff* oder *Deuterium* (D) genannt. Bei der Verschmelzung entstehen außerdem ein Positron (S. 92) und ein Neutrino. Neutrinos haben keine elektrische Ladung und sind (annähernd) massenlos. Daraus folgt ihre extrem geringe Wechselwirkung mit anderen materiellen Teilchen. Sie können das Sterneninnere ohne jeden Widerstand verlassen und dabei dem Stern oft recht beträchtliche Energiemengen entziehen.

Der entstandene Deuteriumkern vereinigt sich unter Aussendung eines Photons mit einem weiteren Proton. Dabei entsteht ein Heliumkern, der außer zwei Protonen ein Neutron enthält. Schließlich vereinigen sich zwei der so entstandenen Heliumkerne zum »normalen« Heliumkern, der aus zwei Protonen und zwei Neutronen besteht. Zwei Protonen werden dabei frei. Diese Reaktionen drückt man in Kurzschreibweise folgendermaßen aus:

$$^{1}H + {}^{1}H \rightarrow {}^{2}D + e^{+} + \nu$$
$$^{2}D + {}^{1}H \rightarrow {}^{3}He + \gamma$$
$$^{3}He + {}^{3}He \rightarrow {}^{4}He + 2\,{}^{1}H.$$

Über etwa 18 Millionen K überwiegt der CNO-Zyklus, bei dem die Atome des Kernstoffes und des Stickstoffes mitspielen, ohne selbst dabei verbraucht zu werden. Sie übernehmen dabei also eine ähnliche Aufgabe wie die Katalysatoren bei chemischen Reaktionen. Die einfachste Möglichkeit ist folgende:

$$^{12}C + {^1H} \rightarrow {^{13}N} + \gamma$$
$$^{13}N \rightarrow {^{13}C} + e^+ + \nu$$
$$^{13}C + {^1H} \rightarrow {^{14}N} + \gamma$$
$$^{14}N + {^1H} \rightarrow {^{15}O} + \gamma$$
$$^{15}O \rightarrow {^{15}N} + e^+ + \nu$$
$$^{15}N + {^1H} \rightarrow {^{12}C} + {^4He}.$$

Auch hier wird also aus 4 Wasserstoffkernen ein Heliumkern aufgebaut.

Wie sieht es dabei mit den beteiligten Massen aus? Das Atomgewicht eines Protons ist 1,009. Die vier Protonen, die zum Bau eines Heliumkernes dienten, hatten also eine Masse von $4 \cdot 1{,}009 = 4{,}036$ Einheiten. Die Masse des Heliumkernes beträgt aber nur 4,0039. Wo ist die Restmasse geblieben? Rund 1 Prozent der ursprünglichen Masse scheint verlorengegangen zu sein, denn die Masse der »Nebenprodukte« ist nicht bedeutend. Die Antwort gibt die uns vertraute Formel $E = mc^2$. Die Masse hat sich in Energie umgesetzt. Bei der Verschmelzung wird deshalb nicht, wie zunächst zu erwarten war, Energie verbraucht, sondern es werden sehr beträchtliche Energiemengen frei. Bei der Bildung eines Heliumatoms sind das 26,72 MeV. Davon werden beim pp-Prozeß rund 2 Prozent, beim CNO-Zyklus sogar etwa 7 Prozent von den Neutrinos entführt. 1 g Materie liefert bei völliger Energieumwandlung rund 10^{14} Joule. Da die Sonne in jeder Sekunde $4 \cdot 10^{26}$ Joule abstrahlt, werden in ihr sekündlich $4 \cdot 10^{12}$ g oder 4 Millionen t in Energie umgewandelt. Nur etwa 1 Prozent des Wasserstoffes setzt sich, wie wir gesehen haben, in Energie um, und so werden pro Sekunde im Sonneninneren etwa 400 Millionen t Wasserstoff in Helium umgewandelt. So groß diese Masse erscheinen mag, im Verhältnis zu der gewaltigen Masse der Sonne ist sie verschwindend klein: Seit ihrer Entstehung hat die Sonne erst weniger als ein Zehntel ihres Wasserstoffes in Helium verwandelt.

Bei Temperaturen über 100 Millionen Kelvin kann es noch zu

weiteren Prozessen kommen, bei denen aus dem Helium schwerere Elemente aufgebaut werden. Auf diese Möglichkeit hat als erster E. E. Salpeter hingewiesen. Deshalb trägt der nachfolgend beschriebene Prozeß seinen Namen. Zunächst verschmelzen zwei Heliumkerne unter Aussendung eines Photons zu einem Berylliumkern: $^{4}He + ^{4}He \rightarrow ^{8}Be + \gamma$. Anders als beim Verschmelzen von Wasserstoffkernen wird dabei aber Energie nicht frei, sondern sie wird bei der Fusion verbraucht. Der entstandene Berylliumkern ist nicht stabil. Er zerfällt in kurzer Zeit wieder in zwei Heliumatomkerne. Doch während der geringen Zeit seiner Existenz vermag er mit einem weiteren Heliumkern zu reagieren, wobei ein Kohlenstoffkern entsteht und wieder ein Photon ausgesandt wird:

$$^{8}Be + ^{4}He \rightarrow ^{12}C + \gamma.$$

Hierbei wird aber wieder Energie abgegeben. Insgesamt werden beim Aufbau eines Kohlenstoffkernes aus drei Heliumkernen 7,3 MeV freigesetzt, also merklich weniger als bei der Wasserstoff-Helium-Umwandlung.

Durch weitere Anlagerungen von Heliumkernen an die Kohlenstoffkerne können noch andere schwere Elemente wie Sauerstoff, Neon, Magnesium und Kalzium entstehen. Auch hierbei wird Energie frei, allerdings in geringer Menge.

All das ist natürlich »graue Theorie«. Beobachten können wir nur die Auswirkungen dieser Prozesse in Form der Oberflächenausstrahlung. Immerhin ist die moderne Atomistik in der Lage, den Ablauf der Reaktionen mit sehr großer Wahrscheinlichkeit anzugeben. Es gibt allerdings eine Strahlungsart, die uns – zunächst rein von ihrer Natur her – die Möglichkeit bieten müßte, direkt das zu erkennen, was sich im Sterneninneren abspielt: die Neutrinostrahlung. Wie schon erwähnt, werden die bei den Kernumwandlungen entstehenden Neutrinos praktisch nicht absorbiert und gelangen deshalb ungehindert zur Erde. Hätten wir also eine Möglichkeit, sie zu beobachten, so wäre uns ein Einblick ins Sterninnere möglich. Aber wie sollen wir sie registrieren, da sie doch praktisch keine Wechselwirkung mit der Materie zeigen?

Der weitaus stärkste Neutrinostrom kommt von der Sonne. Zwar werden von anderen, heißen Sterntypen absolut ungleich mehr Neutrinos emittiert, doch verhält sich der auf die Erde einfallende Neutrinostrom etwa in der gleichen Art wie der Lichtstrom: Die Sonnenstrahlung überwiegt bei weitem. Es läßt sich berechnen, daß jedes cm^2 auf der Erde bei senkrechtem Strahlungseinfall etwa 100 Milliarden Neutrinos pro Sekunde empfängt. Können wir bei dieser unvorstellbaren Menge nicht wenigstens etwas von der Strahlung feststellen?

In der Tat besteht dazu eine Möglichkeit: Das Chlor-Atom ^{37}Cl liefert sie uns. Trifft ein Neutrino den Kern dieses Atoms, so verwandelt er sich unter Aussendung eines Elektrons in den Kern des Argons ^{37}Ar. Der entstandene ^{37}Ar-Kern ist nicht stabil, er verwandelt sich mit einer Halbwertszeit von 35 Tagen in den ^{37}Cl-Kern zurück, indem er aus der Umgebung wieder ein Elektron aufnimmt. 35 Tage sind eine recht lange Zeit, und so kann man hoffen, während dieser Zeitspanne chemisch die Anwesenheit des Argons und damit die eingeströmten Neutrinos festzustellen.

Leider taucht dabei eine große Schwierigkeit auf, die das ganze Experiment zum Scheitern verurteilt erscheinen läßt: Der *Wirkungsquerschnitt* bei dieser Reaktion ist so gering, daß bei weitem die meisten Neutrinos »vorbeifliegen« und deshalb keine Chloratome zu Umwandlungen veranlassen. Man kann berechnen, daß es bei uns auf der Erde trotz ihrer gewaltigen Zahl im Durchschnitt 10^{36} Sekunden oder 10^{20} Milliarden Jahre dauern würde, bis ein einziges Chloratom so getroffen wird, daß eine Reaktion erfolgt. Oder anders: Von 10^{36} Chloratomen müßte sich nach der Wahrscheinlichkeitsrechnung in jeder Sekunde nur ein einziges Chloratom umwandeln. 10^{36} Atome würden aber ein Gefäß füllen, das – wenn es würfelförmig wäre – eine Kantenlänge von 600 m hätte. Natürlich ist eine solche Versuchsanordnung undurchführbar, doch warum sollte man es nicht mit kleinen Gefäßen versuchen?

Das erste Experiment, das brauchbare Resultate lieferte, wurde 1968 von Davis, Marmer und Hoffmann in einem Bergwerk in Lead, South-Dakota, durchgeführt. Sie benutzten einen Tank von 400 000 l Inhalt, in dem nach theoretischen Berechnungen in einem Monat durchschnittlich nur 4 Argonatome durch die Neutrinos der Sonne entstehen sollten. Es ist erstaunlich, daß es den drei Forschern durch äußerst feinsinnige Konstruktionen gelang, diese wenigen Argonatome zu registrieren. Das Experiment ist danach noch mehrfach wiederholt worden. Dabei stellte sich überraschenderweise heraus, daß die gemessene Zahl der reagierenden Neutrinos nur etwa die Hälfte, ja bei anderen Versuchen sogar ein Sechstel bis ein Neuntel von der theoretisch geforderten betrug.

Die Aufregung bei den Atomwissenschaftlern und den Astronomen war groß, und sie ist bis heute nicht abgeklungen. Was war falsch? Trog das Experiment? Eine genaue Analyse ließ erkennen, daß hier der Fehler nicht liegen konnte. Waren die Berechnungen der Atomphysiker nicht richtig, oder stimmen unsere Vorstellungen von den Vorgängen im Sterninneren nicht? Eine Flut von Veröffentlichungen mit neuen Hypothesen und Theorien war die Folge. Man begann so ziemlich alles, was bis dahin gesichert schien, anzuzweifeln. Vielleicht haben die Neutrinos doch eine nicht zu vernachlässigende Masse? Vielleicht sind sie instabil und zerfallen auf ihrem Wege zur Erde? Ja, es sind sogar Stimmen laut geworden, die an der Existenz der Neutrinos zweifeln. Vielleicht gibt es sie gar nicht, und der Fehler liegt bei den Atomphysikern. Das letzte Wort ist hierbei sicher noch nicht gesprochen, doch haben die Neutrinoexperimente eher bewiesen als widerlegt, daß wir im Prinzip mit unseren Vorstellungen vom Bau der Sterne und den Vorgängen in ihrem Inneren auf dem rechten Wege sind. Korrekturen werden sicher an vielen Stellen noch folgen müssen – doch bei welchem Wissenszweig ist das anders?

Ein Ergebnis hat sich bei den Experimenten deutlich herauskristallisiert: Wie erwartet, wird in der Sonne die Energie fast ausschließlich (zu mehr als 90 Prozent) durch den pp-Prozeß und nicht durch den CNO-Zyklus freigesetzt. Sonst wäre die Neutrinoemission viel größer.

5.4. Die Entwicklung der Sterne

Grundsätzlich gibt es zwei Möglichkeiten, die Bildung von Sternen zu erklären. Die erste besteht in der Annahme von ausgedehnten Gebilden besonders großer Dichte. Sie zerfallen in kleine Bruchstücke, die später zu Sternen werden. Die zweite Möglichkeit wäre eine Entstehung aus verdünnter Materie durch Verdichtung infolge gravitativer Anziehung der einzelnen Teilchen.

Wir wollen uns zunächst mit der ersten Möglichkeit beschäftigen. Übermassive Körper sind uns bereits begegnet. Wird einer Entwicklung der Galaxien aus Materiequellen zugestimmt, so muß sich – wie wir ausgeführt hatten – eine Schicht mit einer sehr großen Dichte bilden. Ein solches Gebilde ist nicht stabil und kann unter bestimmten Voraussetzungen zerfallen. Auch andere Theoretiker wie Ambarzumjan nehmen im Zentrum der Galaxis übermassive und instabile Körper an, deren Schicksal ein Zerfall sein muß. Die bei einer solchen Sternbildung auftretenden Vorgänge sind im einzelnen noch sehr wenig untersucht worden. Es ist nicht ausgeschlossen, daß zumindest ein Teil der Sterne der Population II auf diese Weise entstanden ist. Doch ist unwahrscheinlich, daß die meisten Sterne ihre Geburt unmittelbar dem Zerfall solcher dichten Materieansammlungen verdanken. Es spricht vielmehr sehr vieles dafür, daß zumindest die Hauptmassen der in den Spiralarmen beheimateten Sterne aus Urwolken stammen. Fragen wir allerdings weiter nach der Entstehungsgeschichte der Urwolken, so müssen wir wiederum auf die Galaxienkerne und damit auf die Materiequellen verweisen, wenn wir nicht der Theorie der Galaxienbildung aus sehr verdünnter Materie beipflichten wollen, über deren Schwierigkeiten und Widersprüche bereits ausführlich berichtet worden ist.

Nehmen wir also relativ dichte Wolken an, die sich möglicherweise durch die Turbulenz der interstellaren Materie gebildet haben, und fragen uns, wie sie sich im Laufe der Jahrmillionen entwickelt haben könnten. Die Rechnungen vieler Astrophysiker ergeben etwa folgendes Bild: Innerhalb der Wolke wirken zwei Arten von Kräften einander entgegen: Die Gravitation sucht die Teilchen einander näher zu bringen, die Wolke also zu verdichten;

die Turbulenz und der im Inneren der Wolke herrschende Druck ist bestrebt, die Teilchen auseinanderzutreiben und damit die Wolke aufzulösen. Welche Kraft überwiegt, hängt von der Temperatur der Wolke, ihrer Dichte und der Masse ab. Überwiegt die Gravitation, was im allgemeinen nur bei sehr großen Materieansammlungen in der Größenordnung von etwa 1 000 Sonnenmassen vorkommen dürfte, so wird die Wolke instabil; die Materie fällt in sich zusammen. Die dabei entstehende Wärmeenergie wird größtenteils wieder abgestrahlt, so daß die Temperatur der Wolke zunächst nur unbedeutend zunimmt. Bei weiter fortschreitender Verdichtung teilt sich die Wolke in kleinere Gebilde, die nun ihrerseits kontrahieren. Um die Vorgänge besser übersehen zu können, wollen wir die weitere Entwicklung in einzelne Phasen unterteilen.

5.4.1. Erste Phase der Kontraktion

Die Urwolken, aus denen sich die Sterne bildeten, müßten sehr ausgedehnte Gebilde gewesen sein. Im Falle der Sonne mag der Radius einige Lichtjahre betragen haben. Zunächst komprimiert so eine Wolke nur langsam. Sollten sich in der Umgebung bereits neu entstandene Sterne befunden haben (vgl. 5.4.6.), so wird die Einengung beschleunigt. Bei einem Radius von etwa einem Lichtmonat wird die Wolke so instabil, daß sie im Laufe von nur etwa 100 000 Jahren unter dem Einfluß der Gravitation bis zu einem Radius von nur sechs Lichtstunden, was etwa der Entfernung bis zu den äußeren Planeten entspricht, zusammenschrumpft. Bei der Kontraktion wächst auch die Temperatur. Betrug sie anfänglich etwa 10 K, so hat sie sich bis zum Ende dieser Phase auf etwa 10 000 K erhöht. Die Zeitspanne der Kontraktion ist stark von der Masse abhängig. Massenreiche Sterne kontrahieren wesentlich schneller als massenarme.

5.4.2. Schneller Kollaps

Durch die Kontraktion haben sich die Abstände der einzelnen Teilchen wesentlich verkleinert. Die gegenseitige Anziehungskraft muß sich dadurch vergrößert haben, und es entsteht die

Frage, ob der Druckanstieg ausreicht, um den weiteren Zusammensturz zu bremsen oder sogar völlig aufzuhalten. Würden sich die Teilchen, aus denen die Wolke besteht, wie elastische Kugeln verhalten – man spricht in diesem Falle von einem »idealen Gas« –, so ginge die Kontraktion kontinuierlich weiter. Tatsächlich treten aber im Gas Veränderungen auf. Die Gasteilchen verhalten sich nicht wie absolut elastische Kugeln. In einem solchen »realen« Gas werden durch die hohe Temperatur (bei etwa 10 000 K) die Wasserstoffatome ionisiert, es werden also die Elektronen von den Atomkernen getrennt. Die hierzu notwendige Energie wird natürlich wieder der Gravitationsenergie entnommen, doch wandelt sie sich nun nicht, wie das vorher der Fall war, ausschließlich in Wärme um. Sie wird durch die Ionisation verbraucht, und der Gasdruck wächst nur langsam an. In dieser zweiten Phase wird also die Kontraktion außerordentlich beschleunigt.

Ist der Ionisationsprozeß beendet, so wandelt sich die Gravitationsenergie wieder hauptsächlich in Wärme um, und der Gasdruck vergrößert sich stark. Im Beispiel Sonne trat das ein, als sie so geschrumpft war, daß sie in ihrem Inneren gerade noch die Merkurbahn aufnehmen konnte. Es treten auch noch weitere Prozesse hinzu, die die Temperatur erhöhen. Der schnelle Zusammensturz wird gebremst. Die Zeit des rapiden Kollapses ist kurz: Sie mag nur wenige Jahre gedauert haben.

Im HRD bewegt sich der Stern während dieser Phase infolge der starken Temperatur- und Leuchtkrafterhöhung sehr steil von rechts unten nach links oben (Abb. 52). Wie der Astrophysiker Hayashi als erster berechnete, existiert im HRD eine Linie, die dadurch charakterisiert ist, daß sich rechts von ihr keine Sterne im hydrostatischen Gleichgewicht befinden können. Unser Protostern kann also erst beim »Landen« auf dieser Hayashi-Linie, auf der die Konvektion den ganzen Stern erfaßt hat, ins Gleichgewicht kommen.

5.4.3. Wanderung zur Hauptreihe

Die Materie hat sich inzwischen so stark erhitzt, daß sie intensiv im sichtbaren Licht zu leuchten beginnt. Der Stern wird geboren. Er ist im Beispiel Sonne etwa 400mal heller als im späteren »fertigen« Zustand. Seine Oberflächentemperatur beträgt etwa 4 000 K. Er ist jetzt also ein roter Riesenstern.

Wegen der geringen Strahlungsdurchlässigkeit (Opazität, vgl. S. 245) findet der Energietransport hauptsächlich durch Konvektion statt, d. h., die Materie aus dem Inneren durchmischt sich mit der äußeren Materie. Der Stern durchwandert einige instabile Zustände und mag dabei auch einige Teile seiner Masse abstoßen (Veränderliche vom T-Tauri-Typus, Flare-Sterne mit sehr kurzzeitigen Helligkeitsschwankungen). Zu nennenswerten Kernprozessen, die die Temperatur und den Druck zusätzlich ansteigen ließen, kann es wegen der noch zu niedrigen Innentemperatur nicht kommen (höchstens Deuterium-Lithium-Brennen), und der Stern kann weiter kontrahieren. Die Oberfläche wird kleiner, seine Leuchtkraft verringert sich. Im HRD »fällt« er auf der Hayashi-Linie zunächst etwas herunter.

In weiterer Entwicklung erhält der nun kleiner werdende Stern

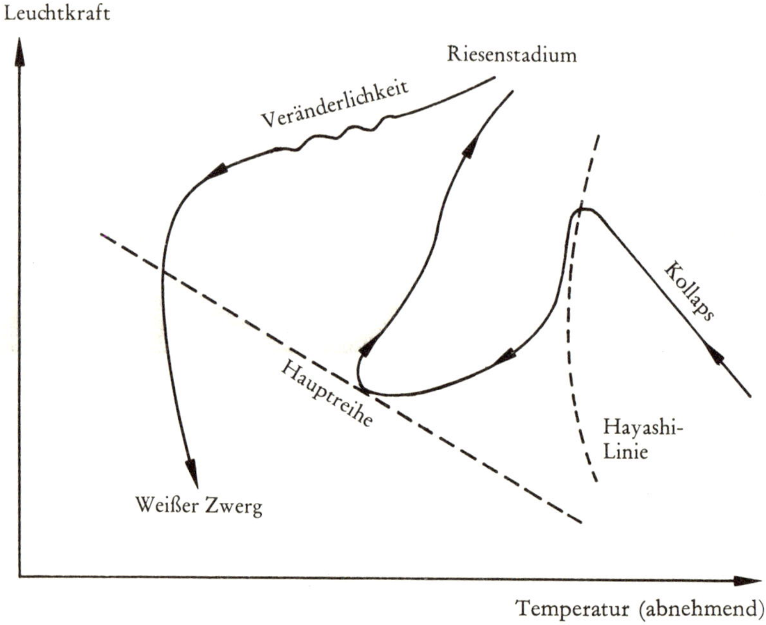

Abbildung 52: Schematische Darstellung der Entwicklung eines Sternes im HRD.

eine höhere Oberflächentemperatur. Er entfernt sich von der Hayashi-Linie nach links.

Die Zeit ist wieder stark von der beteiligten Masse abhängig. Sie mag einige Millionen Jahre betragen haben. Das ist astronomisch eine kurze Zeit, und wir haben deshalb wenig Aussicht, oft Sterne in dieser Entwicklungsphase zu beobachten.

5.4.4. Entwicklung in der Hauptreihe

Die weitere Entwicklung hängt neben der chemischen Zusammensetzung wiederum von der beteiligten Masse ab. Unterhalb einer Grenzmasse, die für die Sterne der Population I bei etwa 0,07, für die Sterne der Population II bei etwa 0,09 Sonnenmassen liegt, wird bei der Kontraktion die Temperatur zur Auslösung von Kernverschmelzungen nicht erreicht. Sehr kleine Sterne kühlen also recht schnell ab, wobei sich ihre Materie weiter verdichtet. So entstehen *schwarze Zwerge*, die den Namen »Stern« nur sehr bedingt verdienen.

Doch auch das Gegenteil kann eintreten. Ist die beteiligte Masse zu groß, überschreitet sie die Grenzen von etwa 80 Sonnenmassen, so leuchtet der Stern zwar auf, doch wird dabei die Strahlung so stark, daß sie die weiter außen liegende Materie forttreibt und sich diese nicht mehr am Sternaufbau beteiligen kann. So wird uns verständlich, warum wir, wie auf S. 127 gesagt, keinen Stern mit sehr kleinen oder sehr großen Massen beobachten können.

Die Existenz der *schwarzen Zwerge* ist kosmologisch von nicht zu unterschätzender Bedeutung. Da wir optisch nichts von ihnen erfahren können, ist es uns auch nicht möglich, ihren prozentualen Anteil und damit ihren Einfluß auf die Gesamtmasse anzugeben. Vermutlich ist ein großer Teil dieser Zwerge nach der Erhitzung durch die gravitative Implosion noch nicht erkaltet. Zwar genügt dann die Temperatur nicht zur Aussendung sichtbaren Lichtes, doch müssen solche »Sterne« das unsichtbare Infrarotlicht abstrahlen. In der Tat ist es gelungen, mit Spezialgeräten solche »Infrarotsterne« nachzuweisen.

Ist die Masse des Sterns größer als die vorhin genannte untere Grenzmasse, so können bei der Kompression der Materie so hohe Temperaturen entstehen, daß es zum Wasserstoffbrennen kommt. Der Stern befindet sich auf der Hauptreihe.

Nach dem Einsetzen der Kernreaktionen im Sterninneren (Wasserstoffbrennen) beginnt eine recht ruhige Phase im Leben des Sterns. Ein Gleichgewichtszustand stellt sich ein, bei dem der Stern weder seine Leuchtkraft noch seinen Durchmesser wesentlich ändert. Untereinander unterscheiden sich die Sterne allerdings stark. Enthält ein Stern eine große Masse, so sind auch Druck und Temperatur im Sterninneren groß. Da die Kernreaktionen sehr empfindlich auf die Temperatur reagieren, »verbrennt« ein Stern mit hoher Innentemperatur sehr viel mehr Wasserstoff als ein kühlerer. Er wird also nicht nur viel heller leuchten, er wird auch mit seinem Wasserstoffvorrat viel verschwenderischer umgehen, und so wird auch

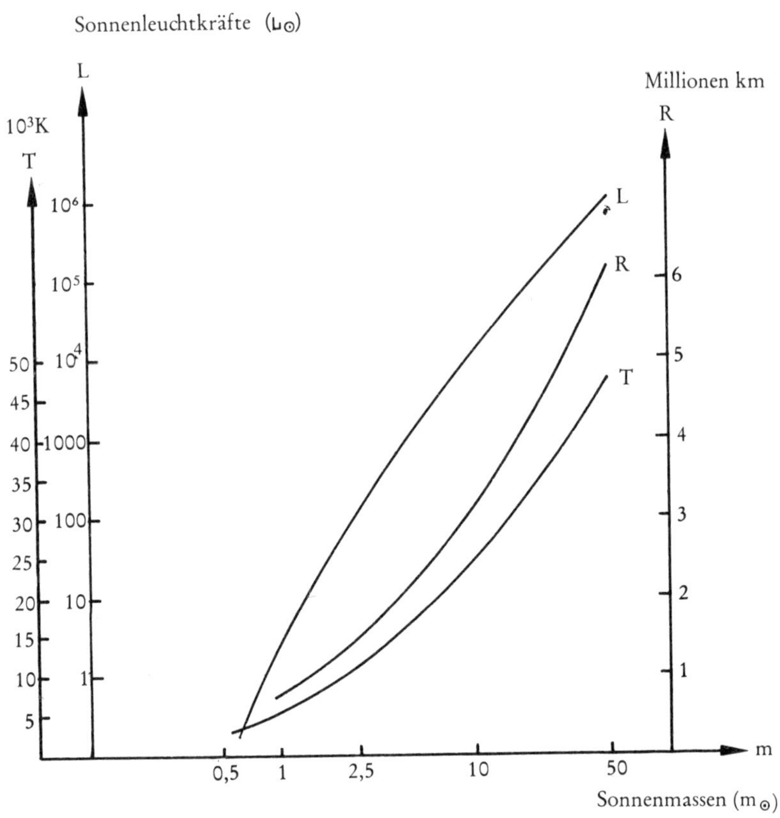

Abbildung 54: Abhängigkeit der Leuchtkraft (L), des Sternradius (R) und der Temperatur (T) von der Masse (nach R. Kippenhahn).

seine »ruhige« Phase schneller zu Ende gehen. Im HRD bilden die Sterne während dieser Periode die Hauptreihe, wobei die massenreicheren links oben, die massenärmeren rechts unten liegen.

Während der Wasserstoff im Sterninneren verbraucht wird, schrumpft der Kern zusammen, wodurch die Kernreaktionen schneller ablaufen und die Energieerzeugung wächst. Der Stern wird etwas heller. Während der Kern sich verkleinert, dehnt sich die Hülle aus. Der Stern steht dann zwar immer noch in der Hauptreihe, doch bewegt er sich im HRD ein wenig nach rechts oben. Die Konvektionszonen liegen bei massenarmen Sternen weiter außen, bei massenreichen Sternen weiter innen. Die Abb. 54 gibt einen Einblick in die Zustände der Sterne während der Hauptreihenphase in Abhängigkeit von ihren Massen. Auch die Sonne hat sich bereits etwas von der Hauptreihe entfernt. Ihr Radius ist seit dem Eintritt in die Hauptreihe um etwa 2 Prozent, die Leuchtkraft sogar um etwa 40 Prozent größer geworden.

5.4.5. Das Riesenstadium

Sind etwa 12 Prozent des Wasserstoffes verbraucht, so beginnt die fünfte Phase der Entwicklung. Wiederum ist der weitere Ablauf von der Masse abhängig. Betrachten wir als erstes Beispiel die Entwicklung eines Sternes von etwa einer Sonnenmasse. Da bei ihm im Zentralgebiet keine Konvektion vorhanden ist, verbleibt das entstandene Helium am Ort der Entstehung. Das Wasserstoffbrennen pflanzt sich deshalb immer weiter nach außen fort, während der Heliumkern schrumpft, da aus vier Wasserstoffatomen nur ein Heliumatom entsteht. Er verdichtet sich so stark, daß eine Entartung der Materie (genauer: des Elektronengases) einsetzt.

Während bei einem idealen Gas der Druck der Temperatur direkt proportional ist, wie das auch in der Formel auf S. 243 zum Ausdruck kommt, trifft das für ein entartetes Gas nicht zu. Durch den großen Druck werden im Innern des Atoms die Elektronen sehr dicht gepackt (alle Quantenzustände bis zu einer Grenzenergie werden besetzt). Die Temperatur verliert ihre ursprüngliche Bedeutung und hat keinen Einfluß mehr auf den Druck. Bei der Entartung ergeben sich für die Elektronen sehr große Geschwindigkeiten. Liegen sie bei extremen Dichten (oberhalb von $10^{6,3}$ g/cm³) bereits in der Nähe der Lichtgeschwindigkeit, so ändert sich die Zustandsgleichung erneut, da jetzt die Gesetze der Relativitätstheorie wirksam werden. Man spricht von *relativistischer Entartung* (vgl. Anhang, S. 308). Infolge der vermehrten Energieproduktion durch die beschleunigten Kernumwandlungen erhöht sich der Innendruck.

Die Hülle des Sterns dehnt sich stark aus. Die Leuchtkraft nimmt zu. Da jetzt die Sternenergie von einer viel größeren Oberfläche abgestrahlt wird, erhält hier jedes cm² weniger Energie, und deshalb wird die Oberflächentemperatur geringer. Der Stern wird ein *Roter Riese*. Im HRD wandert er nach rechts oben (Abb. 52).

In diesem Stadium sind rund zwei Drittel der Gesamtmasse in einem sehr dichten Kern vereinigt. Die Kernfusionen laufen in einer sich ständig vergrößernden Schale ab, die den Kern umschließt. In den Außenbezirken befindet sich eine tiefe Konvektionszone. Die Dichte ist hier so klein, daß man sie in der Technik bereits als »luftleer« bezeichnen könnte. Bei einer Außentemperatur von 4 000 bis 5 000 K ist der Stern rund 50mal heller als die Sonne.

5.4.6. Der Heliumblitz

Hat der entartete Heliumkern einen bestimmten Umfang erreicht, so beginnt er, aufgeheizt durch die ihn umgebenden Wasserstoffbrennzonen, sich zu erhitzen, und das auf S. 250 beschriebene Heliumbrennen setzt ein. Bei der entarteten Materie bewirkt eine Temperaturerhöhung nicht eine spontane Ausdehnung, die die Temperatur wieder senken würde. Die Folge davon ist ein plötzliches Ansteigen der Temperatur auf über 100 Millionen K und damit eine gewaltige Steigerung der Kernenergieproduktion. Dieser »Heliumblitz« (Flash) dauert jedoch nur wenige Minuten bis höchstens einige Stunden, da durch die hohe Temperatur die entartete Materie wieder in ihren normalen Zustand zurückkehrt und sich deshalb ausdehnt. Dadurch nimmt die Temperatur wieder ab. Der »Blitz« hört auf. Trotz seiner sehr starken Strahlung ist es unmöglich, den »Blitz« direkt zu beobachten, weil die abgestrahlte Energie fast vollständig im Sterninnern absorbiert wird. Anschließend setzt sich das Heliumbrennen im Kern und das Wasserstoffbrennen in der Hülle fort.

5.4.7. Veränderlichkeit der Leuchtkraft

Was mit dem Stern weiter passiert, ist noch nicht völlig geklärt. Vermutlich laufen nach dem Heliumbrennen noch andere Kernprozesse entsprechend unseren theoretischen Betrachtungen auf S. 194 ab, bei denen die Elemente bis zum Eisen aufgebaut werden können. Dabei kommt es wahrscheinlich zu Instabilitäten. Infolge der geringen Oberflächentemperatur sind hier Wasserstoff und Helium nur teilweise ionisiert. Steigt an einer Stelle durch irgendwelche Ursachen die Temperatur und damit die Strahlung an, so werden noch vorhandene neutrale Atome ionisiert. Weil dabei die Elektronen abgespalten werden, steigt die Anzahl der Teilchen pro cm^3 ebenfalls an, und die Materie dehnt sich aus. Der Ionisationsvorgang benötigt aber Energie, die der Strahlung des Sternes entnommen wird. Der Stern wird dunkler, und die Hülle muß wieder schrumpfen. Durch erneuten Druckanstieg und die Wiedervereinigung der Elektronen mit den Atomkernen zu neutralen Atomen (Rekombinationen) vergrößern sich wieder Temperatur und Strahlung, und der Vorgang wiederholt sich. Der Stern »atmet«. Hierzu können wir die Veränderlichen vom RR-Lyrae-Typus rechnen. In dieser Phase können auch sehr heftige Explosionen stattfinden, bei denen ein Teil der Oberflächenmaterie herausgeschleudert wird. Solche einen Stern umgebenden Materiewolken sind den Astronomen wohlbekannt. Im Fernrohr erscheinen sie, ähnlich den Planeten, flächenhaft und werden deshalb *Planetarische Nebel* genannt (Abb. XVIII und XIX). Ob, wie man es früher annahm, die Novae-Ausbrüche, bei denen der Stern für kurze Zeit mehr als das 10 000fache seiner ursprünglichen Leuchtkraft erlangen kann, mit Instabilitäten während dieser Phase in Verbindung gebracht werden können, ist fraglich. Nach neuen Untersuchungen scheinen Novae-Ausbrüche mit engen Doppelsternen in Verbindung zu stehen. Der Helligkeitsausbruch erfolgt hier durch das Überfließen der Materie von einer Komponente zur anderen und die dadurch hervorgerufenen Kernreaktionen.

5.5. Sternentstehung aus Globulen

Ist innerhalb einer Wolke bereits ein Stern entstanden, so setzt ein Prozeß ein, der die Bildung weiterer Sterne aus der Umgebung des sich schon gebildeten Sternes sehr begünstigt. Die Strahlung des Sterns ionisiert den Wasserstoff in seiner Umgebung. Während der Wasserstoff in weiter Entfernung eine (kinetische) Temperatur von nur etwa 20—100 K hat (H-I-Region), wird er bei der Ionisation auf rund 10 000 K angeheizt (H-II-Region). Die stark erhitzte Materie dehnt sich aus und drückt die kältere zusammen. Die Fronten zwischen beiden Regionen weisen dabei Ausbuchtungen und sogenannte *Rüssel* auf, die in der Abb. 53 schematisch angedeutet sind. Fotografien solcher Regionen zeigen die Abb. XVI und XXIV. Die H-I-Gebiete werden schließlich immer mehr von der

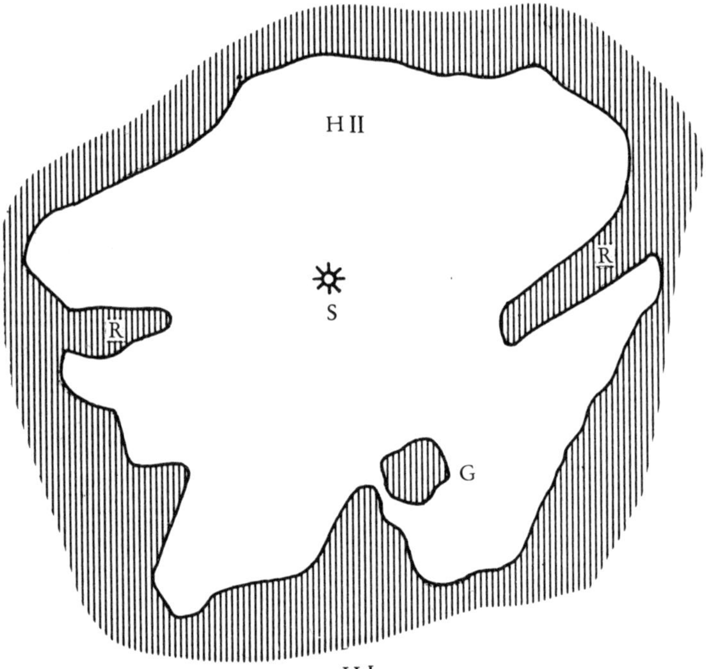

Abbildung 53: Der Wasserstoff um den heißen Stern S wird stark erhitzt und ionisiert (H-II-Region). Dabei wird der kühle neutrale Wasserstoff (H-I-Region) zurückgedrängt und bildet dabei »Rüssel« (R) und Einkapselungen (Globulen G), aus denen neue Sterne entstehen können.

umgebenden H-II-Region eingeengt, und es bilden sich aus ihnen Verdichtungen, sogenannte *Globulen*, die sich öfters beobachten lassen (Abb. XVII). Aus den Globulen können neue Sterne entstehen, wobei natürlich der gravitative Zusammenschluß der Materieteilchen ebenfalls mitwirkt. Die Zeitspanne von der Einschnürung zur Globule bis zum Aufleuchten der komprimierten Materie als Stern beträgt im Durchschnitt etwa 1 Million Jahre.

Die Annahme der Sternentwicklung aus Wolken interstellarer Materie durch die Mithilfe schon vorhandener energiereicher Sterne wird wesentlich durch die Beobachtung von sogenannten *Sternassoziationen* gestützt, in denen sich ein Auseinanderstreben relativ vieler heller O-Sterne feststellen läßt. Vermutlich hatten sich hier aus ausgedehnten Urwolken die leuchtstarken O-Sterne entwickelt, die den sie umgebenden Wasserstoff ionisierten. Die Ausdehnung der H-II-Region bewirkt das Auseinandertreiben der eingelagerten O-Sterne.

Im weiteren Verlauf können sich aus den Globulen auch massenärmere Sterne bilden. So wird uns auch die Bildung der offenen Sternhaufen klar.

Störend bei der Entwicklung der Sterne aus den Teilwolken kann ihre Rotation sein. Die Fliehkraft vermag bei der Kontraktion so große Werte anzunehmen, daß der Vorgang zum Stillstand kommt. Allerdings wird vermutlich ein Teil der Rotationsenergie durch das den Stern umhüllende Magnetfeld an die Umgebung abgegeben. Immerhin kann man annehmen, daß sich nicht aus jeder Urwolke, auch wenn sie die notwendige Masse besitzt, Sterne bilden können.

5.6. Weiße Zwerge

Ist der gesamte Vorrat an Kernenergie verbraucht, so muß der Stern schrumpfen, wobei der größte Teil der Materie entartet. Er wird zu einem weißen Zwerg, der die ihm noch verbliebene thermische Energie nur langsam abstrahlt, dabei kühler wird und auch seine Farbe ändert. Er wird zu einem gelben und schließlich zu einem roten Zwerg, um am Ende seiner Laufbahn völlig unsichtbar zu werden. Ist das das Schicksal aller Sterne?

Ehe wir uns mit der Beantwortung dieser Frage beschäftigen,

wollen wir kurz noch auf einen Unterschied bei der Entwicklung der massenreichen Sterne (etwa um 5 Sonnenmassen) hinweisen. Auch hier setzt nach dem Ende des Wasserstoffbrennens das Heliumbrennen ein. Im Unterschied zu den Sternen mit mittlerer Masse kann das sich gebildete Helium im Zentrum infolge der hohen Temperatur nicht entarten, und der Heliumblitz bleibt aus. Auch hier wird während des Heliumbrennens der Stern instabil. Er fängt an zu pulsieren, wobei er mit Perioden von etwa 1 bis 10 Tagen um eine Gleichgewichtslage schwingt. Die dabei beobachtete Schwingungsenergie ersetzt er durch »Selbsterregung« in einer ähnlichen Art, wie wir es bereits beschrieben hatten, so daß diese Phase über eine längere Zeitspanne erhalten bleiben kann. Solche Sterne kennen wir als die Cepheiden (S. 71). Nach dem Heliumbrennen können auch hier weitere Kernreaktionen einsetzen, die dem Stern neue Energie zuführen.

Ob er zu einem weißen Zwerg werden kann, hängt davon ab, ob er während seiner Entwicklung so viel Masse abstößt, daß seine Restmassen unter der kritischen Grenze von 1,48 Sonnenmassen liegen (Chandrasekharsche Grenzmasse). Die entartete Materie hält zwar einem sehr großen Druck der über ihr liegenden Schicht stand, doch sind hier Grenzen gesetzt: Liegt die Gesamtmasse oberhalb von 1,48 Sonnenmassen, so tritt durch die starke Gravitationskraft die relativistische Entartung ein, und die Beziehung zwischen dem Druck und der Dichte ändert sich entsprechend den Formeln auf S. 308. Die Folge davon ist, daß keine Stabilität mehr zustande kommt und der Stern weiter in sich zusammenfällt. Obgleich die beobachteten weißen Zwerge eine durchschnittliche Masse von einer halben Sonnenmasse haben, können zumindest viele von ihnen keine Endstadien massenarmer Sterne sein. Sterne mit so geringer Masse können sich seit der Entwicklung des Milchstraßensystems noch nicht im Endstadium befinden: Ihr Wasserstoffvorrat wäre noch nicht verbraucht. Sie müssen deshalb ursprünglich massenreiche Sterne gewesen sein. Wie erklärt sich der Massenverlust eines Sterns? Zwar verliert jeder Stern beim Wasserstoffbrennen Masse durch die Umsetzung in Energie (vgl. S. 249), doch ist der Betrag im Vergleich zur Gesamtmasse verschwindend klein. Wesentlich größer könnte der Massenverlust während des Riesenstadiums sein. Wir hatten darauf schon hingewiesen. Wir zeigten bereits, daß in solchen Fällen Materie von einer Komponente zur anderen überfließen kann. Ein typisches Beispiel für einen Doppelstern, der neben einem normalen A1-Stern einen weißen Zwerg enthält, ist der relativ hellste Fixstern Sirius, von dem bereits auf S. 126 die Rede war. Wegen ihrer geringen Leuchtkraft lassen sich weiße Zwerge nur in der Sonnenumgebung beobachten, doch kann man abschätzen, daß etwa 5 bis 8 Prozent aller Sterne auch in der weiteren Sonnenumgebung weiße Zwerge sind. Ihre Dichte ist unvorstellbar groß. Im Durchschnitt birgt ein cm^3 ihrer Materie etwa 1 t! Die Materie ist bei ihnen bis auf eine dünne Oberflächenschicht vollständig entartet.

5.7. Neutronensterne und Pulsare

Was geschieht aber, wenn es einem Stern nicht gelingt, einen Teil seiner Masse abzuschütteln, wenn er also oberhalb der Chandrasekharschen Grenzmasse bleibt? Die Gravitationskraft ist dann so stark, daß selbst die entartete Materie dieser Kraft nicht standhalten kann. Bei diesem gewaltigen Druck werden die Elektronen aus der Hülle in die Atomkerne hineingetrieben. Die hier befindlichen Protonen sind bekanntlich positiv, die Elektronen negativ geladen, und so müssen sich bei diesem Prozeß die Ladungen ausgleichen. Aus den Protonen werden neutrale Teilchen, also Neutronen (inverser Beta-Zerfall). Die Abstände der Atomkerne vermindern sich dadurch stark. Der Zusammenbruch des Sternes kann erst dann aufhören, wenn die Kernkräfte voll wirksam werden, was bei einer Dichte von etwa 10^{14} bis 10^{15} g/cm^3 eintritt. 1 cm^3 enthält also eine Masse von 100 Millionen bis 1 Milliarde t! Ähnlich wie bei den weißen Zwergen der Druck des entarteten Elektronengases für eine Stabilität sorgt, hält hier das entartete Neutronengas den Stern im Gleichgewicht.

Die Existenz solcher Neutronensterne haben einige Physiker (Zwicky, Oppenheimer) schon vor der Entdeckung des Neutrons im Jahre 1932 vorausgesagt. Der Radius solcher Sterne ist verständlicherweise sehr klein – er mag nur 5 bis etwa 10 km betragen –, und man konnte kaum hoffen, einen derart kleinen Stern jemals zu beobachten. Trotzdem ist es, allerdings auf indirektem Wege, gelungen.

Schon Fritz Zwicky und Walter Baade hatten vermutet, daß die damals so rätselhaften Supernovae-Ausbrüche nichts anderes als zusammenbrechende Sterne darstellen. Ein solcher Zusammenbruch erfolgt in sehr kurzer Zeit, und dabei wird eine gewaltige Gravitationsenergie frei, die sich in einer enormen Leuchtkraft äußern muß. Im Jahre 1054 beobachteten chinesische Astronomen eine solche Supernova-Explosion im Sternbild Stier. Heute erkennen wir an derselben Stelle eine leuchtende Gaswolke, die sich ständig weiter in den Raum ausbreitet, den Krebsnebel M 1 (Abb. VII). Während der Innenteil des Sternes implodierte, wurde der äußere durch die freiwerdende Strahlungsenergie fortgetrieben. Auch der Schleiernebel im Sternbild Schwan stellt vermutlich die Reste der Explosionswolke einer Supernova dar. Der Ausbruch muß vor ungefähr 60 000 Jahren gewesen sein. Die Ausdehnung der Wolke beträgt etwa 100 Lichtjahre (Abb. XX).

Doch woher wissen wir, daß es sich bei Supernovae-Ausbrüchen um die Bildung von Neutronensternen handelt? Diese Erkenntnis verdanken wir letztlich wieder – wie so oft – einem Zufall. Als im Juli 1967 in Cambridge ein neues Radioteleskop in Betrieb genommen wurde, stellten sich die Astronomen die Aufgabe, den Himmel nach noch unentdeckten Radioquellen abzusuchen. Die Impulse wurden wie üblich durch einen Schreiber auf einem Streifen aufgezeichnet. Diese Streifen sollten einige Studenten auswerten. Auch Jocelyn Bell war dabei, eine Studentin, die kurz vor ihrem Abschluß stand und sich durch besondere Sorgfalt auszeichnete. Sie entdeckte eine Aufzeichnung, bei der sich die Intensität der Strahlung in Abständen von etwas mehr als 1 s mit erstaunlicher Gleichmäßigkeit änderte.

Darauf hatten die Astronomen, vor allem die phantasiebegabten, schon lange gewartet! Waren das nicht Signale von intelligenten Wesen aus einem fernen Planetensystem, die durch Funk mit andern Zivilisationen in Verbindung kommen wollten? Da man zunächst keine andere vernünftige Erklärung zur Hand hatte, schien das in der Tat der Fall zu sein. Um die Öffentlichkeit nicht vorzeitig zu beunruhigen, hielten die Astronomen zunächst mit der Bekanntgabe der Entdeckung zurück. Doch bald hatten einige findige Reporter von der Sache Wind bekommen, und die Aufregung sowohl in Gelehrtenkreisen als auch in der Öffentlichkeit war groß.

Die funkenden Wesen bekamen sogar einen Namen: »little green men«, also »kleine grüne Männer«.

Doch bald wurden Zweifel laut. Man fand nämlich noch mehrere andere Quellen dieser Art. Sollte es tatsächlich schon soweit sein, daß sich in unserer relativen Nähe ein beachtlicher Funkverkehr abspielte, an dem wir Menschen teilzunehmen erst jetzt in der Lage sind? Das war sehr unglaubwürdig, und so entschloß man sich, diese Quellen einer besonderen Art von Sternen zuzuordnen, die man *Pulsare* nannte. Diese Pulsare mußten wegen der kurzen Pulsfolge sehr kleine Körper sein, und darum war es folgerichtig, in ihnen Neutronensterne zu vermuten. Die Annahme wurde zur Gewißheit, als man im Krebsnebel einen Pulsar genau an der Stelle entdeckte, an der man schon seit langem den Reststern der Supernova-Explosion vermutet hatte (NP 0532), und als es sogar gelang, die Pulsfolge optisch festzustellen. Doch wie erklärt sich die periodische Schwankung der Strahlung? Obgleich noch viele Einzelheiten unklar sind, wissen wir, daß es sich um eine Synchrotronstrahlung handelt. Es ist also kein thermisches Licht von der Oberfläche des Neutronensterns – das wäre auch nicht zu beobachten –, sondern Licht aus seiner Umgebung. Vermutlich besitzt der Pulsar ein mit ihm verbundenes Magnetfeld, das mit ihm in der beobachteten Frequenz umläuft. Gelangen in ein solches Magnetfeld Elektronen, so ergibt sich eine Synchrotronstrahlung. Im Gegensatz zu einer thermischen Lichtquelle ist sie gerichtet, und darum wirkt der ganze Stern wie ein rotierendes Leuchtfeuer. Im Falle des Krebspulsars beträgt die Frequenz etwa 0,033 s, der Stern läuft also rund 30mal in der Sekunde um. Es ist verständlich, daß nur die ungeheure Gravitationskraft eines Neutronensterns die dabei auftretende Fliehkraft kompensieren kann. Die Ursache der großen Rotationsgeschwindigkeit erklärt sich aus dem »Pirouetten-Effekt«: Legt ein Eiskunstläufer bei der Drehbewegung die Arme an die Brust, so überträgt sich die äußere Geschwindigkeit der zunächst ausgestreckten Arme auf den Körper, und die Folge ist die Pirouette. Etwas Entsprechendes muß sich bei der Kontraktion eines rotierenden Sterns zu einem Neutronenstern abspielen.

Besonders interessant ist die ständige Frequenzabnahme bei Pulsaren. Sollte sie unverändert fortdauern, was allerdings noch nicht bewiesen ist, so würde sich im Falle des Krebspulsars die

Zeitspanne für einen Umlauf in rund 2500 Jahren verdoppeln. Dabei gibt der Stern natürlich Energie ab, und es ist für die Theorie sehr ermutigend, daß sie etwa in derselben Größenordnung liegt wie diejenige, die der Stern zu seiner Strahlung benötigt. Sie ist fast 100 000mal so stark wie die Strahlung der Sonne. Die Ursache dieser so großen Energieabstrahlung des Krebsnebels war ein Problem, das den Astrophysikern lange Zeit Kopfschmerzen bereitete. Jetzt endlich kennen wir die Lösung! Überraschenderweise ließ sich bei einigen Pulsaren eine geringe sprunghafte Änderung der Pulsdauer, in einigen Fällen sogar eine Verkürzung feststellen. Obgleich auch hier noch nicht alles geklärt ist, könnte dieser Effekt auf eine Änderung der Oberflächenformen der Pulsare zurückzuführen sein. Wie die Abb. 55 zeigt, umgibt den sehr dichten Kern aus Neutronen, über dessen Struktur noch weitgehend Unklarheit besteht, eine Schicht aus Neutronen, Protonen und Elektronen, die den Charakter einer Flüssigkeit hat. Über ihr liegt eine plasmatische feste Kruste, die ihrerseits von einer ebenfalls plasmatischen Gashülle großer Dichte umgeben ist. Ändert

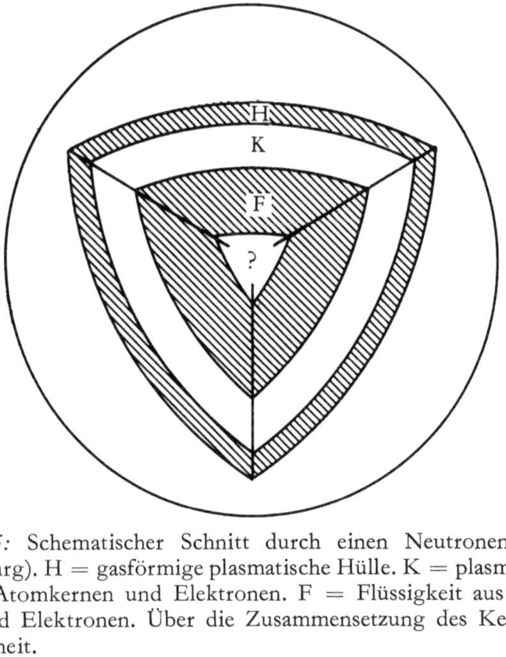

Abbildung 55: Schematischer Schnitt durch einen Neutronenstern (nach W. L. Ginsburg). H = gasförmige plasmatische Hülle. K = plasmatische feste Kruste aus Atomkernen und Elektronen. F = Flüssigkeit aus Neutronen, Protonen und Elektronen. Über die Zusammensetzung des Kernes besteht noch Unklarheit.

sich die Rotationsgeschwindigkeit, so ändern sich auch die Fliehkräfte, und dadurch müssen sich auch die äußeren Formen ändern. Die feste Kruste könnte dabei bersten, es käme zu »Sternbeben« und so zu den beobachteten plötzlichen Änderungen der Rotationsdauer.

5.8. Schwarze und weiße Löcher, Gravitationswellen

Auch Neutronensterne sind nicht immer stabil. Ähnlich wie für die weißen Zwerge gibt es auch für die Neutronensterne eine Grenzmasse, die nicht ohne Schaden für den Stern überschritten werden kann. Ist die Sternmasse größer, so werden die Gravitationskräfte so stark, daß eine Stabilität nicht mehr möglich ist. Der Stern stürzt unaufhaltsam in sich zusammen.

Vermutlich geht ein erheblicher Teil aller Sterne in seinem Endstadium so einer Katastrophe entgegen. Eigenartig ist jedoch, daß sich diese zusammengebrochenen Sterne prinzipiell nicht beobachten lassen.

Wir hatten bereits davon berichtet, daß die Photonen in Schwerefeldern eine Energieeinbuße erleiden (vgl. S. 110). Je stärker das Gravitationsfeld, um so größer ist die Energie, die die Photonen aufbringen müssen, um das Schwerefeld zu verlassen. Sie verlieren Energie. Das wirkt sich als eine Frequenzänderung aus. Man hat berechnet, daß für jede Masse bei einem bestimmten Radius, dem sogenannten *Schwarzschildradius*, der Energieverlust durch die Gravitation gleich der Photonenenergie wird. Das bedeutet, daß das Licht die »Frequenz Null« erhalten müßte. Eine solche elektromagnetische Schwingung läßt sich natürlich nicht beobachten. Das gleiche gilt für jede Art der Strahlung. Weder materielle Teilchen noch ein Signal können je eine so dicht gepackte Masse verlassen und uns von der Existenz einer solchen Sternleiche Kenntnis bringen. Der Stern wird zu einem »*Schwarzen Loch*«.

Der Schwarzschildradius läßt sich aus der Masse leicht für die Erde zu einem knappen Zentimeter, für die Sonne zu 3 km berechnen (vgl. Anhang, S. 309). Es ist kosmologisch interessant, den Grenzradius für die gesamte im Universum vorhandene Masse zu berechnen. Man kommt zu Beträgen, die in der Größenordnung des Weltradius liegen. Das bedeutet, daß »unsere« Welt nach »außen« keine Wirkung haben kann, ein Ergebnis, das uns nach den Überlegungen im Kapitel 2 nicht weiter überrascht. Im Falle des Zusammenstürzens aller Materie im Universum nach dem Abschluß der gegenwärtigen Ausdehnung – einige Theoretiker fordern das –, wäre das Endstadium zumindest für einen Teil der Materie ein extrem dichter Körper. Ein neuer Anfang mit einer genauen Wiederholung des gegenwärtigen Zustandes liegt für die gesamte Weltmaterie nicht mehr im Bereich unserer derzeitigen physikalischen Vorstellungen.

Die einzige Wirkung eines Schwarzen Loches ist die Gravitation. Darum kann es sowohl Materie als auch Photonen zu sich heranziehen und sich dadurch bereichern. Aber nur im »Einbahnverkehr«. Dieses Heranziehen der Photonen müßte sich auch auf die Fortpflanzungsrichtung derjenigen Lichtstrahlen auswirken, die, von einem fernen Stern kommend, in die äußeren Bezirke des Gravitationsfeldes geraten. Das Schwarze Loch müßte die Lichtstrahlen sammeln. Es ist nicht auszuschließen, daß dieser Effekt eines Tages zu einer indirekten Beobachtung dieser sonst unsichtbaren Objekte ausgenutzt werden wird.

Wir erinnern uns an die Analogie eines gekrümmten vierdimensionalen Raumes mit der Krümmung einer Fläche. Der Vergleich ist auch bei einem Schwarzen Loch möglich. Ein Gravitationsfeld verursacht in der Analogie bei einer Fläche zunächst eine Delle. Vergrößert sich die Gravitationswirkung, so vertieft sich die Delle und schnürt sich im Falle eines Schwarzen Loches bis auf einen schmalen Hals ein (Abb. 56). Das Verschwinden der Masse aus unserer Welt ist also nicht vollständig. Es besteht demnach ein Unterschied zu dem sphärischen Weltmodell, bei dem überhaupt keine Beziehung zu einer eventuell vorstellbaren »außerhalb« gelegenen Welt vorhanden ist. Sie gibt es also für uns nicht. Ein Schwarzes Loch hingegen läßt sich zwar nicht beobachten, existiert aber doch noch in unserer Welt. Das hängt unter anderem auch mit dem Zeitablauf zusammen. Er ändert sich bei der relativen Bewegung zwischen dem Beobachter und dem beobachteten Objekt. Diese sogenannte *Zeitdilatation* erreicht bei Geschwindigkeiten, die sich der Lichtgeschwindigkeit nähern, beachtliche Werte. In der Science-fiction-Literatur kommen häufig Raumschiffe vor, deren Astronauten infolge der großen Ge-

1 2 3

Abbildung 56: Beim Gravitationskollaps eines Sternes vergrößert sich die Gravitationskraft an seiner Oberfläche zu sehr hohen Beträgen, wodurch nach den Gesetzen der Allgemeinen Relativitätstheorie auch die Raumkrümmung zunimmt. In der Analogie kann das mit einer Delle in einer Fläche verglichen werden, die der zusammenstürzende Stern S erzeugt. Mit zunehmender Verdichtung der Sternmaterie wird die Delle immer größer, wodurch sich auch die Wellenlänge des vom Stern ausgesandten Lichtes vergrößert, bis sich schließlich der Stern fast völlig abkapselt. In diesem Stadium vermag das Licht den Stern nicht mehr zu verlassen, er wird zu einem Schwarzen Loch.

schwindigkeit nur wenig altern, während für die zurückgebliebene Erdzivilisation bereits 100 oder 1000 Jahre vergangen sind. Eine Zeitdilatation erfolgt aber auch in Schwerefeldern. Wir hatten bereits in anderem Zusammenhang darauf hingewiesen (vgl. S. 110). Nähert sich ein Stern dem Schwarzschildradius, so dehnt sich der Zeitablauf des Zusammenstürzens für außenstehende Beobachter, zu denen auch wir gehören, immer mehr und strebt schließlich nach unendlichen Werten. Es ist deshalb grundsätzlich unmöglich, den Abschluß eines solchen Vorganges jemals zu erkennen. Wir können bestenfalls eine späte Phase des Kollapsars beobachten, bei der er noch schwach in sehr langwelligem Licht leuchten würde. Für einen hypothetischen »mitgeführten« Beobachter, der also an der Einsturzbewegung teilnimmt, erfolgt dagegen der ganze Ablauf sekundenschnell.

Wesentlich komplizierter sind allerdings die Vorgänge bei zusammenstürzenden Sternen, wenn man ihre Rotation berücksichtigt. Wegen der Erhaltung des Drehimpulses (vgl. S. 275) werden die Winkelgeschwindigkeit und auch die Fliehkraft immer größer. Die Fliehkraft wirkt der Gravitation entgegen. Dadurch wird sich die »Geometrie« (Metrik) des Raumes in der Nähe eines Sternes mit ursprünglich hoher Rotationsgeschwindigkeit stark von derjenigen bei langsamer oder sogar fehlender Sternrotation unterscheiden. Die Zeitdilatation und die Frequenzänderungen sind in den Polgegenden größer als in niederen Breiten.

Theoretische Untersuchungen haben allerdings gezeigt, daß bei bestimmten Voraussetzungen ein Kollapsar doch in der Lage ist, einen – allerdings verschwindend kleinen – Teil seiner Energie in die »Außenwelt« zu befördern. Wir haben es in diesem Fall mit einem *Weißen Loch* zu tun. Allerdings muß bei einer Energieabgabe das Weiße Loch schließlich doch unter den Schwarzschildradius sinken und damit im Endeffekt zu einem Schwarzen Loch werden.

Wie erwähnt, verbleibt als einzige Wirkung eines Schwarzen Loches seine Gravitation. Hierdurch bietet sich die Möglichkeit, etwas von dem Vorgang eines Sternzusammensturzes zu erfahren. Um das verständlicher zu machen, wollen wir kurz auf die elektrischen Felder und die mit ihnen eng verknüpften magnetischen Felder zu sprechen kommen. Ändern sich solche Felder an einer Stelle, etwa durch sich auf- und abbewegende Elektronen, so entsteht eine sich mit Lichtgeschwindigkeit fortpflanzende elektromagnetische Strahlung. Solche Elektronenbewegungen sind auch die für die Photonenaussendung verantwortlichen Elektronensprünge in den Atomhüllen (vgl. S. 112). Entsprechendes kann auch in Gravitationsfeldern zustande kommen. Änderungen des Feldes können hier sowohl durch die Bewegungen großer Massen als auch – zumindest theoretisch – durch Massenneubildungen (Materiequellen) und Massenschwund (Zerstrahlungen) entstehen. Die Folge sind Gravitationswellen, die sich ebenfalls mit Lichtgeschwindigkeit fortpflanzen.

Die Beobachtung solcher Wellen ist äußerst schwierig, da in unserer näheren Umgebung weder große Massen neu entstehen noch verschwinden. Auch die durch die Bewegungen der Gestirne verursachten Gravitationswellen sind wegen ihrer verschwindend kleinen Energie nicht nachweisbar. Anders verhält es sich, wenn eine Störung des Gravitationsfeldes durch einen Sternkollaps entsteht. Hierbei müssen so große Energien ausgesandt werden, daß es möglich sein könnte, die Gravitationswellen mit sehr empfindlichen Detektoren selbst in Entfernungen von Hunderten von Lichtjahren zu registrieren.

Diese Gedankengänge bewegten den Physiker Prof. I. Weber von der Universität Maryland (USA) dazu, ein solches Experiment zu unternehmen (vgl. S. 220). Er ließ große Aluminiumzylinder (1,5 t) mit sehr feinfühligen Detektoren herstellen, die auf kleinste Schwingungen ansprachen.

Registriert wurde bei 1660 Hz. Solche »Gravitationswellenempfänger« wurden an mehreren Orten aufgestellt, um Fehler durch örtlich bedingte Störungen auszuschließen. In der Tat gelang Weber der Nachweis gleichzeitiger Gravitationsimpulse, woraus er auf die Existenz einer aus dem Universum kommenden Gravitationsstrahlung schloß. Erneute Messungen scheinen den schon früher gemachten Befund zu bestätigen, daß die Impulse hauptsächlich aus der Gegend des Milchstraßenzentrums kommen. Quantitative Abschätzungen lassen auf eine Abstrahlung von Gravitationsenergien von 0,2 bis 2 Sonnenmassen schließen, was sich durchaus mit der Annahme der Herkunft von einem Kollapsar oder einem Zusammenstoß zweier Schwarzer Löcher verträgt. Weber registrierte etwa 100 Ereignisse im Jahr. Da die Anlage vermutlich nur einen Bruchteil aller Kollapsare verzeichnet hat, muß die tatsächliche Zahl viel höher liegen. Das ist unverständlich: Bereits nach etwa 1 Milliarde Jahren müßte unter diesen Voraussetzungen die gesamte Masse des Milchstraßensystems durch die Schwarzen Löcher verschwunden sein. Vielleicht liegt die Lösung wiederum in der Annahme von Materiequellen. Dann könnten sich Massen spontan nicht nur durch Sternzusammenbrüche, sondern auch durch Neubildungen ändern. Wir hatten darauf auf S. 215 hingewiesen. Vielleicht liegt der Fehler aber auch im Experiment. Sind es wirklich Gravitationswellen gewesen, die Weber registrierte? Ist hier nicht ein Irrtum möglich?

In der Tat sind die Ergebnisse des Weberschen Experiments von vielen Physikern einer scharfen Kritik unterzogen worden, und es wurden Versuche unternommen, die Resultate experimentell zu überprüfen. Ein solcher Versuch wurde kürzlich von H. Billing vom Max-Planck-Institut für Physik und Astrophysik in München-Freimann durchgeführt. Trotz wesentlich gesteigerter Empfindlichkeiten verlief das Experiment negativ: Es wurden keine Impulse registriert, die man als Gravitationswellen deuten könnte. Das Problem ist also noch lange nicht gelöst.

Auf die Existenz von Schwarzen Löchern läßt sich möglicherweise auch durch die Bahnformen der sichtbaren Komponenten bei Doppel- und Mehrfachsternen schließen. So scheint der Stern Beta Lyrae nach neuen Untersuchungen aus einem System zu bestehen, dessen eine Komponente ein Schwarzes Loch ist. Sollten sich gegenwärtig bereits viele ehemalige Sterne im Zustand der Schwarzen Löcher befinden, so wäre das auch für die Beurteilung der Gesamtmasse und damit der Dichte des Weltalls bedeutungsvoll. Vielleicht liegt hier die Ursache für die Diskrepanz zwischen den theoretischen Forderungen und den Resultaten aus den Beobachtungen bei den Dichtebestimmungen, über die wir im Kapitel 3 (S. 133) berichteten.

Im mathematischen Sinne ähnelt ein Gravitationskollaps zu einem Schwarzen Loch der Umkehrung des Vorganges beim Urknall. Haben wir es dort mit dem Anfang aller Dinge zu tun, so scheint hier ein totales Ende vorzuliegen. Oder beginnt dabei wieder etwas Neues? Vielleicht vermag – durch uns zur Zeit noch unbekannte Vorgänge – die Materie aus dem Schwarzen Loch doch hervorzutreten. Entsteht an dieser Stelle die von uns geforderte Materiequelle? Es entstände dann ein »Weißes Loch« – allerdings ein ganz andersartiges als das, welches wir auf S. 272 beschrieben hatten!

5.9. Entstehung des Planetensystems

Die Beschreibung der Fixsternentwicklung wäre unvollständig, wollte man nicht dabei auch auf jene besondere Phase eingehen, in der es zur Bildung von Planeten und anderen Kleinkörpern kommen kann. Allerdings können wir uns dabei nicht nur deshalb kurz fassen, weil dieser Vorgang im Hinblick auf die grundlegenden Probleme der Entwicklung des gesamten Universums eine sehr bescheidene Rolle spielt, sondern auch, weil es trotz des Fortschritts in der Beobachtungstechnik und der Raumfahrtexperimente bis jetzt keine voll befriedigende Theorie zur Kosmologie des Planetensystems – oft Kosmogonie genannt – gibt.

Beginnen wir mit der den älteren Lesern von der Schule her vielleicht noch bekannten Kant-Laplaceschen Theorie. Schon der Name ist falsch. Die beiden Theorien unterscheiden sich grundlegend voneinander und dürfen nicht als eine Einheit genannt werden. Aber auch inhaltlich sind sie überholt.

Kant ging in seiner 1755 aufgestellten *Meteoritenhypothese* von einer riesigen Urwolke aus, die aus fein verteilten, festen, sich regellos bewegenden Teilchen von der Art der Meteoriten bestand. Es kam zu Zusammenstößen, durch die der größte Teil von ihnen seine Geschwindigkeit einbüßte, zum Zentrum stürzte und schließlich die Sonne bildete. Aus denjenigen Teilchen, die bei den Zusammenstößen eine tangentiale, also »seitliche« Geschwindigkeit erlangt hatten, entstanden im Endstadium der Entwicklung die Planeten. Dagegen lassen sich viele schwerwiegende Argumente vorbringen. So zeigen die Rechnungen, daß bei diesen Annahmen weder die Rotation der Sonne noch der gleiche Umlaufsinn der Planeten zustande kämen.

Der französische Astronom und Mathematiker Laplace entwickelte 1796 seine sogenannte *Nebularhypothese*, die von einer rotierenden Gaswolke ausging. Durch die Wärmeausstrahlung kühlte die Wolke ab und schrumpfte zusammen, wobei die Rotationsgeschwindigkeit zunehmen mußte. In einer bestimmten Phase der Entwicklung wurde die Fliehkraft so groß, daß sich ein Ring abspaltete, aus dem sich später ein Planet bilden konnte. Dieser Vorgang wiederholte sich mehrmals, bis sich aus dem Mittelteil der Wolke die Sonne bildete. Auch gegen diese Hypothese gibt es berechtigte Einwände, die sich unter anderem auf die Verteilung des Drehimpulses (q) stützen. Das ist das Produkt aus der Masse (m), der Bahngeschwindigkeit (v) und dem Bahnradius (r), mathematisch also: $q = m\ v\ r$. In einem abgeschlossenen System können Drehimpulse unter den einzelnen Körpern zwar neu verteilt werden, doch muß ihre Summe konstant bleiben. Im Sonnensystem beherbergt die Sonne 99,87 Prozent der Gesamtmasse, ihr Drehimpuls beträgt aber nur 0,54 Prozent des Gesamtdrehimpulses. Das ist bei dieser Entstehungsart unverständlich.

Einen ganz anderen Lösungsversuch unternahm der englische Astronom Jeans. Nach seiner Ansicht hatte sich in weit zurückliegender Zeit ein Fixstern unserer Sonne genähert und auf ihr einen Flutberg erzeugt, aus dem die Planeten entstanden. Eine genaue Analyse ergibt, daß ein solches Ereignis nur außerordentlich selten vorkommen kann. Ein Planetensystem wäre demnach vielleicht einmalig im ganzen Milchstraßensystem, und damit wäre auch das Leben auf der Erde möglicherweise einzigartig. Inzwischen ließ sich jedoch eindeutig nachweisen, daß auch andere Fixsterne Planetensysteme besitzen. Auch andere Gründe sprechen so entschieden gegen diese Hypothese, daß sie fallengelassen werden mußte.

Viel Beachtung fand die *Turbulenztheorie* von Carl Friedrich von Weizsäcker (1944). Auch er nimmt eine rotierende Urwolke an. Die Bildung der Planeten wird durch Wirbel innerhalb dieser Wolke, die zu Verdichtungen der Materie führten, erklärt. Widerspruchsfrei ist aber auch das nicht. Auf der von Weizsäckerschen Theorie fußen die Überlegungen des Amerikaners Kuiper (1956). Er geht ebenfalls von einer sehr ausgedehnten Urwolke aus. Durch Wirbel, die er sich allerdings etwas anders als von Weizsäcker vorstellt, entstehen zunächst »Protoplaneten«, die noch sehr reich an leichten Elementen, besonders an Wasserstoff, sind. Ihre Gesamtmasse soll etwa 100mal so groß wie die heutige Masse aller Planeten gewesen sein. Der Strahlungsdruck und der Sonnenwind, der aus der Zentralmasse entstandenen Sonne, »fegten« nicht nur den Raum zwischen den Protoplaneten »leer«, sondern nahmen auch den Protoplaneten selbst ihre leichten Bestandteile, bis sich schließlich in ihnen die heutige Elementenzusammensetzung bildete. Ein Teil der Rotationsenergie der Sonne ging durch die Wirkung von Magnetfeldern verloren oder wurde sogar auf die Protoplaneten übertragen. So konnte Kuiper auch die Schwierigkeiten mit dem Drehimpulssatz überwinden. Aus massenreichen Protoplaneten konnten sich durch einen ähnlichen Vorgang die Monde der Planeten bilden. Auch in den äußeren Gebieten der Urwolke entstanden Materiezusammenschlüsse, aus denen sich später die Kometen bildeten.

Die Entstehung des Planetensystems hängt nach Kuiper eng mit der Sternentstehung zusammen. Je nach der Form und den Bewegungsverhältnissen der Urwolke konnten sich entweder Doppel- und Mehrfachsterne oder Planetensysteme bilden (Abb. 57).

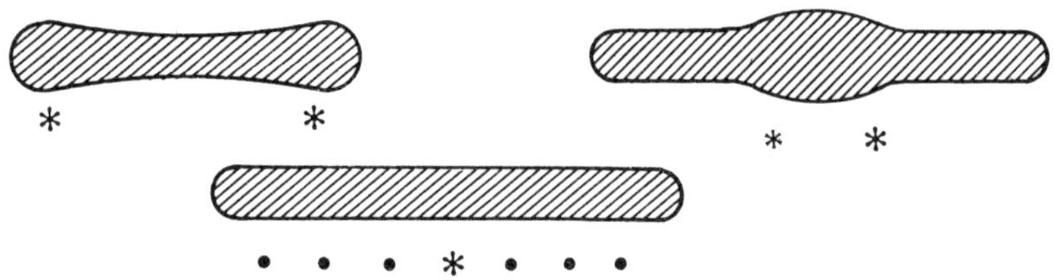

Abbildung 57: Je nach der Form und den Bewegungsverhältnissen der Urwolke entsteht ein Doppelstern mit etwa gleich großen Komponenten (A), mit einem massenreichen Hauptstern und einem massenärmeren Begleiter (B), oder ein Planetensystem (C).

Neben diesen Theorien einer »heißen« Entstehung gibt es mehrere moderne Theorien, die eine »kalte« Planetenentstehung annehmen (Alfvèn). Nach ihnen soll meteoritische Materie das Ausgangsprodukt gewesen sein. Beachtliches Forschungsmaterial lieferten die modernen Mond- und Planetenerkundungen durch die bemannten Raumflüge der Amerikaner und die amerikanischen und sowjetischen Raumsonden. Aus radioaktiven Altersbestimmungen wissen wir, daß die Sonne etwa gleichzeitig mit den Planeten vor vier bis fünf Milliarden Jahren entstanden ist. Die Zeitspanne von der Phase, in der die Ursonne auf der Hauptreihe landete, bis zum Zeitpunkt, zu dem das Planetensystem fertig ausgebildet war, mag nur 20 bis 50 Millionen Jahre gedauert haben.

Man geht dabei davon aus, daß sich die Ursonne durch ihre Rotation zu einer flachen Scheibe geformt hat. Aus den Verdichtungen der in ihr enthaltenen Materie entstanden die Urplaneten (Protoplaneten). In der Nähe der im Zentrum der Scheibe aufleuchtenden Sonne wurden diese Materieansammlungen durch die Strahlung und den von der Sonne ausgehenden Teilchenstrom (Sonnenwind) von den leicht flüchtigen Bestandteilen, vor allem vom Wasserstoff, befreit. Die schweren Teilchen kondensierten zu der Erde und den erdähnlichen Planeten Merkur, Venus und Mars. Die weiter von der Sonne gelegenen Protoplaneten wurden wegen der niedrigen Temperatur und der schwächeren Strahlung davon verschont. Hier konnten sich die großen Planeten Jupiter, Saturn, Uranus und Neptun bilden, die deshalb noch viel Wasserstoff und Wasserstoffverbindungen enthalten.

Die Frage nach der Entstehung der Kleinplaneten oder Planetoiden, die in großer Zahl den Raum zwischen der Mars- und Jupiterbahn füllen, ist noch nicht restlos geklärt. Viel Material hierzu ist in letzter Zeit von der Meteoritenforschung beigetragen worden. Wir dürfen davon ausgehen, daß diese auf die Erde fallenden Körper hauptsächlich aus dem Planetoidenring stammen. Ein kleinerer Teil ist dem Zerfall der Kometen zuzuschreiben. Genaue Analysen der Meteoritenmaterie ergaben, daß sie Xenon-Isotope enthält, die aus radioaktiven Isotopen des Jods und Plutoniums stammen. Wegen ihrer kurzen Halbwertszeit sind diese in der Meteoritenmaterie nicht mehr enthalten. Sie sind vermutlich in der Zeit entstanden, als die Sonne vor dem Erreichen der Hauptreihe ihre unruhige Zeit mit häufigen Ausbrüchen und sehr energiereicher Strahlung hatte. Das spricht dafür, daß sich auch die Planetoiden gleichzeitig mit den übrigen Mitgliedern des Planetensystems bildeten. Wertvolle Hinweise ergaben sich auch aus der Einwirkung der kosmischen Strahlung auf die Meteoritenmaterie. Sie dringt etwa 1 m tief in den Meteoritenkörper ein und bildet dabei radioaktive Substanzen, die sich nachweisen lassen. Sind letztere nur in geringer Menge vorhanden, so bedeutet das für den betreffenden Meteoriten eine nur kurze Zeit seines »Eigenlebens«. Er müßte vor nicht zu langer Zeit durch den Zerfall eines großen Klumpens entstanden sein. In ihm konnte die Strahlung nicht bis zum Kern eindringen. Die Untersuchungen zeigen für die festen Eisenmeteoriten ein Alter von etwa 0,2 bis 1 Milliarde Jahren, für die weniger widerstandsfähigen Steinmeteoriten von nur 1 bis 30 Millionen Jahren. So läßt sich sowohl der ungefähre Zeitpunkt der Entstehung der Planetoiden als auch der Zeitpunkt ihrer vermutlich durch Zusammenstöße verursachten Zertrümmerung zu Meteoriten bestimmen.

Damit ist zwar vieles erreicht, doch bleiben noch viele Probleme ungelöst. Ja, es hat auf einigen Teilgebieten den Anschein, daß wir, trotz aller Erfolge der modernen Raumforschung, durch viele neu hinzugekommene Probleme zur Zeit weiter von befriedigenden Lösungen entfernt sind als vor Beginn der Weltraumfahrt.

6.
Zusammenfassung und Folgerungen

In den vorausgegangenen Kapiteln kamen die Naturwissenschaftler, speziell die Astronomen, zu Wort. Wir hatten uns bemüht, aus der Fülle der Theorien, Hypothesen und Meinungen eine Auswahl zu treffen. Wir folgten den Spuren der Wissenschaftler, wir versuchten in einigen Fällen auch ihre Gedankengänge nachzuzeichnen, berichteten über die Methoden der Forscher und beschrieben die Ergebnisse.

Viele dieser Wege führten ins Leere. So feinsinnig auch die aufgestellten Thesen waren, sie hielten einer strengen Kritik nicht stand. Wir lernten aber auch Hypothesen und Theorien kennen, die ihren Platz in der modernen Forschung bewahren konnten. Zwar fehlen oft noch die Beweise, es sind eher Vermutungen als Tatsachen. Doch wir konnten auch von jenen Höhepunkten der Forschung berichten, bei denen uns ein Genius in bewunderungswürdiger Schärfe und Folgerichtigkeit zu Ergebnissen verhalf, die allen experimentellen Nachprüfungen standhielten und zum gesicherten Gut der Naturwissenschaft wurden. Die Zahl dieser Erfolge ist nicht nur gemessen an der Menge der Irrtümer und Fehlschläge klein, sondern auch im Verhältnis zu den unausgereiften Ergebnissen phantasiebegabter, aber deshalb nicht weniger ernst zu nehmender Naturforscher. Ja, eigentlich so klein, daß man fast geneigt ist, am Sinn aller Forschung in dieser dem menschlichen Geist so fremden Sphäre zu zweifeln. Stimmt es immer noch, daß das einzige, was wir wissen, ist, daß wir nichts wissen? Zumindest nichts genau genug wissen? Daß alles letztlich doch nur vage Vorstellungen vom Ersten und vom Letzten sind, vom Nächsten und Kleinsten, vom Mikrokosmischen um uns und in uns und vom Fernsten und Größten an den Grenzen des Universums?

Sind das alles nicht eher Möglichkeiten als Ergebnisse, Möglichkeiten, die oft den wahren Weg nur verschleiern und uns zu Abweichungen verlocken, zu Irrungen, die letztlich doch zur Umkehr zwingen?

Darüber ist viel gesprochen, geschrieben und diskutiert worden. Man hat die Phantasten verdammt. Die bröckelige Schale sollte fallen, nur der reine, wahre Kern sollte Bestand haben. Man sollte sich doch endlich mäßigen! Kaum wurde eine neue Beobachtung bekanntgegeben, schon werden 20 oder 30 Theorien publiziert, die sie zu begründen versuchen. »Wir können die Tinte nicht halten«, beklagte sich kürzlich ein bekannter deutscher Astronom in einer Fachzeitschrift.

Sicher ist ein solcher Standpunkt verständlich und auch berechtigt, doch sollte man dabei nicht vergessen, wie vieles die Wissenschaft diesen kühnen und ideenreichen Forschern verdankt. Wie oft ist es vorgekommen, daß durch Spürsinn, durch ein Gefühl für einen neuen Weg, ein Gedanke geboren wurde, der zunächst unglaubwürdig schien, später jedoch zu weittragenden und wichtigen Ergebnissen führte. Und ist es nicht auch wichtig zu erforschen, was möglich und was vielleicht sogar wahrscheinlich ist? Wir hatten im ersten Kapitel schon betont, welch große Bedeutung die Wahrscheinlichkeit des Eintritts eines Ereignisses hat. Nicht nur im Bereich der Naturwissenschaften. Wie oft müssen wir uns im täglichen Leben damit begnügen, unsere Entscheidungen vom wahrscheinlichen Ablauf der Ereignisse abhängig zu machen! Ist es darum nicht logisch, wenn wir auch im rein naturwissenschaftlichen Sektor unsere Einstellung zu wichtigen Problemen, falls sich keine eindeutige Stellungnahme finden läßt, davon abhängig machen, in welche Richtung die größte Wahrscheinlichkeit weist? Vertritt beispielsweise jemand kompromißlos die Richtigkeit der Lösung eines Problems, ohne dabei einen Beweis antreten zu können, so können wir seine Aussage nur durch die Abschätzung der Wahrscheinlichkeit beurteilen.

Hierzu einige Beispiele aus den vorausgehenden Kapiteln:

a) Daß die Energieerzeugung der Sterne hauptsächlich durch Kernfusionen erfolgt, ist *gesichert.*

b) Die Existenz von Neutronensternen ist *sehr wahrscheinlich.*

c) Über die Herkunft der extrem energiereichen Teilchen der kosmischen Strahlung wissen wir zur Zeit so wenig, daß uns die wahrscheinliche Entstehungsursache *nicht bekannt* ist.

d) Daß alle vorkommenden Elemente sich in den Sternen aus dem Wasserstoff gebildet haben, ist *unwahrscheinlich.*
e) Daß alle Sterne, wie man früher glaubte, gleichaltrig sind, ist *falsch.*

Solche Ergebnisse sind die Fundamente unseres Weltbildes. Sie setzen uns auch die Maßstäbe für die Beurteilung der an uns herangetragenen Erkenntnisse und Tatsachen.

Kehren wir nun zu den Problemen aus dem ersten Kapitel zurück! Wir hatten die verschiedenen Weltanschauungen und Geisteshaltungen nach einigen Kriterien in einzelne Gruppen unterteilt. Wir fragten nach der Existenz einer eigenen geistigen Sphäre und nach der uneingeschränkten Gültigkeit der Kausalität im naturwissenschaftlichen Bereich. Was können wir nun am Schluß unseres astronomischen Streifzuges dazu sagen? Läßt uns die Astronomie eine Entscheidung fällen?

Eine endgültige, zweifelsfreie Entscheidung sicher nicht. Zumindest noch nicht. Aber in einigen Punkten gibt sie uns doch eine gewisse Wahrscheinlichkeit – und das ist immerhin etwas.

Beginnen wir mit der Kausalität. Wir erinnern uns an die Einschränkung, die wir hierbei machten. Die Vorgänge sollten nur dann als kausal gelten, wenn sie nicht im Widerspruch zu unseren anerkannten Naturgesetzen stehen. Eine Akausalität müßte demnach vorliegen, wenn die Materie sich aus dem Nichts oder aus einem naturwissenschaftlich nicht erkennbaren Zustand bildet. Das wäre der Fall
a) bei der Steady-State-Theorie,
b) beim Urknall und
c) bei den Materiequellen.

Hierbei ließe sich allerdings eine uns unbekannte naturhafte Ursache nicht ganz ausschließen, was aber nicht im Gegensatz zu unserer Aussage über die Akausalität des Vorganges steht. Während die Steady-State-Theorie als widerlegt gilt, spricht für die beiden anderen Theorien doch so vieles, daß ihre Aussagen sehr wahrscheinlich sind.

Wohl noch entscheidender ist die Folgerung aus der Endlichkeit der Zeit: Jeder Zeitbegriff ist nur sinnvoll, wenn sich während der betreffenden Zeit irgendwelche Vorgänge abspielen. Ein absolutes Fehlen jeglicher Änderung macht ihn sinnlos. Jeder Vorgang ist außer an einen Zeitablauf auch an einen Raum gebunden. Sollte also kein Raum »vor« dem Urknall existiert haben, so gab es vorher auch keine Zeit, und mithin hatte die Welt einen Anfang. Dieser Anfang konnte nicht auf einem naturhaften Vorgang beruhen und war deshalb akausal. Doch gab es ihn? Hier von einer Wahrscheinlichkeit zu sprechen, ist noch zu gewagt.

Viel wichtiger erscheint uns dagegen das andere »Ende« des Zeitablaufs. Erkennen wir eine Evolution alles Materiellen an, so wäre eine Unendlichkeit der Zeit nur dann möglich, wenn ihr eine Revolution folgen würde, die alles wieder in den schon gewesenen Zustand zurückführte. Die Vorgänge wären reversibel, es bestünde ein endloses Auf und Ab.

Hier kann aber die Astronomie eine Aussage mit großem Wahrscheinlichkeitsgrad machen. Erinnern wir uns: In Abhängigkeit von der Masse gibt es für die Sterne, und damit für einen überwiegenden Teil der Materie im Kosmos, mehrere mögliche stabile Endzustände: schwarze Zwerge, langsam erkaltende weiße Zwerge, Neutronensterne und Schwarze Löcher. Alles sind Schlußpunkte jeglicher Entwicklung. Ein Zurück gibt es nicht. Wann dieses Ende zustande kommt, ist dabei für das Prinzip völlig belanglos. Der Zeitpfeil strebt einem Endpunkt zu, und damit ist er begrenzt. Eine Begrenzung in der einen Richtung zwingt uns aber auch, eine solche in der anderen Richtung anzunehmen. Und damit kommen wir wieder zu der Feststellung einer Akausalität. An dieser Stelle müssen wir einem Einwand begegnen, der aus der Relativität einer jeden Zeitangabe resultiert. Er wird uns beim Gravitationskollaps zum Schwarzen Loch besonders deutlich: Es ist uns prinzipiell unmöglich, eine endliche Zeitangabe für den Endzustand eines Kollapses zu geben. Die Zeitspanne bis zur »Vollendung« des Kollapses ist aus unserer Sicht unendlich. Gibt es also *kein* zeitliches Ende der Welt? Wäre es nicht logisch, einen ähnlichen Zeitablauf auch für die Vergangenheit anzunehmen und damit einen Anfang aller Dinge in Abrede zu stellen?

Das ist unter bestimmten Voraussetzungen zwar möglich, doch würde es unseren grundlegenden Folgerungen nicht widersprechen. Die Beziehung zwischen dem Radius eines kollabierenden Sternes und der dabei von einem außenstehenden Beobachter registrierten Zeit läßt sich mathematisch durch eine Kurve fixieren, die sich einer Grenzlinie, der Asymptote, nähert. Sie kann die Asymptote auch bei noch so großen Werten nicht erreichen, und sie kann diese Grenzlinie auch deshalb an keiner Stelle überschreiten. Ihr »Existenzbereich« ist begrenzt.

Entsprechendes gilt für die Welt im Großen. Aus unserer Sicht strebt die Materie einem Endzustand entgegen, und sie entstand einmal aus einem uns nicht zugänglichen Urzustand.

Das ist das entscheidende Ergebnis. Der Zeitpfeil hat nur eine Richtung und er ist begrenzt.

Einer vollständigen Rückkehr zu vorausgegangenen Zuständen widerspräche auch die Überlegung, die wir aus der Neutrinostrahlung folgern. Wir zeigten, daß Neutrinos praktisch von der Materie nicht absorbiert werden. Sie durcheilen ungehemmt alle Himmelskörper. Man kann abschätzen, daß ein Neutrino mittlerer Energie den gegenwärtigen »Weltradius« etwa 10^{20}mal durchqueren könnte, ohne dabei in Wechselwirkung zu anderen Teilchen zu kommen. Wo bleiben sie? Nehmen wir eine Unendlichkeit in der Zeit an, so müßte sich ihre Dichte im Raum bis zu unendlichen Beträgen steigern. Das ist natürlich unmöglich. Doch auch im oszillierenden Universum, bei dem sich die Materie nach einer Expansion wieder zu einer Dichte »mit Urknallbedingungen« konzentriert, stehen die Neutrinos im Wege. Mit Recht können wir schon bei der Annahme eines Weltradius von 10 oder 18 Milliarden Lichtjahren von einem »Neutrinosumpf« sprechen, in dem wir stecken. Nach einer groben Abschätzung befinden sich gegenwärtig etwa zwei Millionen Neutrinos in jedem cm^3! Die Teilchendichte der Neutrinos ist damit also ungleich größer als die durchschnittliche Dichte sämtlicher anderen Teilchenarten. Entsprechendes gilt für die Energiedichte. Bei einer angenommenen Verdichtung müßte schließlich auch die Neutrinodichte einen Betrag annehmen, der nicht überschritten werden kann. Auch hier gibt es also eine Grenze.

Es sei an dieser Stelle noch erwähnt, daß sich hier möglicherweise ein Ansatz bietet, den Materiequellen doch eine kausale Grundlage zu geben. Vielleicht staut sich – durch uns noch unbekannte Vorgänge – die immer dichter werdende Neutrinoenergie an bestimmten Stellen und wandelt sich dabei wieder in Materie und andere Energiearten um? Ein Gedanke – nicht viel mehr. Eine ad-hoc-Hypothese ohne die geringste Grundlage!

In diesem Zusammenhang soll auch die Entropie kurz zu Worte kommen. Mit Ausnahme einiger rein mechanistischer Vorgänge, die ohne eine Behinderung verlaufen, wie etwa die Rotation einer Kugel im absoluten Vakuum, lassen sich die Abläufe in der Natur nicht völlig rückgängig machen: Sie sind irreversibel. So kommt es beim Zusammenfügen zweier Körper mit verschiedenen Temperaturen zu einem Temperaturaustausch. Eine Umkehrung, also eine Wärmeteilung, kann aber nicht stattfinden. Alle Vorgänge verlaufen so, daß sie aus dem Zustand geringer Entropie, im Hinblick auf die möglichen Molekularbewegungen also aus dem Zustand geringer Wahrscheinlichkeit, in den Zustand größerer Entropie und damit größerer Wahrscheinlichkeit übergehen. Deshalb ist auch der im ersten Kapitel aufgrund von Wahrscheinlichkeitsbetrachtungen konstruierte Fall, daß ein Reifen platzt, weil alle Moleküle sich zufällig in derselben Richtung bewegen, in der Praxis unmöglich (S. 15).

Es liegt nunmehr nahe, die Forderung nach ständigem Temperaturausgleich auch auf das Weltall zu übertragen. Das Ende wäre ein »Wärmetod«. Doch diese Schlußfolgerung ist voreilig. Der Entropiesatz (zweiter Hauptsatz der Wärmelehre) hat in bezug auf das Weltall nur eine begrenzte Bedeutung.

Weltanschaulich schwerwiegender ist die Frage nach dem gültigen Weltmodell. Ist der Raum endlich oder unendlich? Ist er »geschlossen« oder »offen«? Wenn wir das Für und Wider aus den vorausgehenden Kapiteln zu diesen Problemen gegeneinander abwägen, so scheint die etwas größere Wahrscheinlichkeit auf der Seite eines geschlossenen Weltalls zu liegen. Allerdings ist das »Übergewicht« hauchdünn und kann deshalb beim Streit der Meinungen nicht ausschlaggebend sein.

Wir wollen uns jetzt der anderen Streitfrage zuwenden: Gibt es eine eigene nichtmaterielle Sphäre, oder läßt sich letztlich alles auf physikalische und chemische Vorgänge zurückführen?

Sollte eine solche Sphäre existieren, so müßten wir die Kausalität aus der Bindung an naturhafte Vorgänge gemäß unserer Definition befreien können. Nicht naturhafte Ursachen wären dann möglich.

Oft wurde behauptet, eine bewiesene Akausalität im naturhaften Bereich weise zwangsläufig auf die Existenz einer geistigen Sphäre, ja sogar auf die Existenz Gottes hin. Das ist durch nichts bewiesen. Diese Schlußfolgerung entstammt dem Rückfall in den Glauben an die absolute Gültigkeit des Kausalitätsprinzips. Man kann sich letztlich doch nur mit großer Mühe einen Vorgang ohne eine Ursache vorstellen und sucht sie deshalb im Geistigen.

Existiert aber – durch andere Kriterien begründet – eine geistige Sphäre, so ist eine Ursache in ihr nicht nur möglich, sondern sogar wahrscheinlich. Wir wollen das etwas konkreter betrachten: Gibt es einen Anfang der Welt und eine eigene geistige Sphäre, so könnte die Ursache dieser Schöpfung in etwas uns Unvorstellbarem, Andersartigem, Nichtmateriellem liegen: eben in dem, was viele Religionen als das »Göttliche« bezeichnen. Es ist verständlich, daß sie sich dabei bemühen, diesem Göttlichen Wesenszüge beizumessen, die unserem Denkvermögen entsprechen. Nur müssen wir uns dabei darüber im klaren sein, daß das nur Bilder sein können, die das Eigentliche, das Wahre höchstens umschreiben, nie aber genau wiedergeben.

Nehmen wir eine nichtmaterielle Ursache der Urschöpfung an, dann ist natürlich der Weg für entsprechende Schöpfungen in der Gegenwart und damit für eine Akausalität im naturhaften Bereich nach unserer ursprünglichen engen Definition frei. So ließen sich auch die Materiequellen als einen gegenwärtigen Schöpfungsakt durch eine geistige Macht ansehen. Denn warum sollte sich dieses göttliche Etwas nur auf die Zeit der Urschöpfung beschränken? Dazu liegt kein Grund vor. Auch alle »echten« Wunder wären dann leichter zu erklären.

In der sonst einigermaßen verständlichen Evolution in der belebten und unbelebten Natur gibt es zwei Stellen, an denen ein »Sprung« vorliegt, Stellen, an denen in der Kette der Geschehnisse ein neues Glied auftaucht, dessen Zustandekommen wir nicht recht begründen können. Da ist einmal die Entstehung des Lebens, zum anderen die Entstehung des menschlichen »Geistes«. Es würde viel zu weit führen, wollten wir uns auch mit diesen Problemen eingehender befassen. Die Literatur zu diesem Thema füllt leicht eine ganze Bibliothek. Für die Klärung der in diesem Buch angeschnittenen Probleme ist es aber doch wichtig, folgenden Fragen nachzugehen:

a) Was ist Leben?
b) Wo ist Leben?

Ist das Leben etwas Andersartiges, also etwas, das nicht allein zur materiellen Sphäre gehört? Auf der Grenze zwischen der belebten und unbelebten Natur stehen die Viren. Da sie sich vermehren, eine Fähigkeit, die sonst nur das Lebendige besitzt, sind wir geneigt, sie als Lebewesen zu bezeichnen. Andererseits zeigen sie keinen Stoffwechsel. Ja, man kann das Nukleoproteid, die Substanz der Viren, in kristalline Form bringen und sie dann wohl eindeutig dem Unbelebten zuordnen. Solch ein Kristall läßt sich jahrelang aufbewahren, und nichts deutet darauf hin, daß in ihm etwas Lebendiges enthalten sein könnte. Bringt man ihn aber in eine Nährlösung, so beginnt er sich zu beleben und wird zu dem, was er war: zu einem Virus.

Sind die Viren also Zwischenglieder eines fließenden Überganges, so müßte die Erzeugung von Leben im Prinzip auch im Laborversuch gelingen. Trotz großer Anstrengungen in Ost und West blieb der Erfolg bisher jedoch aus. Warum? Ist hier doch etwas im Spiel, was dem menschlichen Können versagt ist?

Auch diese Frage könnte eventuell die Astronomie beantworten. Wenn sich feststellen ließe, daß sich überall dort, wo die Voraussetzungen für Leben vorhanden waren, auch tatsächlich Leben entwickelt hat, so wäre dadurch zwar kein schlüssiger Beweis, aber doch eine große Wahrscheinlichkeit für ein tatsächlich lückenloses Ineinandergreifen beider Sphären gegeben. Die Hoffnungen, die man in dieser Hinsicht an den Planeten Mars knüpfte, haben sich nicht erfüllt. Allerdings ist hier das letzte Wort noch nicht gesprochen.

Wie steht es aber um die Existenz von Leben in den Tiefen des Universums? Da wir über den Bau und den Zustand der uns umgebenden Sterne einigermaßen gut Bescheid wissen, können wir auch die Zahl derjenigen Sterne abschätzen, die vermutlich Planetensysteme besitzen. Unter diesen können wir wiederum diejenigen auswählen, bei denen ihrem Alter und ihrer Art entsprechend auch bewohnte Planeten vorkommen könnten. Eine solche Studie hat etwa folgende Resultate: Das erste System dieser Art können wir in einer Entfernung von ca. 25 Lichtjahren erwarten. Im Abstand von 40 Lichtjahren sind es 4, von 60 Lichtjahren 12, von 80 Lichtjahren 30 und bei 100 Lichtjahren etwa 60. In weiter Entfernung steigt dann die Zahl sehr viel stärker an.

Haben wir nun irgendeine Aussicht, etwas über die Existenz solchen außerirdischen Lebens zu erfahren? Auf direktem Wege, etwa durch unseren Besuch mit einem Raumschiff, sicher nicht. Doch gibt es noch eine andere Möglichkeit. Gehen wir davon aus, daß einige Planetensysteme wesentlich älter als unseres sind, so könnte dort das Leben zu einer Zeit entstanden sein, als sich bei uns erst das Planetensystem gebildet hatte. Es ist nicht ausgeschlossen, daß in der nachfolgenden Entwicklung einige abgestorbene Teile einstigen Lebens, etwa als Versteinerungen von einem Planeten, ins Weltall transportiert worden sind. Vielleicht kam es zu Explosionen oder Zusammenstößen, bei denen sich einige Splitter von der anziehenden Kraft des Planeten befreien konnten. Sollten uns solche Splitter, vielleicht als Meteoriten, einmal erreichen, so können wir dadurch Kunde von diesem einstigen Leben erhalten. Nun sind sowohl Meteoriten als auch Kometen in ihrer überwiegenden Mehrzahl vermutlich Angehörige unseres eigenen Planetensystems. Doch keine Regel ohne Ausnahme: Einige von ihnen könnten sehr wohl auch aus »fremden« Welten zu uns gekommen sein.

Auf diesen Überlegungen fußend, hat man die Meteoritenfunde einer sehr genauen Analyse unterzogen und in der Tat auch einiges gefunden, was in der gewünschten Richtung liegt. So konnten in Meteoriten eingelagerte zur organischen Chemie gehörige Moleküle festgestellt werden. Beweise für außerirdisches Leben sind das natürlich nicht, denn solche Verbindungen könnten sich sehr wohl auch ohne die Vermittlung des Lebens gebildet haben. Immerhin sind die Forschungen auf diesem Gebiet von nicht zu unterschätzendem Interesse.

Wie steht es aber um die Wahrscheinlichkeit, *intelligentes* Leben außerhalb der Erde anzutreffen? Eine Antwort auf diese Frage läßt sich nur in Verbindung mit der Lösung des Problems der Menschwerdung geben. Wie ist dieser zweite »Sprung« in der kontinuierlichen Entwicklung zu verstehen? Ist das überhaupt ein Sprung? Besteht denn ein prinzipieller Unterschied zwischen Mensch und Tier? Wir hatten vorhin eine Entstehung des Lebens überall dort gefordert, wo die dazu notwendigen Voraussetzungen vorliegen. Können wir das auch auf die Entwicklung zum menschlichen oder menschenähnlichen Intellekt übertragen? Entwickeln sich zwangsläufig intelligente Wesen aus der Tierwelt? Warum hat dann die Natur auf unserem Planeten keine zweite Art von ähnlich intelligenten Bewohnern hervorgebracht?

Auch in diesem Punkt gehen die Meinungen auseinander. Einigkeit besteht dagegen darin, daß von der Entstehung des Lebens bis zur Bildung menschenähnlicher Individuen auch innerhalb der eventuell bereits vorhandenen außerirdischen Lebensprozesse eine sehr lange Zeitspanne gelegen haben muß. Auch hierbei läßt sich eine Abschätzung vornehmen und die Wahrscheinlichkeit für die Existenz intelligenter Bewohner eines fremden Planetensystems angeben. Erst bei einer Entfernung von etwa 1000 Lichtjahren dürfen wir danach eine uns vergleichbare technische Zivilisation erwarten. Das beweist natürlich nicht, daß in einem näheren Abstand keine solche Wesen existieren. Nur die Wahrscheinlichkeit hierzu ist gering.

Es wäre mit Sicherheit für alle Zweige unserer Wissenschaft, besonders für alle im ersten Kapitel aufgeworfenen Probleme, von überragender Bedeutung, wenn wir mit solchen extraterrestrischen Wesen in Kontakt kommen könnten. Natürlich müssen wir uns kraß von all dem distanzieren, was in der üppig wuchernden Science-fiction-Literatur, die auch auf das Kino und das Fernsehen übergegriffen hat, zum Ausdruck kommt. Doch sollten wir diesen Problemen nicht völlig aus dem Wege gehen.

Daß wir auch bei der Verwendung extrem leistungsfähiger Raketenantriebe in absehbarer Zeit nicht in der Lage sein werden, zu anderen Planetensystemen vorzudringen, ist erwiesen. Damit ist aber nicht gesagt, daß das für alle Zeiten und für alle Lebewesen gilt. Ein Besuch fremder Wesen bei uns läßt sich deshalb auch nicht völlig ausschließen. Wenn wir eine ständige Evolution überall im Weltall annehmen, und zwar sowohl in der unbelebten als auch in der belebten Natur, so müßten eventuell vorhandene intelligente Bewohner auf einem sehr viel älteren Planeten auch auf einer entsprechend höheren Stufe ihrer Entwicklung und damit ihrer Zivilisation und Technik stehen. Die Entwicklung unserer Technik, ja der ganzen Menschheit, benötigte nur einen Augenblick, verglichen mit der Zeitspanne der Geschichte unserer Erde. Wie mag es bei uns nach einigen 100 Millionen Jahren aussehen? Vielleicht ähnlich wie gegenwärtig auf solchen fremden Planeten? Zudem ist es denkbar, daß Bewohner eines solchen Himmelskörpers in biologischer Hinsicht viel eher in der Lage sind, lange Weltraumfahrten zu überleben. Sie könnten nicht nur kleiner und leichter gebaut sein, sie könnten auch ein anderes, langsameres Zeitempfinden haben und außerdem viel langlebiger sein. Vielleicht müßten wir den Ablauf einer Sekunde bei uns mit dem einer Minute oder gar einer Stunde bei ihnen vergleichen. Solche aus unserer Sicht extrem träge Wesen wären in mancherlei Hinsicht für die Raumfahrten geeigneter. Müssen wir nach diesen Überlegungen nicht vor unserem eigenen Vorstoß in fremde Welten einen Besuch von außerhalb erwarten? Mit anderen Worten: Sollten wir nicht alles, was mit den »Ufos« zusammenhängt, viel ernster nehmen, ja, solche »fliegenden Untertassen« geradezu täglich erwarten?

Nun, wir müssen in Jahrmillionen rechnen. Daß gerade zum selben Zeitpunkt, an dem wir uns von unserem Heimatplaneten zu lösen vermögen, auch die »anderen« eine Reise zu uns zu unternehmen in der Lage sind, wäre ein kaum zu erwartender Zufall. Doch vielleicht lag dieses Ereignis in früherer Zeit? Vielleicht vor Millionen von Jahren, als es noch keine Menschen gab? Sollte vielleicht von Däniken mit seiner Theorie doch recht haben? Statistiker haben in diesem Zusammenhang sogar die Meinung geäußert, das Ausbleiben solcher Besucher müsse als ein Beweis für das prinzipielle Fehlen jeglicher außerirdischer Zivilisation angesehen werden. Ohne uns dabei in die letztlich doch sehr utopische Materie zu verstricken, sollten wir doch – gleichsam als Entgegnung – einem Gedankengang folgen, der auch schon in dem aus unserer Sicht technisch zwar sehr veralteten, im übrigen aber sehr logisch aufgebauten Roman »Auf zwei Planeten« von Kurt Lasswitz anklingt.

Nehmen wir einmal an, daß sich vernunftbegabte Wesen nicht nur in zivilisatorischer, sondern auch in moralischer Hinsicht prinzipiell zu immer höheren Formen entwickeln. Diese Annahme erscheint vielleicht zu optimistisch, wenn wir an unsere jüngste Vergangenheit denken, doch warum sollte es letztlich nicht doch so sein? Wir wollen dabei zunächst einem Gedankenexperiment auf unserer Erde folgen: Auf einer fernen Insel möge jemand menschenähnliche Wesen entdecken, die noch niemals mit unserer Zivilisation in Berührung gekommen sind. Sie sollten so primitiv sein, daß sie nicht recht zu der Art des Homo sapiens paßten. Vielleicht handelte es sich bei ihnen um die Nachkommen der Neandertaler, eine Nebenlinie des heutigen Menschen, die sich inzwischen fortentwickelt haben könnten. Was wäre die Folge für diese Inselbewohner? Die Zeiten, da man sie nach dem Vorbild der mittelalterlichen Eroberer ausrottete, dürften vorüber sein. – Nein, man würde sie fotografieren, analysieren und vermessen, man würde etliche Doktorarbeiten über sie schreiben, man würde sie selbst zu belehren versuchen und über sie all die »Segnungen« unserer Zivilisation und Kultur schütten. Im übrigen würde man aber sicher auf der Insel nach Öl, Uran oder anderen Schätzen suchen und alles ausbeuten, was auszubeuten möglich wäre.

Sicherlich wären sie auch eine wichtige Bereicherung unseres Wissens. Wäre das aber auch ein Gewinn für diese Inselbewohner? Wohl kaum! Ihre Entwicklung bekäme einen gefährlichen Sprung, den sie nicht verkraften könnten. Wahrscheinlich wäre es das Ende ihrer natürlichen Fortbildung und der Anfang ihres Untergangs. Dabei wäre aber die Möglichkeit nicht auszuschließen, daß sich aus diesen primitiven Wesen bei ungestörter Entwicklung eine Form hätte bilden können, die uns in mancherlei Hinsicht überlegen wäre.

Übertragen wir jetzt diesen Gedankengang auf die Bewohner fremder Planeten. Sollten sie – unseren Vorstellungen entsprechend – nicht nur zivilisatorisch, sondern auch moralisch auf einer sehr hohen Stufe der Entwicklung stehen, so würden sie das Schädliche ihres Erscheinens auf der Erde erkennen. Sie würden zwar die Möglichkeit ihres Besuches auf der Erde ausnutzen, doch sie würden sich bemühen, uns verborgen zu bleiben. Ja, wenn wir dabei unsere Phantasie etwas spielen lassen, könnten wir ihnen sogar die Fähigkeit zuschreiben, etwas ähnliches wie Tarnkappen zu besitzen, die sie für uns unsichtbar machen. Vielleicht sind solche Wesen schon vor Jahrtausenden auf der Erde gelandet. Vielleicht sind sie noch immer da. Vielleicht beobachten und studieren sie uns, lassen uns aber im übrigen in Ruhe und stören damit nicht unsere natürliche Entwicklung. Vielleicht lenken sie uns hin und wieder einmal und greifen ein, wenn wir es gar zu bunt und zu dumm treiben. Dann wundern wir uns darüber, glauben an irgendwelche übernatürlichen Kräfte und bezeichnen all dieses Unbegreifliche als Spuk oder als das Machwerk von Geistern und Dämonen.

Doch nun zurück zu den Realitäten! Wenn auch unser Besuch fremder Planetensysteme unmöglich erscheint, eine Kontaktaufnahme mit außerirdischen Intelligenzen braucht mit unseren heutigen Mitteln nicht ausgeschlossen zu werden; zwar nicht durch eine persönliche Begegnung, aber durch das Radio. Es fasziniert, daß es der modernen Technik gelingen müßte, mit Wesen, die von uns 10 oder 20 Lichtjahre entfernt sind und über eine ähnliche Technik verfügen wie wir, in Verbindung zu treten. Die Frage nach der Art der Verständigung braucht uns nicht zu interessieren. Es gibt hierzu eine Reihe von Studien, die uns mehrere Lösungsmöglichkeiten nennen. Neuerdings wurden Versuche unternommen, uns durch radiofrequente Impulse bei hypothetischen Bewohnern anderer Planeten bemerkbar zu machen. Freilich müssen wir dabei Geduld haben. Man hatte zunächst den Stern Epsilon Eridani als möglichen Träger eines Planetensystems ausgesucht. Nehmen wir an, daß dort tatsächlich intelligente Wesen vorhanden sind, die mit ihren Antennen die Umgebung abhorchen. Selbst wenn sie »auf Draht« sind und sofort nach dem Empfang unserer Sendung antworten, müßten wir sehr lange auf eine Antwort warten. Epsilon Eridani ist rund 12 Lichtjahre von uns entfernt. Unser Signal brauchte also 12 Jahre, um den Stern zu erreichen, ebenso lange wäre die Rückmeldung unterwegs. Frühestens nach 24 Jahren ließe sich also eine Antwort erwarten.

Wir hatten uns die Frage nach der Existenz einer eigenen, nicht naturhaften Sphäre gestellt, die für die »Sprünge« in der kosmischen und biologischen Entwicklungsgeschichte verantwortlich gewesen sein könnte. Die Weltraumfahrt und die Radiotechnik können uns in dieser Hinsicht zur Zeit noch nicht helfen. Doch hat das grundsätzliche Problem der möglichen Existenz außerirdischer intelligenter Wesen eine erhebliche weltanschauliche Bedeutung.

Wir wollen davon ausgehen, daß der überwiegende Teil der maßgebenden Wissenschaftler in Ost und West die Existenz solcher Wesen annimmt. Wieweit ist das mit den Vorstellungen eines gläubigen Christen vereinbar? Wie steht die Kirche zu diesem Problem? Bei genauerer Betrachtung ergibt sich aus dieser Annahme eine ganze Reihe von Folgerungen, die zu weiteren, recht delikaten Fragen Anlaß geben, Fragen, die auch die breite Öffentlichkeit interessieren. Sie bildeten auch die Substanz von Podiumsdiskussionen, die der Verfasser vor einigen Jahren in mehreren Städten durchgeführt hat. Vertreter verschiedener Glaubensrichtungen nahmen daran als Diskussionsredner teil. Die zu diskutierenden Fragen wurden vorher den betreffenden Herren zugestellt und auch in der Presse veröffentlicht. Die Teilnehmer hatten dadurch genügend Zeit, sich auf ihre Antworten vorzubereiten.

Hier die Texte einiger der gestellten Fragen:

»Es werden Versuche vorbereitet, um mit eventuell vorhandenen intelligenten Bewohnern der Planeten ferner Fixsterne auf dem Funkwege einen Kontakt herzustellen. Würden Sie bei einem positiven Ergebnis

1. erwarten, daß diese Bewohner an einen Gott glauben?
2. erwarten, daß sie bei sehr hoher Kultur einen ähnlichen Gottesglauben haben wie wir?
3. erwarten, daß die Entwicklung in religiöser Hinsicht ähnlich verläuft wie bei uns?
4. Wenn ja, müßte nicht auch dort der Heiland gewesen sein?
5. Halten Sie es für möglich, daß der Heiland sich gegenwärtig auf einem Planeten eines anderen Systems aufhält? Wäre das dann nicht ein Widerspruch zu unserem christlichen Weltbild?«

Erwartungsgemäß fielen die Antworten recht unterschiedlich aus. Außer von den Vertretern der Freidenker wurden die ersten Fragen bejaht. Zu der zweiten und dritten wurde sowohl von evangelischer wie von katholischer Seite etwa folgendes geäußert: »Da es nur einen Gott gibt, müßte jedes Volk, gleichgültig welcher Art und unabhängig vom Ort, bei ausreichender Intelligenz und Kultur zu diesem einen Gott finden. Auch die religiöse Entwicklung müßte auf ähnlichen Wegen verlaufen sein wie bei uns. Die fremden Wesen würden sich zwar in biologischer Hinsicht, nicht aber im Wert von uns unterscheiden. Auch sie besäßen eine Seele, auch sie wären sündig und hätten wie wir einen Anspruch auf die Erlösung.«

Die Vertreter der nichtchristlichen Gemeinschaften lehnten natürlich diese Stellungnahmen ab.

Größere Unterschiede ergaben sich bei der Beantwortung der Fragen 4 und 5. Einige Vertreter der christlichen Kirche gingen von einem Vergleich auf der Erde aus:

»Nehmen wir eine entlegene Insel an, deren Bewohner noch nie etwas von Christus gehört haben, so ist es selbstverständlich, daß man bei ihnen nicht das Erscheinen des Heilands erwarten kann. Es ist vielmehr unsere Aufgabe, die christliche Botschaft zu ihnen zu bringen. Dasselbe gilt auch für den Kosmos. Christus ist auf der Erde Mensch geworden, und darum müßten wir auch Missionare im Universum sein.«

Doch liegen die Verhältnisse hier nicht anders? Uns trennen nicht nur Tausende oder Millionen von Lichtjahren, auch zeitlich liegen die eventuell vorhandenen Kulturen möglicherweise Jahrmillionen auseinander. Warum sollten wir die Bevorzugten sein, während die anderen unabsehbar lange Zeiten warten müssen? Diese Gedankengänge bewogen denn auch die meisten der beteiligten Geistlichen zu einem anderen Standpunkt:

»Wegen der Gleichberechtigung müßte man auch mit dem zeitweiligen Aufenthalt von Christus in anderen Welten rechnen. Bei etwa gleicher Entwicklungsstufe der extraterrestrischen Wesen wäre eine Erlösung von der Sündenlast auch bei ihnen zu erwarten.« Dabei würde sich bei der gegenwärtig üblichen christlichen Auffassung eine Reihe von Verwicklungen ergeben. Die Zahl der möglichen »Kulturen« im gesamten Universum ist aus astronomischer Sicht bei den vorher gemachten Voraussetzungen unübersehbar. Da wir diese »Zugeständnisse« allen diesen Wesen machen müßten, wäre die Folge, daß Christus nicht nur tausend- und millionenfach in Erscheinung trat, sondern daß er sich auch gleichzeitig an verschiedenen Orten befindet. Zwar ist Gott nach christlicher Auffassung allgegenwärtig, doch ist die Menschwerdung des Heilands ein räumlich und zeitlich festgelegter Prozeß. Die Widersprüche wurden noch größer im Gespräch mit den Vertretern derjenigen Religionsgemeinschaften, die an einen

Gott glauben, der einen bestimmten Platz im Universum einnimmt. Einige Vertreter der christlichen Kirchen äußerten aber auch die Meinung, man müsse sich von der herkömmlichen Betrachtungsart des Lebens und Wirkens Jesu lösen und einen abstrakteren Standpunkt einnehmen. Dem wurde allerdings eifrig von mehr konservativ denkenden Herren widersprochen.

Es fand sich aber auch ein Geistlicher, der einen sehr präzisen und klaren Standpunkt vertrat: Für ihn sei die Existenz intelligenter Wesen auf anderen Planeten nicht mit der christlichen Lehre vereinbar. Es stehe deshalb für ihn als überzeugten Christen fest, daß es keine solche Wesen gibt. Zu diesem Schluß würde über kurz oder lang auch die Naturwissenschaft kommen. Eine mutige Aussage!

Es sind in der Tat in jüngster Zeit Stimmen laut geworden, die für die Einmaligkeit nicht nur der menschlichen oder menschenähnlichen Intelligenz, sondern sogar des Lebens überhaupt plädieren. Gilt wirklich der Grundsatz, der ein Leben überall dort annehmen läßt, wo die Voraussetzungen dafür erfüllt sind? Warum gelingt uns trotz aller Anstrengungen nicht die Erschaffung künstlichen Lebens? Nicht nur die Ausgangsbasis, also die chemischen Verbindungen und die physikalischen Gegebenheiten müssen vorhanden sein. Dazu, die tote Materie zum Leben zu erwecken, gehört anscheinend mehr. Ist es das uns Unbegreifliche, außerhalb der Naturgesetze Stehende, oder spielt der Zufall eine Rolle? Vielleicht bedarf es einer ganz bestimmten, aber äußerst seltenen Zusammenstellung der Atome und Moleküle, um den Motor Leben in Bewegung zu setzen? Einen ähnlichen Standpunkt vertritt auch der Nobelpreisträger Monod. Das Leben verdankt seine Existenz nach diesen Überlegungen einem Zufall. Einem überaus seltenen Zufall, der vielleicht unter Milliarden von Möglichkeiten nur ein einziges Mal eintrat.

Werden wir in naher Zukunft mehr darüber wissen? Eine Antwort könnten uns die geplanten Marsexpeditionen liefern. Natürlich werden wir keine Marsmenschen antreffen. Auch daß es dort gegenwärtig irgendeine Form von Leben gibt, muß stark angezweifelt werden. Wir könnten aber eventuell Hinweise für einstiges Leben auf dem Mars finden. Ein winziger Rest eines »Marsfossils« müßte die Zweifler verstummen lassen. Sollte dagegen die

Marsforschung ermitteln, daß der Planet schon vor Millionen oder Milliarden von Jahren die Voraussetzungen zur Lebensentfaltung besessen hat und trotzdem kein Leben zeigte, so wäre damit auch die Existenz außerirdischen Lebens generell ernsthaft in Frage gestellt. Auch das Postulat der eigenen geistigen Sphäre erhielte neues Gewicht.

Weist sonst nichts auf eine solche Sphäre hin? Müssen wir die Klärung dieser Streitfrage unbedingt außerhalb unserer Umgebung suchen? Gibt es nicht auch Hinweise in unserer Nähe? Sind Parapsychologie und Metaphysik keine anerkannten Wissenschaften? Und wie steht es um die Suggestion und Hypnose? Sind das nicht Realitäten, die sich naturwissenschaftlich nicht völlig klären lassen? Gilt das nicht auch für die Telepathie? Ist der Okkultismus unsinnig? Vermittelt uns der Spiritismus nicht Zeichen aus einer anderen Welt? Weist uns das alles darum nicht auf den Dualismus, auf die Zweiteilung allen Seins?

Zu all diesem in dem von uns gesetzten Rahmen Stellung zu nehmen, ist natürlich ausgeschlossen. Es soll aber, um diesen Problemen nicht völlig auszuweichen, von einem Fall berichtet werden, der sich kurz vor dem Zweiten Weltkrieg in Lettland zugetragen hat und an dem der Verfasser selbst indirekt beteiligt war. Es ist der Fall Ilga K. Ilga war der Vorname eines Mädchens, das unter recht ärmlichen Verhältnissen auf dem Lande lebte. Sie war schwach begabt und konnte deshalb nur mit großer Mühe dem Unterricht in der Schule folgen. Besonders haperte es in der Rechtschreibung. Um ihr zu helfen, ließ ihr Lehrer sie öfters nachmittags zur Schule kommen und diktierte ihr Sätze aus einem Buch, das Ilga nie zu Gesicht bekommen hatte. Dabei machte er eine merkwürdige Feststellung: Ilga schrieb zuweilen einige Worte, noch ehe er sie ausgesprochen hatte. Konnte sie seine Gedanken lesen? Genauere und eingehende Versuche bestätigten diese Vermutung. Er teilte seine Beobachtungen der Universität in Riga mit, die mehrere Wissenschaftler, darunter auch den deutschen Professor Dr. Neureiter, zur genauen Untersuchung dieses Phänomens berief.

Zunächst klappte die Verbindung perfekt. Besser als mit dem Lehrer gelangen die Versuche mit Ilgas Mutter. Der »Sender« dachte, der »Empfänger«, also die kleine Ilga, konnte das Gedachte aussprechen. Es mußte logischerweise etwas geben, das diese Verbindung zustande brachte, irgendeine Energieübertragung, vielleicht eine elektromagnetische Welle, die hier wirksam war. Vielleicht gelang es, diese Verbindung durch irgendwelche Zwischenwände zu unterbrechen? Die Professoren bauten Metallwände zwischen Ilga und ihrer Mutter auf, sie setzten Ilga in einen »Käfig«, der sie von elektrischen und magnetischen Feldern abschirmte – nichts half. Der Kontakt blieb.

Die Wissenschaftler verfaßten eine Reihe von Abhandlungen über den Fall, die in mehrere Sprachen übersetzt und veröffentlicht wurden. War auch hier etwas im Spiel, das sich naturwissenschaftlich nicht erfassen ließ? Zunächst schien es so, doch schließlich zeichnete sich eine natürliche Erklärung ab: Als man nämlich die Versuche in die fast vollkommen »schalltoten« Spezialräume des Rundfunksenders verlegte, riß die Verbindung ab. Hier lag also der Schlüssel zur Lösung.

Der Kriegsausbruch verhinderte weitere Untersuchungen, die allerdings noch durch eine allmähliche Verschlechterung des Mutter-Tochter-Kontaktes erschwert worden wären. Eine Zusammenfassung aller vorgenommenen Experimente ließ vermuten, daß es Ilga möglich war, auf akustische, normalerweise unhörbare Reize zu reagieren. Das »Denken« war demnach wahrscheinlich mit der Aussendung sehr hochfrequenter akustischer Wellen verbunden, die das Mädchen hören konnte.

Das Beispiel möge zeigen, daß vieles, was uns gelegentlich etwas übernatürlich erscheint, in Wirklichkeit doch eine natürliche Erklärung findet. Vieles – ob aber alles? Wer mag das entscheiden?

Wir sind am Ende unserer Betrachtungen angelangt, und es erscheint uns wichtig, die Ergebnisse zusammenzufassen und einige Schlußfolgerungen aus ihnen zu ziehen:

Weder die Frage nach der Kausalität noch die nach dem Dualismus allen Seins können wir eindeutig beantworten. Doch hat uns die moderne Kosmologie zu einer gewissen Beurteilung der Wahrscheinlichkeit verholfen. Und das ist schon sehr viel. Viel, weil wir dadurch Stellung gegen diejenigen beziehen können, die kompromißlos etwas behaupten, was zwar wahrscheinlich, aber noch nicht bewiesen ist. Und erst recht gegen all die vielen pseudowissenschaftlichen Spekulanten, die mit fanatischer Konsequenz etwas vertreten, was nach unseren Feststellungen falsch oder zumindest unwahrscheinlich ist.

Wir wollen nicht davor zurückschrecken, einiges mit Namen zu nennen:

Der Materialismus kennt nur eine materielle Welt. Das Fehlen der geistigen Sphäre kann zwar nicht bewiesen werden, doch ist ein solcher Standpunkt aus der Sicht des Naturwissenschaftlers durchaus möglich. Die Wahrscheinlichkeit dafür läßt sich nach dem Durchschnitt der Meinungen in den ernsthafteren Veröffentlichungen etwas großzügig mit rund 50 Prozent angeben. Der Materialismus fordert weiter die absolute Wahrheit (Kapitel 1, S. 21). Der Laplacesche Dämon könnte die Zukunft voraussagen. Alle Geschehnisse sind determiniert. Hier müssen wir aus den Folgerungen der modernen Kosmologie eine Korrektur anbringen: Die Welt ist uns mit großer Wahrscheinlichkeit prinzipiell nicht voll erkennbar. Die Kausalität im naturwissenschaftlichen Sektor besteht nicht überall und zu allen Zeiten.

Sehr entscheidend ist der moderne astronomische Standpunkt zur Frage nach der Ewigkeit der Materie, besonders in bezug auf eine zeitliche Unbegrenztheit der materiellen Formveränderungen. Hier spricht die Wahrscheinlichkeit recht eindeutig gegen den materialistischen Standpunkt.

Etwas vorsichtiger müssen wir allerdings bei der Kritik der materialistischen Ansicht von der Expansion der Welt (S. 22) und der Unendlichkeit des Raumes sein. Hier können wir keine klaren Fronten beziehen, doch müssen wir uns entschieden dagegen wenden, daß die materialistische Auffassung auf bewiesenen Tatsachen und deshalb auf wahren Erkenntnissen beruht. Das ist nicht der Fall. Die Wahrscheinlichkeit für sie können wir bestenfalls wieder mit 50 Prozent angeben, und das reicht nicht für die so starre und kompromißlose Haltung aus, die uns zuweilen in den östlichen Veröffentlichungen begegnet.

Allerdings läßt sich auch im Osten neuerdings eine gewisse Flexibilität beobachten. Man kann heute auch Kritisches zu den orthodoxen materialistischen Grundsätzen hören und lesen. Die neuen Veröffentlichungen nicht nur auf astronomisch-weltanschaulicher, sondern auch auf rein philosophischer Ebene tendieren oft dazu, sich dem im Westen vorzugsweise vertretenen

Standpunkt bedingt zu nähern. Allerdings sind sie noch weit davon entfernt, etwas in der marxistisch-leninistischen Lehre als falsch zu bezeichnen. Es wird bloß einiges anders ausgelegt als bisher.

Eine zukünftige Verstärkung dieser Tendenz wäre begrüßenswert. Eine zeitbedingte Korrektur würde ja auch den meisten Gedankengängen der marxistisch-leninistischen Lehre nicht entgegenlaufen. Die Wissenschaft geht weiter, und weder Marx und Engels noch Lenin hatten den Laplaceschen Dämon im Leib. Auch sie waren Menschen, und Irren ist nun einmal menschlich.

Wir wollen aber auch die Thesen der anderen Seite nicht kritiklos hinnehmen. Der Einfluß der neuen Erkenntnisse im naturwissenschaftlichen und speziell im astronomischen Gebiet auf die kirchlichen Dogmen ist sowohl in christlichen wie auch in nichtchristlichen Religionen unverkennbar. Der Satz über eine Projektion Gottes in immer weitere Himmelsgegenden (S. 10) ist im übertragenen Sinne nicht ganz unberechtigt. Die Kirchen machen Konzessionen, und sie weichen aus. Auch sie scheuen sich, Althergebrachtes direkt als falsch zu bezeichnen. Es wird nur anders ausgelegt. Das ist letztlich der gleiche Weg wie im Osten. Doch verläßt man dabei oft Positionen, die man halten sollte, es wird – so scheint es – zuweilen »das Kind mit dem Bade ausgeschüttet«! Man glaubt, den Naturgesetzen nirgends widersprechen zu dürfen, und beachtet dabei nicht, daß die Naturwissenschaft selbst an ihren Gesetzen zu zweifeln beginnt. Natürlich ist es verständlich und wohl auch berechtigt, die von alters her überlieferten, oft etwas kindlichen Vorstellungen von einem persönlichen Gott, dem Menschen ähnlich, zu revidieren. Ein Gott im Himmel als ein an einen Ort gebundenes Wesen ist zum Unterschied von früheren Zeiten heute genauso unverständlich geworden wie etwa die Ansicht, Gott hielte sich auf einem Planeten auf. Doch des Guten geschieht zuviel. Das zeigt sich etwa in der modernen kirchlichen Auslegung des Wunderbegriffs. Ein Wunder ist nicht mehr etwas, was außerhalb des natürlichen Geschehens steht. Man sucht für alle biblischen Wunder nach einer naturwissenschaftlichen Erklärung. So hatten sich zeitweise einige kirchliche Kreise an die unsinnigen Phantastereien Welikowskis geklammert, nach denen der Vorübergang eines massenreichen Planeten für einen zeitweiligen Stillstand der Erde verantwortlich sei, was wiederum die ägyptische Finsternis erkläre. Wenn es keine »wirklichen« Wunder gibt, wenn alles determiniert verläuft, dann ist so manches Gebet sinnlos, dann ist Gott nicht mehr der Helfer in der Not, der Retter, den wir täglich anrufen, zu dem wir beten und der uns eine Hoffnung in unserem grauen, trüben und oft so verzweifelten Dasein ist.

Die moderne Naturwissenschaft zeigt uns einen anderen Weg. Die Gültigkeit der Kausalität im naturwissenschaftlichen Bereich muß zumindest angezweifelt werden. Hier gibt es doch etwas, von dem wir uns nicht ohne zwingenden Grund abwenden sollten. Der Laplacesche Dämon, jener allwissende Sklave des Unabänderlichen, ist nicht der freie und allmächtige christliche Gott. Auch wir Menschen besitzen nach christlicher Auffassung etwas von jenem göttlichen Funken, der uns über unsere Umwelt hervorhebt, der uns frei zum eigenen Handeln macht, der uns aber auch zur eigenen Verantwortlichkeit zwingt. So gesehen ist die persönliche Freiheit eines jeden von uns zumindest eine Möglichkeit, mit der auch der kritische Naturwissenschaftler rechnen muß, und darum gibt es keinerlei Notwendigkeit, den Wert des christlichen Glaubens als moralische Richtschnur zu schmälern.

Entsprechendes gilt natürlich genauso für die anderen religiösen Glaubensgemeinschaften, doch sollte der objektive Naturwissenschaftler die gleiche tolerante Einstellung auch gegenüber dem Atheismus einnehmen. Bei der Unsicherheit unserer Stellung muß eben noch sehr vieles Sache der Überzeugung und damit des Glaubens oder Unglaubens bleiben. Dasselbe Recht, das wir dem Andersdenkenden einräumen, sollte uns aber auch vor denjenigen schützen, die uns durch zweifelhafte Beweisführungen von unserem eigenen Standpunkt abzubringen versuchen. Toleranz muß eben auch aus der Sicht des Naturwissenschaftlers oberstes Gebot für alle sein.

Unsere Fragestellungen aus dem ersten Kapitel – unsere Kombinationen von »naturhaften oder nicht naturhaften geistigen Vorgängen« einerseits und »strenger Kausalität oder möglicher Akausalität« andererseits – welcher von ihnen sollen wir zustimmen, welche ist richtig? Was ist das Resultat der Überlegungen, der Theorien, was ist das Ergebnis der modernen Forschung?

Vieles liegt noch im Verborgenen, doch konnten wir an manchen Stellen einen festen Standpunkt beziehen. Wir konnten an vielem Kritik üben, vor allem dort, wo uns allzu voreilige oder einseitige Vertreter bestimmter Richtungen etwas Entscheidendes als die eigentliche, unverrückbare Wahrheit einreden wollten. Vielleicht hat sich der Leser bei der Lektüre dieses Buches aber auch eine eigene Meinung gebildet und dabei etwas von dem Hohen und Unbegreiflichen gespürt, das letztlich alles Denken und Forschen durchdringt.

Dann wäre das gesetzte Ziel erreicht.

Mathematischer Anhang

Zum vierdimensionalen Raum-Zeit-Kontinuum:

Für ein Linienelement im rechtwinkeligen xyz-Koordinatensystem gilt: $dr = \sqrt{dx^2 + dy^2 + dz^2}$. Wird die Strecke dr mit der Geschwindigkeit c in der Zeit dt zurückgelegt, so folgt: $dr = cdt$ und $dx^2 + dy^2 + dz^2 - c^2\,dt^2 = 0$. Es ergibt sich dadurch eine Verknüpfung der reinen (bekannten) Raumkoordinaten mit der Lichtgeschwindigkeit und der Zeit. Wird das letzte Glied als die Größe einer neuen vierten Dimension aufgefaßt, so folgt für ein vierdimensionales Linienelement ds in Analogie mit dem Vorhergehenden:

$$ds^2 = dx^2 + dy^2 + dz^2 - c^2 dt^2.$$

Für eine homogene und isotrope Welt läßt sich das Linienelement ds auch folgendermaßen ausdrücken:

$$ds^2 = dt^2 - \frac{R(t)^2\,(dx^2 + dy^2 + dz^2)}{[1 + 0{,}25\,K\,(x^2 + y^2 + z^2)]^2}.$$

Hier bedeutet R(t) eine zeitabhängige Größe und bestimmt den Krümmungsradius des dreidimensionalen Raumes. Die Konstante K bestimmt die Art der Raumkrümmung.

Zum Dopplereffekt:

Bei abnehmendem Abstand des Senders vom Empfänger ist

bei ruhendem Empfänger: $f_1 = \dfrac{f}{1 - \dfrac{v}{c}}$, bei ruhendem Sender: $f_1 = f\left(1 + \frac{v}{c}\right)$.

Bei zunehmendem Abstand: $f_1 = \frac{f}{1 + \frac{v}{c}}$ bzw. $f_1 = f\left(1 - \frac{v}{c}\right)$.

Hier bedeuten: f_1 = empfangene Frequenz, f = ausgesandte Frequenz, v = Geschwindigkeit des Senders bzw. des Empfängers, c = Ausbreitungsgeschwindigkeit der Wellen im Medium. Für elektromagnetische Schwingungen im Vakuum gilt nach relativistischer Korrektur unabhängig davon, ob der Sender oder der Empfänger als ruhend betrachtet wird:

$$\nu_1 = \nu \frac{1 \pm \frac{v}{c}}{\sqrt{1 - \frac{v^2}{c^2}}},$$

(ν_1 = empfangene Frequenz, ν = ausgesandte Frequenz, v = = relative Geschwindigkeit von Sender und Empfänger, c = = Lichtgeschwindigkeit. Oberes Zeichen bei der Annäherung, unteres bei zunehmendem Abstand.)

Zur Linienverschiebung in Spektren:

Sind die relativen Geschwindigkeiten klein gegenüber der Lichtgeschwindigkeit, so gilt:

$$z = \frac{v}{c}.$$

Bei großen Geschwindigkeiten muß eine relativistische Korrektur erfolgen. Es ist dann:

$$z = \frac{\sqrt{1 - \frac{v^2}{c^2}}}{1 \pm \frac{v}{c}} - 1$$

(Bezeichnung wie oben).

Zur Berechnung der Größenklassen:

Wird der Unterschied der Strahlungsströme einer Größenklasse zur folgenden mit x bezeichnet, so folgt bei der Forderung, daß der Unterschied zwischen der 1. und 6. Größenklasse genau 100 ist:

$$x^5 = 100,\ \lg x^5 = \lg 100,\ 5 \lg x = 2,$$
$$\lg x = 0{,}4 \text{ und daraus } x = 2{,}512.$$

Zusammenhang zwischen der absoluten Helligkeit (M), der scheinbaren Helligkeit (m) und der Entfernung in Parsec (r):

Wird der Strahlungsstrom eines Sternes in der Entfernung r mit S_1 in der Entfernung 10 pc (aus der Definition für absolute Größe) mit S_2 bezeichnet, so folgt, da der Strahlungsstrom mit dem Quadrat der Entfernung abnimmt:

$$S_1 : S_2 = r^2 : 10^2.$$

Andererseits ist:

$$\frac{S_1}{S_2} = 2{,}512^{m-M}.$$

Daraus folgt:

$$\frac{r^2}{100} = 2{,}512^{m-M};\ 2 \lg r - \lg 100 = (m-M) \lg 2{,}512$$
$$2 \lg r - 2 = (m-M)\, 0{,}4;\ 5 \lg r - 5 = m - M$$

und schließlich

$$M = m + 5 - 5 \lg r.$$

Zur Verzögerungszahl q:

Der Krümmungsradius R kann in einem geschlossenen sphärischen Modell auch den »Weltradius« bedeuten. Bezeichnet man die Geschwindigkeit, mit der er sich ändert, mit $\dot{R}$, also $\dot{R} = \frac{dR}{dt}$, so folgt für die Hubble-Konstante $H = \frac{\dot{R}}{R}$. Wird weiterhin die zeitliche Änderung der Geschwindigkeit mit $\ddot{R}$ bezeichnet, so folgt für den Beschleunigungsparameter $B = \frac{\ddot{R}}{R}$. Für die Verzögerungszahl (Verzögerung = negative Beschleunigung) q ergibt sich:

$$q = -\frac{B}{H^2} = -\frac{\ddot{R}}{R} \cdot \frac{R^2}{\dot{R}^2} = -\frac{R\ddot{R}}{\dot{R}^2}$$

oder, da

$$\frac{R}{\dot{R}} = \frac{1}{H}, \quad q = -\frac{\ddot{R}}{RH^2}.$$

Zur Rotverschiebung der Spektrallinien in Gravitationsfeldern:

In einem Abstand s von der Oberfläche eines Weltkörpers befindet sich ein Beobachter B. Ein aus der Oberfläche austretender Lichtstrahl erreicht B in der Zeit $t = \frac{s}{c}$.

Auf Grund der Äquivalenz der Gravitation mit der gleichförmig beschleunigten Bewegung des Bezugssystems läßt sich die Gravitationswirkung durch eine Aufwärtsbewegung von B ersetzen. Ist die Gravitationsbeschleunigung a, so hat B in der Zeit t die Geschwindigkeit $v = at = a\frac{s}{c}$ erhalten. Hatte das Licht beim

Verlassen der Oberfläche die Frequenz ν, so wird B als Folge seiner Bewegung durch den Dopplereffekt die Frequenz $\nu_1 = \nu\left(1 - \frac{v}{c}\right)$ oder $\nu_1 = \nu\left(1 - \frac{as}{c^2}\right)$ empfangen. Zum selben Resultat gelangt man auch auf folgendem Wege: Jedem Photon mit der Frequenz ν kann eine Masse $m = \frac{h\nu}{c^2}$ zugeordnet werden (S. 102). Die potentielle Energie E_p eines Körpers ist gleich dem Produkt aus der »Fallstrecke« s und der Schwerkraft F. Mit $F = am$ folgt für die potentielle Energie E_p des Photons im Abstand s: $E_p = sF = sam$. Hatte das Photon beim Verlassen der Oberfläche die Energie $E = h\nu$, so ist sie jetzt $E_1 = E - E_p$ oder $E_1 = h\nu - sam$. Mit $m = \frac{h\nu}{c^2}$ folgt $E_1 = h\nu - \frac{sah\nu}{c^2}$. Bezeichnet man die neue Frequenz mit ν_1, so ist $E_1 = h\nu_1$ und $h\nu_1 = h\nu - \frac{sah\nu}{c^2}$ und daraus nach dem Kürzen durch h

$$\nu_1 = \nu\left(1 - \frac{as}{c^2}\right).$$

Diese Formel gilt nur bei einer konstanten Beschleunigung, also in einem homogenen Gravitationsfeld. Da die Gravitationskraft mit dem Quadrat der Entfernung abnimmt, muß bei größerem Abstand die Frequenzänderung durch Integration ermittelt werden.

Zur Massenbestimmung der Doppelsterne:

Werden die Massen zweier im Abstand d voneinander befindlicher Körper mit m_1 und m_2 bezeichnet, so ist die gravitative Anziehungskraft $F_G = \frac{G\, m_1\, m_2}{d^2}$, wobei G die Gravitationskonstante ist ($G = 6{,}67\ 10^{-11}\ m^3 s^{-2} kg^{-1}$). Die Fliehkraft errechnet sich zu $F_Z = \frac{4\pi^2 rm}{T^2}$. Hier bedeutet r den Abstand vom Kreismittelpunkt, m die Masse und T die Dauer eines Umlaufs. Beide Kräfte müssen sich die Waage halten, es muß also $F_G = F_Z$ sein.

Bewegen sich die Komponenten eines Doppelsternsystems auf Kreisbahnen mit den Radien r_1 und r_2 um den gemeinsamen Schwerpunkt, so folgt

$$\frac{G\, m_1 m_2}{d^2} = \frac{4\pi^2 r_1 m_1}{T^2}$$

und daraus

$$m_2 = \frac{4\pi^2 d^2 r_1}{G\, T^2}.$$

Die Schwerpunktabstände sind nur in den seltensten Fällen direkt feststellbar. Leicht zu bestimmen sind dagegen die Umlaufzeiten und der gegenseitige Abstand. Nehmen wir zunächst das Verhältnis der beiden Massen als bekannt an, so läßt sich die Lage des Schwerpunktes berechnen. Es ist (ähnlich dem bekannten Hebelgesetz) $r_1 m_1 = r_2 m_2$ und daraus $r_2 = \frac{m_1}{m_2} r_1$.

Da $d = r_1 + r_2$, folgt $d = r_1 + \frac{m_1}{m_2} r_1 = r_1 \left(1 + \frac{m_1}{m_2}\right)$ und

$$r_1 = \frac{d}{1 + \frac{m_1}{m_2}} = \frac{d}{\frac{m_1 + m_2}{m_2}} = \frac{d\, m_2}{m_1 + m_2}.$$

Mit dem Vorhergehenden ergibt sich:

$$m_2 = \frac{4\pi^2 d^2}{T^2 G} \frac{d\, m_2}{m_1 + m_2}$$

und nach dem Kürzen durch m_2:

$$m_1 + m_2 = \frac{4\pi^2 d^3}{T^2 G}.$$

Auf Grund der beobachteten Werte läßt sich also zunächst nur die Summe der Massen beider Komponenten berechnen. In den meisten Fällen bewegen sich die Sterne nicht auf Kreisbahnen, sondern auf elliptischen Bahnen um den Schwerpunkt. Auch dabei läßt sich die Masse des Systems berechnen. Es ist verständlich, daß die unvermeidlichen Fehler bei der Bestimmung der tatsächlichen Entfernung der beiden Komponenten recht groß sind. Was man beobachtet, ist der Winkelabstand. Erst wenn zusätzlich die Entfernung zum System bekannt ist, läßt sich auch der absolute Abstand angeben. Wie aus der Formel hervorgeht, erscheint der Abstand in der dritten Potenz, d. h., daß sich hier Fehler sehr stark auswirken.

Zur Beziehung zwischen der scheinbaren Grenzhelligkeit der Objekte m und ihrer Anzahl N:

Der zu uns gelangende Strahlungsstrom (S) eines strahlenden Objekts nimmt mit dem Quadrat seiner Entfernung (r) ab.

Also $S \sim \frac{1}{r^2}$ oder $r \sim \frac{1}{\sqrt{S}}$.

Wird eine gleichmäßige Verteilung absolut gleich lichtstarker Objekte angenommen, so folgt für deren Anzahl in einem bestimmten Raumwinkel (N) bis zu einer Entfernung r die Beziehung $N \sim r^3$ (S. 139). Wird r durch S ausgedrückt, so folgt $N \sim \left(\frac{1}{\sqrt{S}}\right)^3$ oder $N \sim S^{-\frac{3}{2}}$.

Bezeichnen wir den Strahlungsstrom eines Objekts der scheinbaren Größenklasse Null mit S_0, so ist der Strahlungsstrom eines Objekts der 1. Größenklasse gleich $\frac{S_0}{2{,}512}$, der 2. Größenklasse $\frac{S_0}{2{,}512^2}$ und allgemein der m-ten Größenklasse $S = \frac{S_0}{2{,}512^m}$. Wird die Gleichung logarithmiert, so ergibt sich:

$\lg S = \lg S_0 - m \lg 2{,}512 = \lg S_0 - 0{,}4\,m.$

Aus $N \sim S^{-\frac{3}{2}}$ folgt $\lg N \sim -\frac{3}{2} \lg S$ und zusammen mit der vorhergehenden Gleichung

$$\lg N \sim -\frac{3}{2} (\lg S_0 - 0{,}4\, m) \quad \text{oder}$$

$$\lg N \sim -\frac{2}{3} \lg S_0 + \frac{3}{2} \cdot 0{,}4\, m.$$

Wird diese Beziehung zwischen lg N und m in einem Diagramm wiedergegeben, so ergibt sich, da $\frac{3}{2}$ lg S_0 konstant ist, eine Gerade mit dem Anstieg $\frac{3}{2} . 0{,}4$ oder 0,6. Der Steigungswinkel errechnet sich aus tg $\alpha = 0{,}6$ zu $\alpha = 31°$.

Zur Entartung der Materie:

Die Zustandsgleichung für ein (normal) entartetes Gas lautet:

$$p = 9{,}91 \cdot 10^{12} \left(\frac{\rho}{\mu_E}\right)^{\frac{5}{3}}.$$

Hier bedeutet p den Druck, ρ die Dichte und μ_E das Molekulargewicht, bezogen auf ein freies Elektron. Die Temperatur erscheint nicht in der Formel.

Für ein relativistisch entartetes Gas gilt:

$$p = 1{,}23 \cdot 10^{15} \left(\frac{\rho}{\mu_E}\right)^{\frac{1}{3}}.$$

Der Druck wächst also langsamer mit der Dichte als bei nichtrelativistischer Entartung.

Zum Schwarzschildradius:

Wird die Masse eines Körpers mit m, die Gravitationskonstante mit G und die Lichtgeschwindigkeit mit c bezeichnet, so folgt für den Schwarzschildradius

$$r_s = \frac{2\,G\,m}{c^2}\,.$$

Für die Sonne ergibt sich (im MKS-System):

$$r_s = \frac{2 \cdot 6{,}67\ 10^{-11}\ 1{,}989 \cdot 10^{30}}{(3 \cdot 10^8)^2} = 2{,}94814 \cdot 10^3 m$$

oder rund 3 km.

Literaturverzeichnis

G. Abell: Exploration of the universe. London/New York 1964.

H. Alfvén: Worlds – Antiworlds. London 1967.

V. A. Ambarzumjan: Theoretische Astrophysik. Deutscher Verlag der Wissenschaften, Berlin 1957.

I. Asimov: Weltall ohne Grenzen. F. A. Brockhaus, Wiesbaden 1966.

W. Baade: Evolution of stars and galaxies. Cambridge (Mass.) 1963.

M. Born: Die Relativitätstheorie Einsteins. Springer, Berlin 1965.

A. G. W. Cameron und R. F. Stein: Stellar evolution. Plenum Press, New York 1966.

V. A. Fok: Theorie von Raum-Zeit und Gravitation. Berlin 1960.

W. A. Fowler: Nuclear astrophysics. American Philosophical Society 1967.

C. Gerthsen: Physik. Springer, Berlin 1966.

O. Heckmann: Theorien der Kosmologie. Berlin 1942.

F. Hoyle: Galaxies, nuclei and quasars. Harper u. Row, New York 1965.

P. Jordan: Schwerkraft und Weltall. Vieweg, Braunschweig 1955.

P. Jordan: Die Herkunft der Sterne. Stuttgart 1947.

F. D. Kahn und H. P. Palmer: Quasars. Manchester 1967.

S. A. Kaplan: Interstellar gas dynamies. Pergamon Press, Oxford 1966.

Knaur's Buch der modernen Astronomie. Droemer Knaur 1972.

D. H. Menzel u. a.: Stellar interiors. Chapman u. Hall, London 1963.

Meyer's Handbuch über das Weltall. Bibliogr. Institut, Mannheim 1967 und 1973.

P. v. d. Osten-Sacken: Wanderer durch Raum und Zeit. Hirzel, Stuttgart 1965.

P. v. d. Osten-Sacken: Kosmos plus minus. Ehrenwirth, München 1971.

E. L. Schatzmann: Die Grenzen der Unendlichkeit. Kindlers Universitäts-Bibliothek 1968.

B. Shapley: Galaxies. Harvard 1961/Oxford 1962.

Sutton: Physik des Weltraums. Suhrkamp, Frankfurt a. M. 1970.

The world almanac and book of facts. New York 1969.

The structure and evolution of galaxies. Kongreß-Berichte. London 1965.

A. Unsöld: Der neue Kosmos. Springer, Berlin 1967.

A. Unsöld: Physik der Sternatmosphären. Springer, Berlin 1955.

H. Vehrenberg: Mein Messier-Buch. Treugesell, Düsseldorf 1966.

H. Vogt: Die Struktur des Kosmos als Ganzes. Berlin 1961.

H. H. Voigt: Abriß der Astronomie. Bibliograph. Institut, Mannheim 1969.

A. Weigert und H. Zimmermann: ABC der Astronomie. VEB Brockhaus, Leipzig 1960.

Zeitschriften

Astronomische Nachrichten. Akademie Verl., Berlin

Die Sterne. Joh. A. Barth, Leipzig

Mitteilungen der Astronomischen Gesellschaft, Hamburg

National Geographic Magazine. National Geographic Society, Washington

Sky and Telescope. Cambridge, Mass.

Sterne und Weltraum. Bibliogr. Institut, Mannheim

The Astronomical Journal. New York

Umschau. Frankfurt am Main

Zeitschrift für Astrophysik. Springer, Berlin

Register

Absolute Helligkeit 71 ff., 130, 236 ff.
Absorptionsspektrum 66, 156 ff.
Äther 11, 52 ff., 69
Akausalität 14 ff., 281 ff.
Alfvèn, H. 90 ff., 168, 277
Allgemeine Relativitätstheorie 55, 101 ff., 110 ff., 119, 219
Alpha-Beta-Gamma-Theorie 195 ff.
Alphateilchen 41
Alpher, R. A. 195
Ambarzumjan, V. A. 131, 200 ff., 204, 206, 218, 234, 253
Andromedanebel 31 ff., 70, 79, 127 ff., 182, 219, 223, 226
Anderson 91
Angström-Einheit 68
Anisotropie 47
Antimaterie 90 ff., 99, 168
Antipodensterne 148 ff.
Antipunkt 84
Apex 128
Aristoteles 11
Arp, H. 118, 224

Baade, W. 79 ff., 266
Bagge, E. 47, 88, 228, 231
Balkenspiralen 184, 190, 199, 223
Balmerserie 238
Barnards Pfeilstern 175
Bessel, F. W. 125, 236
Beta-Zerfall 265
Bell, J. 266
Bethe, H. A. 195
Bethe-Weizsäcker-Zyklus 248, 252
Billing, H. 273
Blauverschiebung 69, 112, 219
Bolometrische Helligkeit 236 ff.
Bondi, H. 86
Brahe, Tycho 235
Brans 105
Brosche, T. 191
Bruno, Giordano 235
Bultmann, A. 19
Burbidge, E. M. 196, 201
Burbidge, G. R. 161, 196

Cannon, A. J. 237
Cepheiden 71 ff., 79, 130, 135, 264
Chandrasekharsche Grenzmasse 264 ff.
Charlier, C. V. L. 97
Clark 126
Compton-Effekt 117
Coulombsche Kraft 88 ff., 116, 229, 247

Däniken, E. v. 289
Davis 251
Denterium 91
Dicke, R. H. 105, 151
Dirac 88, 166
Dispersion 70
Doppelsterne 122, 125, 129, 261, 265
Doppler, Chr. 65, 69
Dopplereffekt 64 ff., 90, 110, 115, 118, 129 ff., 143, 178, 180, 186, 219
Drehimpuls 189, 191, 259, 271, 275
3-C-Katalog 37
Dreiecksnebel 182
3-K-Strahlung 150 ff., 159 ff., 175
Dunkelwolken 39

Eddington 22, 89, 103, 121
Einstein, A. 21, 45, 53 ff., 62 ff., 90 ff., 102, 104, 108, 152
Elementarlänge 88
Elementarzeit 88
Elliptische Systeme 181 ff.
Emissionslinien 122, 185
Empirismus 24
Entartung 211, 259, 264
Entropie 284

Epsilon Eridani 291
Euklidischer Raum 60, 97
Exponentielle Expansion 98

Farbindex 237
Fernkräfte 49, 88
Flare-Sterne 256
Flash 260
Fliehkraft 44, 125
Fluchtgeschwindigkeit 51, 54, 71, 78 ff., 83, 119, 135 ff., 149, 176, 219
Fortpflanzungsgeschwindigkeit 65
Fotografische Helligkeit 236 ff.
Fowler, G. R. 196, 206
Fraunhofer 66
Friedmann, A. 62 ff., 79, 152
Fusion 193 ff.

Galaktischer Nebel 121 ff.
Galaktischer Halo 31, 43, 124, 174 ff., 189, 213
Galaxienhaufen 136, 139 ff., 145, 230 ff.
Gamma-Strahlen 113
Gamow, G. 85, 195
Gauß, C. F. 44
Gegenschein 121
Geodätische Limen 102 ff., 108
Globulen 262 ff.
Gold, Th. 86
Goldenberg 105
Gravitation 48, 59 ff., 88
Gravitationsfelder 58 ff., 102 ff., 110, 114 ff., 119
Gravitationskollaps 207 ff., 220, 221, 273, 282
Gravitationskonstante 48, 89 ff., 116, 166 ff., 229
Gravitationswellen 220, 269, 272 ff.
Gyrationsradius 43 ff., 46

Halbwertszeit 17, 43, 251
Hantel Galaxien 185
Hartmann, J. 122
Hayashi 254
Hayashi Linie 255 ff.
Heliumsterne 197
Herschel, W. 30, 150
Hertzsprung, E. 240
Hertzsprung-Russell-Diagramm 237, 240, 247, 254 ff.
Hess, V. F. 41
Hintergrundstrahlung 133
Hoffmann 251
Hoffmeister 33
Hoyle, F. 86, 196, 197, 198
Hubble, E. 73 ff., 115, 180, 185
Hubble-Gesetz 118 ff., 137
Hubble-Konstante 74, 78, 80 ff., 86, 132, 167, 187 ff.
Huggins, W. 70
de Hulst 123
Humason 73, 136

Infrarotsterne 34
Interferenz 52
Intergalaktische Absorption 140
Intergalaktische Materie 33, 125, 133, 207, 212, 221
Interplanetare Materie 121
Interstellare Materie 31, 33, 46, 120 ff., 127, 131, 149, 156, 172, 177, 184 ff., 191, 209, 214, 221, 224
Irreguläre Systeme 184
Irtronen 227
Isotopen 43
Isotropie 43, 47, 97, 168

Jansky, K. G. 35 ff.
Jeans, J. 230, 275
Jet 202
Johnson, L. 237
Jordan, P. 88 ff., 98, 105, 116, 166 ff.
Jordan-Brans-Dicke-Theorie 105 ff., 114

Kant, I. 274
Kant-Laplacesche Theorie 274
Kausalität 13 ff., 18, 87, 204, 228, 281, 285, 297
Keplerbahnen 127
Keplerbewegung 128 ff.
Kernfusion 195, 197, 207, 212, 214, 247, 280
Kerngebiete 172, 177, 184 ff., 199, 214, 219 ff., 224, 227
Kernkraft 49
Kernladungszahl 193
Kinetische Energie 41, 45, 247
Kinetische Gastheorie 15
Kirchhoff, R. 22
Kirchhoffsche Absorptionslinien 118
Klein, O. 97
Körnchenladung 228
Kohäsionskräfte 243

Koinomaterie 93 ff.
Kontinentalschollen 164
Kontinuierliches Spektrum 66
Konvektion 245, 255
Konvektionszonen 259 ff.
Kopernikus 75, 235
Kosmischer Horizont 84
Kosmische Strahlung 40 ff.
Kosmogonie 274
Kosmologisches Prinzip 86
Krebsnebel 175, 266 ff.
Krümmungsradius 60 ff.
Kruit, P. C. van der 180, 224
Kugelhaufen 31, 79, 128 ff., 135, 174 ff., 192 ff., 201
Kuiper 276 ff.

Lambda-Glied 78, 80, 98
Laplace 275
Laplacescher Dämon 21 ff., 297
Lemaître, G. H. 22, 151, 194
Leverrier, U. 108
Libby 94
Lichtblitz 152
Lin, C. C. 224
Lindblad, B. 224
Linienverschiebung 122, 129, 136, 152, 218
Lokale Gruppe 33 ff., 161
Low 227

Magnitudo 71
Maffei 1 33
Magellansche Wolken 33, 118, 124, 184, 221
Marmer 251
Masse-Leuchtkraft-Beziehung 125, 130
Massenzahl 194
Materialismus 20 ff., 297
Materiebrücken 33, 119, 221
Materiequellen 47, 90, 99, 145, 200, 208, 209, 214, 219 ff., 224 ff., 231 ff., 253, 281 ff.
Materiequellentheorie 200 ff., 218, 223, 226
Mathewson, D. S. 224
Mayall 136
Metagalaktisches System 34
Meteoriten 93 ff., 272, 278, 287
Meteoritenhypothese 274
Michelson, A. 53
Michelsonscher Versuch 53
Milnes 86
Mössbauer 112, 114
Mössbauereffekt 112
Molekularer Wasserstoff 123
Monod 294
Morgan, W. W. 237

Naturalismus 24
Nebelhaufen 145 ff.
Nebularhypothese 275
Neutraler Wasserstoff 123
Neutrinos 40, 248 ff., 283
Neutronensterne 89, 265 ff., 280 ff.
Novae 73, 150, 238, 261

Offene Sternhaufen 31, 173, 176
Olbers, W. 38
Olberssches Paradoxon 38 ff., 47, 97
Oort, J. H. 180, 224
Opazität 245, 256
Oppenheimer 265
Optisches Fenster 35
Orionnebel 31
Oszillierendes Weltall 98

Parallaxe 72, 236
Parsec 51, 72
Pekuliarbewegung 73 ff., 127 ff.
Penzias, A. A. 151
Perihel 108
Perihelbewegung 105 ff.
Photonen 48 ff., 102, 110 ff., 117, 122, 243 ff.
Pickering, E. C. 237
Planckkurven 154 ff., 158 ff., 179, 236 ff.
Plancksches Wirkungsquantum 102
Planetarische Nebel 238, 261
Planetoiden 277
Plasma 42, 46, 95, 229
Plejaden 31
Populationen 79, 173 ff., 184, 189 ff., 196 ff., 201, 213, 216, 253 ff.
Positron 92
Potentielle Energie 246
Pound 114
Protogalaxien 189 ff.
Proton-Proton-Prozeß 248, 252
Protuberanzen 112
Ptolemäus 235
Pulsare 265 ff.

Quasare 37, 46, 69, 116, 133, 141 ff., 150, 160, 167, 185 ff., 199, 201, 202, 203, 210, 218 ff., 226

Radialbewegung 66
Radialgeschwindigkeit 67 ff., 70 ff., 74
Radikale 156, 158
Radioastronomie 34 ff., 122, 142, 148
Radiofenster 35
Radiogalaxien 46, 185 ff.
Radioquellen 34 ff., 104, 142 ff., 148 ff., 175 ff., 220, 266
Radiosterne 34
Radiostrahlung 179 ff., 185 ff., 220
Raumkrümmung 59 ff., 82, 88, 119, 140 ff., 147, 150
Rebka 114
Realismus 24
Relativistische Entartung 260, 264, 308
Relativitätstheorie 51, 55, 70, 101 ff.
Resonanz 113
Resonanzabsorption 113
Reststrahlung 151
Riesensterne 241 ff.
Röntgenastronomie 46, 160
Röntgen-Hintergrund-Strahlung 160 ff., 168
Röntgensterne 34
Röntgenstrahlung 34, 46, 160 ff.
Rotationszustand 156
Roter Riese 260
Rotverschiebung 68, 73, 84 ff., 110 ff., 115 ff., 126, 130, 132, 135, 141 ff., 146, 186 ff., 219
Rougoor, G. W. 180
r-Prozeß 194, 208
RR-Lyrae-Sterne 175 ff., 261
Russell, H. N. 240
Salpeter, E. E. 250
Sandage, A. R. 37, 80, 136, 140 ff., 219
Scheinbare Helligkeit 71 ff., 130, 135, 236
Schelfgebiete 164
Schnelläufer 175
Schwarze Löcher 193, 203, 269 ff., 282
Schwarze Zwerge 257, 282
Schwarzschild, M. 226
Schwarzschildradius 269 ff., 309
Sekundäre Ultrastrahlung 41
Seyfert, C. K. 185
Seyfert-Galaxien 185, 201, 220, 226
Shapiro, I. 106
Shapley, H. 32, 73, 79
Sial-Schicht 164
Sima-Schicht 164
Singularität 85, 98 ff., 228
De Sitter 22, 63, 70 ff., 74, 79
Skalor-Tensor-Theorie 105
Slipher 70 ff.
Soldner 102
Sombrero-Nebel 124, 182
Sonnenwind 44, 277
Spektralklassen 237 ff.
Spektren 66
Spektroskopische Doppelsterne 122
Spezielle Relativitätstheorie 45, 53 ff., 69, 187
Spin 122
Spiritualismus 24
s-Prozeß 194, 208
Steady-State-Theorie 86 ff., 98, 161, 168, 281
Sternassoziationen 263
Sterntag 35
Sternwind 191
Strahlungsstrom 145
Struve, O. 121
Supernovae 45, 73, 89, 135, 175, 209, 219, 266 ff.
Synchrotronstrahlung 142, 179, 205, 209, 220, 267

Tayler 197
Teller, E. 167
Tensorfeld 105
Term 112
Tetragalaxis 97
Thermische Energie 247
T-Tauri-Veränderliche 256
Tunneleffekt 247
Turbulenztheorie 230, 276

UBV-System 237
Übermassive Körper 200, 201
Urknall 85 ff., 90, 94, 98, 105 ff., 156, 160, 194, 196 ff., 205, 228, 281 ff.
UV-Strahlung 34, 120

Van Allenscher Strahlungsgürtel 44
Virialtheorem 131, 230
Visuelle Helligkeit 236 ff.

Wagoner 198
Weber, I. 272
Wegener, A. 163
Weiße Löcher 269 ff.

Weiße Zwerge 112, 126, 239 ff., 245, 263 ff., 265, 269, 282
Weizsäcker, C. F. v. 230, 276
Weltradius 83
Wilson, R. W. 151
Wirkungsquerschnitt 251
Wolfe, A. M. 161
Wolf-Rayet-Sterne 238
W-Virginis-Sterne 79

Zeitdilatation 270 ff.
Zentroid 127
Zodiakallicht 120 ff.
Zwicky, F. 33 ff., 50, 265
Zustandsgrößen 126, 235, 239